国家"十二五"规划重点图书

中国地质调查局
青藏高原1:25万区域地质调查成果系列

中华人民共和国
区域地质调查报告

比例尺 1:250 000

库尔干幅

(J43C001002)

项目名称：1:25万库尔干幅、艾提开尔丁萨依幅、
英吉沙县幅区域地质调查
项目编号：200313000002
项目负责：卢书炜
图幅负责：杜凤军
报告编写：卢书炜　方怀宾　杜凤军　任建德　李春艳
　　　　　　裴中朝　杨俊峰　刘品德　吕宪河　岳国利
　　　　　　陈俊魁　史春睿　李中民
编写单位：河南省地质调查院
单位负责：张　良（院长）
　　　　　　燕长海（总工程师）

中国地质大学出版社
ZHONGGUO DIZHI DAXUE CHUBANSHE

内 容 提 要

本书运用造山带多重地层单位划分理论和方法,根据各地层单位的组成特征、空间展布、构造形态、形成的大地构造背景等,对测区地层进行了构造地层区划,在全面地质调查的基础上,根据新发现的地层之间的接触关系和古生物化石,重新厘定并合理划分了地层单位,建立了测区的地层序列。对古生代、中生代、新生代沉积盆地进行了沉积层序和沉积环境分析,并对沉积盆地的演化进行了探讨。对不同构造单元、不同时期、不同类型的岩浆活动特征进行了系统总结,划分出两个构造岩浆岩带,按照时间-空间关系合理划分了侵入岩填图单位,建立了测区构造-岩浆事件序列,并首次在木吉地区发现碳酸岩岩体。对不同时代、不同地层单元的变质岩的岩石组合、变质矿物学、岩石地球化学、原岩类型进行了系统总结,结合大地构造单元,划分了变质相带,并对变质作用与地壳演化进行了探讨。按照板块构造理论和造山带动力学演化理论,从活动论的立场出发,根据不同时期的沉积建造、岩浆活动、变质作用、构造变形、形成的大地构造环境,对测区构造单元进行了划分,建立了测区构造格架,探讨了构造演化历史。

本书可供从事青藏高原区域地质、矿产研究的生产、科研人员及高等院校相关专业师生参考使用。

图书在版编目(CIP)数据

中华人民共和国区域地质调查报告·库尔干幅(J43C001002):比例尺1:250 000/卢书炜等著. —武汉:中国地质大学出版社,2014.3

ISBN 978-7-5625-3264-4

Ⅰ.①中…

Ⅱ.①卢…

Ⅲ.①区域地质-地质调查-调查报告-中国②区域地质-地质调查-调查报告-新疆

Ⅳ.①P562

中国版本图书馆CIP数据核字(2014)第028408号

中华人民共和国区域地质调查报告	卢书炜 方怀宾 杜凤军 等著
库尔干幅(J43C001002)　比例尺1:250 000	
责任编辑:王荣 刘桂涛	责任校对:张咏梅
出版发行:中国地质大学出版社(武汉市洪山区鲁磨路388号)	邮政编码:430074
电　　话:(027)67883511　　传　　真:67883580	E-mail:cbb@cug.edu.cn
经　　销:全国新华书店	http://www.cugp.cug.edu.cn
开本:880毫米×1 230毫米 1/16	字数:563千字　印张:17.25　图版:8　附件:1
版次:2014年3月第1版	印次:2014年3月第1次印刷
印刷:武汉市籍缘印刷厂	印数:1—1 500册
ISBN 978-7-5625-3264-4	定价:460.00元

如有印装质量问题请与印刷厂联系调换

前 言

青藏高原包括西藏自治区、青海省及新疆维吾尔自治区南部、甘肃省南部、四川省西部和云南省西北部,面积达 260 万 km^2,是我国藏民族聚居地区,平均海拔 4500m 以上,被誉为"地球第三极"。青藏高原是全球最年轻、最高的高原,记录着地球演化最新历史,是研究岩石圈形成演化过程和动力学的理想区域,是"打开地球动力学大门的金钥匙"。

青藏高原蕴藏着丰富的矿产资源,是我国重要的战略资源后备基地。青藏高原是地球表面的一道天然屏障,影响着中国乃至全球的气候变化。青藏高原也是我国主要大江大河和一些重要国际河流的发源地,孕育着中华民族的繁生和发展。开展青藏高原地质调查与研究,对于推动地球科学研究、保障我国资源战略储备、促进边疆经济发展、维护民族团结、巩固国防建设具有非常重要的现实意义和深远的历史意义。

1999 年国家启动了"新一轮国土资源大调查"专项,按照温家宝总理"新一轮国土资源大调查要围绕填补和更新一批基础地质图件"的指示精神。中国地质调查局组织开展了青藏高原空白区 1∶25 万区域地质调查攻坚战,历时 6 年多,投入 3 亿多,调集 25 个来自全国省(自治区)地质调查院、研究所、大专院校等单位组成的精干区域地质调查队伍,每年近千名地质工作者,奋战在世界屋脊,徒步遍及雪域高原,完成了全部空白区 158 万 km^2 共 112 个图幅的区域地质调查工作,实现了我国陆域中比例尺区域地质调查的全面覆盖,在中国地质工作历史上树立了新的丰碑。

新疆 1∶25 万 J43C001002(库尔干幅)区域地质调查项目,由河南省地质调查院承担,工作区位于帕米尔高原与塔里木盆地和西南天山交界部位。目的是通过对调查区进行全面的区域地质调查,按照《1∶25 万区域地质调查技术要求(暂行)》和《青藏高原空白区 1∶25 万区域地质调查要求(暂行)》及其他相关的规范、指南,参照造山带填图的新方法,应用遥感等新技术手段,以区域构造调查与研究为先导,合理划分测区的构造单元,对测区不同地质单元、不同的构造-地层单位采用不同的填图方法进行全面的区域地质调查。通过对盆地充填演化分析、岩浆作用、变质变形和盆-山耦合关系研究,建立测区构造格架,反演区域地质演化史。

J43C001002(库尔干幅)地质调查工作时间为 2003—2005 年,累计完成地质填图面积为 11 984.56km^2,实测剖面 73.5km。地质路线 1660km,采集种类样品 1215 件,全面完成了设计工作量。主要成果有:①基本查明了测区各地层单元的时空分布,发现了一些重要的古生物化石,解体或重新厘定了部分地层单位,合理划分了地层区划,建立了地层系统。对南天山和塔里木地层区晚古生代沉积地层进行了层序地层划分和沉积盆地演化分析,提高了测区地层的研究程度。②根据火山岩沉积建造组合、岩石学、地球化学等特征,探讨了火山岩的形成构造环境。经填图和区域对比研究,圈定出各类侵入岩体,并在苏鲁果如木都沟发现火成碳酸岩侵入体。将测区划分为 2 个一级构造岩浆岩带,4 个岩浆侵入活动期,对区域地质构造演化和成矿作用研究具有重要的意义。③根据调查区建造与改造特点,以吉根-坦木其能萨依断裂和空贝利-木扎令断裂为界将测区分为 3 个一级构造单元,进一步分为 6 个二级构造单元、10 个三级构造单元,基本建立了测区区域构造格架。

较系统地论述了各构造单元的变形特征,划分出5个构造演化阶段,重塑了全区地质构造发展演化历史。④在北部吉根一带,发现保存较完整的蛇绿岩层序构造剖面,构成一包含众多早泥盆世蛇绿岩残片的蛇绿混杂岩带。⑤对木吉地区的近代泥火山群进行了系统调查,共发现规模不等的大小火山堆89处。可分为两种类型,一种为原湖积层在下部气体压力下,上拱形成的泥堆,另一种属火山热泉有关的钙华堆积。泥火山群均分布于造山带内新生代上叠盆地的中南部,多沿135°或55°方向成串出现,受现代活动断裂控制,反映西昆仑帕米尔高原存在着强烈的新构造运动。

2006年4月,中国地质调查局组织专家对项目进行最终成果验收,评审认为,通过填图和综合研究,项目组圆满完成了规定任务,在地层古生物、侵入岩、火山岩、区域构造方面,取得显著成果,获得突出新进展,是一项较高水平的区域地质调查成果,提高了区域地质研究程度。成果报告章节齐全,内容丰富,论证有据,地质图面结构合理,经评审委员会认真评议,通过成果评审,库尔干幅成果报告被评为优秀级。

参加报告编写的主要有卢书炜、方怀宾、杜凤军、任建德、李春艳、裴中朝、杨俊峰,由卢书炜统编定稿。刘品德、吕宪何、岳国利、李中民、陈俊魁、史春睿参加了有关章节的编写工作,地质图编图由方怀宾、李春艳完成。

在整个项目实施和报告编写过程中,得益于许多单位和领导的大力协助、支持,尤其要感谢的是中国地质调查局、西安地质矿产研究所、新疆乌鲁木齐工作总站和喀什工作站、新疆自治区第二地质大队;自始至终得到了李荣社、赵树铭、李卫东等多方指导和帮助,报告文字录入和排版由郭晓燕完成,地质图和报告插图计算机制图由许国丽、焦静华、晁红丽、孙学静、王旭辉完成,在此表示诚挚的谢意。

为了充分发挥青藏高原1∶25万区域地质调查成果的作用,全面向社会提供使用,中国地质调查局组织开展了青藏高原1∶25万地质图的公开出版工作,由中国地质调查局成都地质调查中心与项目完成单位共同组织实施。出版编辑工作得到了国家测绘局孔金辉、翟义青及陈克强、王保良等一批专家的指导和帮助,在此表示诚挚的谢意。

鉴于本次区调成果出版工作时间紧、参加单位较多、项目组织协调任务重以及工作经验和水平所限,成果出版中可能存在不足与疏漏之处,敬请读者批评指正。

"青藏高原1∶25万区调成果总结"项目组
2010年9月

目　　录

第一章　绪　论 …………………………………………………………………………… (1)
第一节　任务与要求 ……………………………………………………………………… (1)
第二节　交通、位置及自然地理概况 …………………………………………………… (1)
　　一、位置与交通 ……………………………………………………………………… (1)
　　二、自然地理概况 …………………………………………………………………… (3)
第三节　地质研究程度 …………………………………………………………………… (3)
　　一、区域地质调查 …………………………………………………………………… (4)
　　二、综合研究 ………………………………………………………………………… (6)
第四节　完成任务情况 …………………………………………………………………… (7)
　　一、工作概况 ………………………………………………………………………… (7)
　　二、完成的实物工作量 ……………………………………………………………… (7)
　　三、项目人员分工 …………………………………………………………………… (8)

第二章　地　层 …………………………………………………………………………… (9)
第一节　古元古界 ………………………………………………………………………… (9)
　　一、剖面描述 ………………………………………………………………………… (12)
　　二、岩石地层划分及其特征 ………………………………………………………… (13)
　　三、变质变形特征 …………………………………………………………………… (13)
　　四、原岩恢复 ………………………………………………………………………… (13)
　　五、区域地层对比及时代归属 ……………………………………………………… (13)
第二节　中元古界长城系 ………………………………………………………………… (14)
　　一、南天山地层分区 ………………………………………………………………… (14)
　　二、塔南地层分区 …………………………………………………………………… (18)
第三节　志留系 …………………………………………………………………………… (19)
　　一、南天山地层分区 ………………………………………………………………… (20)
　　二、西昆仑地层分区 ………………………………………………………………… (22)
第四节　泥盆系 …………………………………………………………………………… (25)
　　一、南天山地层分区 ………………………………………………………………… (25)
　　二、塔北地层分区 …………………………………………………………………… (30)
　　三、塔南地层分区 …………………………………………………………………… (34)
第五节　石炭系 …………………………………………………………………………… (36)
　　一、塔北地层分区 …………………………………………………………………… (37)
　　二、塔南地层分区 …………………………………………………………………… (42)
第六节　二叠系 …………………………………………………………………………… (47)
　　一、阿克萨依巴什山-盖孜地层小区 ………………………………………………… (47)
　　二、博托彦-乌依塔克地层小区 ……………………………………………………… (49)

第七节　北部古生代沉积盆地分析 ………………………………………………………… (51)
　　一、晚志留世—中泥盆世沉积盆地 ………………………………………………… (52)
　　二、石炭纪沉积盆地 ………………………………………………………………… (57)
第八节　三叠系 …………………………………………………………………………… (61)
　　一、塔南地层分区 …………………………………………………………………… (61)
　　二、塔北地层分区 …………………………………………………………………… (66)
第九节　侏罗系 …………………………………………………………………………… (68)
　　一、剖面描述 ………………………………………………………………………… (68)
　　二、岩石地层特征 …………………………………………………………………… (73)
　　三、区域地层对比及时代确定 ……………………………………………………… (76)
第十节　白垩系 …………………………………………………………………………… (79)
　　一、剖面描述 ………………………………………………………………………… (80)
　　二、岩石地层划分及特征 …………………………………………………………… (85)
　　三、生物地层划分及其特征 ………………………………………………………… (88)
　　四、区域地层对比及时代确定 ……………………………………………………… (91)
第十一节　古近系 ………………………………………………………………………… (95)
　　一、剖面描述 ………………………………………………………………………… (96)
　　二、岩石地层划分及其特征 ………………………………………………………… (98)
　　三、生物地层划分及其特征 ………………………………………………………… (100)
　　四、区域地层对比及时代确定 ……………………………………………………… (102)
第十二节　新近系 ………………………………………………………………………… (105)
　　一、剖面描述 ………………………………………………………………………… (106)
　　二、岩石地层划分及其特征 ………………………………………………………… (110)
　　三、区域地层对比及时代确定 ……………………………………………………… (112)
第十三节　中、新生代沉积盆地分析 …………………………………………………… (114)
　　一、中生代沉积盆地 ………………………………………………………………… (114)
　　二、新生代沉积盆地 ………………………………………………………………… (122)
第十四节　第四系 ………………………………………………………………………… (127)
　　一、剖面描述 ………………………………………………………………………… (128)
　　二、岩石地层特征及成因类型划分 ………………………………………………… (130)
　　三、第四系小结 ……………………………………………………………………… (132)

第三章　岩浆岩 …………………………………………………………………………… (134)

第一节　基性-超基性岩 ………………………………………………………………… (134)
　　一、泥盆纪木吉—托尔色子基性-超基性侵入岩（υD、$\psi\iota D$、ΣD）………………… (134)
　　二、早泥盆世吉根蛇绿岩（$\varphi\omega D_1$）…………………………………………………… (138)
　　三、早石炭世奥依塔克基性-超基性岩带 ………………………………………… (143)
　　四、碳酸岩岩体 ……………………………………………………………………… (149)
第二节　中酸性侵入岩 …………………………………………………………………… (151)
　　一、西昆仑北带中酸性侵入岩 ……………………………………………………… (151)
　　二、西昆仑中带中酸性侵入岩 ……………………………………………………… (158)
　　三、脉岩 ……………………………………………………………………………… (170)
　　四、侵入岩小结 ……………………………………………………………………… (170)

第三节 火山岩 ……………………………………………………………………………… (171)
  一、早泥盆世萨瓦亚尔顿组火山岩 …………………………………………………… (171)
  二、中泥盆世托格买提组火山岩 ……………………………………………………… (173)
  三、早二叠世火山岩 …………………………………………………………………… (174)
  四、中二叠世棋盘组火山岩 …………………………………………………………… (178)
  五、晚三叠世霍峡尔组火山岩 ………………………………………………………… (182)
  六、全新世木吉泥火山群（Qh^{vl}） …………………………………………………… (188)

第四章 变质岩 …………………………………………………………………………… (189)

第一节 区域变质岩 ………………………………………………………………………… (190)
  一、南天山变质地区 …………………………………………………………………… (190)
  二、塔里木周缘变质地区 ……………………………………………………………… (192)
  三、西昆仑变质地区 …………………………………………………………………… (203)

第二节 动力变质岩 ………………………………………………………………………… (207)
  一、岩石类型及特征 …………………………………………………………………… (207)
  二、主要动力变质带的岩石组合特征 ………………………………………………… (209)

第三节 接触变质岩 ………………………………………………………………………… (209)
  一、热接触变质岩 ……………………………………………………………………… (210)
  二、接触交代变质岩岩石类型及特征 ………………………………………………… (211)

第四节 变质作用与地壳演化 ……………………………………………………………… (212)
  一、元古宙变质旋回 …………………………………………………………………… (212)
  二、古生代变质旋回 …………………………………………………………………… (213)
  三、中—新生代变质旋回 ……………………………………………………………… (213)

第五章 地质构造及构造演化史 ………………………………………………………… (214)

第一节 构造单元和构造阶段划分 ………………………………………………………… (214)
  一、构造单元划分 ……………………………………………………………………… (214)
  二、构造阶段划分 ……………………………………………………………………… (214)

第二节 主要边界断裂构造特征 …………………………………………………………… (216)
  一、吉根-坦木其能萨依断裂（F_9） …………………………………………………… (216)
  二、空贝利-木扎令断裂（F_{50}） ……………………………………………………… (218)

第三节 各构造单元特征 …………………………………………………………………… (221)
  一、东阿赖-哈尔克早古生代沟弧系（I_1） …………………………………………… (221)
  二、斯木哈纳中新生代凹陷（I_2） …………………………………………………… (226)
  三、塔里木北缘活动带（II_1） ………………………………………………………… (227)
  四、喀什坳陷（II_2） …………………………………………………………………… (238)
  五、奥依塔克-库尔良晚古生代裂陷槽（II_3） ……………………………………… (246)
  六、空贝利早古生代残余海盆（III_1^1） ……………………………………………… (251)
  七、木吉-公格尔微陆块（III_1^2） …………………………………………………… (253)

第四节 新构造运动 ………………………………………………………………………… (253)

第五节 地质构造演化史 …………………………………………………………………… (255)
  一、前长城纪时期（1800Ma 以前） …………………………………………………… (256)
  二、中元古代至新元古代早期（1800—800Ma） ……………………………………… (256)
  三、南华纪至早泥盆世时期（800—约 400Ma） ……………………………………… (256)

四、中泥盆世至三叠纪时期(约 400—205Ma) ……………………………………………………(257)
　　五、三叠纪以后(205Ma 至今) ………………………………………………………………………(257)

第六章　结　论 …………………………………………………………………………………………………(259)
　第一节　取得的主要成果 …………………………………………………………………………………(259)
　　一、地层方面 ………………………………………………………………………………………………(259)
　　二、岩浆岩方面 ……………………………………………………………………………………………(259)
　　三、构造方面 ………………………………………………………………………………………………(260)
　第二节　存在的主要问题 …………………………………………………………………………………(260)

主要参考文献 ……………………………………………………………………………………………………(261)

图版说明及图版 …………………………………………………………………………………………………(265)

附件　1∶25 万库尔干幅(J43C001002)地质图及说明书

第一章 绪 论

第一节 任务与要求

中国地质调查局于2003年3月20日以中地调函[2003]77号文下达了《新疆1∶25万库尔干幅(J43C001002)、艾提开尔丁萨依幅(J43C002002)、英吉沙县幅(J43C002003)区域地质调查工作内容任务书》。

任务书编号:基[2003]001-09
工作内容编号:200313000002
工作性质:基础地质调查
工作期限:2003年1月—2005年12月
承担单位:河南省地质调查院
所属实施项目:青藏高原北部空白区基础地质调查与研究
实施单位:西安地质矿产研究所

库尔干幅工作区范围为北纬39°00′—40°00′、东经75°00′以西至中国和吉尔吉斯斯坦、塔吉克斯坦国界,面积11 984.56 km²,包括塔吉克斯坦实际控制区288.26 km²,吉尔吉斯斯坦实际控制区232.04 km²。

任务书提出的总体目标:按照《1∶25万区域地质调查技术要求(暂行)》和《青藏高原空白区1∶25万区域地质调查要求(暂行)》及其他相关的规范、指南,参照造山带填图的新方法,应用遥感等新技术手段,以区域构造调查与研究为先导,合理划分测区的构造单元,对测区不同地质单元、不同的构造-地层单位采用不同的填图方法进行全面的区域地质调查。通过对盆地充填演化分析、岩浆作用、变质变形和盆-山耦合关系研究,建立测区构造格架,反演区域地质演化史。

任务书特别强调,工作区处喜马拉雅帕米尔构造结的东部,西南天山东西向构造带与西昆仑南北向构造带交汇部位,有数条重要构造结合带汇聚于此,地质构造复杂,成矿地质条件良好,对柯岗-库地、康西瓦-苏巴什结合带的构造组成和演化研究与成矿地质背景调查尤为重要,本着图幅带专题的原则,选择关键地段开展专题研究,全面提高该区基础地质研究程度。

第二节 交通、位置及自然地理概况

一、位置与交通

调查区位于新疆维吾尔自治区最西部(图1-1),行政区划属克孜勒苏柯尔克孜自治州乌恰县和阿克陶县，西边与吉尔吉斯斯坦共和国和塔吉克斯坦共和国接壤。

区内交通相对方便。阿图什至伊尔克什坦口岸的省道 S309 公路东西向穿越图幅中部，向西到达吉尔吉斯斯坦共和国，在区内全长约 100km。喀什至红其拉甫口岸的国道 G314 从图幅外 70km 处通过，由简易公路可达图幅南部的木吉乡及空贝利、霍什别里等边境地区；从乌鲁克恰提沿卓龙勒苏河谷向北有支线公路可达乌恰县煤矿；山区有驮运小道。除国道 G314、省道 S309 为沥青路面外，其余均为沙石路面和泥土路面，雨季通行困难，山间小道由于山高谷深，并有河水阻隔，道路十分险恶。

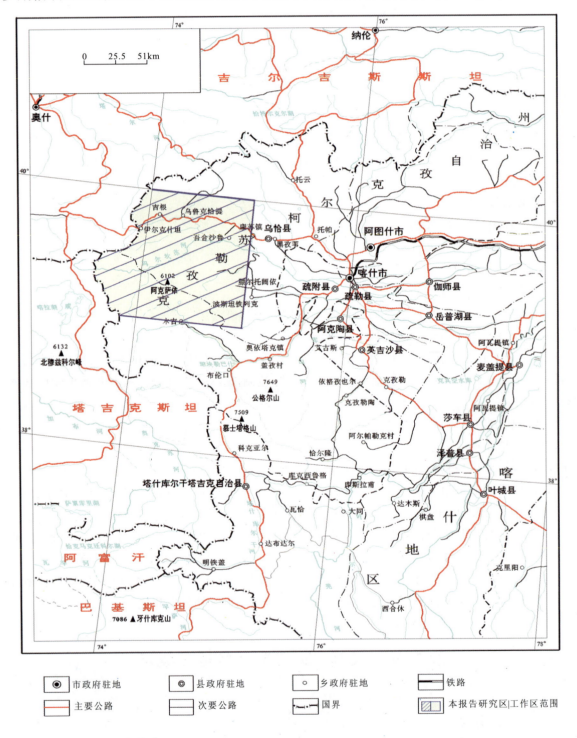

图 1-1 测区交通位置图

二、自然地理概况

调查区跨帕米尔高原最北缘和西南天山的一部分,塔里木盆地呈向东开口的楔形夹持其间,南天山的分支外阿赖山耸立于西部边境线附近,区内大部分地区属高原山地。帕米尔高原上山脉走势呈北西西向,西南天山山脉走势呈北东向。测区地势为南北两侧高中间低,区内山势雄伟,峰峦叠嶂,冰峰林立,地形切割强烈,中、吉、塔三国交界的玛里塔巴尔山为区内最高峰,海拔6354m,其他主要山峰有阿克萨依巴什峰(6102m)、库木勒别木孜套(5880m)等。区内最低点在克孜勒苏河出测区处的喀克热,海拔1903m,全区平均海拔约为3500m。

测区内永久性积雪和冰川覆盖面积达 $1057km^2$,昆盖山和外阿赖山上雪山冰川区堪称喀什绿洲的固体水库。调查区属内陆水系,具有独特的分布特征,山区水系为不对称的向心状水系,主要河流有克孜勒苏河及其主要支流玛尔坎苏河。克孜勒苏河源于吉尔吉斯斯坦境内的特拉普齐亚峰,汇入天山和帕米尔高原北缘的冰雪融水后,向东流入塔里木盆地,在区内长约115km。该河正常年份径流量20.59亿 m^3,多水年份达22.82亿 m^3,少水年份也有17.65亿 m^3,最高达23.5亿 m^3(表1-1)。克孜勒苏,克尔克孜语意为红色的水,由于上游流经新生代红色砂泥岩地区携带红色泥沙使河水变红,故得此名。昆盖山南坡为盖孜河水系。

表1-1 测区主要河流流量特征值统计表

河 名	站 名	坐标		多年平均流量(m^3/s)	多年平均径流量(10^8m^3)	年径流模数 [dm^3/($km^2·s$)]	年径流深度(mm)	历年最大		历年最小	
		东经	北纬					流量(m^3/s)	年-月-日	流量(m^3/s)	年-月-日
克孜勒苏河	加斯	74°26′	39°48′	34.5	10.9	6.64	206.0	459	1987-06-02	4.25	1975-12-22
	卡拉贝利	75°12′	39°33′	65.5	20.7	4.78	151	1400	1966-08-19	9.6	1965-12-25

注:资料由盖孜水文站提供,流量统计到1995年。

调查区属典型的大陆性干旱季风气候,外阿赖山和昆盖山拦截了由西而来的绝大部分湿润气流,故使西部高山区严寒湿润,气候垂直分带明显,东部干旱少雨,冷热剧变。西部高山区气候具有明显的垂直分带规律,随着高度增加,气压、气温逐渐降低,在一定的高度范围内降水随高度上升而增加。昆盖山主脊北坡面对阿赖谷地,由于高山阻挡湿润气流,造成了丰富的降水,在海拔5000m以上,形成了本区特有的、连续的永久性积雪带,年平均气温在-10℃以下,年降水量在500mm以上;海拔3000~4000m的中高山区,年降水量为231.5mm,而在昆盖山南坡木吉乡(海拔3479.6m),年降水量仅131mm;海拔2000m以下的塔里木盆地边缘,具有干旱、少雨雪、严寒、酷暑、光照时间长等特点,年平均气温为11.3℃,年降水量为62.8mm,年平均水分自然蒸发量为2464.3mm,年平均日照时数为2862.8小时,太阳年平均辐射量为587.83kJ/cm^2,年平均浮尘日25.7天,无霜期为222天。塔里木盆地西北缘的气候特点是:春季升温较快,冷热温差大,多风和浮尘;夏季炎热,高温干燥,多大风及阵雨;秋季气候温和,降温缓慢,冬季寒冷多晴日,少雪干冷。年平均气温为10℃,最高气温达41.8℃,最低气温为-24.4℃,年均降水量为84.6mm,浮尘平均81天,风向为西风和西北风,最大风速可达34m/s。

第三节 地质研究程度

调查区区域地质研究工作以1949年10月1日为界划分为前后两个大的阶段。自1872年开始,到1949年的近80年中,有少数外国地质学者在测区范围内做了零星的路线地质调查,但资料多已散失，难以查清。中华人民共和国成立以后，为适应我国经济建设对矿产资源的需要，先后在调查区进行过中、小比例尺的概略地质调查、路线地质调查、矿产普查、石油地质调查工作。20世纪80年代后期，随着国民经济的发展，先后在成矿带上进行了正规图幅的1∶20万和1∶5万区域地质、矿产调查，同时进行了1∶50万区域地球化学调查、1∶100万航磁测量、专题研究及区域地质编图，研究内容涉及地层、古生物、岩石、变质作用、构造作用、成矿条件研究等各方面。地质调查历史见表1-2，地质研究程度见图1-2。

表1-2 调查区地质调查历史简表

序号	调查时间（年）	成果名称	作者	出版时间（年）	出版单位
1	1952—1953	1∶20万喀什西北—克孜勒苏河流域地质测量及普查工作报告	翁加兹лБ，法拉暂夫ВА	1953	苏联地质保矿部第十三航空地质大队
2	1966—1967	1∶100万西昆仑地区木吉—塔什库尔干一带地质、矿产调查报告	新疆地质局区测大队	1967	新疆地质局区测大队
3	1983—1985	1∶100万西昆仑布伦口—恰尔隆地区区域地质调查报告	田阔邦等	1985	新疆地质矿产局第一区域地质调查大队
4	1991—1995	1∶5万奥依塔克等2幅区域地质调查报告及说明书	张东生等	1995	新疆地质矿产局第二区域地质调查大队
5	1994—1998	1∶5万喔尔托克等4幅区域地质调查报告及说明书	高鹏等	1998	新疆地质调查院第二地质调查所
6	1994—1998	1∶5万奥依巴拉、吉根等8幅区域地质调查报告	贺卫东等	1998	新疆地质矿产局第一区域地质调查大队
7	1983—1985	1∶50万新疆南疆西部地质图、矿产图说明书	汪玉珍等	1985	新疆地质矿产局第二地质大队
8	1984—1986	新疆维吾尔自治区1∶200万大地构造图及说明书	陈哲夫、黄河源等	1986	新疆地质矿产局第一区域地质调查大队
9	1982—1988	新疆维吾尔自治区区域地质志	陈哲夫等	1993	新疆地质矿产局
10	1991—1995	新疆维吾尔自治区岩石地层	蔡土赐等	1999	新疆地质矿产局
11	2000	1∶100万新疆地质图（数字版）	王福同等	2000	新疆地质矿产局第一区域地质调查大队和遥感中心
12	2001	1∶20万青藏高原中西部航磁调查	熊盛青等	2001	中国国土资源航空物探遥感中心
13	1987—1991	喀喇昆仑—昆仑综合科学考察导论	潘裕生等	1992	科学出版社
14	1991—1993	西昆仑造山带与盆地	丁道桂等	1996	地质出版社
15	1994	中国新疆西部喀喇昆仑羌塘地块及康西瓦构造带构造演化	李永安等	1995	新疆科技卫生出版社
16	1994—1995	塔里木盆地西南缘海相白垩系—第三系界线研究	郝诒纯	2001	地质出版社

一、区域地质调查

测区的区域地质调查工作在形式上有路线调查和面积性调查两种，早期工作以路线调查为主。1909年，格盖林茨在调查区中部进行过路线地质调查；1914年，格盖德在苏古鲁克—木吉一带进行过路线地质调查。

1941—1942年，卓拉夫在坑希维尔一带进行过路线地质调查。

1945年，别良耶夫斯基 НА 在阿克萨依巴什山北坡进行了1∶100万路线地质调查。

1946年，西尼村 ВМ 在调查区西部进行过1∶100万路线地质调查。

1952—1953年，苏联地质保矿部第十三航空地质大队，在喀什西部进行过1∶20万综合性的地质测量，编写了《新疆喀什西北—克孜勒苏河流域1∶20万地质测量及普查工作报告》（俄文），

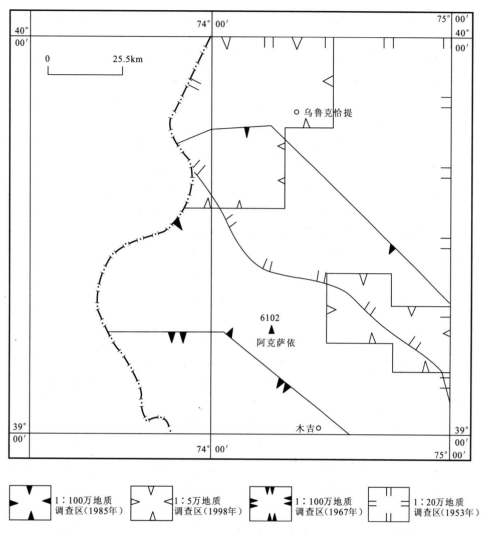

图 1-2 测区地质研究程度图

1976年,新疆地质局区测大队在此基础上编译出版了《1∶20万喀什地区地质图及说明书》(又名喀什专报),是涉及测区的第一份系统地质资料。

1956年,地质部十三地质大队在调查区南部进行过1∶50万地质调查;同年,新疆冶金局702队在调查区东南部进行过1∶20万地质调查。

1959年,新疆石油局喀什专题研究队在阿克萨依巴什山北坡进行了1∶20万地质调查。

1961年,新疆地质局喀什大队在调查区西北部进行过1∶20万区域地质调查。

1965年,地质部地质研究所根据前人资料,编写出版了喀什幅1∶100万地质图及说明书。

1967年,新疆地质局区测大队在木吉—塔什库尔干一带进行了1∶100万路线地质、矿产调查。

1979年,新疆地质局地质科学研究所根据前人资料编制了新疆超基性岩及铬铁矿报告。

1981年,青藏高原普查一分队沿中巴公路进行了路线地质调查,其成果反映在1982年出版的由姜春发等编著的《昆仑开合构造》一书中。

1983年,新疆地质矿产局第一区域地质调查大队编制了《新疆维吾尔自治区1∶200万地质图及说明书》。

1985年,新疆地质矿产局第一区域地质调查大队五分队在布伦口—恰尔隆地区进行了1∶100万地质矿产调查。同年,新疆地质矿产局第二地质大队编制了《1∶50万新疆南疆西部地质图及说明书》。

1987—1991年,中国科学院青藏高原综合科考队潘裕生、法国Tapponnior P等在中国科学院和法国科学研究中心资助下开展了喀喇昆仑山—西昆仑山地区喀什—红其拉甫路线考察,对该区地质历史及板块构造机制等进行了深入研究;并于1991年5月召开了国际讨论会,1992年出版了《喀喇昆仑—昆仑综合科学考察导论》。

1994年,新疆地质矿产局第二区域地质调查大队三分队在邻区进行了1∶5万奥依塔克幅(J-43-43-B)、阿克塔什幅(J-43-31-C)区域地质调查,出版了地质报告和地质图。

1997年,新疆地质矿产局第一区域地质调查大队四分队在萨瓦亚尔顿地区开展了1∶5万奥依巴拉、吉根等8幅区域地质矿产调查,涉及到测区西北部部分地区。

1998年,新疆地质调查院第二地质调查所在调查区东南部进行了1∶5万坑希维尔南半幅(J43E004011)、克其克托尔北半幅(J43E005011)、喔尔托克幅(J43E005012)、波斯坦铁列克幅(J43E005013)、苏古鲁克幅(J43E006014)区域地质调查,提交了地质报告、分幅地质图和说明书,其中坑希维尔南半幅、克其克托尔北半幅、喔尔托克幅在本次工作区内。

二、综合研究

1986年,新疆地质矿产局第一区域地质调查大队编写了《新疆维吾尔自治区1∶200万大地构造图及说明书》、《新疆维吾尔自治区1∶200万变质图及说明书》,对新疆大地构造、变质作用及其分布进行了系统总结。

1991—1993年,丁道桂等承担了"八五"国家科技攻关项目"新疆塔里木盆地西南部和西昆仑造山带形成、演化与油气关系"研究,1996年出版了专著《西昆仑造山带与盆地》。

1993年,新疆地质矿产局编写出版了《新疆维吾尔自治区区域地质志》,该成果是对1985年底之前地质调查、研究成果全面的、系统的总结,是本次区域地质调查的重要参考文献之一。

1994年,为第三十届国际地质大会作准备,新疆地质矿产局开展了中巴公路地质旅游路线调查,1995年出版了由李永安等著的《中国新疆西部喀喇昆仑羌塘地块及康西瓦构造带构造演化》一书。

1994—1995年,郝诒纯等在地质矿产部和西北石油地质局资助下开展了"塔里木盆地西南缘海相白垩系—第三系界线研究",2001年出版了同名专著。

1995年,贾群子等承担了地质矿产部定向科研项目"西昆仑块状硫化物矿床成矿条件和成矿预测"研究,1999出版了同名专著。

1999年,新疆地质矿产局编写出版了《新疆维吾尔自治区岩石地层》,该书对全疆地层按多重地层划分对比进行了系统厘定,其成果对本次工作具有重要使用价值。

2000年,新疆地质矿产局第一区域地质调查大队和遥感中心编制了《1∶100万数字版新疆维吾尔自治区地质图》,是本次工作主要的参考资料。

除上述提到的研究项目和论著以外,涉及本区的重要论著还有:潘裕生等(2000)著的《喀喇昆仑—昆仑山地区地质演化》;刘训等(1998)著的《塔里木板块周缘的沉积-构造演化》;陈荣林等(1995)所著的《塔里木盆地中、新生界沉积特征与石油地质》;王宝瑜等(1994)著的《中国天山西段地质剖面综合研究》;新疆地质矿产局地质矿产研究所和新疆地质矿产局第一区域地质调查大队(1990—1991)所著的《新疆古生界(上、下)》;张师本(1991)著的《塔里木盆地震旦纪—二叠纪地层古生物》;周志毅等(1990)主编的《塔里木盆地生物地层和地质演化》;唐天福等(1989)著的《新疆塔里木盆地西部白垩纪至第三纪海相地层及含油性》;赵治信等(1984)著的《塔里木盆地西南缘石炭纪地层及其生物群》；唐天福等(1982)著的《塔里木盆地西部晚白垩世至早第三纪海相沉积特征及沉积环境》；王作勋、邬继易(1990)著的《天山多旋回构造演化与成矿》等。

多年来，许多地质学者在调查区及邻区进行了大量针对某些地质问题的专门研究，提高了区域地质研究程度和认识水平，涉及区内的论文达100多篇，这些都为本次区域地质调查工作奠定了良好的基础，并拓宽了思路，对提高本项目的工作成果和质量都具有重要的意义。

第四节 完成任务情况

一、工作概况

2003年3月中国地质调查局任务书下达后，河南省地质调查院随即组成了项目组，着手收集资料，购买地形图和卫星影像资料；对卫星影像进行初步解译，对前人资料进行分析研究，确定工作方案。2003年下半年对测区及相邻有关地区进行了野外踏勘并完成了10 000km²(整个项目)的野外试填图和少量剖面测制工作，以及验证、补充和修改遥感解译标志。野外外工作结束后，于2003年年底前完成了项目总体设计的编制，12月中旬在西安通过地质调查局西北项目办的设计审查。

2004年1—2月进行了项目总体设计的修改并送西安地质矿产研究所进行了认定，同时编制了年度工作计划，3月下旬出队，4—10月全面展开路线地质调查、剖面测制、专题研究等野外作业。

2004年收队后至2005年4月主要进行年度资料整理，5—6月继续完成剩余的野外地质调查任务，部分人员进行野外验收前的资料整理工作。2005年7月中旬在喀什通过西安地质矿产研究所组织的野外资料验收。项目组根据野外资料验收专家意见和决议书要求，对个别重要地质问题的原始资料进行了进一步发掘整理，随后即转入报告编写阶段。

二、完成的实物工作量

设计的主要实物工作量绝大部分已完成和超额完成，各主要岩体和火山地层单元，都有同位素年龄和稀土、微量、硅酸盐分析等配套样品。每条剖面上都有足够的薄片样品，古生代—新生代地层都尽量采集化石，以确定时代。实物工作量(全项目)完成情况见表1-3。

表1-3 实物工作量一览表

项　目	单位	总体设计	本图幅	备注
1:25万填图	km²	32 395.45	11 984.56	
1:25万遥感影像解译	km²	32 395.45	11 984.56	
填图路线	km	4200	1660	
1:2000~1:5000地质剖面	km	351	73.5	
化学分析	件	100	26	
硅酸盐分析	件	80	16	
微量元素分析	件	80	16	
稀土元素分析	件	80	16	
岩石薄片	块	2000	645	
标本	块	200	128	
定向薄片	块	20	5	

续表1-3

项　目	单位	总体设计	本图幅	备注
粒度分析	块	100	56	
长石有序度	件	15	4	
包裹体测温	件	15	4	
电子探针	点	50	16	
大化石	个	500	233	
微体化石	件	150	34	
Rb-Sr年龄样	组	2	1	
锆石U-Pb年龄样	件	4	2	
SHRIMP	件	3	—	调整为锆石U-Pb年龄样
K-Ar年龄样	件	11	—	
$\delta^{18}O$	件	15	4	

三、项目人员分工

参加报告编写的技术人员及分工是第一章由卢书炜执笔,第二章由方怀宾、杜凤军执笔,第三章由任建德执笔,第四章由李春艳执笔,第五章由裴中朝、卢书炜执笔,第六章由李春艳、杨俊峰执笔,第七章由方怀宾执笔,第八章由卢书炜执笔,最后由卢书炜统编定稿。刘品德、吕宪何、岳国利、李中民、陈俊魁、史春睿参加了有关章节的编写工作。地质图编图由方怀宾、李春艳完成。计算机制图由许国丽、焦静华、晁红丽、孙学静、王旭辉完成。图版制作、报告文字录入和排版由郭晓燕完成。

第二章 地 层

测区地层分布广泛,发育较齐全,沉积类型较多,特别是中、新生代地层发育较好,古生物丰富。各时代地层沿走向延伸较稳定,岩性组合变化不大。

根据地层发育情况、沉积类型和沉积建造、古地理特征、古生物群面貌、大地构造位置、区域断裂的分布特征以及与构造有关的岩浆活动和变质作用等,分别以吉根断裂、空贝利-木扎令断裂为界,划分为中南天山地层区南天山地层分区、塔里木地层区和昆仑地层区西昆仑地层分区。塔里木地层区以艾希太克-休木喀尔断裂、乌孜别里山口-阿克彻依断裂为界,分为塔北地层分区、塔里木盆地地层分区和塔南地层分区。

南天山地层分区仅有东阿赖山地层小区,塔北地层分区以乌鲁克恰提断裂为界,分为迈丹它乌地层小区和乌鲁克恰提地层小区,塔里木盆地地层分区仅有喀什地层小区,塔南地层分区以昆盖山断裂为界,分为博托彦-乌依塔克地层小区和阿克萨依巴什-盖孜地层小区(图 2-1)。

南天山地层分区出露地层较少,主要有志留系、泥盆系、白垩系、古近系及第四系。志留系—下泥盆统为碎屑岩系,中泥盆统主要为一套碳酸盐岩,古近系为红色碎屑岩夹碳酸盐岩,第四系为松散堆积物。

塔北地层分区出露地层较多,主要有长城系、泥盆系、石炭系、侏罗系、白垩系、古近系、新近系及第四系,少量三叠系。长城系为一套浅变质岩系,泥盆系为碎屑岩系,石炭系主要为碎屑岩-碳酸盐岩,侏罗系为含煤碎屑岩系,白垩系—新近系为红色碎屑岩夹碳酸盐岩,第四系为松散堆积物。

塔里木盆地地层分区出露地层主要为古近系—第四系,古近系和新近系为红色碎屑岩夹碳酸盐岩,第四系为松散堆积物。

塔南地层分区出露地层主要为泥盆系、石炭系、二叠系和三叠系及第四系,少量长城系为外来岩块。泥盆系为碎屑岩系,下石炭统为一套基性火山岩,上石炭统为碳酸盐岩,下二叠统为碎屑岩-火山碎屑岩夹碳酸盐岩,三叠系为一套火山碎屑岩,第四系除河流沉积外,尚有冰碛物。

西昆仑地层分区出露地层主要为古元古界、志留系及第四系。古元古界为变质岩系,志留系为碎屑岩-碳酸盐岩系,第四系以河流沉积为主,含有少量冰碛物和湖泊-沼泽及泥火山堆积物。

本次调查对沉积地层进行了岩石地层及年代地层为主的多重地层划分,对变质地层进行了构造-地层划分,对火山地层进行了岩石地层划分。对南天山地层分区的泥盆系、全区白垩系和古近系地层进行了生物地层划分,对南天山地层分区的古生界和全区中、新生代地层进行了层序地层划分和盆地演化分析。重新厘定了测区地层系统(表 2-1),建立组级正式地层单位 34 个(其中新划分地层单位 3 个),(岩)群级地层单位 9 个。

本报告多采用《新疆维吾尔自治区岩石地层》(1999)建立的岩石地层单位名称,少部分采用了1:5 万区域地质调查成果,时代归属以 1:25 万区调新成果为基础,参考了《中国地层典》(2000)并进行了调整。

第一节 古元古界

古元古界仅出露于西昆仑地层分区,称布伦库勒岩群($Pt_1B.$)。其分布于霍什别里及木吉东—

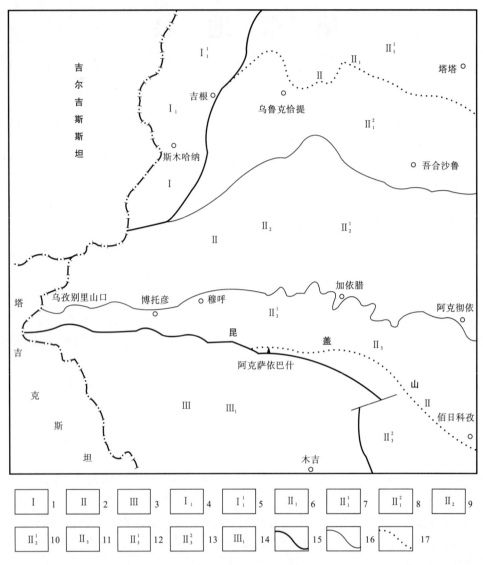

图 2-1 测区地层区划图

1.中南天山地层区;2.塔里木地层区;3.昆仑地层区;4.南天山地层分区;5.东阿赖山地层小区;
6.塔北地层分区;7.迈丹它乌地层小区;8.乌鲁克恰提地层小区;9.塔里木盆地地层分区;
10.喀什地层小区;11.塔南地层分区;12.博托彦-乌依塔克地层小区;13.阿克萨依巴什-盖孜地层小区;
14.西昆仑地层分区;15.地层区界线;16.地层分区界线;17.地层小区界线

带,为一套富含石榴石的中深变质岩系,主要岩性为含石榴黑云石英片岩、黑云石英片岩、黑云斜长片麻岩、混合质白云黑云斜长片麻岩,少量石英岩及大理岩等。

新疆地质局区域地质测量大队(1967)在进行1∶100万西昆仑地区木吉—塔什库尔干一带地质矿产调查时,将该套地层命名为前震旦系布伦库勒群[①];《新疆维吾尔自治区区域地层表》(1977)将其划归库拉那古群;新疆地质矿产局第一区调大队(1985)在进行1∶100万西昆仑山布伦口—恰尔隆地区区域地质调查时,将该套地层划归古元古界库拉那古群[②]。新疆1∶200万地质图(1982)将其划归长城系;新疆地质矿产局第二地质大队(1985)将布伦口—木吉一带的元古宙变质岩北部

---

① 新疆地质局区域地质测量大队.西昆仑地区木吉—塔什库尔干一带1∶100万路线地质、矿产调查报告,1967.
② 新疆地质矿产局第一区域地质调查大队.1∶100万西昆仑山布伦口—恰尔隆地区区域地质调查报告,1985.

表 2-1 测区地层序列表

岩石地层 年代地层			中南天山地层区	塔里木地层区				昆仑地层区
		地层分区	南天山地层分区	塔北地层分区		塔里木盆地地层分区	塔南地层分区	西昆仑地层分区
			东阿赖山小区	迈丹它乌小区	乌鲁克恰提小区	喀什小区	博托彦-乌依塔克小区 | 阿克萨依巴什山-盖孜小区	
新生界	第四系	全新统	冲积(Qh^{al})、洪积(Qh^{pl})、冲洪积(Qh^{pal})、湖沼堆积(Qh^{lh})、冰川堆积(Qh^{gl})、泥火山堆积(Qh^{gv})、化学堆积(Qh^{ch})					
		上更新统	洪冲积 (Qp$_3^{pal}$)			洪冲积 (Qp$_3^{pal}$)	冰川堆积(Qp$_3^{gl}$) 冰水堆积(Qp$_3^{gf}$)	
		中更新统	乌苏群 (Qp$_2$W)					湖积(Qp$_2^l$)
		下更新统	西域组 (Qp$_1$x)					
	新近系	上新统		阿图什组 (N$_2$a)				
		中新统		乌恰群 (E,W)	帕卡布拉克组 (N$_1$p)			
					安居安组 (N$_1$a)			
					克孜洛依组 (N$_1$k)			
	古近系	渐新统		喀什群 (EK)	巴什布拉克组 (E$_3$b)			
		始新统			乌拉根组 (E$_2$w)			
					卡拉塔尔组 (E$_2$k)			
					齐姆根组 (E$_{1-2}$q)			
		古新统			阿尔塔什组 (E$_1$a)			
					吐依洛克组 (E$_1$t)			
中生界	白垩系	上统		英吉莎群 (K$_2$E$_1$Y)	依格孜牙组 (K$_2$y)			
					乌依塔克组 (K$_2$w)			
					库克拜组 (K$_2$k)			
		下统		克孜勒苏群 (K$_1$K)	乌鲁克恰特组 (K$_1$w)			
					江额结尔组 (K$_1$j)			
	侏罗系	上统			库孜贡苏组 (J$_3$kz)		库孜贡苏组 (J$_3$kz)	
		中统		叶尔羌群 (J$_{1-2}$Y)	塔尔尕组 (J$_2$t)			
					杨叶组 (J$_1$y)			
		下统			康苏组 (J$_1$k)			
					莎里塔什组 (J$_1$sh)			
	三叠系	上统			塔里奇克组 (T$_3$t)		霍峡尔组 (T$_3$h)	
		中统						
		下统						
古生界	二叠系	上统						
		中统					棋盘组 (P$_2$q)	
		下统			康克林组 (C$_2$P$_1$k)		下二叠统未分(P$_1$)	
	石炭系	上统			别根它乌组 (C$_2$bg)		上石炭统未分(C$_2$)	
		下统			巴什索贡组 (C$_1$b)		乌鲁阿特组 (C$_1$w)	
	泥盆系	上统					奇自拉夫组 (D$_3$q)	
		中统		托格买提组 (D$_2$t)	塔什多维组 (Dt)		克孜勒陶组 (D$_2$kz)	
		下统		萨瓦亚尔顿组 (D$_1$s)				
	志留系	顶统		塔尔特库里组 (S$_{3-4}$t)				志留系 (S)
		上统						
		中统						
		下统						
	奥陶系	上统						
		中统						
		下统						
	寒武系	上统						
		中统						
		下统						
新元古界	震旦系							
	南华系							
	青白口系							
中元古界	蓟县系							
	长城系			阿克苏岩群 (ChA.)			赛图拉岩群 (ChST.)	
古元古界								布伦库勒岩群 (Pt.B.)

———— 整合   --------- 假整合   ～～～～ 角度不整合   ………… 未见接触

划归布伦库勒群,南部划归未分元古宇[①];《新疆维吾尔自治区区域地质志》(1993)将布伦口—木吉一带的中深变质岩称古元古界布伦库勒群,将公格尔山—朗库里一带的变质岩划归古元古界公格尔群;《1:100万新疆维吾尔自治区地质图》(数字版,2000)将公格尔—木吉一带统称古元古界公格尔群[②];本报告采用古元古界布伦库勒岩群。

区内布伦库勒岩群呈块状在霍什别里一带和木吉东出露,与志留系、泥盆系均呈断层接触,出露面积仅80km²。

一、剖面描述

1. 阿克陶县霍什别里简测剖面

剖面位于木吉乡维一勒麻,起点坐标 $X=4347792,Y=13419708,H=3406m$,剖面测制总方向为208°,剖面长约8km(图2-2)。北侧被第四系覆盖,南侧与志留系(未分)呈断层接触。

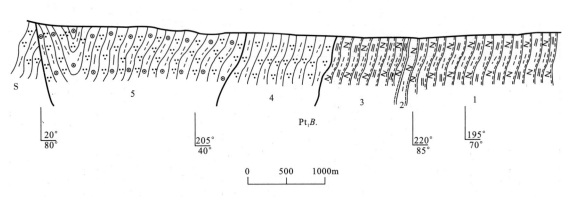

图2-2 阿克陶县霍什别里古元古界布伦库勒岩群简测剖面图

古元古界布伦库勒岩群($Pt_1B.$)	(断裂破坏,未见顶)	**厚>6808.8m**
5.灰色含石榴黑云石英片岩		2962.5m
4.灰色黑云石英片岩		1053.5m
3.深灰色混合质白云黑云斜长片麻岩		851.6m
2.灰色黑云斜长片麻岩		114.0m
1.深灰色混合质白云黑云斜长片麻岩		1827.0m
	(第四系覆盖,未见底)	

2. 阿克陶县小勒布隆剖面

剖面位于阿克陶县木吉乡东小勒布隆北,由新疆地质矿产局第一区调大队(1985)测制,略有改动。

古元古界布伦库勒岩群($Pt_1B.$)	(第四系覆盖,未见顶)	**厚>3349.7m**
6.灰色条带状黑云石英片岩		1821.5m

---

① 新疆地质矿产局第二地质大队.新疆南疆西部地质、矿产图说明书(1:50万),1985.
② 新疆地质矿产局第一区调大队和遥感中心.1:100万新疆维吾尔自治区地质图(数字版),2000.

5. 灰色条纹状黑云斜长片麻岩	233.2m
4. 灰色条纹状糜棱岩化片麻岩	133.5m
3. 灰色条纹状黑云斜长片麻岩	133.5m
2. 灰色条纹状糜棱岩化片麻岩夹暗灰色斜长角闪岩	579.3m
1. 灰色长英质初糜棱岩夹灰白色大理岩	408.7m

(第四系覆盖,未见底)

二、岩石地层划分及其特征

布伦库勒岩群主要为灰色含石榴黑云石英片岩、黑云石英片岩、黑云斜长片麻岩、混合质白云黑云斜长片麻岩,夹斜长角闪岩、石英岩、大理岩,厚3350～6809m。变质变形程度较高,多具糜棱岩化,局部有混合岩化现象。

三、变质变形特征

该套地层岩石中片麻理及脉体揉皱较强,构造置换强烈,原始构造形态已难恢复。褶皱表现为一系列片麻理的平卧褶皱、斜卧褶皱以及片内无根褶皱等,并形成一系列复式背向形构造。塑性流变特征明显,石英脉体拉长,部分地段显示较清楚的变晶糜棱结构,见石英变晶条带、长石旋转碎斑等,表现其遭受过强烈的韧性剪切变形。岩石中有大量长英质脉,花岗质岩脉亦强烈揉皱,呈不规则肠状或拉断成石香肠状。原始结构构造已经过区域变质作用彻底改造。断裂也多为走向断裂,构造走向与区域构造线方向一致。总体已成层状或片状无序的构造岩石地层单元,片褶厚度大于6809m。

四、原岩恢复

依据岩石的矿物成分、产状、共生组合关系,结合岩石化学、地球化学及副矿物特征,将布伦库勒岩群主要岩石类型的原岩恢复如下。

片岩类:空间上层状展布,常与石英岩类相伴产出。原岩主要为泥岩、粉砂质泥岩,部分为泥质粉砂岩。

片麻岩类:空间上层状展布,有石英岩、片岩类夹层相伴产出,片麻岩类原岩主要为杂砂岩,部分角闪石含量偏高而石英含量偏低的岩石原岩中可能有中酸性火山碎屑物质的加入。

五、区域地层对比及时代归属

(一)区域地层对比

区域上布伦库勒岩群在西昆仑山呈北西向广泛出露,岩石组合及变质变形特征差别不大,具很好的可对比性,各地出露地层厚度存在较大差异,从北向南有增加的趋势。在图幅内厚度为3350～6809m。在南邻喀拉马一带总片褶厚度大于3392.55m,下部主要岩性为浅灰色黑云斜长片麻岩、二云斜长片麻岩,少量黑云斜长片麻岩、夕线黑云石英片岩、黑云石英片岩、白云黑云石英片岩,片褶厚度大于1753.91m;上部主要岩性为浅灰黑色黑云石英片岩、含石榴黑云石英片岩、灰色黑云斜长片岩、含夕线黑云斜长片岩,少量黑云斜长片麻岩、石榴夕线黑云石英片岩、夕线黑云石英片岩等,片褶厚度大于1638.64m。

在塔什库尔干县走克本一带主要岩石类型有角闪斜长片麻岩、石榴斜长角闪片麻岩、黑云斜长片麻岩、石榴黑云斜长片麻岩、夕线石榴黑云斜长片麻岩、大理岩,夹大量斜长石英岩、黑云石英片岩和少量安山岩,厚约5874m。在空木达坂一带视厚度超过7000m。瓦恰地区厚大于5170m;马尔洋一带厚度大于5874m；维布隆地区总厚度逾万米。

（二）时代归属探讨

区内布伦库勒岩群未见底，与志留系呈断层接触，从二者的变质变形程度来看，布伦库勒岩群明显高于志留系，因此布伦库勒岩群时代应早于志留纪。

前苏联在西南帕米尔与本群相当的变质岩系中采用U-Pb法和Rb-Sr等时线法测得2130～2700Ma的同位素年龄（新疆地质矿产局，1993）；孙海田（2000）在布伦口湖岸边黑云斜长片麻岩中获得锆石U-Pb年龄为2772±177Ma；本书将布伦库勒岩群时代暂定为古元古代，有可能延续到新太古代。

第二节 中元古界长城系

测区长城系在南天山地层分区和塔南分区均有出露，为中—低级变质岩系。在南天山地层分区称阿克苏岩群，塔南地层分区称赛图拉岩群。

一、南天山地层分区

阿克苏岩群出露于铁孜托—阿克然及休木喀尔一带，呈块状展布，出露面积约550km²。

苏联地质保矿部第十三航空地质大队（1952—1953）在进行新疆喀什西北—克孜勒苏河流域1∶20万地质测量时，将该套地层划归元古宇，并划分出6个岩组①；新疆地质局第二地质大队（1985）将该套地层划归古元古界②；新疆地质矿产局（1993）将该套地层划归长城系阿克苏群；《1∶100万新疆维吾尔自治区地质图》（2000，数字版）将该套地层归长城系阿克苏群③，本书采用长城系阿克苏岩群名称（表2-2）。

表2-2 测区长城系阿克苏岩群划分沿革表

喀什专报（1976）		新疆地质局第二地质大队（1985）	新疆地质矿产局（1993）		《1∶100万新疆维吾尔自治区地质图》（2000，数字版）		本书		
元古宇	钙质片岩及石英岩组	古元古界	长城系	阿克苏群	长城系	阿克苏群	长城系	阿克苏岩群	第三段
	绿帘石黑云母片岩组								第二段
	云母石英岩组								
	碳酸盐黑云母片岩组								第一段
	黑云母片岩及大理岩组								
	瘤状结晶片岩组								

（一）剖面描述

——乌恰县阿克然长城系阿克苏岩群实测剖面

剖面位于乌恰县康苏镇琼也克恰特—吾合沙鲁配种站，起点坐标 $X=4423092, Y=13487343$，

---

① 苏联地质保矿部第十三航空地质大队.1∶20万喀什西北—克孜勒苏河流域地质测量及普查工作报告，1953.
② 新疆地质矿产局第二地质大队.新疆南疆西部地图志、矿产图说明书（1∶50万），1985.
③ 新疆地质矿产局第一区调大队和遥感中心.1∶100万新疆维吾尔自治区地质图（数字版），2000.

$H=3073\mathrm{m}$,剖面总方向为 $278°$,长约 $23.5\mathrm{km}$(图 2-3)。下未见底,下侏罗统莎里塔什组不整合其上。

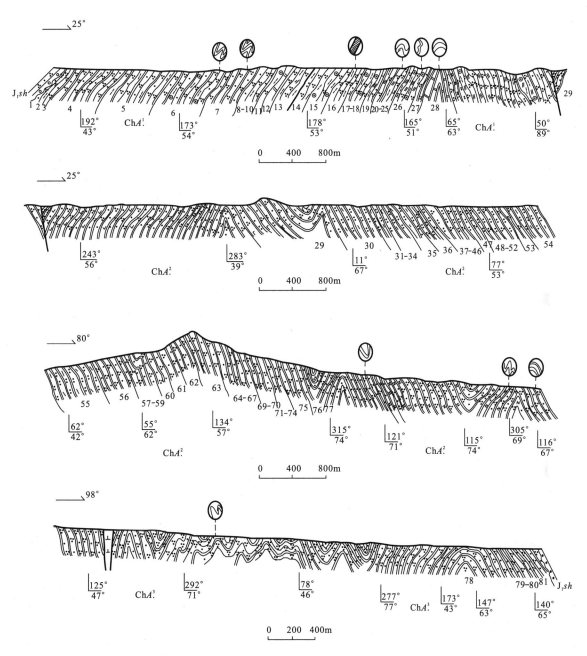

图 2-3　乌恰县阿克然长城系阿克苏岩群实测剖面图

上覆地层:下侏罗统莎里塔什组(J_1sh)　灰色厚层复成分砾岩
~~~~~~~~~~~~~~~~~角度不整合~~~~~~~~~~~~~~~~~

中元古界长城系阿克苏岩群($ChA.$)　　　　　　　　　　　　　　　　　　　　　厚＞7308.13m

第三岩性段($ChA_.^3$)　　　　　　　　　　　　　　　　　　　　　　　　　　厚 248.39m

81. 灰色厚层变细粒石英砂岩　　　　　　　　　　　　　　　　　　　　　　　　139.78m

80. 灰色薄板状变细粒石英砂岩　　　　　　　　　　　　　　　　　　　　　　　　7.75m

79. 灰色厚层变细粒石英砂岩　　　　　　　　　　　　　　　　　　　　　　　　　13.45m

78. 灰色薄层变细粒石英砂岩　　　　　　　　　　　　　　　　　　　　　　　　　87.41m

第二岩性段(ChA_2^2)   厚 **3851.71m**

77. 青灰色中层变细粒石英砂岩   60.04m
76. 绿灰色中厚层变细粒石英砂岩   37.92m
75. 青灰色中薄层变细粒石英砂岩   312.72m
74. 绿灰色中层变细粒石英砂岩   48.06m
73. 青灰色中薄层变细粒石英砂岩   38.45m
72. 青灰色中层变细粒石英砂岩   47.59m
71. 青灰色薄板状变细粒石英砂岩   75.58m
70. 褐灰色中层含砾变细粒石英砂岩   92.01m
69. 青灰色薄板状变细粒石英砂岩   56.66m
68. 褐灰色中层变石英粉砂岩,局部含砾   49.49m
67. 青灰色薄板状变细粒石英砂岩   49.01m
66. 褐灰色中薄层变细粒石英砂岩   32.67m
65. 青灰色薄板状变细粒石英砂岩   76.05m
64. 褐灰色中层变细粒石英砂岩   169.32m
63. 浅灰色中层变细粒石英砂岩   66.41m
62. 褐灰色中层细粒石英砂岩   101.87m
61. 青灰色中薄层变细粒石英砂岩   40.13m
60. 褐灰色中层变细粒石英砂岩   49.39m
59. 青灰色中层变细粒石英砂岩,具水平层理   43.86m
58. 褐灰色中层变细粒石英砂岩   103.29m
57. 灰色中层变泥质石英粉砂岩   68.83m
56. 灰色薄层变细粒石英砂岩   15.82m
55. 褐灰色中层变细粒石英砂岩   190.69m
54. 灰色薄层变泥质石英粉砂岩   635.59m
53. 灰色薄层变细粒石英砂岩   101.35m
52. 浅灰色变石英粉砂岩   58.62m
51. 灰色变石英粉砂岩   223.13m
50. 黑灰色变石英粉砂岩   25.22m
49. 灰白色中薄层变石英粉砂岩   6.30m
48. 黑灰色变石英粉砂岩   18.54m
47. 灰黑色变石英粉砂岩   83.12m
46. 黑灰色变石英粉砂岩   11.87m
45. 灰白色薄层变石英粉砂岩   11.87m
44. 灰色薄层变石英粉砂岩   11.87m
43. 灰色变石英粉砂岩   68.01m
42. 灰黑色变石英粉砂岩   5.84m
41. 灰白色变石英粉砂岩   3.90m
40. 灰色薄层变石英粉砂岩   5.84m
39. 灰黑色变石英粉砂岩   6.0m
38. 黑灰色变石英粉砂岩   3.48m
37. 灰白色薄层变石英粉砂岩   0.63m
36. 灰色薄层变石英粉砂岩   1.90m
35. 灰色中层泥质石英粉砂岩   36.04m
34. 黑灰色中层变泥质石英粉砂岩,水平纹层发育,岩层厚30~40cm   191.65m
33. 灰白色中层变钙质石英粉砂岩,岩层厚20~30cm   3.98m
32. 灰黑色中层变泥质石英粉砂岩   86.17m

31. 灰白色中层变钙质石英粉砂岩，岩层厚 20～30cm	7.93m
30. 灰黑色中层变泥质石英粉砂岩，水平纹层发育，岩层厚 30～40cm	387.12m
29. 灰黑色中层变钙质石英粉砂岩，岩层厚 30～50cm	25.88m

第一岩性段(ChA_1^1)   **厚 3208.03m**

28. 灰红色中薄层磷灰石石英大理岩，夹一层厚约 1.5m 的灰色磷灰石黑云片岩	56.61m
27. 灰色中层变细粒石英砂岩	52.13m
26. 灰色含钙铝榴石黑云白云石英片岩	161.24m
25. 灰色薄板状变钙质石英粉砂岩	76.77m
24. 土黄色中层条带状变钙质石英粉砂岩	10.51m
23. 灰色黑云白云石英片岩	10.51m
22. 土黄色中层条带状变钙质石英粉砂岩	11.97m
21. 灰色黑云白云石英片岩	26.87m
20. 土黄色中层条带状变钙质石英粉砂岩	19.28m
19. 灰色黑云绢云石英片岩与黑灰色薄板状—薄层变钙质细粒石英砂岩互层，二者比例为 1∶1	37.17m
18. 灰色含钙铝榴石黑云石英片岩	180.59m
17. 灰黑色薄板状变钙质细粒石英砂岩与灰色黑云绢云石英片岩互层，二者比例为 1∶1	52.41m
16. 灰色黑云石英片岩，劈理指示南倾地层为倒转产状	73.49m
15. 灰色含钙铝榴石黑云石英片岩	134.22m
14. 灰色中层钙质细粒石英砂岩与灰色黑云绢云石英片岩互层，二者比例为 3∶1	150.0m
13. 灰色中层黑云石英片岩与灰色黑云绢云石英片岩互层，二者比例为 3∶1～3∶2	180.03m
12. 土黄色薄板状—薄层中晶大理岩	65.55m
11. 灰色含钙铝榴石黑云石英片岩	83.78m
10. 灰色中层变细粒石英砂岩与灰色黑云石英片岩互层，二者比例为 3∶1	151.68m
9. 灰色中厚层变细粒石英砂岩	11.06m
8. 灰色含夕线黑云石英片岩与灰色薄板状变细粒石英砂岩互层，二者比例为 1∶1～1∶3	88.50m
7. 灰色中薄层变细粒石英砂岩，同斜紧闭褶皱，褶曲宽 3～5m	277.27m
6. 灰色含钙铝榴石黑云石英片岩与灰色中层变细粒石英砂岩互层，二者比例为 1∶1，发育同斜紧闭褶皱，褶曲宽 4～20m	382.71m
5. 灰色中层细粒石英砂岩与灰色二云石英片岩互层，二者比例为 1∶1	415.59m
4. 灰色中层变细粒石英砂岩与灰色黑云石英片岩互层，二者比例为 1∶1	408.26m
3. 灰色变细粒石英砂岩	43.22m
2. 灰绿色黑云石英片岩	9.92m
1. 土黄色含黄铁矿变细粒石英砂岩	36.69m

（侏罗系覆盖，未见底）

（二）岩石地层划分及其特征

区内阿克苏岩群呈块状近东西向展布，向北延伸出图，东侧被侏罗系不整合覆盖，西侧与泥盆系呈断层接触，南侧与侏罗系、白垩系均呈断层接触，少部分被侏罗系不整合覆盖。根据岩石组合及变质变形特征，由下而上划分为 3 个岩性段，总厚大于 7300m。

1. 第一岩性段(ChA_1^1)

该岩性段主要以变细粒石英砂岩与石英片岩互层为特征，岩石类型主要有灰色中层变细粒石英砂岩、含钙铝榴石黑云白云石英片岩、黑云石英片岩、含钙铝榴石黑云石英片岩、土黄色中层条带状变钙质石英粉砂岩、土黄色及灰红色薄—中层（石英）大理岩，少量灰色黑云绢云石英片岩、黑云白云石英片岩、含夕线黑云石英片岩、灰红色中薄层磷灰石石英大理岩等，厚约 3208m。

2. 第二岩性段（ChA^2）

该岩性段主要为浅变质的细碎屑岩，岩石类型主要有褐灰、青灰色薄板状—中厚层变细粒石英砂岩、黑灰色薄—中层变泥质石英粉砂岩、灰白、灰黑色变石英粉砂岩，少量黑灰色中薄层钙质石英粉砂岩，局部水平纹层发育，厚约3852m。

3. 第三岩性段（ChA^3）

该岩性段主要岩性为灰色厚层变细粒石英砂岩、灰色薄板状变细粒石英砂岩，厚约248m。

（三）原岩恢复

阿克苏岩群为一套低—中级变质岩系，以含大量的黑云母、钙铝榴石为特征，原岩结构、构造大部分被保留（如砂状结构、层状构造等）。空间上呈层状或似层状展布，大理岩、石英岩、变质砂岩、变质粉砂岩均呈层状产出，片岩类原始层理已成构造面理，除了形成紧闭褶皱外，片理走向基本与岩层走向一致。原岩为一套碎屑岩夹碳酸盐岩建造，并有含铜及含磷建造，其沉积环境应为浅海环境。

（四）区域地层对比及时代归属探讨

1. 区域地层对比

阿克苏岩群区域上仅出露于乌什县东南及阿克苏以西地区，为一套蓝闪绿片岩相的变质岩。在乌什县奇格布拉克一带下未见底，上与下震旦统巧恩布拉克组为不整合接触，主要岩性为浅灰绿色绢云绿泥石英片岩、绿帘绿泥石英片岩夹石英岩、石英绿泥片岩等，厚约2464m（新疆区域地层表编写组，1981）；在阿克苏西南的硝尔布拉克以北地区，下未见底，上被下震旦统尤尔美那克组不整合覆盖，主要岩性为灰绿、银灰色绿泥白云钠长石英片岩、钠长绿帘绿泥片岩、钠长白云石英片岩、钠长绿帘绿泥蓝闪片岩、绿帘阳起片岩、黑硬绿泥蓝闪绿帘绿泥片岩，夹蓝闪石片岩、石英岩、磁铁石英岩、蓝闪绿泥石英片岩等，厚约3091m（熊纪斌等，1986）。

2. 时代归属探讨

区内阿克苏岩群被侏罗系不整合覆盖。西侧与泥盆系为断层接触，二者在岩石组合、变质变形程度等方面差别较大，阿克苏群变质程度较高，变形较强，其时代应早于泥盆纪。

熊纪斌、王务严（1986）在阿克苏西南的硝尔布拉克一带的该群中采获全岩Rb-Sr等时线年龄为1720.8Ma和1907.6Ma；中国科学院贵阳地球化学所胡霭琴（1991）在该群中采获Pb-Pb等时线年龄为1663±63Ma；新疆地质矿产局第一区调大队（1998）在1：5万萨瓦亚尔顿地区区调时，在侵入该群的中基性岩脉中采获Sm-Nd等时线年龄为819±57Ma，时代为青白口纪[①]。综上所述，阿克苏群时代为长城纪。

需要指出的是，区内有磷灰石石英大理岩及磷灰石黑云片岩层位，在全国含磷层位多为新元古代—早古生代的地层，因此不排除部分地层为新元古代—早古生代的可能性。

二、塔南地层分区

该地层分区的长城系称赛图拉岩群（ChST.），以推覆体形式出露于恰恰克特达坂一带，出露面

---

① 新疆地质矿产局第一区域地质调查大队.1：5万乌恰县萨瓦亚尔顿地区区域地质调查报告，1998.

积仅 150km²。

新疆地质矿产局第一区域地质调查大队(1985)将该套地层划归下—中志留统[1];新疆地质矿产局第二地质大队(1985)将该套地层划归石炭系[2];《新疆维吾尔自治区区域地质志》(1993)中将该套地层仍归下—中志留统;《1∶100万新疆维吾尔自治区地质图》(2000,数字版)将该套地层划归长城系赛图拉群[3]。新疆地质矿产局第二区域地质调查大队(1994)在进行1∶5万阿克塔什幅区调时将该套地层的东延部分创建蓟县系卡拉更构造岩组[4];本书认为,该套地层与苏盖特一带的长城系赛图拉岩群相同,为苏盖特一带推覆过来的岩块,因此将该套地层划归长城系赛图拉岩群。

(一)岩石地层特征

赛图拉岩群岩石变质程度为低—中等,在区内与中泥盆统克孜勒陶组、下石炭统乌鲁阿特组、下二叠统(未分)及晚石炭世花岗岩体均呈断层接触,主要岩性为浅绿灰色绿帘石英片岩、灰黑色钙质片岩、灰白色薄—中层条带状大理岩及少量黑灰色黑云石英片岩,厚约2490m。

(二)区域地层对比及时代归属

赛图拉岩群在阿克塔什一带为推覆体,岩性为浅灰色糜棱岩化黑云透闪石英片岩、绿泥绢云片岩、黑灰色黑云角闪片岩、灰褐色二云石英片岩、灰白色含石榴斜长片岩、含石榴二云片岩、条带状大理岩等,厚约801m;在奥依塔克南也为推覆体,主要岩性为绢云石英片岩、条带状大理岩、黑云角闪片岩、石榴二云片岩等,厚约1648m。

区域上在公格尔山东侧的苏盖特一带总厚度大于5503.94m,下部主要岩性为含石榴黑云(钠长)变粒岩、含石榴二云片岩,少量含石榴二云石英片岩、黑云变粒岩,厚度大于1666.23m;中部主要岩性为含石榴炭质(钠长)二云片岩、含石榴(炭质)黑云石英片岩、炭质(钠长)二云片岩、黑云(钠长)变粒岩、石榴二云钠长片岩,少量黑云方解片岩,厚2060.98m;上部主要岩性为含石榴黑云(二云)石英片岩、(含石榴)黑云斜长变粒岩、黑云石英片岩、黑云斜长片岩、含石榴二云钠长片岩,少量含石榴石英岩、绿帘斜长变粒岩等,厚度大于1776.73m。在皮山县英西蒙古包一带,下部为变质砾岩夹绿泥石英片岩;中部为绢云绿泥石英片岩、角闪石英片岩、角闪斜长片岩、绿帘石英角闪片岩、绿帘黑云石英片岩与大理岩不均匀互层,夹少量霏细斑岩;上部为大理岩(新疆区域地层表编写组,1981)。

区内赛图拉岩群呈岩块推覆于泥盆系之上,因此其时代应早于泥盆纪,区域上赛图拉岩群与上覆蓟县系桑株塔格群为不整合接触,因此暂将其时代归于长城纪。

第三节 志留系

区内志留系在南天山地层分区和西昆仑地层分区均有出露,南天山地层分区的志留系称塔尔特库里组,分布于吉根一带,呈北北东向带状展布,主要为一套轻微变质的碎屑岩夹碳酸盐岩建造,出露面积约180km²。西昆仑地层分区的志留系(未分),出露于昆盖山南坡及木吉以西地区,呈近东西向带状展布,主要为一套千枚岩夹大理岩建造,出露面积约1000km²。

---

[1] 新疆地质矿产局第一区域地质调查大队.1∶100万西昆仑山布伦口—恰尔隆地区区域地质调查报告,1985.
[2] 新疆地质矿产局第二地质大队.新疆南疆西部地质图、矿产图说明书(1∶50万),1985.
[3] 新疆地质矿产局第一区调大队和遥感中心.1∶100万新疆维吾尔自治区地质图(数字版),2000.
[4] 新疆地质矿产局第二区域地质调查大队.1∶5万阿克塔什幅、奥衣塔克幅区域地质调查报告,1994.

一、南天山地层分区

苏联地质保矿部第十三航空地质大队(1952—1953)在进行新疆喀什西北—克孜勒苏河流域1：20万地质测量时,将吉根一带轻微变质的碎屑岩划归志留系罗德洛—当顿阶[①];在《新疆区域地层表》(1981)中将该套地层划归中志留统;新疆地质矿产局第二地质大队(1985)将该套地层划归志留系罗德洛阶[②];在《新疆维吾尔自治区区域地质志》中(1993)将该套地层划归上志留统科克铁克达坂组;新疆地质矿产局第一区调大队(1998)在萨瓦亚尔顿地区进行1：5万区域地质调查时新建塔尔特库里组,时代归晚志留世[③];在《1：100万新疆维吾尔自治区地质图》(2000,数字版)中沿用塔尔特库里组[④];本书采用塔尔特库里组,按志留纪四分原则,将其时代归为晚—顶志留世(表2-3)。

表2-3 天山地层分区志留系划分沿革表

喀什专报(1976)		新疆地质矿产局第二地质大队(1985)		《新疆维吾尔自治区区域地质志》(1993)		新疆地质矿产局第一区调队(1998)		《1：100万新疆维吾尔自治区地质图》(2000,数字版)		本书	
志留系	罗德洛阶—当顿阶	志留系	罗德洛阶	上志留统	科克铁克达坂组	上志留统	塔尔特库里组	上志留统	塔尔特库里组	上—顶志留统	塔尔特库里组

(一)剖面描述

——乌恰县吉根上—顶志留统塔尔特库里组实测剖面

该剖面位于乌恰县吉根乡北,起点坐标$X=4409976$,$Y=13423385$,$H=2664m$,剖面测制方向为330°,剖面长约9.3km(图2-4)。该剖面下未见底,上与下泥盆统萨瓦亚尔顿组整合接触。

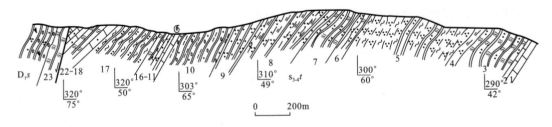

图2-4 乌恰县吉根上—顶志留统塔尔特库里组实测剖面图

上覆地层:下泥盆统萨瓦亚尔顿组(D_1s) 褐灰色变质复成分砾岩

---

① 苏联地质保矿部第十三航空地质大队.1：20万喀什西北—克孜勒苏河流域地质测量及普查工作报告,1953.
② 新疆地质矿产局第二地质大队.新疆南疆西部地质、矿产图说明书(1：50万),1985.
③ 新疆地质矿产局第一区域地质调查大队.1：5万乌恰县萨瓦亚尔顿地区区域地质调查报告,1998.
④ 新疆地质矿产局第一区调大队和遥感中心.1：100万新疆维吾尔自治区地质图(数字版),2000.

上—顶志留统塔尔特库里组($S_{3-4}t$)	厚>1960.34m
23. 黑灰色铁硅质板岩夹浅灰色泥晶灰岩透镜体,偶夹暗灰色薄层硅质岩或透镜体	16.80m
22. 深灰色中厚层亮晶藻屑砂屑灰岩,夹少量黑灰色铁硅质板岩,含海百合茎化石	58.47m
21. 黑灰色铁硅质板岩,夹暗灰色中薄层含砾粗中粒岩屑砂岩	13.75m
20. 暗灰色硅质岩,夹厚约2m深灰色含砾屑泥晶灰岩	4.58m
19. 黑灰色铁硅质板岩夹褐灰色变细粒岩屑砂岩透镜体	2.75m
18. 青灰色厚—巨厚层微晶灰岩,含海百合茎化石,夹灰色铁硅质板岩3层(3m、4m、2m)及深灰色含砾屑泥晶灰岩	33.15m
17. 深灰色含砂砾粉砂质绿泥板岩,夹浅灰色细粒石英砂岩及少量黑灰色铁硅质板岩、深灰色泥晶灰岩透镜体	173.59m
16. 深灰色铁硅质板岩夹薄层变玄武岩透镜体	3.64m
15. 黄绿色变玄武岩,夹一层厚约1.5m深灰色泥晶灰岩	34.31m
14. 褐灰色变细粒石英杂砂岩夹深灰色铁硅质板岩	6.47m
13. 灰黑色含生物碎屑藻灰岩,富含腕足类	11.00m
腕足类化石:*Eoreticularia*? sp.	
12. 深灰色含生物碎屑泥晶灰岩	6.47m
11. 深灰色中厚层含生物碎屑砂屑砾屑灰岩	5.18m
珊瑚化石:*Favosites* sp.	
Mesoseloniella sp.	
Squameofavosites sp.	
Heliolites sp.	
10. 深灰、黑灰色砂砾质粘土板岩夹浅灰色变细粒石英砂岩透镜体	294.14m
9. 浅灰色薄层变细粒石英砂岩夹黑色石英绢云千枚岩及深灰色泥晶生物碎屑灰岩透镜体	139.18m
8. 浅灰色变细粒石英砂岩与黑灰色石英绢云千枚岩不等厚互层	475.13m
7. 褐灰色硅质粉砂质板岩夹少量黑灰色石英绢云千枚岩	83.89m
6. 黑灰色硅质粉砂质板岩与深灰色细粒长石英砂岩不等厚互层,二者比例为1:1~1:2	39.64m
5. 浅绿灰色绿泥石英千枚岩夹硅质粉砂质板岩及褐黄色泥晶灰岩透镜体	314.64m
4. 黑灰色石英绢云千枚岩	46.81m
3. 浅绿灰色含粉砂质硅质板岩	168.69m
2. 灰色碎裂岩化灰岩	19.93m
1. 深灰色糜棱岩化灰岩夹浅灰色碎裂岩化灰岩	6.13m

(构造破坏,未见底)

(二)岩石地层划分及其特征

根据岩石组合,将塔尔特库里组分为四部分,下部主要为千枚岩、硅质板岩;中下部主要为变细粒石英砂岩、板岩及千枚岩,中上部为灰岩及玄武岩;上部主要为板岩、灰岩。总厚度大于1960m。

下部(第1—5层)主要岩性为浅绿灰色绿泥石英千枚岩、含粉砂质硅质板岩、黑灰色石英绢云千枚岩,少量灰岩,厚约556.2m。中下部(第6—10层)主要岩性为浅灰色薄层变细粒石英砂岩、深灰色砂砾质粘土板岩、硅质粉砂质板岩,少量灰岩,厚约1590.18m。中上部(第11—15层)主要岩性为灰黑色含生物屑藻灰岩、深灰色含生物屑泥晶灰岩、中厚层含生物碎屑砂屑砾屑灰岩、黄绿色块状玄武岩(图版Ⅴ,1),夹褐灰色细粒石英杂砂岩和深灰色硅质板岩。灰岩中含珊瑚 *Favosites* sp.,*Mesoseloniella* sp.,*Squameofavosites* sp.,*Heliolites* sp.(图版Ⅴ,2);腕足类 *Eoreticularia*? sp.,厚约63.43m。上部(第16—23层)主要为深灰色含砂砾粉砂质绿泥板岩、深灰色中厚层亮晶藻屑砂屑灰岩、青灰色厚—巨厚层微晶灰岩、黑灰色铁硅质板岩,夹硅质岩、暗灰色中薄层含砾粗中粒岩屑砂岩及浅灰色细粒石英砂岩及深灰色泥晶灰岩透镜体,厚约306.73m。

(三)沉积环境分析

该组地层颜色以灰、深灰、灰黑色为主,砂岩中含较多的成熟度较低的矿物,粒度较细,以粉砂级以下为主,硅质岩较发育,具有浊流沉积特征,属浅海—半深海沉积环境。

(四)区域地层对比及时代归属讨论

1. 区域地层对比

在塔尔特库里标准剖面上划分为4个岩性段,总厚度为3720m。第一段以绢云千枚岩为主夹砂岩,厚约358m;第二段主要为砂岩,少量千枚岩,厚约724m;第三段主要为含粉砂质板岩、绢云板岩、绿泥绢云千枚岩,少量钙质粉砂岩、钙质片岩等,厚约1312m;第四段主要为中—薄层硅质岩、炭质粉砂岩,少量绢云石英千枚岩、石英砂岩,厚约1327m。

从岩石组合上看,第一、二、四段与区内岩石组合基本一致,第三段差别较大,区内为碳酸盐岩及火山岩,塔尔特库里一带为板岩、千枚岩。从厚度上看,塔尔特库里厚度较大,区内较小,从北向南厚度有变小的趋势。

2. 时代归属讨论

(1)塔尔特库里组在区内下未见底,与上覆下泥盆统萨瓦亚尔顿组成整合接触,其时代应早于早泥盆世。

(2)塔尔特库里组含珊瑚 *Favosites* sp.(图版Ⅱ,3、4),*Mesosoleniella* sp.(图版Ⅰ,9),*Squameofavosites* sp.(图版Ⅱ,5、6),*Heliolites* sp.(图版Ⅱ,1、2),时代为中—晚志留世;含腕足类 *Eoreticularia*? sp.,时代为志留纪—泥盆纪。

(3)在大地构造位置上属南天山早古生代裂陷槽,因此其时代应为早古生代。

综上所述,塔尔特库里组时代应为晚—顶志留世。

二、西昆仑地层分区

新疆地质局区域地质测量大队(1967)在进行1:100万木吉—塔什库尔干路线地质、矿产调查报告中将木吉西一套变质地层称木吉群,时代归志留纪—泥盆纪[1];新疆地质矿产局第二地质大队(1985)将该套地层划归志留系—泥盆系木吉群[2];新疆地质矿产局第一区调大队(1985)在进行1:100万布伦口—恰尔隆地区区域地质调查时,将出露于昆盖山南坡的一套碎屑岩夹大理岩,划归下—中志留统[3];在《新疆维吾尔自治区区域地质志》(1993)中将该套地层划归志留系;在《1:100万新疆维吾尔自治区地质图》(2000,数字版)中将其划归为上石炭统塔哈奇组[4];本书采用《新疆维吾尔自治区区域地质志》的划分方案,全部划归志留系(未分)。

(一)剖面描述

1. 阿克陶县铁克塔希志留系(未分)实测剖面

剖面位于新疆阿克陶县木吉乡铁克塔希,起点坐标 $X=4304304$,$Y=13430434$,$H=3799$m,剖

---

[1] 新疆地质局区域地质测量大队.西昆仑地区木吉—塔什库尔干一带1:100万路线地质、矿产调查报告,1967.
[2] 新疆地质矿产局第二地质大队.新疆南疆西部地质图、矿产图说明书(1:50万),1985.
[3] 新疆地质矿产局第一区域地质调查大队.1:100万西昆仑山布伦口—恰尔隆地区区域地质调查报告,1985.
[4] 新疆地质矿产局第一区调大队和遥感中心.1:100万新疆维吾尔自治区地质图(数字版),2000.

面测制总方向为15°,剖面全长约14.52km(图2-5)。

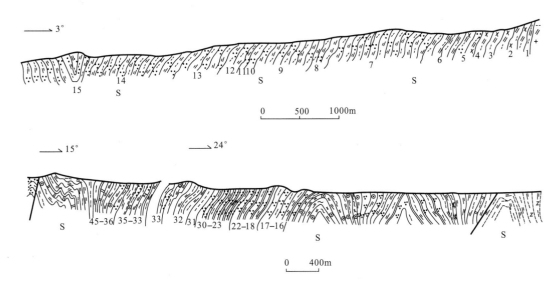

图2-5 阿克陶县铁克塔希志留系实测剖面图

| 志留系(S) | (断裂破坏,未见顶) | 厚>5289.71m |

46. 黑灰色绢云黑云片岩与灰色黑云绢云板岩互层,二者比例为1∶1　　　　　　　　　　48.45m

45. 灰色中层细粒大理岩与黑灰色绢云黑云片岩互层,二者比例为1∶2　　　　　　　　　7.99m

44. 灰色含石榴绢云黑云石英片岩　　　　　　　　　　　　　　　　　　　　　　　　　48.46m

43. 灰色中层细粒大理岩与灰色黑云绢云片岩互层,二者比例为1∶2　　　　　　　　　　9.70m

42. 灰色黑云绢云片岩与灰色绢云黑云片岩互层,二者比例为1∶1~1∶8,向上绢云黑云片岩减少　76.29m

41. 灰绿色绿泥次闪石岩　　　　　　　　　　　　　　　　　　　　　　　　　　　　　23.70m

40. 黑灰色绢云黑云片岩夹灰色中层细粒大理岩,二者比例为10∶1~20∶1　　　　　　14.20m

39. 灰色黑云绢云片岩夹灰色绢云黑云片岩,二者比例为3∶1~5∶1　　　　　　　　　140.40m

38. 灰色含石榴绿泥绢云黑云石英片岩,夹少量灰黑色灰岩透镜体　　　　　　　　　　　75.85m

37. 灰色含石榴绿泥绢云石英片岩夹白色石榴角闪变粒岩,二者比例为8∶1　　　　　　53.65m

36. 灰色黑云变粒岩,夹少量薄层细粒大理岩　　　　　　　　　　　　　　　　　　　　89.90m

35. 灰色黑云变粒岩夹灰白色石榴绿泥长石石英岩,二者比例为8∶1　　　　　　　　　203.71m

34. 灰色千枚状黑云绢云片岩与青灰色绿帘黑云浅粒岩互层,二者比例为1∶1~1∶3　　282.56m

33. 灰色绿帘黑云浅粒岩　　　　　　　　　　　　　　　　　　　　　　　　　　　　　91.0m

32. 灰白色中厚层含绢云黑云石英岩,岩层厚30~50cm　　　　　　　　　　　　　　　11.84m

31. 灰色黑云石英片岩　　　　　　　　　　　　　　　　　　　　　　　　　　　　　　19.73m

30. 灰色巨厚层含绢云石英岩,岩层厚约3m　　　　　　　　　　　　　　　　　　　　23.67m

29. 黑灰色黑云石英片岩　　　　　　　　　　　　　　　　　　　　　　　　　　　　　31.56m

28. 灰色巨厚层含绢云黑云母石英岩,岩层厚3~5m　　　　　　　　　　　　　　　　　80.30m

27. 黑灰色黑云石英片岩　　　　　　　　　　　　　　　　　　　　　　　　　　　　　32.12m

26. 灰色巨厚层含绢云黑云母石英岩,岩层厚3~5m　　　　　　　　　　　　　　　　　56.21m

25. 黑灰色黑云石英片岩　　　　　　　　　　　　　　　　　　　　　　　　　　　　　121.95m

24. 灰色巨厚层含绢云黑云母石英岩,岩层厚2~4m　　　　　　　　　　　　　　　　　61.78m

23. 黑灰色黑云石英片岩　　　　　　　　　　　　　　　　　　　　　　　　　　　　　63.60m

22. 灰色巨厚层含绢云黑云母石英岩,岩层厚2~3m　　　　　　　　　　　　　　　　　20.97m

21. 黑灰色黑云石英片岩　　　　　　　　　　　　　　　　　　　　　　　　　　　　　62.82m

20. 灰色巨厚层含绢云黑云母石英岩,岩层厚2~3m　　　　　　　　　　　　　　　　　104.73m

19. 黑灰色黑云石英片岩　　　　　　　　　　　　　　　　　　　　　　　　　　　　　138.75m

18.灰黑色黑云绢云片岩	141.78m
17.黑灰色块状含石榴绢云母石英岩	40.18m
16.灰色绢云黑云石英片岩夹黑云绢云片岩,二者比例为 2:1～3:1	18.75m
15.灰色绢云黑云石英片岩夹少量黑云绢云片岩	90.0m
14.灰色绢云黑云石英片岩	405.55m
13.灰色绢云黑云石英片岩与灰色黑云绢云石英片岩互层,二者比例为 1:1～1:3	224.40m
12.绿灰色绢云黑云石英片岩夹浅灰色黑云绢云片岩,二者比例为 2:1～3:1	67.60m
11.浅灰色黑云绢云石英片岩	30.80m
10.灰色黑云绢云石英片岩与浅灰色黑云绢云片岩互层,二者比例为 1:1	43.17m
9.灰色黑云绢云石英片岩与绿灰色黑云绢云片岩互层,二者比例为 1:1～3:1	327.60m
8.灰色黑云绢云石英片岩与绿灰色黑云绢云片岩互层,二者比例为 2:1～3:1	152.70m
7.浅灰色黑云绢云石英片岩	479.80m
6.灰色二云片岩	164.80
5.黑灰色含红柱石二云石英片岩	91.60m
4.灰色红柱二云片岩	69.27m
3.黑红色红柱二云片岩	60.60m
2.黑灰色红柱二云片岩	153.35m
1.灰色二云石英片岩	>40.57m

(岩体吞噬,未见底)

2. 阿克陶县怎旦约待克北志留系(未分)简测剖面

该剖面位于阿克陶县怎旦约待克北,起点坐标 $X=4342996,Y=13447163,H=4436m$,剖面方向为 $14°$,剖面长约 1.8km(图 2-6)。南侧被第四系覆盖,北侧被英云闪长岩吞噬。

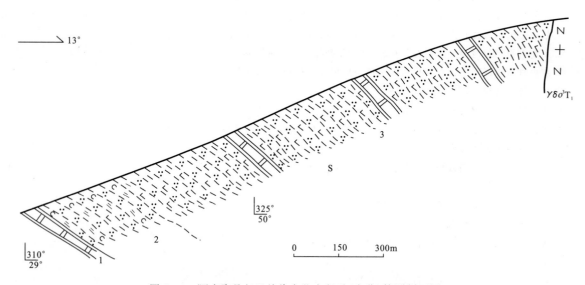

图 2-6 阿克陶县怎旦约待克北志留系(未分)简测剖面图

志留系(S)	(第四系覆盖,未见顶)	**厚>729.1m**
3.灰白色薄层大理岩夹白色条带状大理岩		>606.8m
2.灰黑色含炭质绢云石英千枚岩夹灰绿色绢云绿钙质石英千枚岩		101.1m
1.灰黑色条带状泥钙质石英千枚岩夹白色大理岩		>20.2m

(岩体吞噬,未见底)

(二) 岩石地层划分及其特征

志留系(未分)在木吉西铁克塔希一带出露较全,总厚约 5298m。下部主要岩性为黑云绢云石英片岩、含红柱二云片岩,少量黑云绢云片岩、(含红柱)二云石英片岩、绢云黑云石英片岩等,厚度大于 1681.86m;中部主要岩性为绢云黑云石英片岩、黑云石英片岩、含绢云黑云母石英岩,少量黑云绢云片岩、黑云绢云石英片岩,厚约 1750.69m;上部主要岩性为黑云变粒岩、黑云绢云板岩、绢云黑云片岩,少量含石榴绢云黑云石英片岩、含石榴绿泥绢云石英片岩及大理岩等,厚度大于 1857.16m。

在昆盖山南坡出露不全,主要为灰白色薄层大理岩、灰黑色含炭质绢云石英千枚岩,少量灰黑色条带状泥钙质石英千枚岩及菱铁矿体,厚约 729m。

(三) 区域地层对比及时代归属讨论

该套地层在区内岩石组合及厚度变化不大。在昆盖山一带由于受构造破坏,出露厚度较小;在伊日吉勒嘎一带主要为深灰色绢云黑云石英片岩、绿灰色黑云绢云石英片岩、浅灰绿色绢云石英片岩,厚约 4146m;在库木别勒沟一带主要为黑云石英片岩、二云石英片岩夹较多的斜长角闪片岩及碳酸盐岩。

在区内志留系(未分)与古元古界布伦库勒岩群呈断层接触,其变质变形程度比布伦库勒岩群明显较低,其时代应晚于古元古代。在昆盖山一带与中泥盆统克孜勒陶组呈断层接触,二者在岩石组合、变质变形等方面差异较大,志留系变质变形明显高于中泥盆统克孜勒陶组,其时代应早于中泥盆世。

侵入志留系(未分)的沙热塔什岩体锆石 U-Pb 表面年龄为 274.6Ma,时代为早二叠世,其时代应早于早二叠世。

志留系(未分)在岩石组合、变质变形期次、含矿性等方面上与邻区的温泉沟群及达坂沟群有相似之处,因此将其暂划归志留纪,进一步工作后,有些甚至可直接归温泉沟群或达坂沟群。

第四节 泥盆系

区内泥盆系在南天山地层分区、塔北地层分区和塔南地层分区均有出露,均呈带状展布,但展布方向不同。出露总面积约 1400km²。

南天山地层分区的泥盆系出露于东阿赖地层小区吉根以西至铁列克套一带,呈北北东向带状展布,出露面积约 530km²。出露地层为下泥盆统萨瓦亚尔顿组和中泥盆统托格买提组。

塔北地层分区的泥盆系出露于迈丹它乌地层小区乌鲁克恰提北彻尔顿克托套山—卓尤勒干一带,呈不规则的带状近南北向展布,出露总面积约 170km²。出露地层为塔什多维组。

塔南地层分区的泥盆系出露于阿克萨依巴什—吾鲁尕提一带,呈北西西向带状展布,出露面积约 700km²。出露地层为中泥盆统克孜勒陶组和上泥盆统奇自拉夫组。

一、南天山地层分区

苏联地质保矿部第十三航空地质大队(1953)将本分区的东阿赖地层小区的泥盆系划分为下—中泥盆统艾菲尔阶和中泥盆统吉维齐阶[①];新疆地质矿产局第一区调大队(1985)将该小区的泥盆

---

① 苏联地质保矿部第十三航空地质大队.1:20万喀什西北—克孜勒苏河流域地质测量及普查工作报告,1953.

系划分为下泥盆统台克塔什组和中泥盆统托格买提组①;新疆地质矿产局第二地质大队(1985)将该套地层划分为下—中泥盆统和中泥盆统吉微齐阶②;新疆地质矿产局第一区调大队(1998)在萨瓦亚尔顿地区进行1:5万区域地质调查时,将该地层小区的泥盆系划分为下泥盆统沙尔组、中泥盆统阿帕达尔康组和托格买提组③。在《1:100万新疆维吾尔自治区地质图》(2000,数字版)中将其划分为下泥盆统萨瓦亚尔顿组和中泥盆统托格买提组④;本文采用《1:100万新疆维吾尔自治区地质图》的划分意见(表2-4)。

表2-4 东阿赖地层小区泥盆系划分沿革表

喀什专报 (1976)		新疆地质矿产局 第一区调队(1985)		新疆地质矿产局 第二地质队(1985)		新疆地质矿产局 第一区调队(1998)		《1:100万新疆维吾尔自治区地质图》(2000,数字版)		本书	
中泥盆统	吉微齐阶	中泥盆统	托格买提组	中泥盆统	吉微齐阶	中泥盆统	托格买提组	中泥盆统	托格买提组	中泥盆统	托格买提组
							阿帕达尔康组				
下—中泥盆统	艾菲尔阶	下泥盆统	台克塔什组	下—中泥盆统		下泥盆统	沙尔组	下泥盆统	萨瓦亚尔顿组	下泥盆统	萨瓦亚尔顿组

(一)剖面描述

——乌恰县吉根下—中泥盆统实测剖面

该剖面位于乌恰县吉根乡北,与志留系剖面连续测制,起点坐标 $X=4409976$, $Y=13423385$, $H=2664m$,测制总方向为333°,长约9.3km(图2-7)。与下伏上—顶志留统塔尔特库里组整合接触,上未见顶。

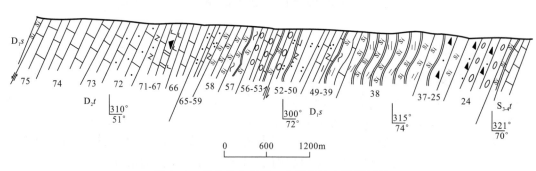

图2-7 乌恰县吉根下—中泥盆统实测剖面图

中泥盆统托格买提组($D_2 t$) (断层切割,未见顶) **厚>2032.93m**

　75. 深灰色厚—巨厚层微晶灰岩　　　　　　　　　　　　　　　　　　176.46m

　74. 深灰色厚—巨厚层泥晶灰岩　　　　　　　　　　　　　　　　　　666.74m

---

① 新疆地质矿产局第一区域地质调查大队.1:100万西昆仑山布伦口—恰尔隆地区区域地质调查报告,1985.
② 新疆地质矿产局第二地质大队.新疆南疆西部地图、矿产图说明书(1:50万),1985.
③ 新疆地质矿产局第一区域地质调查大队.1:5万乌恰县萨瓦亚尔顿地区区域地质调查报告,1998.
④ 新疆地质矿产局第一区调大队和遥感中心.1:100万新疆维吾尔自治区地质图(数字版),2000.

73. 浅灰色厚—巨厚层微晶灰岩　　　　　　　　　　　　　　　　　　　　　　　152.87m
72. 灰、浅灰色厚—巨厚层微晶砂屑灰岩　　　　　　　　　　　　　　　　　　　335.83m
71. 褐灰色变细粒长石石英砂岩与深灰、黑灰色粉砂质板岩不等厚互层,二者比例为1:1.5　11.13m
70. 青灰色块状微晶灰岩　　　　　　　　　　　　　　　　　　　　　　　　　　141.41m
69. 浅绿灰色玄武质角砾熔岩,角砾成分为玄武岩、次棱角状,大小一般为2~5cm,个别可达
　　30cm(为集块),含量20%~40%　　　　　　　　　　　　　　　　　　　　64.36m
68. 青灰色块状微晶灰岩　　　　　　　　　　　　　　　　　　　　　　　　　　42.98m
67. 浅绿色灰色变玄武岩,局部见杏仁状构造　　　　　　　　　　　　　　　　　102.59m
66. 深灰、青灰色块状含生物碎屑灰岩　　　　　　　　　　　　　　　　　　　　338.56m

——————整　合——————

下泥盆统萨瓦亚尔组(D_1s)　　　　　　　　　　　　　　　　　　　　　厚>3509.25m

65. 深灰色薄—中层变细粒石英砂岩与黑灰色中—厚层变细粒石英杂砂岩不等厚互层,二者
　　比例1:2.5~1:3　　　　　　　　　　　　　　　　　　　　　　　　　　67.04m
64. 深灰色块状灰岩质砾岩,砾石成分主要为灰、灰黑色灰岩,棱角—次棱角状,大小悬殊,
　　一般为2~15cm,含量50%~80%　　　　　　　　　　　　　　　　　　　60.60m
63. 浅绿灰色粉砂质板岩　　　　　　　　　　　　　　　　　　　　　　　　　　13.21m
62. 深灰色薄层硅质岩夹浅灰绿色粉砂质板岩　　　　　　　　　　　　　　　　　17.62m
61. 浅绿灰色细砾质细粒石英砂岩夹深灰色薄层细粒岩屑砂岩及青灰色泥晶灰岩透镜体　17.62m
60. 青灰色块状泥晶灰岩　　　　　　　　　　　　　　　　　　　　　　　　　　127.72m
59. 浅绿色灰色中—厚层中粒含岩屑长石石英杂砂岩,夹深灰黑灰色粉砂质板岩及深灰色泥晶灰岩透镜体　34.62m
58. 灰、深灰色薄层硅质岩　　　　　　　　　　　　　　　　　　　　　　　　　286.19m
57. 浅绿灰、黑灰色绢云绿泥硅质板岩夹深灰、黑灰色薄层细粒石英砂岩　　　　　39.58m
56. 灰色厚层砂质砾岩夹深灰、黑灰色中薄层薄晶灰岩　　　　　　　　　　　　　83.67m
55. 深灰、黑灰色碎裂块状泥晶灰岩　　　　　　　　　　　　　　　　　　　　　40.28m
54. 深灰、黑灰色绿泥硅质板岩　　　　　　　　　　　　　　　　　　　　　　　63.98m
53. 灰、深灰色块状细晶灰岩,夹浅绿灰色细粒石英砂岩透镜体　　　　　　　　　18.28m
52. 深灰色薄—中层细—中粒石英砂岩与浅灰色厚层粉砂质板岩不等厚互层,夹黑灰色泥晶灰岩透镜体　42.93m
51. 深灰色厚—巨厚层复成分砾岩与浅灰色巨厚层岩屑杂砂岩不等厚互层　　　　　46.69m
50. 深灰色薄层钙质细粒长石石英砂岩与黑灰色粉砂质板岩互层,二者比例为1:2~1:4,夹少量岩
　　深灰色薄层泥晶灰岩　　　　　　　　　　　　　　　　　　　　　　　　　409.08m
49. 浅绿灰色中厚层不等粒长石杂砂岩　　　　　　　　　　　　　　　　　　　　18.12m
48. 灰色巨厚层泥晶灰岩　　　　　　　　　　　　　　　　　　　　　　　　　　19.19m
47. 浅绿灰色厚层不等粒长石杂砂岩　　　　　　　　　　　　　　　　　　　　　11.78m
46. 浅灰色薄板状钙质不等粒长石石英砂岩与深灰色薄—中层粉砂质板岩不等厚互层,夹少量青灰
　　薄层泥晶灰岩　　　　　　　　　　　　　　　　　　　　　　　　　　　　20.84m
45. 深灰色粉砂质板岩,夹浅灰色薄层细粒长石石英砂岩及灰色薄层泥晶灰岩　　　19.94m
44. 浅绿灰色中—厚层长石石英杂砂岩　　　　　　　　　　　　　　　　　　　　48.64m
43. 灰色块状微晶灰岩夹浅绿灰色粉砂质板岩　　　　　　　　　　　　　　　　　118.68m
42. 黑灰色绢云绿泥硅质板岩,具砂质条带　　　　　　　　　　　　　　　　　　32.10m
41. 深灰、黑灰色块状微晶藻灰岩　　　　　　　　　　　　　　　　　　　　　　34.05m
40. 深灰、黑灰色绢云硅质板岩与浅绿灰色薄—中层不等粒长石石英杂砂岩互层,夹深灰色泥晶
　　白云岩透镜体　　　　　　　　　　　　　　　　　　　　　　　　　　　　62.77m
39. 黑灰、深灰色泥质硅质板岩　　　　　　　　　　　　　　　　　　　　　　　47.80m
38. 浅灰、深灰色绢云硅质板岩,夹少量灰黑色薄层硅质岩　　　　　　　　　　　889.54m
37. 灰黑色薄层硅质岩夹浅灰色绢云硅质板岩　　　　　　　　　　　　　　　　　57.64m
36. 黑灰色薄层硅质岩与浅灰色黑云硅质板岩不等厚互层　　　　　　　　　　　　44.31m
35. 深灰色黑云硅质板岩　　　　　　　　　　　　　　　　　　　　　　　　　　30.46m

34. 浅灰色粉砂质板岩、黑灰色薄层硅质岩、青灰色薄层泥晶灰岩构成的韵律层	8.27m
33. 浅灰色粉砂质板岩与深灰色薄板状细粒岩屑石英砂岩不等厚互层	3.45m
32. 浅灰色薄层硅质岩夹暗灰色粉砂质板岩及青灰色泥晶灰岩透镜体	6.89m
31. 暗灰色粉砂质板岩,夹青灰色泥晶灰岩透镜体	5.51m
30. 浅绿灰色中厚层细粒岩屑石英砂岩	6.89m
29. 深灰、黑灰色泥质硅质板岩夹灰黑色薄层硅质岩	27.57m
28. 浅绿灰色细砾岩(底部厚 3m)、厚—巨厚层不等粒岩屑砂岩	131.34m
27. 黑灰色薄层硅质岩与浅灰色千枚岩不等厚互层,二者比例为 1∶1～2∶1	22.68m
26. 浅灰色薄层细粒岩屑砂岩夹浅绿灰色细砾岩,含砾不等粒岩屑砂岩	56.70m
25. 浅绿灰色厚—巨厚层细粒岩屑砂岩,局部含砾	11.34m
24. 深灰、褐灰色细砾岩与变粗—中粒岩屑砂岩互层,砾岩中砾石成分主要为灰岩、硅质岩、千枚岩、粉砂质板岩等,大小悬殊,一般为 2～50mm,个别可达 10cm,多呈棱角—次棱角状,大部分粒长定向	403.56m

——————整 合——————

下伏地层：上—顶志留统塔尔特库里组($S_{3-4}t$)　黑灰色硅质板岩夹浅灰色泥晶灰岩透镜体

(二)岩石地层划分及其特征

本小区的泥盆系由下而上划分为下泥盆统萨瓦亚尔顿组(D_1s)和中泥盆统托格买提组(D_2t)。萨瓦亚尔顿组可分为 4 部分,底部为粗碎屑岩,下部主要为硅质岩夹碎屑岩、灰岩、千枚岩等,中部主要为板岩、碎屑岩、灰岩,上部主要为硅质岩、灰岩夹碎屑岩。托格买提组主要为一套碳酸盐岩,夹少量火山岩及碎屑岩。

萨瓦亚尔顿组底部(第 24 层)为褐灰色细砾岩与深灰色变粗—中粒岩屑砂岩互层,砾岩中砾石成分主要为灰岩、硅质岩、千枚岩、板岩等,大小悬殊,多呈棱角—次棱角状,大部分为拉长定向,厚约 404m。下部(第 25—42 层)主要为浅灰、深灰色绢云钙质板岩、灰黑色薄层硅质岩、浅灰绿色厚—巨厚层不等粒岩屑砂岩,夹浅灰绿色厚—巨厚层细粒岩屑砂岩、浅灰绿色薄—中层不等粒长石石英杂砂岩、深灰色块状微晶藻灰岩、千枚岩等,厚约 1479m。中部(第 43—50 层)主要为黑灰色粉砂质板岩、灰色块状微晶灰岩、深灰色薄层钙质细粒长石石英砂岩、浅灰绿色长石石英杂砂岩,夹不等粒长石杂砂岩、泥晶灰岩等,厚约 1667m。上部(第 51—65 层)主要为深灰色薄层硅质岩、绢云绿泥硅质板岩、青灰色块状泥晶灰岩、灰色厚—巨厚层砾岩、细粒石英砂岩,夹中粒长石石英杂砂岩、岩性石英砂岩等,厚约 960m。

本次工作在吉根北采获腕足类 *Camarotoechia* sp.,棘皮类 *Melocrinites*? sp.;苏联地质保矿部第十三航空地质大队(1953)[①]在伊尔克什坦河采获珊瑚 *Favosites* sp.,在提克塔什河采获层孔虫 *Rugos* sp.,*Stromatoporoidea* sp.,*Tabulata* sp.,*Paoudomicroplasma* sp.,*Clathrodictyon* sp.,*Amphiproa* sp.,珊瑚 *Coenites* sp.,*C. variabilis* Sokolov,*Striatopora suessi*,*Favosites* sp. 等。

中泥盆统托格买提组主要为灰、浅灰、深灰色厚—块状微晶灰岩、厚—巨厚层泥晶灰岩、微晶砂屑灰岩,下部夹浅灰绿色变玄武岩、玄武质角砾熔岩及少量褐灰色变细粒石英砂岩和黑灰色粉砂质板岩,厚约 2033m。本次在铁列克套山采获珊瑚 *Thamnopora* sp.(图版Ⅱ,8),*Gracilopora* sp.,*Embolophyllum* sp.,*Radiophyllum* sp.,*Pseudamplexus* sp.,*Cladopora* sp.,*Strialoporella* sp.,*Grypophyllum* sp.,*Caliopora* sp.;海绵类 *Paramphipora* sp.;腕足类 *Eospiriferina*? sp.,*Zdimir* cf. *baschkicus* (Vern.)(图版Ⅰ,2、5),*Z. pseudobaschkiricus* (Tschern)(图版Ⅰ,6、7),*Z. strelebniensis* (Andronov),*Sieberella* cf. *sieberi* (Buch)(图版Ⅰ,8),*Acrospirifer* sp.(图版Ⅱ,14),*Cho-*

---

① 苏联地质保矿部第十三航空地质大队.1∶20万喀什西北—克孜勒苏河流域地质测量及普查工作报告,1953.

netes cf. *kwangsiensis* Wang(图版Ⅱ,15),*Ambothyris* sp.；在斯木哈纳南采获珊瑚 *Thamnopora* sp. 等。苏联地质保矿部第十三航空地质大队(1953)[①]在别勒克勒达克托格买提组上部采获珊瑚 *Tabulophyllum wuqiaense* Cai,*Favosites* sp.,层孔虫 *Idiostyoma* sp.,*Paramphipora* sp.；在阔什乌托克河托格买提组下部采获珊瑚 *Grypophyllum* sp.,*Temnophyllum* sp.,*Favosites* sp.,*Pachyfavosites* sp.,*Coenites* sp.,*Acanthophyllum* sp.,层孔虫 *Amphipora* cf. *forresti* (Gregory),*Paramphipora* cf. *macilenta* Yang et Dong,*Stromatoporella* sp. 等。

(三) 中泥盆世生物地层划分及其特征

1. 生物地层划分(珊瑚、腕足类)

区内中泥盆世古生物以珊瑚和层孔虫为主,并含少量腕足类和海绵类,可以建立床板珊瑚 *Favosites - Caliapora* 组合、四射珊瑚 *Temnophyllum - Neospongophyllum* 组合、腕足类 *Zdimir* 组合、层孔虫 *Amphipora* 组合。

2. 生物地层特征

1) *Favosites - Caliapora* 组合

该组合见于托格买提组中,均产于灰岩中,床板珊瑚十分发育,主要属种有 *Favosites* sp.,*Squameofavosites wuqiaensis*,*S*. cf. *multitabulatus*,*S*. sp.,*Pachyfavosites* sp.,*Caliapora* sp.,*C. variabilis*,*C*. sp.,*Thamopora* sp.,*Syringopora* sp.,*Araiostrotion* sp.,*Chaetetes* sp.,*Stereolasma*? sp.,*Cladopora* sp.,*Gracilopora* sp.,*Pseudamplexus* sp.,*Striatopora* sp. 等。该组合以发育蜂巢珊瑚、出现巢孔珊瑚为特征,丰度较高,分异度也较高,个体较大,为底栖固着生物群落,生活于浅水环境,时代为中泥盆世。相当于艾菲尔阶—吉维特阶。

2) *Temnophyllum - Neospongophyllum* 组合

该组合见于托格买提组,产于灰岩中,四射珊瑚十分丰富,主要属种有 *Temnophyllum* sp.,*Grypohyllum* sp.,*Tabulophyllum wuqiaensis*,*Acanthophyllum* sp.,*Neospongophyllum* sp.,*Fasciphyllum* sp.,*Mesophyllum* sp.,*Vepresiphyllum*? sp.,*Embolophyllum* sp.,*Radiophyllum* sp. 等。该组合古生物丰度较高,分异度较高,个体较大,为底栖固着生物群落,生活于浅水环境,时代为中泥盆世。相当于中泥盆统艾菲尔阶—吉维特阶。

3) *Zdimir* 组合

该组合见于托格买提组,产于灰岩中,腕足类较丰富,主要属种有 *Zdimir* cf. *baschkicus*,*Z. pseudobaschkiricus*,*Z. strelebniensis*,*Eoreticularia*? sp.,*Sieberella* cf. *sieberi*,*Eospiriferina*? sp.,*Ambothyris* sp. 等,该组合生物分异度较高,丰度较低,为底栖生物群落,生活于浅水环境。相当于下泥盆统埃姆斯阶—中泥盆统艾菲尔阶。

4) *Amphipora* 组合

该组合见于托格买提组上部,产于灰岩中,层孔虫较丰富,主要属种有 *Rugos* sp.,*Stromatoporoidea* sp.,*Tabulata* sp.,*Paoudomicroplasma* sp.,*Clathrodictyon* sp.,*Amphipora* cf. *forresti*,*A*. sp.,*Paramphipora* cf. *macilenta*,*Stromatoporella* sp.,*Idiostyoma* sp.,*Paramphipora* sp.。该组合分异度较高、丰度中等,为固着的食悬浮物的生物群落,生活于较清澈温暖浅海环境。相当于中泥盆统艾菲尔阶。

---

① 苏联地质保矿部第十三航空地质大队.1∶20万喀什西北—克孜勒苏河流域地质测量及普查工作报告,1953.

(四)区域地层对比及时代归属

1. 区域地层对比

萨瓦亚尔顿组仅分布于东阿赖山地层小区,岩石组合及厚度变化不大(图2-8)。在萨瓦亚尔顿地区主要为碎屑岩夹千枚岩,下与塔尔特库里组呈断层接触,上与下石炭统巴什索贡组也呈断层接触,厚约1547.3m;在铁克塔什一带主要为碎屑岩、千枚岩夹少量硅质岩,厚2409.3m;在阿克铁热克河一带主要为一套变细粒碎屑石英砂岩,厚约2668m;在阔什乌托克河一带变碎屑岩、千枚岩,厚约2221m。与区内不同之处是区内硅质岩及泥硅质板岩厚度较大,层位较多,其他岩石组合基本一致。

托格买提组在区域上岩性变化不大(图2-9),在乌恰县阿铁克塔什一带主要为灰岩夹变质细砂岩,含珊瑚 $Neospongophyllum$? sp.,厚约1965m;在别勒克勒达克一带主要为灰岩夹少量变粉砂质泥岩及粉砂岩,上部灰岩中含珊瑚、层孔虫等,厚约1979m;在阔什乌托克河一带主要为灰岩,含珊瑚、层孔虫等,厚约817m。

2. 时代确定

区内萨瓦亚尔顿组整合于上—顶志留统塔尔特库里组之上,其上与托格买提组整合接触,其时代应晚于志留纪。本组含珊瑚 $Coenites$ sp.,$C. variabilis$ Sokolov,$Striatopora suessi$,$Favosites$ sp.,腕足类 $Camarotoechia$ sp.,层孔虫 $Rugos$ sp.,$Stromatoporoidea$ sp.,$Tabulata$ sp.,$Paoudomicroplasma$ sp.,$Clathrodictyon$ sp.,$Amphiproa$ sp.,时代为早泥盆世。

区内托格买提组整合于下泥盆统萨瓦亚尔顿组之上,含床板珊瑚 $Favosites-Caliapora$ 组合、四射珊瑚 $Temnophyllum-Neospongophyllum$ 组合、腕足类 $Zdimir$ 组合、层孔虫 $Amphipora$ 组合,时代为中泥盆世。

二、塔北地层分区

塔北地层分区的泥盆系仅出露于迈丹它乌地层小区,出露地层为泥盆系塔什多维组,主要为一套浅变质的碎屑岩,出露厚度约1910m。

苏联地质保矿部第十三航空地质大队(1953)将该小区的泥盆系划归下古生界(?)[①];新疆地质矿产局第二地质大队(1985)将该套地层划归下古生界[②];在《新疆维吾尔自治区区域地质志》(1993)中将该套地层划归下—中志留统;新疆地质矿产局第一区调大队(1998)在萨瓦亚尔顿地区进行1:5万区域地质调查时,将该地层小区的泥盆系创建塔什多维组[③]。在《1:100万新疆维吾尔自治区地质图》(2000,数字版)中将该套地层划归下泥盆统萨瓦亚尔顿组[④];本书采用塔什多维组一名,时代归泥盆纪(表2-5)。

表2-5 迈丹它乌地层小区泥盆系划分沿革表

喀什专报 (1976)	新疆地质矿产局第二地质队(1985)	《新疆维吾尔自治区区域地质志》(1993)	新疆地质矿产局第一区调队(1998)		《新疆维吾尔自治区地质图》(2000,数字版)		本书	
下古生界(?)	下古生界	下—中志留统	泥盆系	塔什多维组	下泥盆统	萨瓦亚尔顿组	泥盆系	塔什多维组

---

① 苏联地质保矿部第十三航空地质大队.1:20万喀什西北—克孜勒苏河流域地质测量及普查工作报告,1953.
② 新疆地质矿产局第二地质大队.新疆南疆西部地质图、矿产图说明书(1:50万),1985.
③ 新疆地质矿产局第一区域地质调查大队.1:5万乌恰县萨瓦亚尔顿地区区域地质调查报告,1998.
④ 新疆地质矿产局第一区调大队和遥感中心.1:100万新疆维吾尔自治区地质图(数字版),2000.

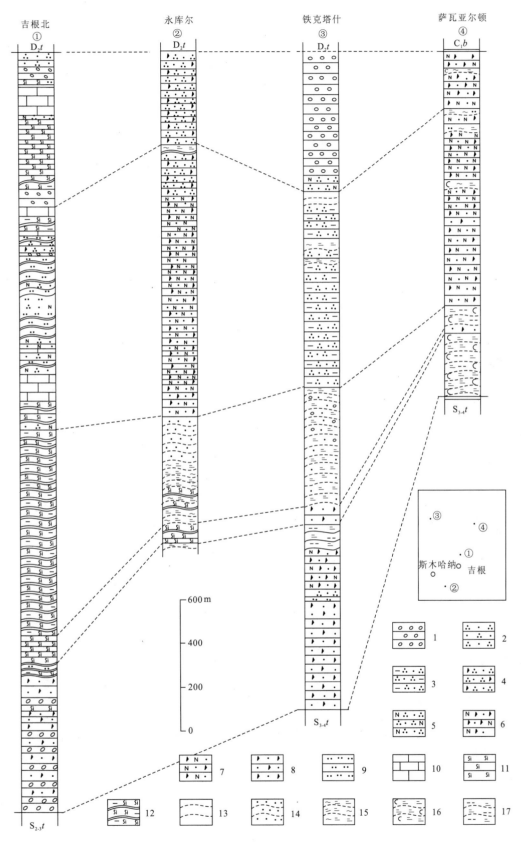

图 2-8 下泥盆统萨瓦亚尔顿组柱状对比图

1.砾岩；2.石英砂岩；3.砂岩杂砂岩；4.岩屑石英砂岩；5.长石石英砂岩；6.长石岩屑砂岩；7.岩屑长石砂岩；
8.岩屑砂岩；9.粉砂岩；10.灰岩；11.硅质岩；12.泥硅质岩；13.千枚岩；14.砂质千枚岩；15.绿泥绢云千枚岩；
16.炭质绢云千枚岩；17.二云片岩

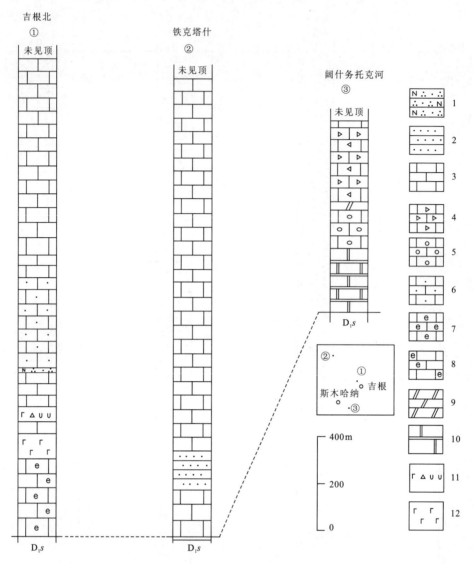

图 2-9 中泥盆统托格买提组柱状对比图

1.长石石英砂岩;2.砂岩;3.灰岩;4.碎屑灰岩;5.砾屑灰岩;6.砂屑灰岩;7.生物屑灰岩;
8.含生物屑灰岩;9.白云岩;10.大理岩;11.玄武质角砾熔岩;12.玄武岩

（一）剖面描述

——乌恰县喀英都泥盆系塔什多维组实测剖面

该剖面位于乌恰县乌鲁克恰提乡北喀英都沟,起点坐标 $X=4429893$，$Y=13450935$，$H=2934m$，测制方向为 $148°$，剖面长约 $3km$（图 2-10）。下未见底,上与上石炭统别根它乌组不整合接触（图版Ⅴ,3）。

上覆地层:上石炭统别根它乌组（C_2bg） 黄灰色厚层砾岩

~~~~~~~~不整合~~~~~~~~

泥盆系塔什多维组（Dt）	厚 1907.2m
三段（Dt^3）	厚 1069.3m
21.灰绿色绿泥绢云千枚岩	40.7m

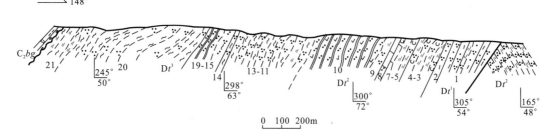

图2-10　乌恰县喀英都泥盆系塔什多维组实测剖面图

20.绿灰色含绢云石英绿泥千枚岩	59.1m
19.灰绿色含绢云石英绿泥千枚岩	548.7m
18.灰绿色薄层变质粉砂岩夹少量乳白色变质粉砂岩透镜体	14.3m
17.乳白色中—薄层变质粉砂岩夹少量灰绿色薄层变质粉砂岩	34.3m
16.灰绿色薄—中层变质粉砂岩夹乳白色变质粉砂岩透镜体	23.8m
15.绿灰色石英千枚岩夹少量灰绿色薄层变质粉砂岩	14.3m
14.灰绿色薄—中层含粉砂绿泥石英千枚岩	13.5m
13.深灰色厚层细晶灰岩	13.5m
12.绿灰色绿泥石英千枚岩	237.0m
11.灰绿色石英绢云绿泥千枚岩	31.1m
10.绿灰色绿泥石英千枚岩	39.0m

—————— 整　合 ——————

二段（Dt^2）　　　　　　　　　　　　　　　　　　　　　　　　　　　　　**厚 658.2m**

10.灰黑色薄层变钙质石英粉砂岩，夹含菱铁矿绢云石英千枚岩	348.0m
9.灰黑色含菱铁矿绢云石英千枚岩夹浅灰色薄层钙粉砂岩	46.1m
8.深灰色纹层状粉砂质粉晶灰岩	25.3m
7.灰黑色薄层微晶灰岩夹较多的变质粉砂岩条带(1cm)	29.0m
6.深灰色石英绢云千枚岩	54.6m
5.浅灰色含菱铁矿粉晶灰岩与灰黄色含炭质石英绢云千枚岩互层，二者比例为1∶2～1∶3	10.2m
4.浅灰色中层细—粉粒长石石英砂岩夹浅灰色绢云石英千枚岩	7.0m
3.深灰色含炭质石英绢云千枚岩夹极少量薄层细粒长石石英砂岩	138.0m

—————— 整　合 ——————

一段（Dt^1）　　　　　　　　　　　　　　　　　　　　　　　　　　　　　**厚＞179.7m**

2.灰色薄—中层中—细粒石英杂砂岩	19.0m
1.灰色中层中—细粒石英杂砂岩夹深灰色石英绢云千枚岩	160.7m

（背斜核部，未见底）

（二）岩石地层划分及其特征

塔什多维组（Dt）下未见底，其上被上石炭统别根它乌组不整合覆盖，由下而上可划分为3个岩性段，总厚约1907m。

一段（Dt^1）主要为灰色薄—中层细粒石英杂砂岩，夹深灰色石英绢云千枚岩，厚度大于180m；二段（Dt^2）主要为深灰色含炭质石英绢云千枚岩、石英绢云千枚岩、灰黑色含菱铁矿绢云石英千枚岩，夹深灰色纹层状粉晶灰岩、灰黑色薄层微晶灰岩及少量浅灰色中层细—粉粒长石石英砂岩，厚约658m。三段（Dt^3）主要为灰绿色含绢云石英绿泥千枚岩、绿灰色绿泥石英千枚岩、灰绿色薄—中层变质粉砂岩,少量绿泥绢云千枚岩、石英绢云绿泥千枚岩、石英千枚岩及深灰色厚层细晶灰岩,厚约1069m。

(三)沉积环境分析

塔什多维组一段主要为中—细粒杂砂岩,颜色以灰色为主,岩层为中—薄层,颗粒磨圆不好,杂基含量较高,含菱铁矿,为海湾沉积环境。二段颜色较深,岩层较薄,颗粒较细,有较多的碳酸盐岩,并含较多的菱铁矿和炭质,为泻湖沉积环境。三段颜色以灰绿色为主,岩层较薄,颗粒较细,为潮坪沉积环境。

(四)区域地层对比及时代归属讨论

1. 区域地层对比

塔什多维组在区域上岩石组合变化不大,厚度变化较大。在塔什多维一带出露不全,并缺失下部层位,主要为变细粒长石石英砂岩、变石英砂岩、变粉砂岩、千枚岩等,含植物化石 *Taeniocrada*? sp.及腕足类印模,厚约1450m。在嘎勒哲吐克亚克一带出露较全,主要为千枚岩、变细粒砂岩、变粉砂岩,少量绢云片岩、石英岩等,厚约5903m。

2. 时代归属讨论

前人将该套地层划归早古生代,但无化石依据,新疆地质矿产局第一区调大队(1998)根据采获的植物化石 *Taeniocrada*? sp.,将其暂定为泥盆系,本书从之。

三、塔南地层分区

区内泥盆系出露于博勒库孜达坂—克孜勒达坂一带,呈北西西向带状展布,出露地层为中泥盆统克孜勒陶组和上泥盆统奇自拉夫组,出露面积约780km²。

1952—1953年,苏联地质保矿部第十三航空地质大队将该套地层划归中古生界[①];新疆地质矿产局第一区调大队(1985)在进行1∶100万布伦口—恰尔隆地区区调时将该套地层划归上泥盆统奇自拉夫组[②];新疆地质矿产局第二地质大队(1985)[③]、在《1∶100万新疆维吾尔自治区地质图》(2000,数字版)[④]中均将该套地层划分为奇自拉夫组。本次从该套地层中解体出中泥盆统克孜勒陶组。

克孜勒陶组由新疆地质矿产局第一区调大队(1985)在进行1∶100万布伦口—恰尔隆地区区调时创建,时代归中泥盆世[⑤]。新疆地质矿产局第二地质大队(1985)[⑥]、在《新疆维吾尔自治区区域地质志》(1989)、《1∶100万新疆维吾尔自治区地质图》(2000,数字版)[⑦]中均沿用此名。

(一)剖面描述

1. 乌恰县伯日科孜中泥盆统克孜勒陶组简测剖面

该剖面位于乌恰县波斯坦铁列克乡伯日科孜,起点坐标 $X=4326584$,$Y=13497167$,$H=3344m$,测制方向为194°,长约4.5km(图2-11)。北侧与长城系赛图拉岩群推覆体呈断层接触,南侧为背斜核部。

---

① 苏联地质保矿部第十三航空地质大队.1∶20万喀什西北—克孜勒苏河流域地质测量及普查工作报告,1953.
②、⑤ 新疆地质矿产局第一区域地质调查大队.1∶100万西昆仑山布伦口—恰尔隆地区区域地质调查报告,1985.
③、⑥ 新疆地质矿产局第二地质大队.新疆南疆西部地图页、矿产图说明书(1∶50万),1985.
④、⑦ 新疆地质矿产局第一区调大队和遥感中心.1∶100万新疆维吾尔自治区地质图(数字版),2000.

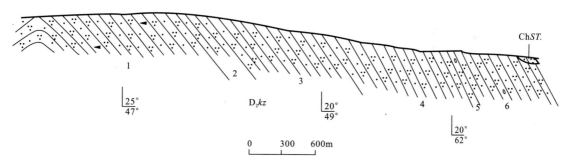

图 2-11 阿克陶县伯日科孜中泥盆统克孜勒陶组简测剖面图

中泥盆统克孜勒陶组（D₂kz）　　　　　　（断层切割，未见顶）　　　　　　　　　　　厚＞**3062.8m**
6. 灰红色厚—巨厚层细粒石英砂岩,夹含砾中粗粒石英砂岩及肉红色细粒岩屑长石砂岩　　470.4m
5. 灰红色厚—巨厚层砾质中粗粒石英砂岩,砾石多被拉长　　　　　　　　　　　　　　　36.2m
4. 灰红色厚—巨厚层中细粒石英砂岩　　　　　　　　　　　　　　　　　　　　　　　753.3m
3. 灰绿色厚—巨厚层中细粒石英砂岩,岩层厚 40～100cm　　　　　　　　　　　　　　716.1m
2. 灰红色厚—巨厚层细粒石英砂岩夹中粒石英砂岩　　　　　　　　　　　　　　　　　150.2m
1. 灰绿色厚—巨厚层细粒石英砂岩夹灰红色厚层细粒岩屑石英砂岩,岩层厚 50～100cm　＞936.6m
　　　　　　　　　　　　　　　　　（背斜核部,未见底）

2. 阿克陶县土曼其上泥盆统奇自拉夫组剖面

该剖面引自木吉—塔什库尔干一带 1∶100 万地质矿产调查报告。

上泥盆统奇自拉夫组（D₃q）　　　　　　（断层切割,未见顶）　　　　　　　　　　　厚＞**1350m**
4. 红紫、紫色厚层泥质粉砂岩、粉砂岩,含孢粉化石　　　　　　　　　　　　　　　　＞450m
　　孢粉化石：*Trachytriletes subminor* Naum.
　　　　　　T. medius Naum.
　　　　　　T. minutus Naum.
　　　　　　T. lasius (W.) Naum.
　　　　　　Tepidozonotriletes sp.
3. 紫红、红紫色中厚层粉砂岩与细砂岩互层　　　　　　　　　　　　　　　　　　　　200m
2. 红紫色中厚层泥质粉砂岩,夹少量杂砂岩　　　　　　　　　　　　　　　　　　　　500m
1. 绿灰、浅绿灰色中厚层灰岩　　　　　　　　　　　　　　　　　　　　　　　　　＞200m
　　　　　　　　　　　　　　　　（第四系覆盖,未见底）

（二）岩石地层划分及其特征

该小区的泥盆系可以划分为中泥盆统克孜勒陶组和上泥盆统奇自拉夫组,克孜勒陶组主要为灰绿色碎屑岩夹红色碎屑岩,厚度大于 3603m；奇自拉夫组主要为红色碎屑岩,含孢粉化石,厚度大于 1350m。

克孜勒陶组（D₂kz）主要为灰绿色厚—巨厚层细粒石英砂岩和灰红色厚—巨厚层细粒石英砂岩,含少量砾质中粗粒石英砂岩及肉红、灰红色细粒岩屑石英砂岩,厚约 3603m。

奇自拉夫组（D_3q）主要为紫红、红紫色中厚层粉砂岩、泥质粉砂岩,细砂岩和浅灰绿色中厚层灰岩,含孢粉 Trachytriletes subminor Naum., T. medius Naum., T. minutus Naum., T. lasius (W.) Naum., Tepidozonotriletes sp., 厚度大于1350m。

（三）区域地层对比及时代归属

1. 区域地层对比

在库山河一带克孜勒陶组下部主要岩性为灰、灰绿色片理化玄武岩、灰绿色安山质凝灰岩、灰绿色变（含砾）中—细粒砂岩杂砂岩,少量浅灰绿色变质砾岩,厚约1165m；中部主要为灰色中厚层变中粒石英杂砂岩、浅灰绿色变质砾岩、黑灰色巨厚层钙质白云岩、深灰色巨厚层中粗粒变石英砂岩及灰白色巨厚层微晶灰岩,少量灰绿色中厚层变细粒石英砂岩,厚约3180m；上部主要为灰、灰红色厚—巨厚层变中—粗粒石英砂岩和浅绿灰色厚—巨厚层变粗中粒石英砂岩,具平行层理和楔状层理,局部夹紫红色粉砂质泥岩和细砾岩,厚约3140m。

在盖孜一带本组上部夹灰黑色泥岩及深灰色含生物屑灰岩,灰岩中含头足类？Ormoceras sp., 苔藓虫 Atactotoechus sp., 珊瑚 Romesis sp., Aulocystis sp., 腕足类 Spiriferid 等化石。本小区的克孜勒陶组仅相当于库山河克孜勒陶组的上部。

在库山河一带奇自拉夫组下部主要为灰红色巨厚层含砾岩屑杂砂岩、灰红色厚层中粒岩屑杂砂岩,夹中层变泥质粉砂岩及砾岩,含砾岩屑杂砂岩中具平行层理、斜层理,厚约750m；中部主要为灰红色中薄层（铁质）粉砂岩、灰红色厚层细粒（铁质）石英砂岩、含砾中粒石英砂岩、含砾中—细粒岩屑石英砂岩、钙质石英砂岩,少量铁质细粒长石石英砂岩、含砾中粒岩屑石英砂岩,厚约2248m；上部主要为灰色厚层细粒石英砂岩、钙质细粒石英砂岩、紫红色厚层（铁质）粉砂岩、紫红色铁质细粒石英砂岩、含砾粗粒岩屑石英砂岩,少量灰绿色中薄层细粒石英杂砂岩、浅灰绿色中厚层含砾石英砂岩、灰绿色中厚层泥质粉砂岩,厚约2067m。本小区的奇自拉夫组相当于库山河地区的中部。

2. 时代归属

克孜勒陶组在库山河地区与上覆奇自拉夫组呈整合接触,上部的灰岩夹层中含头足类？Ormoceras sp., 苔藓虫 Atactotoechus sp., 珊瑚 Romesis sp., Aulocystis sp., 腕足类 Spiriferid 等化石,时代为中泥盆世。

本小区的奇自拉夫组含孢粉 Trachytriletes subminor Naum., T. medius Naum., T. minutus Naum., T. lasius (W.) Naum., Lepidozonotriletis sp.；在库山河地区含植物 Lepidodendropsis sp., Leptophleum rhombicum,时代为晚泥盆世。

第五节 石炭系

区内石炭系出露于塔北地层分区及塔南地层分区。塔北地层分区的石炭系出露于迈丹它乌地层小区乌鲁克恰提北萨瓦亚尔顿河一带,呈带状近南北向展布,出露面积约130km²。由下而上划分为下石炭统巴什索贡组和上石炭统别根它乌组及上石炭统—下二叠统康克林组。

塔南地层分区的石炭系在博托彦-乌依塔克地层小区和阿克萨依巴什山-盖孜地层小区均有出露。博托彦-乌依塔克地层小区的石炭系出露于古鲁滚涅克河—且木干萨依一带,呈近东西向带状展布,出露面积约450km²。阿克萨依巴什山-盖孜地层小区的石炭系,出露于卡拉特河—古肉木土河一带,呈近东西向带状展布,出露面积约25km²。

一、塔北地层分区

苏联地质保矿部第十三航空地质大队(1953)将该小区的石炭系划分为中—上石炭统和上石炭统—下二叠统[①];新疆地质矿产局第二地质大队(1985)将该套地层划分为中—上石炭统和上石炭统康克林组[②];新疆地质矿产局第一区调大队(1998)在萨瓦亚尔顿地区进行1:5万区域地质调查时,由下而上划分为下石炭统巴什索贡组、上石炭统别根它乌组和康克林组[③]。本书采用新疆地质矿产局第一区调大队(1998)划分方案(表2-6)。

表2-6 塔北地层分区石炭系划分沿革表

喀什专报(1976)	新疆地质矿产局地质二队(1985)		新疆地质矿产局第一区调队(1998)		本书	
上石炭统—下二叠统	上石炭统	康克林组	上石炭统	康克林组	上石炭统—下二叠统	康克林组
中—上石炭统	中—上石炭统			别根它乌组	上石炭统	别根它乌组
			下石炭统	巴什索贡组	下石炭统	巴什索贡组

(一)剖面描述

1. 乌恰县萨瓦亚尔顿河石炭系实测剖面

该剖面位于乌恰县乌鲁克恰提乡萨瓦亚尔顿河,起点坐标 $X=4432606$,$Y=13439704$,$H=2968m$,测制总方向为176°,长约13km(图2-12)。下未见底,其上被下白垩统克孜勒苏群江额结尔组不整合覆盖。

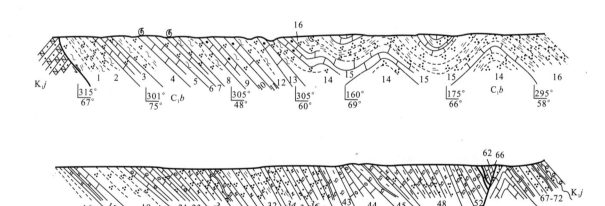

图2-12 乌恰县萨瓦亚尔顿河石炭系实测剖面图

---

① 苏联地质保矿部第十三航空地质大队.1:20万喀什西北—克孜勒苏河流域地质测量及普查工作报告,1953.
② 新疆地质矿产局第二地质大队.新疆南疆西部地质图、矿产图说明书(1:50万),1985.
③ 新疆地质矿产局第一区域地质调查大队.1:5万乌恰县萨瓦亚尔顿地区区域地质调查报告,1998.

上覆地层：下白垩统克孜勒苏群江额结尔组（K_1j）　灰褐色厚层砾岩
～～～～～角度不整合～～～～～

上石炭统别根它乌组（C_2bg） 厚 3088.65m

72. 上部灰色薄层硅质粉砂岩，中下部灰色中厚层细粒长石石英砂岩	4.89m
71. 灰黑色含粉砂质硅质板岩	76.16m
70. 褐灰色薄—中层细粒石英杂砂岩与灰黑色含粉砂质硅质板岩不等厚互层，硅质板岩向上逐渐增厚，韵律层厚 2.3～4.5m	54.68m
69. 褐灰色中—薄层细粒石英砂岩夹灰黑色含粉砂质硅质板岩，二者比例为 4∶1	126.71m
68. 灰黑色含粉砂质硅质板岩	89.06m
67. 深灰色含泥质硅质板岩	
66. 浅灰色厚层钙质砾岩，夹少量灰黑色粉砂质硅质板岩透镜体	32.27m
65. 浅灰色厚层钙质砾岩，夹少量灰黑色含粉砂岩硅质板岩透镜体	3.68m
64. 浅灰色中—厚层含砾细中粒长石石英砂岩，夹少量灰黑色含粉砂质硅质板岩透镜体	12.11m
63. 浅灰色厚层钙质砾岩，砾石成分主要为灰岩，次棱角状，大小一般为 1～4cm，最大达 10cm×40cm，向上砾径变小	30.28m
62. 浅灰色厚层微晶灰岩，含少量黄铁矿晶体，水平纹层发育	105.42m
61. 灰黑色硅质板岩	5.35m
60. 绿灰色薄—中层含粉砂泥晶灰岩	17.05m
59. 深灰色绿泥绢云千枚岩	58.32m
58. 深灰色薄—中层钙质长石粉砂岩	29.22m
57. 灰黑色含粉砂质硅质板岩夹深灰色中层钙质长石粉砂岩，底部为厚约 1.5m 的砾岩	14.61m
56. 灰黑色含粉砂质泥硅质板岩	49.03m
55. 灰褐色厚层砾岩	42.03m
54. 灰黑色含粉砂质泥硅质板岩	10.51m
53. 灰色厚层砾岩	50.85m
52. 灰色薄—中层钙质细粒长石石英杂砂岩与灰黑色含粉砂质泥硅质板岩不等厚互层，二者比例大致为 2∶1	57.30m
51. 灰色薄—中层钙质细粒长石石英杂砂岩与灰黑色含粉砂质泥硅质板岩互层，夹灰色薄—中层砂质砾屑泥晶灰岩	58.90m
50. 灰色厚层微晶灰岩	21.04m
49. 灰色厚层含粉砂质砾屑微晶灰岩	6.88m
48. 灰色薄—中层钙质细粒长石石英杂砂岩与灰黑色含粉砂质泥硅质板岩不等厚互层，二者比例为 1∶1～1∶1.5	438.70m
47. 浅灰色薄—中层钙质细粒长石石英砂岩夹少量灰黑色含粉砂质泥硅质板岩，砂岩层面见不对称波痕，波长 6cm，波高 2cm，陡坡波长 2cm，缓坡波长 4cm，波谷较直	114.43m
46. 灰色厚—巨砾层砾质中—细晶灰岩，砾石成分为灰岩，多呈浑圆状，大小一般为 5～8cm，分布不均匀	27.32m
45. 灰黑色含粉砂泥硅质板岩，夹少量薄层细粒长石石英杂砂岩，砂岩层面上见不对称波痕，波长 6cm，陡坡波长 1.5cm，缓坡波长 4.5cm，波高 1cm（水流方向为 140°）	11.01m
44. 灰色厚—巨厚层砾质中—细晶灰岩	62.01m
43. 灰黑色含粉砂质泥硅质板岩夹少量灰色薄层细粒长石石英杂砂岩	137.43m
42. 灰色薄—中层钙质中—细粒长石石英杂砂岩夹灰黑色含粉砂质泥硅质板岩	9.16m
41. 灰黑色含粉砂质泥硅质板岩夹少量灰色薄层细粒长石石英杂砂岩	18.32m
40. 灰色薄—中层钙质中—细粒长石石英杂砂岩与灰黑色含粉砂质泥硅质板岩不等厚互层，二者比例为 1∶1～1∶1.5	21.96m
39. 灰黑色含粉砂质泥硅质板岩夹灰色薄层细粒长石石英杂砂岩	36.60m
38. 灰色薄—中层钙质中—细粒长石石英杂砂岩夹灰黑色含粉砂质泥硅质板岩	51.09m
37. 灰色薄—中层钙质中—细粒长石石英杂砂岩与灰黑色含粉砂质泥硅质板岩不等厚互层，二者比例	

大致为1:1~1:1.5	220.56m
36.灰色厚层钙质砾岩,砾石成分主要为灰岩,多呈次棱角状—次圆状,一般3~5cm,最大可达8cm×15cm	15.15m
35.灰色中—厚层钙质细粒长石石英杂砂岩夹灰黑色绢云石英千枚岩	15.15m
34.灰色中—厚层钙质细粒长石石英杂砂岩与灰黑色绢云石英千枚岩互层,二者比例约为1:1~1:1.5	201.51m
33.灰色薄—中层钙质细粒长石石英杂砂岩夹灰黑色绢云石英千枚岩	38.19m
32.灰色薄—中层细粒长石石英砂岩与灰黑色绢云石英千枚岩互层,二者比例约为1:1~1:1.5	170.62m
31.灰色薄—中层细粒长石石英砂岩夹灰黑色绢云石英千枚岩	58.68m
30.灰色薄—中层细粒长石石英砂岩与灰黑色绢云石英千枚岩互层,二者比例约1:1~1:1.5	95.05m
29.灰色薄—中层细粒长石石英砂岩夹少量灰黑色泥硅质板岩	58.49m
28.灰色薄层细粒长石石英砂岩与灰黑色泥硅质板岩韵律互层,韵律层厚15~30cm	109.19m
27.灰色中层细粒长石石英砂岩夹少量灰黑色泥硅质板岩	36.40m
26.灰色薄层细粒长石石英砂岩与灰黑色泥硅质板岩互层,二者比例为1:1~1:1.5	27.43m
25.灰色薄—中层细粒长石石英砂岩	137.14m
24.灰色薄层细粒长石石英砂岩	21.25m

——————整 合——————

下石炭统巴什索贡组(C_1b) **厚＞2210.98m**

23.灰色厚—巨厚层砾质细—粉晶灰岩,砾石成分主要为灰岩,多呈次棱角状—次圆状,大小一般为3~5cm,分布不均匀,含量约45%	120.57m
22.灰色薄—中层细粒长石石英砂岩与灰黑色泥硅质板岩互层	24.30m
21.灰色厚—巨厚层砾质微晶灰岩	182.97m
20.灰黑色含铁质石英千枚岩夹浅灰白色厚层菱铁质岩	30.30m
19.灰黑色石英千枚岩	206.35m
18.灰色厚层微晶灰岩夹灰黑色石英千枚岩	41.48m
17.白色厚层细粒大理岩夹少量砾质灰岩	70.25m
16.灰色含绢云石英千枚岩夹深灰色绢云石英千枚岩	110.12m
15.灰色厚—巨厚层砾质微晶灰岩,砾石成分主要为灰岩,大小一般为3~4cm,最大可达10cm,多呈次圆状—次棱角状,含量约40%	88.68m
14.深灰色中—厚层绿泥石英千枚岩	88.04m
13.灰色厚—巨厚层砾质微晶灰岩,砾石成分主要为灰岩,多呈次棱角状—次圆状,一般1cm×4cm,最大为15cm×40cm,长轴方向平行于层面,含量约40%	20.82m
12.深灰色中—厚层绿泥石英千枚岩	136.68m
11.灰色厚—巨厚层砾质微晶灰岩	77.16m
10.灰黑色薄—中层含铁质绿泥石英千枚岩夹深灰色薄板状细粒长石石英砂岩	69.83m
9.灰色厚—巨厚层砾质微晶灰岩	120.62m
8.深灰色薄—中层含铁质绿泥石英千枚岩	138.39m
7.灰色薄—中层砂质细—微晶灰岩与深灰色薄—中层含铁质绿泥石英千枚岩韵律性互层,韵律层厚20~50cm,灰岩中含筳 Schubertella sp.,? Profusulinella sp.	101.92m
6.深灰色薄—中层石英绿泥千枚岩	52.21m
5.灰色薄—中层细—粉晶灰岩与深灰色薄—中层粉砂质微晶灰岩韵律性互层,粉晶灰岩中含筳化石 筳化石:? Pseudostaffella sp.	101.03m
4.灰黑色绢云绿泥石英千枚岩	186.82m
3.深灰色薄—中层藻球粒粉晶灰岩	54.03m
2.灰色绢云绿泥石英千枚岩夹少量深灰色薄—中层藻球粒粉晶灰岩	129.35m
1.浅灰色绢云绿泥石英千枚岩	58.06m

(断层切割,未见底)

2. 乌恰县阿尔恰阔若上石炭统—下二叠统康克林组实测剖面

该剖面位于乌恰县乌鲁克恰提乡阿尔恰阔若,起点坐标 $X=4419391,Y=13435196,H=2827m$,测制方向为 $216°$,长约 $600m$(图 2-13)。下与上石炭统别根它乌组整合接触,其上被下白垩统江额结尔组不整合覆盖。

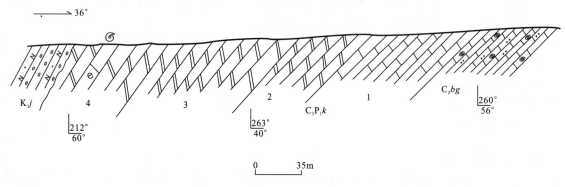

图 2-13 乌恰县阿尔恰阔若上石炭统—下二叠统康克林组实测剖面图

上覆地层:下白垩统江额结尔组(K_1j) 灰褐色厚层砾岩

～～～～～～角度不整合～～～～～～

上石炭统—下二叠统康克林组(C_2P_1k)   **厚 181.79m**

4. 浅红色块状细晶白云岩夹含生物碎屑细晶灰岩,含珊瑚   66.21m

   珊瑚化石:*Hunanoclisia* sp.

            Dibunophyllum sp.

           ? *Corwenia* sp.

            Solenodendron sp.

           ? *Caninia* sp.

3. 浅红色巨厚层细晶白云岩   44.91m
2. 浅红色厚层中—细晶白云岩   24.49m
1. 灰红色中层微—泥晶灰岩   46.18m

——————整 合——————

下伏地层:上石炭统别根它乌组 灰黑色薄层含藻微晶灰岩夹深灰色薄层含粉砂质微晶灰岩

(二)岩石地层划分及其特征

该小区的石炭系由下而上可划分为下石炭统巴什索贡组(C_1b)、上石炭统别根它乌组(C_2bg)和上石炭统—下二叠统康克林组(C_2P_1k)。

巴什索贡组下未见底,上与别根它乌组整合接触,主要为千枚岩与碳酸盐岩不等厚互层,厚约 2210m。别根它乌组与上覆康克林组呈整合接触,主要为碎屑岩和硅质板岩,厚约 3089m。康克林组主要为一套碳酸盐岩,厚约 182m。

巴什索贡组下部(第 1—8 层)浅灰色含铁质绿泥石英千枚岩、灰色绢云绿泥石英千枚岩、灰色薄—中层砂质细—粉晶灰岩、粉—微晶灰岩,少量藻球粒粉晶灰岩,灰岩中含䗴、珊瑚等化石,厚约 822m。上部(第 9—23 层)主要为灰色厚—巨厚层砾质微晶灰岩、砾质细—粉晶灰岩、深灰色绿泥石英千枚岩、石英千枚岩,少量微晶灰岩、细粒长石石英砂岩、泥硅质板岩等,厚约 1388m。新疆地质矿产局第一区调大队(1998)在本区采获珊瑚 *Neoclisiophyllum* sp.，*Caninia* sp.，*Arachnolasma* sp. 等化石。

别根它乌组下部(第 23—34 层)主要为灰色薄—中层细粒长石石英(杂)砂岩、灰黑色绢云石英千枚岩、灰黑色泥硅质板岩，厚约 969m。中部(第 35—51 层)主要为灰色薄—中层钙质中—细粒长石石英杂砂岩与灰黑色含粉砂质泥硅质板岩互层，夹灰色厚—巨厚层砾质中—细晶灰岩、灰色厚层(砾屑)微晶灰岩、及少量钙质砾岩，厚约 1308m。上部(第 52—71 层)主要为灰黑色含粉砂质泥硅质板岩、浅灰、灰褐色厚层砾岩、微—泥晶灰岩，夹绿泥绢云千枚岩、细粒石英砂岩等，厚约 812m。新疆地质矿产局第一区调大队(1998)在本区采获鲢 *Schubertella* sp.，*Rugosofusulina* sp.，珊瑚 *Bothrophyllum* sp. 等化石。

康克林组主要为灰红色厚—块状中—细晶白云岩、中层微—泥晶灰岩，夹含生物碎屑细晶灰岩，厚约 182m。本次采获珊瑚 *Hunanoclisia* sp.，*Dibunophyllum* sp.，? *Corwenia* sp.，*Solenodendron* sp.，? *Caninia* sp. 等化石。新疆地质矿产局第一区调大队(1998)[①]在本区采获鲢 *Triticites* cf. *pseudosimplex* Chen，*T. planoseptus* Chang，*T.* sp.，*Rugosofusulina serrata* Rauser，*R.* sp.，*Pseudofusulina* sp.，*Qzawainella* sp.，*Schwagerina* cf. *cylindrical* Sun，*Quasifusulina phaselus* (Lee)，*Schubertella paramelonica* var. *minor* Sulemanov，*S. kingi* Dunbar et Skinner 等化石。

(三)区域地层对比及时代归属

1. 区域地层对比

巴什索贡组在区域上主要为碳酸盐岩夹碎屑岩(图 2-14)。区内主要为碎屑岩与碳酸盐岩互层；在阿图什市巴什索贡山一带主要为一套灰岩，含少量碎屑岩，含较丰富的腕足类，与上覆别根它乌组为不整合接触，厚约 1200m(新疆地质矿产局，1999)；在阿合奇县卡拉托鲁克牧区附近主要为碎屑岩和夹灰岩，含腕足类、珊瑚、腹足类等化石，与上覆别根它乌组整合接触，厚约 200m(新疆地质矿产局，1999)。

别根它乌组在别根它乌山一带主要为砂岩、粉砂岩、灰岩、钙质砾岩、泥岩等，含腕足类、鲢等，该组以显著不整合覆盖于古生代不同地层之上，其上与康克林组部整合接触，厚约 1000m(新疆地质矿产局，1999)。

康克林组在柯坪县苏巴什一带，主要为一套碳酸盐岩夹少量碎屑岩，含鲢、腕足类、珊瑚、腹足类化石，厚约 50m(新疆地质矿产局，1999)。

2. 时代归属

巴什索贡组下未见底，上与别根它乌组整合接触，含珊瑚 *Neoclisiophyllum* sp.，*Caninia* sp.，*Arachnolasma* sp. 等化石，时代为早石炭世。别根它乌组含鲢 *Schubertella* sp.，*Rugosofusulina* sp.，珊瑚 *Bothrophyllum* sp. 等化石，时代为晚石炭世。康克林组含珊瑚 *Hunanoclisia* sp.，*Dibunophyllum* sp.，? *Corwenia* sp.，*Solenodendron* sp.，? *Caninia* sp.，*Dibunophyllum* sp.，*Zaphrenties* sp.，*Neoclisophyllum* sp.，*Auloclisia* sp.；鲢 *Triticites* cf. *pseudosimplex* Chen，*T. planoseptus* Chang，*T.* sp.，*Rugosofusulina serrata* Rauser，*R.* sp.，*Pseudofusulina* sp.，*Qzawainella* sp.，*Schwagerina* cf. *cylindrical* Sun，*Quasifusulina phaselus* (Lee)，*Schubertella paramelonica* var. *minor* Sulemanov，*S. kingi* Dunbar et Skinner 等化石。时代为晚石炭世—早二叠世。

---

① 新疆地质矿产局第一区域地质调查大队. 1∶5 万乌恰县萨瓦亚尔顿地区区域地质调查报告，1998.

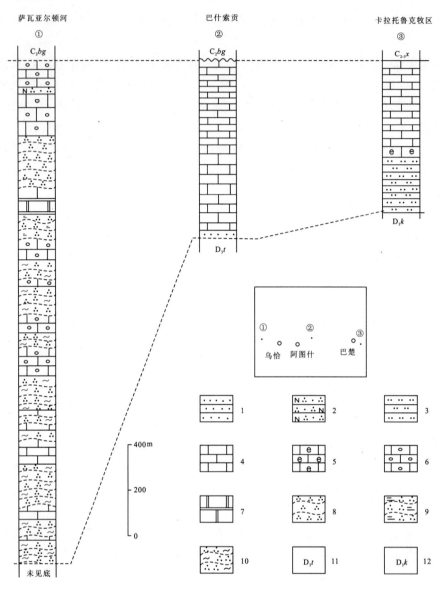

图 2-14 下石炭统巴什索贡组柱状对比图

1.砂岩;2.长石石英砂岩;3.粉砂岩;4.灰岩;5.生物屑灰岩;6.砾质灰岩;7.大理岩;8.石英千枚岩;9.绢云石英千枚岩;10.绿泥石英千枚岩;11.上泥盆统坦盖塔尔组;12.上泥盆统克孜尔塔格组

二、塔南地层分区

该分区的石炭系出露于博托彦-乌依塔克地层小区及阿克萨依巴什山-盖孜地层小区。博托彦-乌依塔克地层小区的石炭系主要为下石炭统乌鲁阿特组,为一套火山熔岩。阿克萨依巴什山-盖孜地层小区的石炭系主要为上石炭统(未分),为一套碳酸盐岩。

(一)博托彦-乌依塔克地层小区

新疆地质矿产局第一区调大队(1985)将该小区的石炭系划归下—中石炭统[①];新疆地质矿产局第二地质大队(1985)将该套地层划归下二叠统阿克塞巴什组[②],在《新疆维吾尔自治区区域地质

---

① 新疆地质矿产局第一区域地质调查大队.1:100万西昆仑山布伦口—恰尔隆地区区域地质调查报告,1985.
② 新疆地质矿产局第二地质大队.新疆南疆西部地质图、矿产图说明书(1:50万),1985.

志》(1993)中将该套地层划归下—中石炭统;新疆地质矿产局第二区调大队(1994)将该套地层划归下石炭统乌鲁阿特组①,在《1:100万新疆维吾尔自治区地质图》(2000,数字版)中②沿用此划分方案。本书采用乌鲁阿特组名称,时代划归早石炭世(表2-7)。

表2-7 博托彦—乌依塔克地层小区石炭系划分沿革表

新疆地质矿产局第一区调队(1985)	新疆地质矿产局第二地质队(1985)	《新疆维吾尔自治区区域地质志》(1993)	新疆地质矿产局第二区调大队(1994)	《1:100万新疆维吾尔自治区地质图》(2000,数字版)	本书
下—中石炭统	下二叠统 阿克塞巴什组	下—中石炭统	下石炭统 乌鲁阿特组	下石炭统 乌鲁阿特组	下石炭统 乌鲁阿特组

1. 剖面描述

——乌恰县且木干萨依下石炭统乌鲁阿特组剖面

该剖面引自1:5万喔尔托克幅区调报告(略有改动),剖面位于乌恰县膘尔托阔依乡喔尔托克南且木干萨依,测制方向为60°,剖面长约7km。

上覆地层:中二叠统棋盘组(P_2q) 暗褐色砾岩

～～～～～～～～～～角度不整合～～～～～～～～～～

下石炭统乌鲁阿特组(C_1w) 厚>2614.06m

57. 浅灰色英安岩	6.45m
56. 灰绿色蚀变杏仁状玄武岩	66.45m
55. 暗紫灰色蚀变枕状玄武岩	31.31m
54. 灰绿色蚀变枕状玄武岩	71.38m
53. 粉晶灰岩	1.27m
52. 灰绿色块状弱蚀变杏仁状玄武岩	19.86m
51. 浅灰色英安岩	4.60m
50. 紫红色枕状橄榄玄武岩	30.85m
49. 灰绿色块状杏仁状玄武岩	31.30m
48. 紫红色杏仁状玄武岩	8.75m
47. 灰绿色英安岩	19.11m
46. 灰绿色块状杏仁状玄武岩	28.90m
45. 灰绿色枕状杏仁状玄武岩	22.37m
44. 灰绿色块状杏仁状玄武岩	115.72m
43. 灰绿色块状玄武安山岩	187.88m
42. 灰绿色块状玄武岩	33.99m
41. 灰绿色枕状橄榄球颗玄武岩	33.20m
40. 灰绿色枕状球颗玄武岩	29.01m
39. 灰绿色枕状玄武岩	68.26m
38. 灰绿色枕状球颗玄武岩	21.69m
37. 灰绿色枕状玄武安山岩	18.12m
36. 灰绿色枕状球颗玄武岩	13.57m

---

① 新疆地质矿产局第二区域地质调查大队.1:5万阿克塔什幅、奥衣塔克幅区域地质调查报告,1994.
② 新疆地质矿产局第一区调大队和遥感中心.1:100万新疆维吾尔自治区地质图(数字版),2000.

35. 灰绿色枕状玄武岩	35.59m
34. 灰绿色枕状球颗玄武岩	98.36m
33. 灰绿色枕状玄武岩	27.94m
32. 灰绿色球颗玄武岩	188.41m
31. 灰绿色枕状玄武岩	114.61m
30. 灰绿色球颗玄武岩	207.36m
29. 灰绿色枕状橄榄球颗玄武岩	22.56m
28. 灰绿色枕状玄武岩	28.87m
27. 灰绿色枕状球颗玄武岩	192.36m
26. 深灰绿色枕状玄武岩	15.74m
25. 深灰绿色枕状球颗玄武岩	34.66m
24. 深灰绿色枕状玄武岩	22.97m
23. 深灰绿色枕状球颗玄武岩	23.57m
22. 深灰绿色枕状玄武岩	36.54m
21. 灰绿色安山质英安岩	5.06m
20. 灰绿色枕状球颗玄武岩	59.02m
19. 灰绿色火山角砾岩	14.93m
18. 灰绿色枕状球颗玄武岩	56.59m
17. 灰绿色块状杏仁状玄武岩	37.18m
16. 灰绿色生物屑泥晶灰岩	0.23m
15. 灰绿色砾岩	30.13m
14. 灰绿色枕状玄武岩	78.89m
13. 灰绿色枕状玄武岩	40.45m
12. 灰绿、紫红色枕状玄武岩	90.35m
11. 灰绿色枕状玄武岩	31.81m
10. 灰绿、紫红色枕状玄武岩	79.13m
9. 灰绿、紫红色枕状球颗玄武岩	24.88m
8. 灰绿、紫红色枕状玄武岩	4.61m
7. 灰绿、紫红色枕状球颗玄武岩	28.50m
6. 灰绿、紫红色枕状玄武岩	42.48m
5. 灰绿、紫红色枕状球颗玄武岩	4.80m
4. 灰绿、紫红色枕状玄武岩	4.14m
3. 灰绿、紫红色枕状球颗玄武岩	16.99m
2. 灰绿、紫红色枕状玄武岩	33.79m
1. 灰绿、紫红色球颗玄武岩	>16.73m

(断层切割,未见底)

2. 岩石地层划分及其特征

乌鲁阿特组(C_1w)岩性组合较单一,主要为一套玄武岩。可划分为 3 部分(即 3 个亚旋回),9 个韵律。每个亚旋回均为火山熔岩—沉积岩,每个韵律表现各不相同,大部分为基性熔岩—中酸性熔岩、基性熔岩—沉积岩。

该组下部(第 1—16 层)主要为灰绿、紫红色枕状玄武岩、枕状球颗玄武岩,少量枕状橄榄玄武岩、灰绿色砾岩及极少量的生物屑泥晶灰岩,厚约 528m;中部(第 17—43 层)主要为灰绿色枕状球颗玄武岩、枕状玄武岩、球颗玄武岩、玄武安山岩,少量枕状橄榄球颗玄武岩、块状杏仁状玄武岩、火山角砾岩及安山质英安岩,厚约 1628m;上部(第 44—57 层)主要为灰绿、紫红色块状杏仁状玄武岩、蚀变枕状玄武岩,少量浅灰色英安岩和极少量粉晶灰岩,厚约458m。

3. 区域地层对比及时代归属讨论

1) 区域地层对比

乌鲁阿特组在乌鲁阿特一带主要为玄武岩、枕状玄武岩、玄武安山岩等,厚约718m。在古鲁滚涅克一带,主要为暗绿、灰紫色杏仁状玄武岩、块状玄武岩、枕状玄武岩、辉石安山岩,少量橄榄玄武岩、英安岩等,厚约3276m。在奥依塔克一带乌鲁阿特组出露总厚约1953m,下部主要为灰绿色变质玄武岩、杏仁状玄武岩夹浅灰色安山岩,厚约1269m;中部为紫灰色中—厚层炭质泥质灰岩,夹浅灰绿、灰绿色薄层大理岩,厚约128m;上部主要为变质安山岩夹紫灰色英安岩,厚约556m。

2) 时代归属讨论

(1) 乌鲁阿特组下未见底,区内被中二叠统棋盘组不整合覆盖,其时代应早于中二叠世。

(2) 新疆地质矿产局第二区调大队(1995)在乌鲁阿特组采获Pb-Pb同位素年龄343Ma,侵入乌鲁阿特组的花岗岩年龄为318Ma,因此,将时代确定为早石炭世。

(3) 新疆地质矿产局第一区调队(1985)在果勒多孙灰岩夹层中采获珊瑚 *Diphyphyllum platiforme* Yu,时代为早石炭世。

综上所述,乌鲁阿特组时代应为早石炭世。

(二) 阿克萨依巴什山-盖孜地层小区

该小区的石炭系前人划分均不相同(表2-8)。新疆地质矿产局第一区调大队(1985)将该套地层划归上石炭统[①];新疆地质矿产局第二地质大队(1985)将该套地层划归石炭系(未分)[②],在《新疆维吾尔自治区区域地质志》(1993)中将该套地层划归下—中石炭统;在《1:100万新疆维吾尔自治区地质图》(2000,数字版)中将其划归上石炭统塔哈奇组[③];本书认为,该套地层与塔哈奇组在岩性组合特征上明显不同,暂划归上石炭统(未分)。

表2-8 阿克萨依巴什山—盖孜地层小区石炭系划分沿革表

新疆地质矿产局第一区调队(1985)	新疆地质矿产局第二地质队(1985)	《新疆维吾尔自治区地质志》(1993)	《1:100万新疆维吾尔自治区地质图》(2000,数字版)		本书
上石炭统	石炭系	下—中石炭统	上石炭统	塔哈奇组	上石炭统

1. 剖面描述

——阿克陶县玛尔坎土山上石炭统(未分)实测剖面

该剖面位于阿克陶县木吉乡玛尔坎土山,起点坐标 $X=4358794$,$Y=13419024$,$H=3188m$,测制总方向为243°,长约1100m(图2-15)。剖面下未见底,上与下二叠统(未分)整合接触。

---

① 新疆地质矿产局第一区域地质调查大队.1:100万西昆仑山布伦口—恰尔隆地区区域地质调查报告,1985.
② 新疆地质矿产局第二地质大队.新疆南疆西部地图、矿产图说明书(1:50万),1985.
③ 新疆地质矿产局第一区调大队和遥感中心.1:100万新疆维吾尔自治区地质图(数字版),2000.

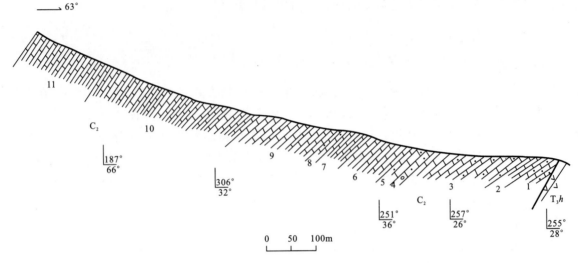

图 2-15 阿克陶县玛尔坎土山上石炭统(未分)实测剖面图

上覆地层:下二叠统灰绿色变安山质晶屑凝灰岩
———————— 整 合 ————————

上石炭统(C_2)   **厚＞533.11m**

11. 灰、灰黑色片理化泥晶灰岩,夹灰绿色片理化泥晶灰岩   46.85m

10. 灰黑色薄层泥晶灰岩夹黑色厚层泥晶灰岩及薄层泥晶灰岩   116.56m

9. 灰、灰黑色厚层泥晶灰岩夹薄层泥晶灰岩及灰色含砂屑泥晶灰岩   102.98m

8. 灰色薄板状含砂屑泥晶灰岩夹浅灰色薄层含粉砂质泥晶灰岩   11.14m

7. 灰黑色含砂屑泥晶灰岩夹灰色薄层含砂屑泥晶灰岩   36.62m

6. 灰黑色厚层泥晶灰岩   60.96m

5. 灰黑色薄—中层含砂屑泥晶灰岩夹灰色含砂屑泥晶灰岩,含少量海百合茎化石,灰黑色灰岩具缝合线构造和硅质条带   19.95m

4. 灰色薄—中层亮晶含砾屑砂屑灰岩   13.30m

3. 灰黑色厚层含砂屑泥晶灰岩夹浅灰色薄—中层弱白云石化含砂屑泥晶灰岩,含海百合茎化石   97.16m

2. 灰黑色薄—中层弱白云石化泥晶灰岩,含海百合茎化石   16.94m

1. 灰、灰白色碎裂亮晶砂屑灰岩,含有孔虫碎屑   ＞10.65m

(断层切割,未见底)

2. 岩石地层划分及其特征

该分区的石炭系仅有上石炭统(未分),下未见底,上与下二叠统整合接触,总厚约533m。下部(第1—8层)主要为灰黑色薄—厚层含砂屑泥晶灰岩、泥晶灰岩,少量灰色薄—中层亮晶含砾屑砂屑灰岩、亮晶砂屑灰岩,含海百合茎化石及有孔虫碎屑,厚约267m;上部(第9—11层)主要为灰、灰黑色薄—厚层泥晶灰岩,夹少量灰色含砂屑泥晶灰岩及灰绿色片理化泥晶灰岩,厚约266m。

3. 区域地层对比及时代归属

1) 区域地层对比

该分区的上石炭统(未分)在区域上延伸不远,仅在图幅内出现,岩石组合变化不大。区内所划分的上石炭统相当于新疆地质矿产局第一区调大队(1985)卡拉特河阿克萨依巴什山地区下—中石炭统上部,主要岩性为深灰、灰黑色厚层泥晶灰岩、灰色灰岩,含海百合茎化石,厚约487m。在巧去里达坂一带总视厚度为4036m,下部为灰白色厚—巨厚层细晶灰岩夹紫红色中厚层泥岩、深灰色厚层灰岩,含珊瑚碎屑,视厚度为2569m;中部为紫红色中层泥岩与灰黄色中厚层泥灰岩互层夹灰、深灰色薄层细晶灰岩,视厚度为79m;上部主要为灰白色厚—巨厚层细晶灰岩夹紫红色中层粉砂质泥岩、泥岩及灰、深灰色厚层灰岩,含珊瑚碎屑,视厚度为1388m。

2) 时代归属

区内上石炭统(未分)与上覆下二叠统(未分)呈整合接触。在卡拉特河一带仅见海百合茎化石,薄片下见有孔虫碎屑,说明其时代为古生代。新疆地质矿产局第一区调大队(1985)在且木干灰黑色灰岩中采获腕足类 Antiquatonia, Schizophoria, Schellwienella, Productella, Spirifer 等化石,时代为石炭纪;在古肉木土尔河上游采获鋌 Rugosofusulina cf. serrata, R. cf. bimorpha, R. sp., Schwagerina sp. 化石,时代为晚石炭世。综上所述,将其划归上石炭统。

第六节 二叠系

区内二叠系分布于塔南地层分区的博托彦-乌依塔克地层小区和阿克萨依巴什山-盖孜地层小区。阿克萨依巴什山-盖孜地层小区的石炭系为下二叠统(未分),博托彦-乌依塔克地层小区的二叠系为中二叠统棋盘组。

一、阿克萨依巴什山-盖孜地层小区

出露于乌孜别里山口南—卡拉特河—阿克萨依巴什山北一带,出露地层为下二叠统(未分),呈近东西向带状展布,出露面积约550km^2。

下二叠统(未分)主要为火山熔岩、火山碎屑岩夹碎屑岩及碳酸盐岩。新疆地质矿产局第一区调大队(1985)将该套地层划归上石炭统(C_3)[1];新疆地质矿产局第二地质大队(1985)将该套地层划归石炭系[2];在《新疆维吾尔自治区区域地质志》(1993)中将该套地层划归下—中石炭统;在《1:100万新疆维吾尔自治区地质图》(2000,数字版)中将该套地层划归上石炭统塔哈奇组(C_3th)[3]。本书将该套地层划归下二叠统(表2-9)。

表2-9 阿克萨依巴什山—盖孜地层小区二叠系划分沿革表

新疆地质矿产局第一区调队(1985)	新疆地质矿产局第二地质队(1985)	《新疆维吾尔自治区地质志》(1993)	《1:100万新疆维吾尔自治区地质图》(2000,数字版)		本书
上石炭统	石炭系	下—中石炭统	上石炭统	塔哈奇组	下二叠统

(一)剖面描述

——阿克陶县卡拉特河下二叠统(未分)实测剖面

该剖面位于阿克陶县木吉乡卡拉特河,起点坐标 $X=4357582$,$Y=13419715$,$H=3211m$,测制总方向为172°,长约8965m(图2-16)。上未见顶,下与上石炭统(未分)整合接触。

---

[1] 新疆地质矿产局第一区域地质调查大队.1:100万西昆仑山布伦口—恰尔隆地区区域地质调查报告,1985.
[2] 新疆地质矿产局第二地质大队.新疆南疆西部地质图、矿产图说明书(1:50万),1985.
[3] 新疆地质矿产局第一区调大队和遥感中心.1:100万新疆维吾尔自治区地质图(数字版),2000.

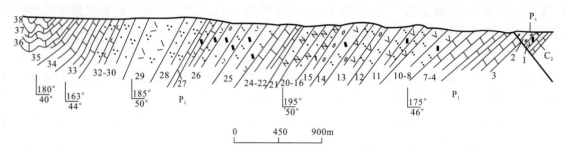

图 2-16　阿克陶县卡拉特河下二叠统（未分）实测剖面图

下二叠统（P_1） 　　　　　　　　　　（向斜核部，未见顶）　　　　　　　　　　厚＞**4296.75m**

38. 灰黑色薄层微晶灰岩，局部夹砂屑微晶灰岩，含海百合茎化石　　　　　　　　　39.51m
37. 灰黄色薄板状微晶灰岩　　　　　　　　　　　　　　　　　　　　　　　　　　37.88m
36. 灰黑色中层微晶灰岩，含海百合茎及珊瑚碎片　　　　　　　　　　　　　　　　55.32m
35. 灰、灰黑色微晶灰岩　　　　　　　　　　　　　　　　　　　　　　　　　　　41.85m
34. 灰黑色薄—中层微晶灰岩　　　　　　　　　　　　　　　　　　　　　　　　　63.87m
33. 灰黑色薄—中层铁泥质微晶灰岩夹浅灰色含黄铁矿泥晶灰岩，局部夹灰黑色砾屑砂屑灰岩　　165.84m
32. 灰绿色绿泥石化变细粒石英砂岩夹变玄武岩　　　　　　　　　　　　　　　　　82.29m
31. 灰绿色变玄武岩　　　　　　　　　　　　　　　　　　　　　　　　　　　　　49.38m
30. 灰绿色绿泥石化变细粒石英砂岩夹变玄武岩　　　　　　　　　　　　　　　　　233.73m
29. 灰绿色片理化石英斑岩　　　　　　　　　　　　　　　　　　　　　　　　　　405.59m
28. 灰绿色中—厚层细粒石英砂岩夹中粒岩屑石英砂岩、粉砂质泥岩、绢云千枚岩　　　243.45m
27. 下部为灰色条带状细晶灰岩，上部为灰白色薄—中层细晶灰岩夹浅灰色薄层微晶灰岩及少量
　　灰绿色细粒石英砂岩透镜体　　　　　　　　　　　　　　　　　　　　　　　　27.19m
26. 灰绿色薄—厚层变英安质晶屑凝灰岩夹灰紫色、灰色岩屑长石砂岩、灰色薄层微晶灰岩、浅灰色
　　绢云千枚岩　　　　　　　　　　　　　　　　　　　　　　　　　　　　　　　587.10m
25. 灰绿色变英安质晶屑凝灰岩夹紫红、灰紫色含砾岩屑长石砂岩及灰黑色、浅灰色绢云石英片岩、
　　粉砂质泥岩　　　　　　　　　　　　　　　　　　　　　　　　　　　　　　　254.83m
24. 灰黑、灰色薄—厚层含磁铁矿硅质细晶灰岩，含海百合茎及双壳类碎屑　　　　　　69.37m
23. 灰白色厚层细晶灰岩　　　　　　　　　　　　　　　　　　　　　　　　　　　72.14m
22. 灰色薄—中层含硅质微晶灰岩　　　　　　　　　　　　　　　　　　　　　　　46.89m
21. 灰紫色含砾岩屑长石砂岩、细粒长石砂岩夹少量灰绿色细粒长石砂岩　　　　　　109.82m
20. 灰绿色中细粒岩屑长石砂岩、细粒长石砂岩夹少量灰紫色含砾粗粒岩屑砂岩及砂质泥板岩　　26.70m
19. 灰紫色砾岩、含砾粗粒岩屑砂岩、细粒长石石英砂岩、粉砂质泥板岩夹少量灰绿色细粒长石砂岩　66.19m
18. 灰绿色薄—厚层片理化粗粒长石石英砂岩、细粒长石砂岩夹灰紫色砂质泥板岩　　27.93m
17. 紫灰色砾岩、含砾粗粒长石砂岩、砂质泥板岩夹灰绿色细粒长石砂岩　　　　　　26.50m
16. 灰绿色细粒长石砂岩夹粉砂质泥板岩及少量紫灰色含砾粗粒长石砂岩　　　　　　26.50m
15. 暗紫、紫灰色砾岩、含砾粗粒岩屑长石砂岩、中细粒岩屑长石砂岩夹灰绿色细粒长石砂岩　　91.37m
14. 灰绿色安山质晶屑凝灰岩夹含砾安山质凝灰岩及暗紫、紫灰色砾岩　　　　　　　114.78m
13. 灰绿色薄—厚层含砾安山质凝灰岩、安山质凝灰岩夹砾岩　　　　　　　　　　　220.16m
12. 灰绿色薄—厚层安山质凝灰岩夹安山质晶屑凝灰岩　　　　　　　　　　　　　　147.81m
11. 灰绿色薄—厚层安山质凝灰岩夹安山质晶屑凝灰岩　　　　　　　　　　　　　　229.66m
10. 灰绿色薄—厚层安山质凝灰岩夹暗灰色薄—厚层安山质晶屑凝灰岩　　　　　　　147.21m
9. 下部为暗紫色中—厚层含砾晶屑凝灰岩，上部夹灰绿色安山质凝灰岩　　　　　　　31.85m
8. 灰绿色薄—厚层安山质晶屑凝灰岩夹暗紫色中粒长石石英砂岩、粉砂质泥板岩　　　114.37m
7. 灰白色厚层泥晶灰岩夹灰绿色玄武岩透镜体　　　　　　　　　　　　　　　　　　212.71m

6. 灰白色厚层泥晶灰岩　　　　　　　　　　　　　　　　　　　　　　　　　　1.52m
5. 灰绿色玄武岩透镜体　　　　　　　　　　　　　　　　　　　　　　　　　　0.38m
4. 灰白色厚层泥晶灰岩　　　　　　　　　　　　　　　　　　　　　　　　　　1.90m
3. 灰白色厚层泥晶灰岩夹灰绿色玄武岩透镜体，灰岩中含海百合茎化石　　　　　　37.88m
2. 紫红、暗紫色薄层—厚层变质砾岩夹暗紫、灰色薄层细粒长石砂岩　　　　　 167.59m
1. 灰绿色厚层含砾粗粒长石砂岩夹灰色薄层细粒长石砂岩　　　　　　　　　　　18.09m
————————————————整　合————————————————
下伏地层：上石炭统（未分）　灰、灰黄色微晶灰岩夹灰黑色薄层微晶灰岩

（二）岩石地层划分及其特征

下二叠统（P_1）总厚约4297m。底部（第1—2层）主要为紫红、暗紫色薄层—厚层变质砾岩夹灰色薄层细粒长石砂岩，厚约186m。下部（第3—7层）主要为灰白色厚层泥晶灰岩夹灰绿色玄武岩透镜体，厚约254m。中下部（第8—14层）主要为灰绿色薄—厚层安山质凝灰岩、安山质晶屑凝灰岩、含砾安山质凝灰岩等，厚约891m。中部（第15—21层）为紫灰色含砾粗粒（岩屑）长石砂岩、细粒长石砂岩、中细粒岩屑长石砂岩，少量砾岩及粉砂质板岩，厚约375m。中上部（第22—32层）主要为灰绿色英安质晶屑凝灰岩、灰绿色中—厚层细粒石英砂岩、灰绿色片理化石英斑岩夹灰色薄—中层微—细晶灰岩及少量玄武岩，厚约2137m。上部（第33—38层）主要为微灰黑色薄—中层微晶灰岩，夹少量泥晶灰岩，含海百合茎化石及珊瑚碎屑，厚约404m。

（三）区域地层对比及时代归属

1. 区域地层对比

在古鲁滚涅克一带，主要为灰绿色粉砂岩、细—中粒砂岩，少量火山熔岩，含䗴类 *Dunbarinella* sp.，*Triticites* sp.，*Protritites*? sp.，*Quasifusulina* sp.，*Schwagerina* sp.，*Ozawainella* sp.，厚约670m。

在阿其克塔什吉勒尕沟一带，下二叠统（未分）主要岩性为浅灰绿色玄武安山岩、石英安山岩、安山岩、灰紫红色安山质凝灰熔岩、晶屑凝灰熔岩，含少量灰紫红色玄武安山质集块熔岩，厚度大于1182m。

2. 时代归属

(1) 区内下二叠统整合于上石炭统之上，时代应晚于晚石炭世。
(2) 新疆地质矿产局第一区调大队（1985）[1]在古鲁滚涅克采获䗴类 *Dunbarinella* sp.，*Triticites* sp.，*Protritites*? sp.，*Quasifusulina* sp.，*Schwagerina* sp.，*Ozawainella* sp.，时代为早二叠世。

二、博托彦-乌依塔克地层小区

该小区的二叠系主要为中二叠统棋盘组。新疆地质矿产局第一区调大队（1985）将该套地层划归上石炭统（C_3）[1]；新疆地质矿产局第二地质大队（1985）将该套地层划归三叠系—侏罗系[2]；新疆

---

[1] 新疆地质矿产局第一区域地质调查大队. 1∶100万西昆仑山布伦口—恰尔隆地区区域地质调查报告, 1985.
[2] 新疆地质矿产局第二地质大队. 新疆南疆西部地质图、矿产图说明书（1∶50万）, 1985.

地质调查院第二地质调查所(1998)将该套地层划归下二叠统棋盘组[①],在《1∶100万新疆维吾尔自治区地质图》(2000,数字版)中沿用[②];本书采用棋盘组,时代划归中二叠世(表2-10)。

表2-10 博托彦-乌依塔克地层小区二叠系划分沿革表

新疆地质矿产局第一区调队(1985)	新疆地质矿产局第二地质队(1985)	新疆地质调查院(1998)		《1∶100万新疆维吾尔自治区地质图》(2000,数字版)		本书	
上石炭统	三叠系—侏罗系	下二叠统	棋盘组	下二叠统	棋盘组	中二叠统	棋盘组

(一)剖面描述

——乌恰县沃尔托克中二叠统棋盘组剖面

本剖面为新疆地质调查院第二地质调查所(1998)测制(略有改动),剖面位于乌恰县膘尔托阔依乡西喔尔托克村东。中二叠统棋盘组下与下石炭统乌鲁阿特组呈不整合接触,上三叠统霍峡尔组不整合其上。

上覆地层:上三叠统霍峡尔组(T_3h) 深灰色厚层砾岩
～～～～～～～～角度不整合～～～～～～～～

中二叠统棋盘组(P_2q) **厚 1153.36m**
27. 深灰绿色玄武岩 148.09m
26. 灰绿色安山岩 14.59m
25. 深灰色辉石安山岩 41.80m
24. 黄绿色辉石安山岩 45.71m
23. 深褐色凝灰质细砂岩 2.81m
22. 灰褐色中粗粒长石岩屑砂岩 6.02m
21. 灰绿色凝灰质细砂岩 16.05m
20. 黄绿色中粗粒长石岩屑砂岩 13.04m
19. 暗褐色凝灰质粉砂岩 7.19m
18. 褐灰色凝灰质细粒长石砂岩 20.99m
17. 暗红色凝灰质细砂岩 17.99m
16. 灰褐色细粒岩屑长石砂岩 59.56m
15. 灰绿色蚀变火山泥球沉凝灰岩 103.83m
14. 黄绿色薄板状凝灰质细砂岩 361.35m
13. 灰黑色玻屑凝灰岩 31.97m
12. 黄绿色粗粒岩屑长石砂岩与灰黑色砂质泥晶生物屑灰岩互层 3.53m
11. 灰黑色泥晶生物屑灰岩夹泥晶鲕粒灰岩 68.16m
10. 灰绿色辉石安山岩 8.02m
9. 灰黑色凝灰岩 24.06m
8. 灰黑色含砾沉凝灰岩 24.06m

---
① 新疆地质调查院第二地质调查所.1∶5万喔尔托克等4幅区域地质调查报告及说明书,1998.
② 新疆地质矿产局第一区调大队和遥感中心.1∶100万新疆维吾尔自治区地质图(数字版),2000.

7. 暗褐色砾岩	13.26m
6. 紫红色蚀变沉凝灰岩	8.24m
5. 暗红色砾岩	23.40m
4. 灰绿色砾岩与褐红色砾岩互层	11.46m
3. 灰绿色蚀变玄武岩	9.00m
2. 灰绿色砾岩	6.61m
1. 暗褐色砾岩	42.59m

～～～～～～角度不整合～～～～～～

下伏地层：下石炭统乌鲁阿特组（C_1w） 灰绿色玄武岩

（二）岩石地层划分及其特征

根据岩石组合，棋盘组可分为3个火山喷发亚旋回，每个亚旋回均从碎屑岩开始到火山熔岩结束。下部为粗碎屑岩夹火山熔岩及沉火山碎屑岩，中部为正常碎屑岩、火山碎屑岩夹少量火山熔岩、碳酸盐岩，上部为火山熔岩。总体为一套正常碎屑岩夹火山岩，总厚约1134m。下部主要为暗褐、暗红色砾岩，夹灰绿色蚀变玄武岩、紫红色蚀变沉凝灰岩，厚约115m。中部为深褐色凝灰质砂岩、灰绿色沉凝灰岩、灰褐色细粒长石岩屑砂岩、灰黑色泥晶生物屑灰岩，少量灰黑色凝灰岩、灰绿色辉石安山岩，厚约769m。上部为深灰绿色玄武岩、黄绿、深灰色辉石安山岩，少量灰绿色安山岩，厚约250m。

（三）区域地层对比及时代归属

1. 区域地层对比

在托希克一带，棋盘组下部主要为长石岩屑砂岩、岩屑砂岩、含生物屑泥晶灰岩，灰岩中含较丰富的䗴类和孢粉，厚约710m；中部主要为岩屑砂岩、凝灰质岩屑砂岩、沉凝灰岩，少量砾岩及玄武安山岩，厚约910m；上部主要为岩屑砂岩、凝灰质砂岩、玄武岩等，少量砾岩、安山岩等，厚约318m。

2. 时代归属

（1）棋盘组区内不整合于下石炭统乌鲁阿特组之上，其上被上三叠统霍峡尔组不整合覆盖，其时代应早于晚三叠世，晚于早石炭世。

（2）新疆地质调查院第二地质调查所（1998）[①]在托希克一带棋盘组采获䗴类 *Rugosofusulina* cf. *alpine* (Schellwien)，*R. extensa* Skinner et Wilde，*R. sp.*，*Pseudofusulina parafecunda* Shamov et Scherbovich，*P. urdalensis breriata* Ranser，同时采获丰富的孢粉化石，时代为中二叠世。

第七节 北部古生代沉积盆地分析

北部古生代地层较为发育，出露地层主要为上—顶志留统、下—中泥盆统、石炭系，出露于吉根—乌鲁克恰提一带，出露面积约1000km²。沉积类型较复杂，主要为碎屑岩-碳酸盐岩夹火山岩沉积建造，志留系—泥盆系沉积环境以深海—浅海陆棚为主，属活动陆缘盆地。石炭系沉积环境为浅海陆棚—碳酸盐岩台地沉积环境，属裂陷盆地。

---

① 新疆地质调查院第二地质调查所．1∶5万喔尔托克等4幅区域地质调查报告及说明书，1998．

本书沉积盆地分析主要包括沉积组合、沉积层序及盆地演化等内容。

南天山地层分区的古生代地层可划分为1个巨层序，再进一步划分为晚志留世—中泥盆世超层序（II_1）、石炭纪超层序（II_2）2个超层序。其中晚志留世—中泥盆世超层序有3个三级层序、石炭纪超层序有3个三级层序。

一、晚志留世—中泥盆世沉积盆地

（一）主要沉积组合

1. 深海盆地沉积组合

深海盆地沉积组合以塔尔特库里组底部为代表，主要岩性为泥质硅质岩、硅质板岩、粉砂质泥岩，少量细粒长石石英砂岩，泥晶灰岩，多呈灰黑—深灰色，部分呈灰绿色，岩层以薄层—薄板状为主，粒度极细，古生物较少，为深海盆地沉积环境。

2. 浊流沉积组合

浊流沉积组合以塔尔特库里组下部及上部为代表，主要岩性为含砂砾粉砂质泥板岩、砂质泥板岩、细粒岩屑砂岩、细粒岩屑石英砂岩及泥硅质板岩，夹少量含砾粗中粒岩屑砂岩，颜色主要为灰黑色—深灰色，岩层以薄层—薄板状为主，少量达中层，粒度较细，古生物极少，局部地段见鲍马层序，以含大量的砾石及岩屑为特征，属深海—半深海浊流沉积环境。

3. 浅海陆棚沉积组合

浅海陆棚沉积组合见于塔尔特库里组中部及萨瓦亚尔顿组中部，主要岩性为细粒石英砂岩，少量含生物屑泥晶灰岩及砂质泥岩，灰岩中含较丰富的珊瑚、腕足类等化石，颜色主要为浅灰色—深灰色，岩层以薄—中层为主，有少量厚层，粒度以细粒为主，以含大量稳定成分为特征，属浅海陆棚沉积环境。

4. 潮间—潮下带沉积组合

潮间—潮下带沉积组合见于塔尔特库里组顶部及萨瓦亚尔顿组顶部，主要岩性为亮晶藻屑砂屑灰岩，少量铁硅质板岩，灰岩中含较多的棘皮类化石，颜色主要为深灰色，岩层以中厚层为主，属潮间—潮下沉积环境。

5. 开阔台地沉积组合

开阔台地沉积组合见于托格买提组，主要岩性为深灰色厚—巨厚层泥晶灰岩、青灰色块状微晶灰岩、含生物屑微晶灰岩、砾岩、细粒石英杂砂岩等，少量火山熔岩，灰岩中含珊瑚、腕足类、棘皮类、苔藓虫等化石。主要特征是颜色较浅、岩层较厚，属潮下带沉积环境。

（二）沉积层序分析

晚志留世—中泥盆世超层序（II_1）共有3个三级层序，III_1层序见于吉根剖面塔尔特库里组中下部和萨瓦亚尔顿组底部，由低水位体系域（LST）、海侵体系域（TST）、早期高水位体系域（EHST）和晚期高水位体系域（LHST）组成（图2-17）。III_2层序见于吉根剖面萨瓦亚尔顿组上部，由海侵体系域和高水位体系域组成（图2-18）。III_3层序见于吉根剖面萨瓦亚尔顿组顶部和托格买提组，由海侵体系域（TST）、高水位体系域（HST）组成（图2-19）。

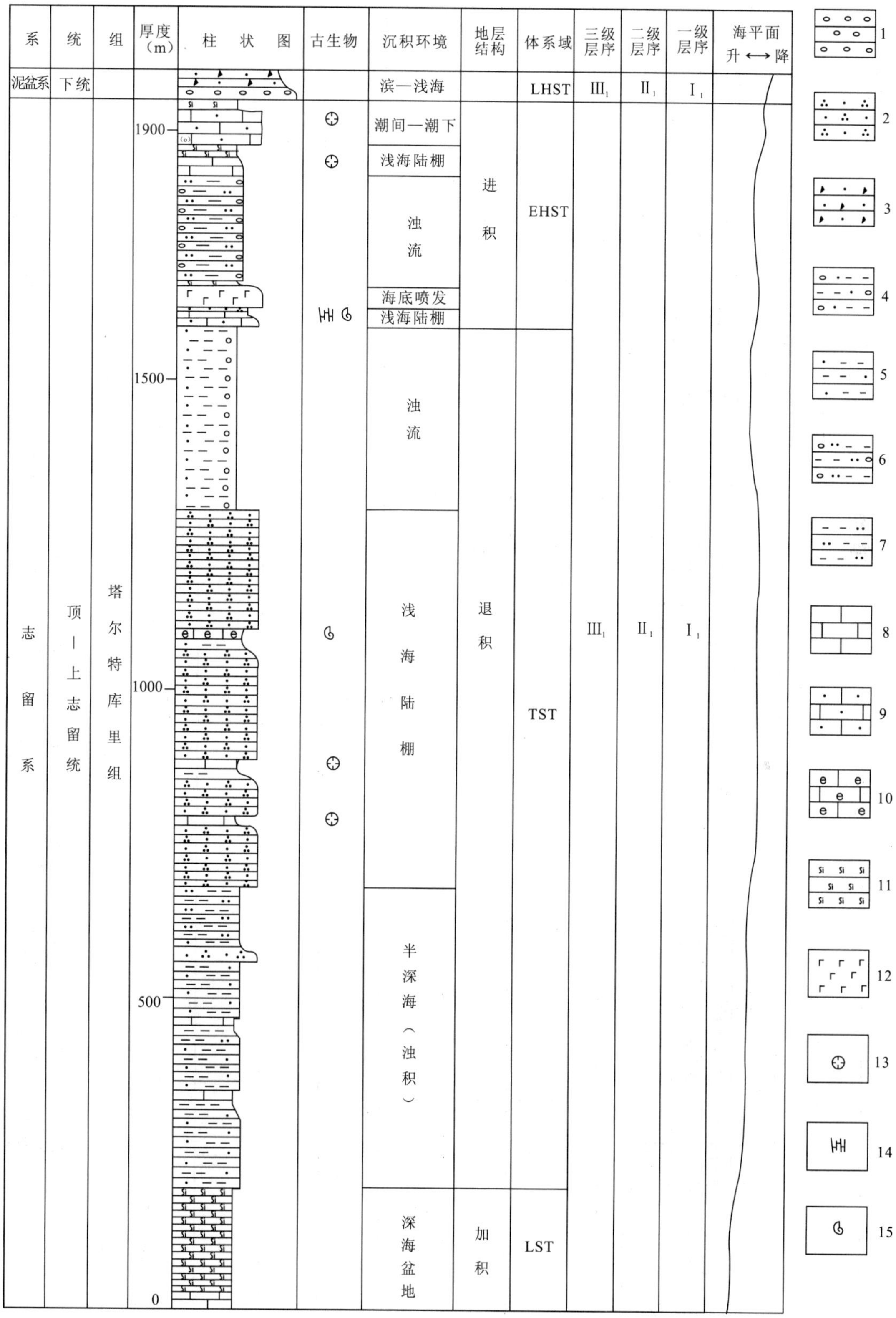

图 2-17 晚—顶志留世沉积层序

1.砾岩;2.石英砂岩;3.岩屑砂岩;4.含砾砂质泥岩;5.砂质泥岩;6.含砾粉砂质泥岩;7.粉砂质泥岩;8.灰岩;
9.砂屑灰岩;10.生物屑灰岩;11.硅质岩;12.变玄武岩;13.海百合茎;14.珊瑚;15.腕足类

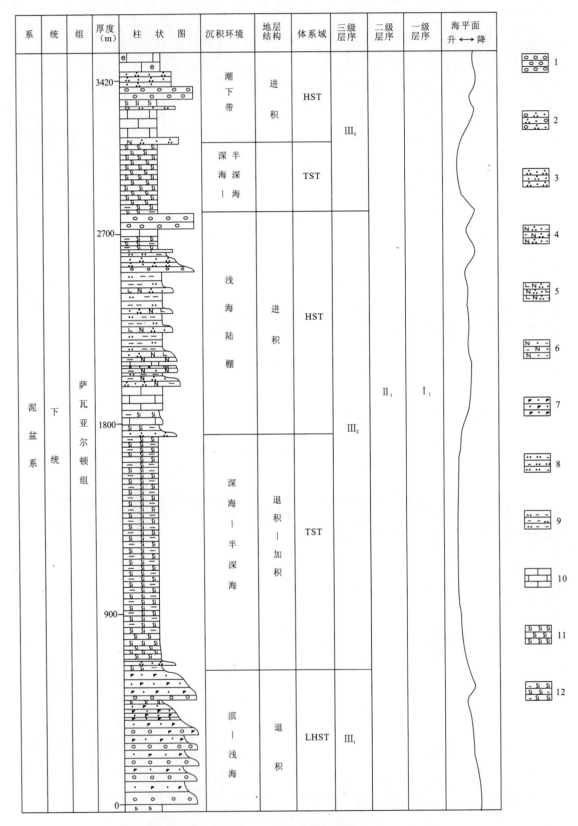

图 2-18 早泥盆世沉积层序

1.砾岩;2.含砾石英砂岩;3.石英砂岩;4.长石石英杂砂岩;5.钙质长石石英砂岩;6.长石杂砂岩;7.岩屑砂岩;8.泥质粉砂岩;9.粉砂质泥岩;10.灰岩;11.硅质岩;12.泥质硅质岩

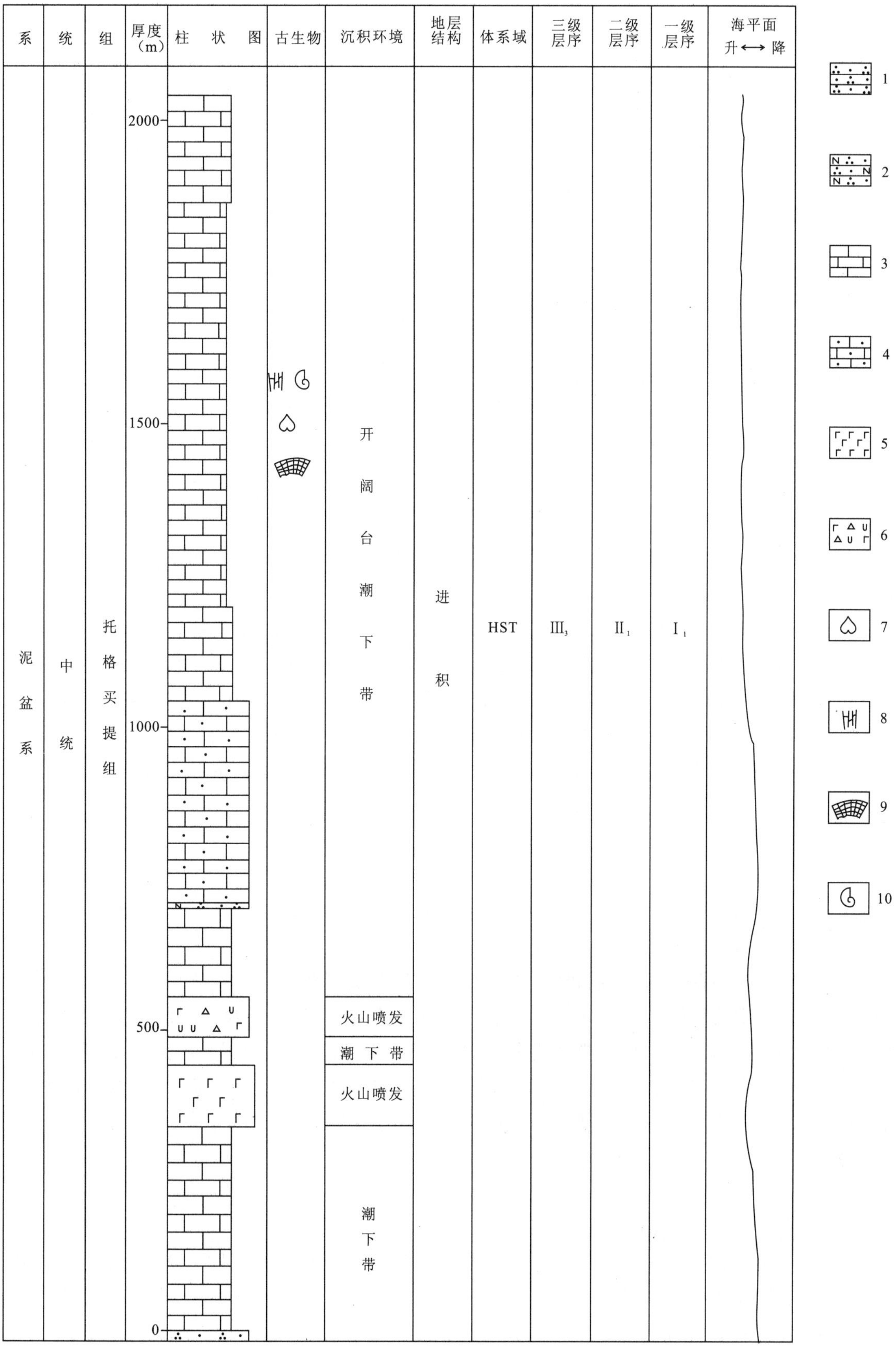

图 2-19 中泥盆世沉积层序

1.石英砂岩；2.长石石英砂岩；3.灰岩；4.砂屑灰岩；5.变玄武岩；6.玄武质角砾熔岩；7.海绵类；8.珊瑚；9.层孔虫；10.腕足类

1. III₁层序

（1）低水位体系域（LST）。见于吉根剖面塔尔特库里组底部，未见最底部层位。由塔尔特库里组第1—3层组成，为加积型沉积结构。岩性为深灰色灰岩、浅灰绿色含粉砂质硅质板岩，层理不发育，岩石中含大量的黄铁矿，由于后期构造破坏较强，原始沉积构造未保留，沉积厚度加大，说明其沉积盆地较稳定，属深海盆地沉积环境。

（2）海侵体系域（TST）。见于吉根剖面塔尔特库里组中部（第4—10层），最大海泛面位于第10层泥质板岩中，主要岩性为浅灰色薄层变细粒石英砂岩、浅灰绿色含粉砂质泥板岩、深灰色砂砾质粘土板岩、硅质粉砂质板岩，夹灰色泥晶灰岩透镜体。基本层序为深灰色薄层细粒石英砂岩（岩层厚4～30mm）→黑灰色粉砂质泥板岩（厚10mm）→黑灰色泥板岩（厚4～10mm），为向上变细变薄层序，说明海平面在不断上升，海水在不断加深，为半深海—浅海陆棚沉积环境。

（3）早期高水位体系域（EHST）。见于吉根剖面塔尔特库里组上部（第11—23层），主要岩性为深灰色含砂砾粉砂质泥板岩、深灰色中厚层亮晶藻屑砂屑灰岩、青灰色厚—巨厚层微晶灰岩、黄绿色块状玄武岩，少量黑灰色铁硅质板岩、灰黑色含生物屑藻灰岩、深灰色含生物屑泥晶灰岩、中厚层含生物碎屑砂屑砾屑灰岩，灰岩中含珊瑚、腕足类、棘皮类等化石。下部基本层序为灰岩→砂岩，上部基本层序为硅质板岩→砂屑灰岩，均为向上变粗变厚层序，说明海水在逐渐变浅，主体为浅海陆棚沉积环境，局部有浊流沉积。

（4）晚期高水位体系域（LHST）。见于吉根剖面萨瓦亚尔顿组底部（第24—28层），主要岩性为褐灰色细砾岩、深灰色变粗—中粒岩屑砂岩、浅灰绿色厚—巨厚层细粒岩屑砂岩，少量灰黑色薄层硅质岩，砾岩中砾石成分主要为灰岩、硅质岩、千枚岩、板岩等，大小悬殊，多呈棱角—次棱角状，大部分拉长定向，砂岩中含大量岩屑。基本层序为细砾岩（0.6m）→粗—中粒岩屑砂岩（厚1.0m），向上砾岩层变薄，砂岩层逐渐增厚，即为向上变细变厚层序，属浅—滨海沉积环境。

2. III₂层序

（1）海侵体系域（TST）。见于吉根剖面萨瓦亚尔顿组下部（第29—39层），最大海泛面位于第39层黑灰色泥质硅质板岩中，主要岩性为浅灰、深灰色泥质硅质板岩、硅质板岩、薄层硅质岩，夹少量细粒岩屑石英砂岩及薄层泥晶灰岩，基本层序为黑灰色硅质板岩（厚2～4m）→浅灰色泥硅质板岩（厚3～5m），总体颗粒较细，颜色较深，为深海—半深海沉积环境。

（2）高水位体系域（HST）。见于吉根剖面萨瓦亚尔顿组中部（第40—56层），主要岩性为深灰色薄层细粒长石石英砂岩、黑灰色粉砂质泥板岩、灰色块状微晶（藻）灰岩、灰色巨厚层—块状泥晶灰岩、灰色厚层砾岩，少量浅灰绿色厚层不等粒长石杂砂岩、深灰色泥质硅质板岩，基本层序为细粒砂岩（厚1～20cm）→粉砂质板岩（厚4～40cm）→灰岩（厚2～30cm），为向上变细层序，属浅海陆棚沉积环境。

3. III₃层序

（1）海侵体系域（TST）。见于吉根剖面萨瓦亚尔顿组上部（第57—58层），最大海泛面位于第58层中，主要岩性为黑灰色泥质硅质板岩、深灰色薄层硅质岩，少量黑灰色薄层细粒石英砂岩，主要特征是颜色深、岩层薄、粒度细，为半深海沉积环境。

（2）高水位体系域（HST）。见于吉根剖面萨瓦亚尔顿组顶部及托格买提组（第59—75层），主要岩性为深灰色厚—巨厚层泥晶灰岩、青灰色块状微晶灰岩、含生物屑微晶灰岩、砾岩、细粒石英杂砂岩等，少量火山熔岩，灰岩中含珊瑚、腕足类、棘皮类、苔藓虫等化石。主要特征是颜色较浅、岩层较厚,以灰岩为主,主要属开阔台地潮下带沉积环境,部分为浅海陆棚沉积环境。

(三)沉积盆地演化特征

晚志留世—中泥盆世沉积盆地属活动边缘盆地,总体为一套碎屑岩-碳酸盐岩沉积组合,经历了向上总体变浅的沉积过程。晚志留世海水较深,形成了深海—浅海陆棚的沉积环境。深海—半深海环境中发育浊流沉积物,以含砂砾的泥质岩石为特征,同时伴有海底火山喷发物质。浅海陆棚环境沉积物以细粒石英砂岩为主,有较多的灰岩夹层,灰岩中含大量的珊瑚、腕足类、棘皮类化石。在早泥盆世早期形成滨—浅海沉积环境,沉积物以粗碎屑为主,随着海平面上升,形成深海—半深海沉积环境,沉积物以硅质沉积为主;在早泥盆世中期,海平面逐渐下降,形成浅海陆棚沉积环境,沉积物以砂质、粉砂质为主,含少量粗碎屑及碳酸盐岩;早泥盆世晚期又形成深海—半深海沉积环境,沉积物仍以硅质为主,之后形成早泥盆世末期—中泥盆世的开阔台地沉积环境,以碳酸盐岩沉积为主,并有少量的碎屑及火山喷发物质。

二、石炭纪沉积盆地

(一)主要沉积组合

1. 浅海陆棚沉积组合

浅海陆棚沉积组合见于巴什索贡组中下部、别根它乌组下部及上部,主要岩石类型为泥质硅质岩、砾质微晶灰岩、微晶灰岩,颜色以灰—深灰色为主,岩层以薄—中层为主,砾质灰岩多为厚—巨厚层,总体颗粒较细,微晶灰岩中含䗴类化石。为浅海陆棚沉积环境。

2. 浅—滨海沉积组合

浅—滨海沉积组合见于别根它乌组中上部,主要岩石类型为灰色薄—中层钙质细粒长石石英杂砂岩、浅灰色厚层砾岩、灰黑色含粉砂泥硅质板岩、灰色厚—巨厚层砾质中—细晶灰岩,少量含粉砂砾屑微晶灰岩。杂砂岩中发育不对称波痕,砾岩中砾石以灰岩为主,少量粉砂质板岩和硅质岩,多呈次棱角状及圆滑的长条状,大小一般为1~5cm,含量为50%~60%。颜色以灰色为主,岩层以薄—中层为主,部分为厚层—巨厚层。为滨—浅海沉积环境。

3. 开阔台地沉积组合

开阔台地沉积组合见于巴什索贡组上部及康克林组,巴什索贡组上部主要岩石类型为灰色厚—巨厚层砾质微晶灰岩、砾质细—粉晶灰岩,有少量薄—中层细粒长石石英砂岩及灰黑色泥硅质板岩,砾质灰岩中的砾石以灰岩为主,大小一般为3~5cm,多呈次圆状—次棱角状,含量约占40%,为台地边缘沉积。康克林组主要为灰红色中层微晶灰岩、浅红色厚层—块状细晶白云岩(原岩为灰岩),含较丰富的珊瑚化石,为开阔台地潮下带沉积环境。

(二)沉积层序分析

石炭纪超层序共有3个三级层序(图2-20、图2-21)。Ⅲ$_1$层序见于巴什索贡组,Ⅲ$_2$层序见于别根它乌组中下部,Ⅲ$_3$层序见于别根它乌组上部及康克林组,均由海侵体系域(TST)和高水位体系域(HST)组成。

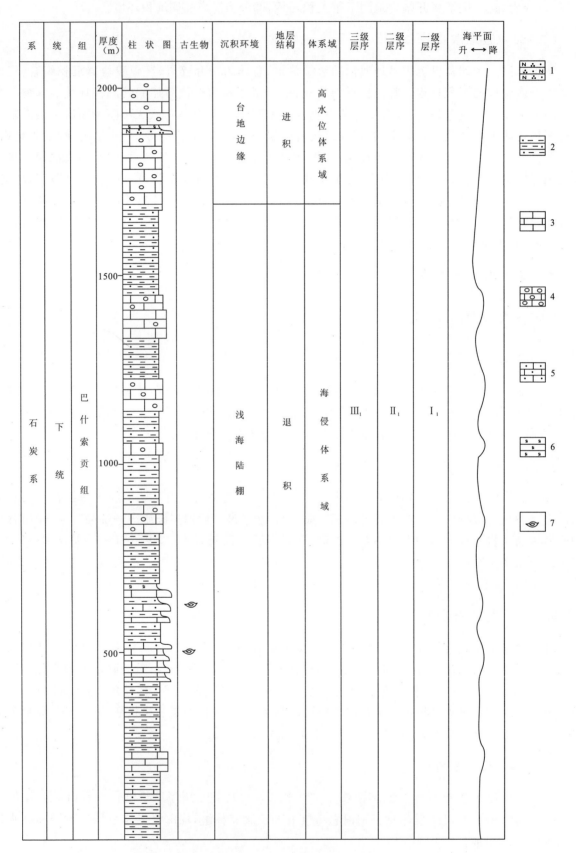

图 2-20 早石炭世沉积层序

1.长石石英砂岩;2.砂质泥岩;3.灰岩;4.砾质灰岩;5.砂质灰岩;6.硅质岩;7.䗴类

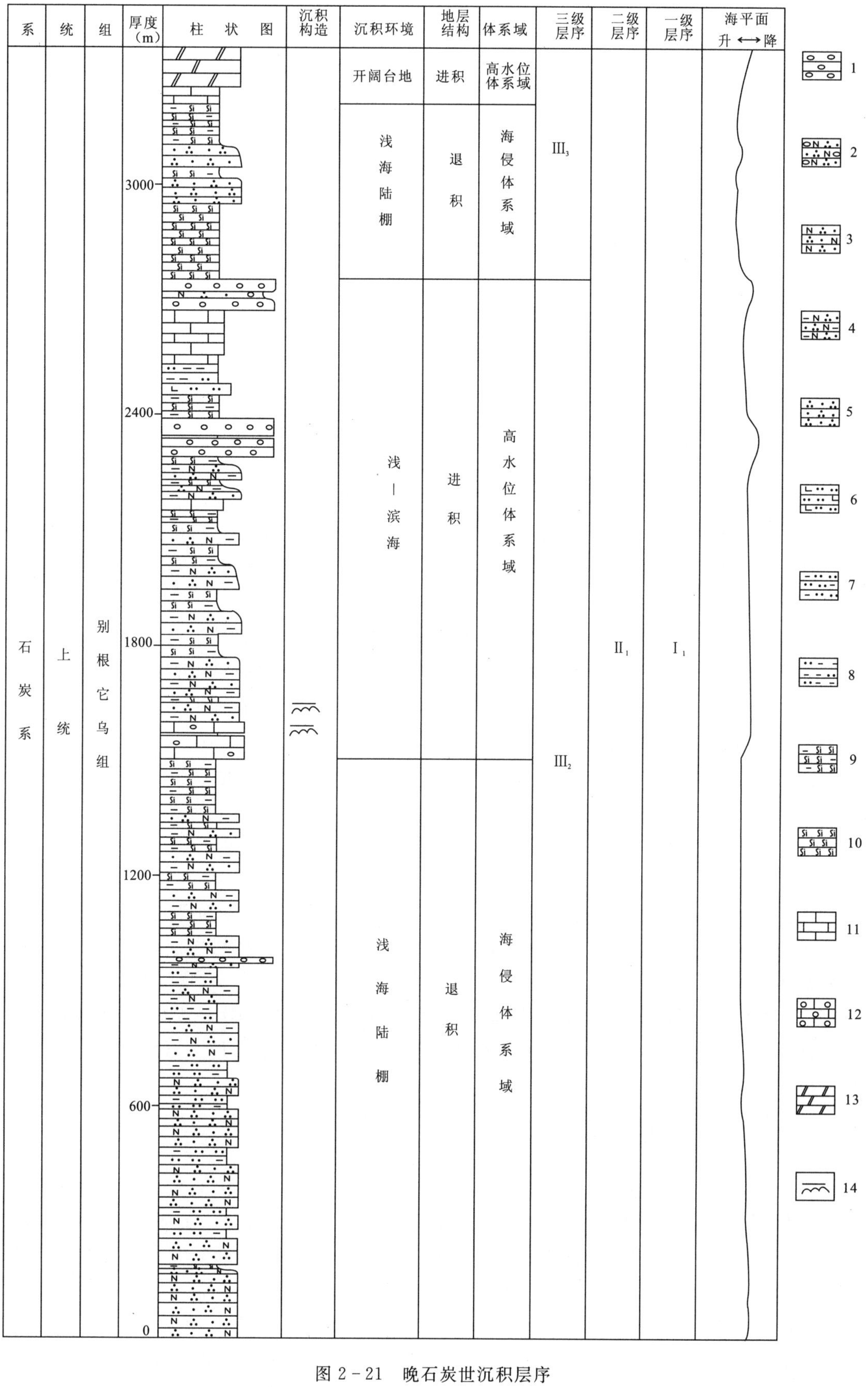

第二章 地层

系	统	组	厚度(m)	柱状图	沉积构造	沉积环境	地层结构	体系域	三级层序	二级层序	一级层序	海平面 升←→降
石炭系	上统	别根它乌组	3000 2400 1800 1200 600 0		～～	开阔台地	进积	高水位体系域	III_3			
						浅海陆棚	退积	海侵体系域				
						浅—滨海	进积	高水位体系域	II_1	I_1		
									III_2			
						浅海陆棚	退积	海侵体系域				

图 2-21 晚石炭世沉积层序

1.砾岩；2.含砾长石石英砂岩；3.长石石英砂岩；4.长石石英杂砂岩；5.石英砂岩；6.钙质粉砂岩；7.泥质粉砂岩；
8.粉砂质泥岩；9.泥质硅质岩；10.硅质岩；11.灰岩；12.砾质灰岩；13.白云岩；14.波痕

1. $Ⅲ_1$ 层序

(1)海侵体系域(TST)。见于萨瓦亚而顿河剖面巴什索贡组中下部(第1—19层),最大海泛面位于第19层的灰黑色硅质岩中。主要岩性为深灰—灰黑色泥质硅质岩、硅质岩、灰色厚—巨厚层砾质微晶灰岩、灰色薄—中层微晶—粉晶灰岩,微晶灰岩中含䗴类化石。基本层序为灰色泥质硅质岩→深灰色薄—中层粉晶灰岩,基本层序一般厚20~50cm,向上厚度逐渐增大。主要特征是颜色较深,岩层较薄(砾质灰岩较厚),颗粒较细,为浅海陆棚沉积环境。

(2)高水位体系域(HST)。见于萨瓦亚而顿剖面巴什索贡组上部(第20—23层),主要岩性为灰色厚层砾质微晶灰岩、砾质细—粉晶灰岩,少量薄—中层细粒长石石英砂岩及灰黑色泥硅质板岩,砾质灰岩中的砾石以灰岩为主,大小一般为3~5cm,多呈次圆状—次棱角状,含量在40%左右。为台地边缘沉积环境。

2. $Ⅲ_2$ 层序

(1)海侵体系域(TST)。见于萨瓦亚而顿河剖面别根它乌组下部(第24—43层),最大海泛面位于第43层的灰黑色含粉砂泥硅质板岩中。主要岩性为灰色(钙质)薄—中层细粒长石石英(杂)砂岩、灰黑色含粉砂质泥硅质板岩、粉砂质泥岩,少量灰色厚层钙质砾岩。基本层序为细粒砂岩→泥硅质板岩,基本层序厚一般为15~30cm。主要特征是颜色较深、岩层较薄,粒度较细,为浅海陆棚沉积环境。

(2)高水位体系域(HST)。见于萨瓦亚而顿河剖面别根它乌组中部(第44—66层),主要岩性为灰色薄—中层钙质细粒长石石英杂砂岩、浅灰色厚层砾岩、灰黑色含粉砂泥硅质板岩、灰色厚—巨厚层砾质中—细晶灰岩,少量含粉砂砾屑微晶灰岩。杂砂岩中发育不对称波痕(波长6cm,波高2cm),颜色以灰色为主,岩层以薄—中层为主,部分为厚层—巨厚层。基本层序为细粒砂岩→泥硅质板岩,基本层序厚度一般为15~30cm。主要特征是颜色较浅、岩层较厚,粒度较粗,为滨—浅海沉积环境。

3. $Ⅲ_3$ 层序

(1)海侵体系域(TST)。见于萨瓦亚而顿河剖面别根它乌组上部(第67—72层)主要岩性为深灰—灰黑色含泥质硅质板岩、褐灰色中—薄层细粒石英砂岩。基本层序为砂岩(厚2m)→含粉砂质硅质板岩(0.3~2.5m),硅质板岩向上逐渐增多。主要特征为颜色较深、岩层较薄,粒度较细,为浅海陆棚沉积环境。

(2)高水位体系域(HST)。见于康克林组,主要岩性为灰红色中层微晶灰岩、浅红色厚层—块状细晶白云岩(原岩为灰岩),少量含生物屑微晶灰岩,生物屑灰岩中含较丰富的珊瑚化石。为开阔台地潮下带沉积环境。

(三)沉积盆地演化特征

石炭纪沉积盆地为裂陷盆地,总体为一套碎屑岩—碳酸盐岩沉积组合,经历了向上总体变浅的沉积过程。早石炭世早期海水较深,形成了以浅海陆棚为主的沉积环境,沉积物以细砂为主,少量泥质、硅质沉积物。早石炭世晚期海平面下降,形成开阔台地边缘沉积环境,沉积物以碳酸盐岩为主,少量碎屑岩,碳酸盐岩中含较多的灰岩砾石。在晚石炭世早期,海平面上升,形成浅海陆棚沉积环境,沉积物以细碎屑为主。晚石炭世中期海平面下降,形成浅—滨海沉积环境,沉积类型较复杂,既有细碎屑岩又有粗碎屑岩,还有较多的碳酸盐岩。局部发育不对称波痕。晚石炭世晚期海平面再次上升,形成浅海陆棚沉积环境,沉积物以细碎屑及硅质为主,之后海平面下降,形成以碳酸盐岩为主的开阔台地沉积环境。

第八节 三叠系

测区仅出露上三叠统,北部塔北地层分区为塔里奇克组,沿铁热克河谷的塔塔一带有少量分布,向南东延出图幅;南部塔南地层分区为霍峡尔组,呈近东西向带状沿乌孜别里山口—玛尔坎土山—阿克彻依一线展布,受山前推覆断裂所控,部分地段被推覆构造掩没。出露总面积约240km²。

一、塔南地层分区

杨基端、李佩贤(1994)在东邻奥依塔克霍峡尔煤矿将此套地层命名为霍峡尔组,时代为晚三叠世。此前苏联地质保矿部第十三航空地质大队(1952—1953)将该套地层置上三叠统称含煤岩组,但不包括火山岩层位[①];新疆维吾尔自治区区域地层表编写组(1981)将其置下—中侏罗统叶尔羌群;新疆地质矿产局第一区调大队(1985)将其并入上部火山岩层位,时代置晚三叠世[②];新疆地质矿产局第二地质大队(1985)将其置上三叠统—侏罗系[③];新疆地质调查院(1998)依据其含工业煤层,将其置中侏罗统杨叶组,并将上部的火山岩组合划归棋盘组,时代为中二叠世[④]。本次工作在联测图幅的霍峡尔煤矿同一层位中采获晚三叠世标准分子,据此将其置上三叠统,并采用霍峡尔组名(表2-11)。

表2-11 测区三叠系地层划分沿革表

苏联地质保矿部第十三航空地质大队(1953)	新疆维吾尔自治区区域地层表编写组(1981)	新疆地质矿产局第一区调大队(1985)	新疆地质矿产局第二地质大队(1985)	新疆地质调查院第二地质调查所(1998)	本书
上三叠统含煤岩组(T_3)	下—中侏罗统叶尔羌群($J_{1-2}Y$)	上三叠统未分(T_3)	上三叠统—侏罗系(T_3—J)	中侏罗统杨叶组(J_2y)	上三叠统霍峡尔组(T_3h)

(一)剖面描述

1. 阿克陶县穆呼上三叠统霍峡尔组实测剖面

剖面位于阿克陶县木吉乡北西,昆盖山北坡穆呼,交通不太方便。起点坐标:$X=4362247$,$Y=13420460$,$H=3196m$;终点坐标:$X=4359061$,$Y=13419662$,$H=3319m$。剖面由北向南测制,长约4490m(图2-22)。

上三叠统霍峡尔组(T_3h) (断层切割,未见顶) 厚>2536.6m
42. 灰绿色中层安山质晶屑凝灰岩　　　　　　　　　　　　　　　　　　　　　　　305.3m
41. 灰黑色杏仁状安山岩　　　　　　　　　　　　　　　　　　　　　　　　　　　47.7m
40. 褐色块状砾岩,砾石大小1~20cm,次圆状,个别呈次棱角状,含量为80%±,主要为灰岩、安山岩砾石　　91.7m
39. 褐灰色块状含砾中粒岩屑长石砂岩　　　　　　　　　　　　　　　　　　　　　6.2m

---

① 苏联地质保矿部第十三航空地质大队.1:20万喀什西北—克孜勒苏河流域地质测量及普查工作报告,1953.
② 新疆地质矿产局第一区域地质调查大队.1:100万西昆仑山布伦口—恰尔隆地区区域地质调查报告,1985.
③ 新疆地质矿产局第二地质大队.新疆南疆西部地质图、矿产图说明书(1:50万),1985.
④ 新疆地质调查院第二地质调查所.1:5万喔尔托克等4幅区域地质调查报告及说明书,1998.

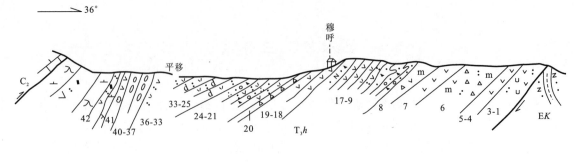

图 2-22 阿克陶县穆呼上三叠统霍峡尔组实测地层剖面图

38. 淡绿色斑状英安岩	11.9m
37. 杂色巨厚层砾质砂岩,上部夹一层厚约 2m 的灰色中层中粒岩屑长石砂岩。砾石大小 4～30mm, 次圆—次棱角状,含量 35%～40%,主要为灰岩、安山岩砾石	48.4m
36. 下部为灰绿色厚层含角砾安山质晶屑凝灰岩,中部为中层安山质粗凝灰岩,上部为绿色中层 安山质细凝灰岩	48.4m
35. 浅黄褐色中层含细砾安山晶屑凝灰岩	70.9m
34. 淡灰色蚀变沉英安质晶屑凝灰岩,穿插有大量斜长玢岩脉	87.1m
33. 灰绿色中层沉英安质凝灰岩与浅黄色中层蚀变沉英安质晶屑灰岩互层,前者向上变薄,后者变厚	75.8m
32. 绿色中层斑状英安岩与淡灰色蚀变安山岩互层	52.6m
31. 绿色斑状英安岩,喷发单层厚 10～20cm	99.0m
30. 深灰色厚层变沉安山质岩屑凝灰岩,夹两层绿色中层安山质晶屑凝灰岩	129.9m
29. 绿色中层碳酸盐化碎裂英安岩	12.2m
28. 深灰色厚层变沉安山质岩屑凝灰岩	52.5m
27. 绿灰色斑状含辉石安山岩	120.1m
26. 浅黄色厚层不等粒石英砂岩	11.9m
25. 深灰色厚层变沉安山质岩屑凝灰岩	10.3m
24. 绿色厚层沉英安质岩屑凝灰岩,夹三层暗红色中层砾质粗粒岩屑石英砂岩	152.7m
23. 绿色厚层蚀变安山质凝灰熔岩	9.4m
22. 暗红色中层细砾质粗粒岩屑石英砂岩	5.0m
21. 绿色厚层安山质晶屑凝灰岩	1.0m
20. 紫红色中层泥晶灰质角砾岩	3.2m
19. 绿色厚层安山岩	6.6m
18. 绿色厚层安山质晶屑凝灰岩与暗红色厚层粗中粒岩屑砂岩、暗红色厚层砂岩质粗砾岩互层	30.3m
17. 暗红色中层不等粒长石岩屑石英砂岩,底部有 2m 厚的暗红色砂岩质粗砾岩	7.2m
16. 绿色厚层绿泥石化杏仁状安山岩,杏仁椭圆形,大小 1mm×2mm,含量为 10%±,杏仁由方解石、 石英充填	34.6m
15. 淡黄色蚀变英安岩	24.5m
14. 灰绿色厚层安山质晶凝灰岩	29.2m
13. 灰色厚层蚀变杏仁状玄武岩,杏仁由石英充填,含量为 10%±	16.7m
12. 紫红色杏仁状英安岩与灰绿色安山岩韵律层,单个韵律层厚约 3.5m	101.5m
11. 浅绿色厚层含砾粗粒屑砂岩	20.6m
10. 紫红色中层含砾粗粒岩屑砂岩与灰绿色中层不等粒岩屑砂岩互层,夹灰绿色中层碳酸盐化安山质 晶屑凝灰岩	57.0m
9. 绿黄色中层含细砾钙质粗粒岩屑砂岩,含大量植物茎叶化石碎片	79.5m
8. 黄绿色安山质角砾集块岩	106.7m

7. 灰黑色安山质凝灰熔岩	103.7m
6. 黄绿色厚层安山质角砾集块岩	228.2m
5. 黄绿色中层含角砾安山岩	22.4m
4. 黄绿色厚层安山质凝灰熔岩	65.3m
3. 黄绿色厚层安山质凝灰熔岩	148.2m
2. 黄绿色含角砾安山岩	4.5m
1. 紫红色安山岩,强烈破碎,下部为安山质碎粉岩	3.7m

（断层切割,未见底）

2. 乌恰县萨俄孜俄勒克剖面

剖面位于乌恰县波斯坦铁列克乡南西,阿克彻依南东萨俄孜俄勒克（据新疆地质调查院 1∶5 万区调,略有修改）。

上三叠统霍峡尔组（T_3h） （断层切割,未见顶） 厚＞**911.3m**

15. 灰黄绿色弱蚀变不等粒岩屑砂岩夹煤层	8.3m
14. 深灰色硅质不等粒砂岩	5.8m
13. 灰绿色砂岩	71.7m
12. 灰绿色砾岩夹煤层,含硅化木	134.3m
11. 绿色含砾中粗粒砂岩夹4层煤线,含硅化木	335.4m
10. 灰褐色复成分细砾岩	9.6m
9. 浅灰色中粗粒长石岩屑砂岩	65.2m
8. 灰白色凝灰质不等粒砂岩	5.5m
7. 黄绿色不等粒长石岩屑砂岩	5.5m
6. 浅灰黄色中粒长石岩屑砂岩夹煤层,含硅化木	52.1m
5. 浅灰白色中粒长石岩屑砂岩	143.8m
4. 浅灰色细砾岩	25.1m
3. 浅灰色流纹质玻屑凝灰岩	12.0m
2. 浅灰白色含砾不等粒岩屑长石砂岩	12.4m
1. 杂色砾岩	24.6m

～～～～～角度不整合～～～～～

下伏地层：中二叠统棋盘组（P_2q）　灰绿色细砂岩

（二）岩石地层划分及其特征

霍峡尔组据岩性可分为上、下两部分,下部为碎屑岩夹煤层,上部为火山碎屑岩夹火山熔岩及少量碎屑岩类。集中分布于昆盖山北坡,呈近东西向不规则条块、条带状断续出露,自西向东出露规模渐小。其中在穆呼—古肉木土沟一带出露宽度最大,达4～7km。受山前推覆构造影响层位不全。

区内本组下部分主体岩性为岩屑长石砂岩、砾岩、凝灰质不等粒砂岩,含多层煤（线）,具工业意义。其底部为一套杂色砾岩,粒径相差较大,砾石磨圆中等,砾石成分与下伏层位岩性一致。向上过渡为浅灰、灰白色细砾岩、含砾不等粒岩屑长石砂岩、中粒岩屑长石砂岩,其中夹有流纹质玻屑凝灰岩和煤层,含硅化木。下部向上以灰绿、黄绿色调为主,岩性为砾岩、含砾中粗粒砂岩、不等粒岩屑砂岩夹多层煤,含硅化木。煤层横向上不太稳定,时为透镜状产出,时而变为煤线,其厚度不大,约0.8～2m,煤质较差,煤层受后期构造影响多破碎或发生弯曲,造成煤层的不连续。硅化木主要赋存于砂岩之中,且多与煤层相伴,保存较为完整,大小混杂,多平行于层理面,断面上可见清晰的年轮,硅化木长 1.5～1.8m,直径 7～20cm 者的外观更为完整。产植物化石 *Eguiaetites orenaceus* Taag.,*Podozamites*,*Cladophlebis tsaidiamensis* Sze.,*Podozamites lanceolatus*（L. et H.）,*Neocalamites* sp.,*Pterophyllum nathorst* Schenk,*Neocalamites carreri*（Zeiller）Halle,*Danaeopsis*? sp.,*Cladohhlebsis* sp.;孢粉 *Dictyophyllidites harrisil* Couper,*Verrucosisporites rarus* Bur,*Alisporites* sp. 等化石。

上部分主体为一套火山岩夹碎屑岩,以火山碎屑岩类居多,熔岩次之。下部为黄绿色安山质角砾集块岩、含角砾安山岩、安山质凝灰熔岩;中部主要为碎屑岩与火山碎屑岩构成韵律层,夹有中—中酸性熔岩,岩性为黄绿、灰绿、暗红色含砾粗粒岩屑砂岩、不等粒长石岩屑砂岩、长石岩屑石英砂岩,夹绿色、灰绿色安山-英安质晶屑凝灰岩、灰、灰绿色安山-英安质岩屑沉凝灰岩,以及灰色、绿色玄武岩、安山岩、英安岩和安山质凝灰熔岩,熔岩中多见杏仁构造;上部为杏仁状安山岩、安山质晶屑凝灰岩。其中在下部岩屑砂岩中,见大量植物碎片。

该组区内出露多不连续,在东部牧古鲁加依洛沟—萨俄孜俄勒克一带多出露下部层位,与下伏下石炭统乌鲁阿特组或中二叠统棋盘组均呈角度不整合接触关系。图幅东边一带自下而上由砾岩—含砾中粗粒砂岩—中粒砂岩,且向上多见煤层,总体以中碎屑岩为主,视厚 911.3m;向西至牧古鲁加依洛沟西侧一带,自下而上为砾岩—砂岩—粉砂岩—泥岩,粉砂岩、泥岩段夹煤层,色调以紫褐色、灰黑色为主,视厚 300m。该处可见其角度不整合覆盖于下石炭统乌鲁阿特组之上（图 2-23）。总体上该组下部具明显的下粗上细特征,自西向东粒度变粗,颜色变绿、变浅。两处均见大量植物化石及多层煤(线)。上述表明,其沉积环境为湖泊沼泽相。

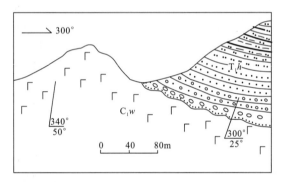

图 2-23 阿克陶县牧古鲁加依洛沟上三叠统霍峡尔组（T_3h）与下石炭统乌鲁阿特组（C_1w）角度不整合接触关系素描图
1.砾岩;2.砂砾岩;3.砂岩;4.粉砂岩;5.泥质粉砂岩;6.煤层;7.玄武岩;8.接触面

在穆呼一带仅见上部层位,未见顶底,厚度大于 2536.6m,但基本上显示了上部岩性组合特征。从剖面上看,有两次相对强烈的火山喷发过程。第一次为中性熔岩—火山碎屑岩,由喷溢相—爆发相开始,之后转入了相对宁静时期,沉积了一套山麓-河流相的碎屑岩类,期间仍有频繁的喷发活动,但规模不大,主要以喷溢为主。第二次以喷溢开始,而后以爆发相为主。从沉积厚度上看,后者强于前者。走向上该组在区内虽受构造影响明显,但仍显示出带状分布的特征,结合上述事实,表明该组爆发相、喷溢相和沉积相齐全,属陆相环境下多中心裂隙式喷发,同时连续沉积而无间断,也表明火山喷发具同源多次喷发、连续沉积和由弱到强的喷发旋回特征。

综上所述,区内该组标志明显,易与上、下层位区分。该组下部以一套碎屑岩夹工业煤层或煤线、底部出现底砾岩为特征,区别于下伏乌鲁阿特组和中二叠统棋盘组,同时又以黄绿色为主色调与同样含有工业煤层的下—中侏罗统叶尔羌群康苏组、杨叶组相区别。另外,区内该组含煤层位粒度整体也明显大于叶尔羌群各含煤层位,且本组普遍见硅化木。上部则以大量火山碎屑岩为主,夹有或与陆相碎屑岩韵律性组合为特征,同样易与含火山岩层位的乌鲁阿特组和棋盘组区分开来。简单地说,本组以既有工业煤层或煤线又富含火山物质为鲜明特点,而区别于上下层位。

（三）区域地层对比及时代确定

1. 区域地层对比

区域上霍峡尔组出露不多,横向上明显受西昆仑山前推覆构造带控制,导致层位多数不全,造成对比上有一定困难。但就区内情况来看,其下部层位与邻区霍峡尔煤矿(东风煤矿)一带在岩石组合上变化不大。该组下部均以底部出现一套数十米的浅灰绿色砾岩开始,向上过渡为含砾粗—中粗粒岩屑砂岩、不等粒岩屑砂岩、细粒岩屑砂岩及少量岩屑长石石英砂岩。而上为灰、灰黑色泥岩、粉砂岩夹多层煤(线),多具工业意义。东风煤矿一带层位相对完整,在其上部见有砂质灰岩。牧古鲁加依洛沟一带以黄灰色、灰黑色调为主,主体为粉砂岩、砂岩、含炭粉砂岩,多夹煤线,厚度大于300m;萨俄孜俄勒克一带主体为黄绿色粗—中粒岩屑砂岩,夹多层煤(线),厚度大于900m;东风煤矿一带下部以灰绿色含砾岩屑砂岩、不等粒砂岩为主,夹厚十余米的煤层。上部为喷溢相—爆发相的火山岩,厚319m。在西部穆呼一带仅出露上部火山岩层位,且以爆发相为主,厚度大于2536.6m(图2-24)。

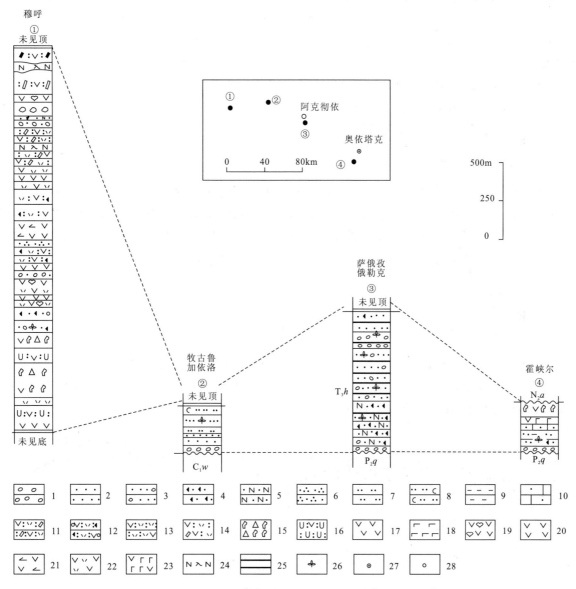

图2-24 上三叠统霍峡尔组区域地层柱状对比图

1.砾岩;2.砂岩;3.含砾砂岩;4.岩屑砂岩;5.长石砂岩;6.石英砂岩;7.粉砂岩;8.含炭粉砂岩;9.泥岩;10.砂质灰岩;11.安山质晶屑沉凝灰岩;12.安山质晶屑岩屑沉凝灰岩;13.安山质沉凝灰岩;14.安山质晶屑凝灰岩;15.安山质角砾集块岩;16.安山质凝灰熔岩;17.安山岩;18.玄武岩;19.杏仁状安山岩;20.斑状安山岩;21.含辉石斑状安山岩;22.斑状英安岩;23.安山-玄武岩;24.斜长玢岩;25.煤层(线);26.植物化石;27.镇政府驻地;28.村

总体上,该组自西向东火山地层变少,喷发强度变弱,有由中—中酸性向中性或基性过渡的趋势,色调上也由灰向绿转变,粒度由细变粗,煤层由薄变厚的特征。

2. 时代确定

区内霍峡尔组分别不整合于中二叠统棋盘组和下石炭统乌鲁阿特组之上,其时代应晚于中二叠世,另外该组北界被山前推覆断裂所控,侏罗系—白垩系地层向南不过此线,其时代大致应局限于三叠纪。

新疆地质矿产局第一区调大队(1985)[①]在牧古鲁加依洛沟西侧该组煤系间的砂岩中采获植物化石 *Podozamites*,新疆地质调查院第二地质调查所(1998)[②]在萨俄孜俄勒克一带采获植物化石 *Neocalamites* sp.,*Podozamites lanceolatus*(L. et H.),*Neocalamites carreri*(Zeiller) Halle, *Danaeopsis*? sp.,*Eguiaetites orenaceus* Taag. 等晚三叠世常见分子。其中 *Podozamites lanceolatus*,*Neocalamites carreri* 常见于华北区延长群上部层位,也出现于河南省济源地区的上三叠统椿树腰组和谭庄组。

区域上霍峡尔组岩性组合基本一致,所含化石时代为晚三叠世,大地构造位置也一致,其时代也应相同。本次工作在东风煤矿采获有 *Cycadocarpidium swabii* Nathorst,为晚三叠世标准分子。综上所述,霍峡尔组时代应属晚三叠世。

二、塔北地层分区

苏联地质保矿部第十三航空大队(1952—1953)称其为瑞提克阶(?)[③];《新疆维吾尔自治区区域地层表》编写组(1981)将相当的这一层位划归莎里塔什组,时代为早侏罗世;新疆地质矿产局第二地质大队(1985)称之为俄霍布拉克群,时代归早—中三叠世[④]。本次工作依据岩石组合、上下层位、接触关系及区域对比等,将其置晚三叠世,采用塔里奇克组名。

(一)剖面描述

——乌恰县科尔外衣上三叠统塔里奇克组实测剖面

该剖面位于乌恰县康苏镇北西,铁热克河东侧科尔外依沟口,起点坐标:$X=4410998$,$Y=13499192$,$H=2691m$;终点坐标:$X=4411803$,$Y=13500136$,$H=2781m$。该剖面顶底齐全,界线清楚,由南西向北东测制,全长约 1.2km(图 2-25)。

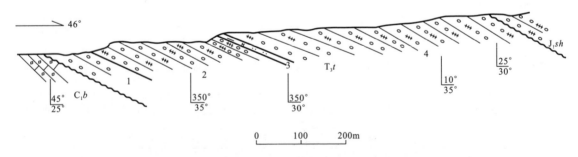

图 2-25 乌恰县科尔外依上三叠统塔里奇克组实测剖面图

[①] 新疆地质矿产局第一区域地质调查大队. 1:100 万西昆仑山布伦口—恰尔隆地区区域地质调查报告,1985.
[②] 新疆地质调查院第二地质调查所. 1:5 万喔尔托克等 4 幅区域地质调查报告及说明书,1998.
[③] 苏联地质保矿部第十三航空地质大队. 1:20 万喀什西北—克孜勒苏河流域地质测量及普查工作报告,1953.
[④] 新疆地质矿产局第二地质大队. 新疆南疆西部地质图、矿产图说明书(1:50 万),1985.

上覆地层:下侏罗统莎里塔什组(J_1sh)　复成分砾岩

～～～～～～角度不整合～～～～～～

上三叠统塔里奇克组(T_3t)　　　　　　　　　　　　　　　　　　　　　　　　　　**厚 451.9m**

    4. 浅绿褐色巨厚层复成分中砾岩,砾石圆—次圆状,大小 2~4cm,含量为 70%±,主要为石英岩、砂岩、
大理岩砾石,局部显示平行层理　　　　　　　　　　　　　　　　　　　　　　　　263.5m

    3. 灰黑色中层泥质长石粉砂岩　　　　　　　　　　　　　　　　　　　　　　　　4.3m

    2. 浅绿褐色巨厚层复成分砾岩与褐灰色巨厚层灰岩-砂岩质中砾岩互层。下部以前者为主,向上
后者变多,总体砾径向上变小,显示层理　　　　　　　　　　　　　　　　　　　127.7m

    1. 褐红色巨厚层砂岩质粗砾岩,砾石呈次圆状,大小为 2~10cm,含量为 60%±,主要为砂岩质砾,
少量为石英岩质砾石　　　　　　　　　　　　　　　　　　　　　　　　　　　　56.4m

～～～～～～角度不整合～～～～～～

下覆地层:下石炭统巴什索贡组(C_1b)　粉晶灰岩

(二)岩石地层特征

本组仅在图幅东北角沿铁热克河谷呈北西向带状展布,出露宽度约 1km,长约 16km,向北西尖灭,向南东延出测区,与下伏下石炭统巴什索贡组及上覆下侏罗统莎里塔什组均呈角度不整合接触关系(图 2-26),厚 451.9m。

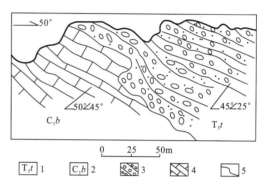

图 2-26　乌恰县科尔外依上三叠统塔里奇克组与
下石炭统巴什索贡组角度不整合接触关系素描图

1.上三叠统塔里奇克组;2.下石炭统巴什索贡组;
3.砾岩;4.灰岩;5.接触界线

该组岩性在科尔外依较为简单,主体为浅绿褐色巨厚层—中层复成分粗—中砾岩,仅中部夹数米厚的灰黑色中层泥质长石粉砂岩,底部为一套厚 56m 的褐红色巨厚层砂岩质粗砾岩。自下而上砾石具由粗到细、磨圆一般—较好、分选差—中等及含量由低到高的变化特点。

向北至塔塔一带,砾岩之上还见有一套灰色中层细粒长石石英砂岩夹灰黑色板状泥质粉砂岩,且向上逐渐变细变厚。据路线调查,该套岩石厚度不小于 150m。上述两地相距不足 6km,其上又均被下侏罗统莎里塔什组不整合覆盖,超覆现象明显,即向北该组层位相对发育齐全,厚度变大。整体上,塔里奇克组为一套粗碎屑岩-中碎屑岩组合,具明显向上变细的粒序层理。该组以"泛绿"色、底部为红色砾岩为主要特征,又以砾石磨圆、分选较好为辅,与上覆莎里塔什组砾岩相区分。层理以厚—巨厚层为主,不太发育,砾石成分多与下伏及周边老的层位岩性类似,且多见灰岩质砾石,为物源相对较为匮乏、距离不远,快速堆积的滨—浅湖沉积环境。自下而上色调由红—绿—灰或灰黑,显示出由氧化-还原环境的变化。

(三)区域地层对比及时代确定

区内塔里奇克组出露少,岩性相对简单,主要为灰绿色复成分砾岩,上部见灰色细粒长石石英砂岩夹灰黑色板状泥质粉砂岩。在科尔外依南东约 6km 的萨里塔什矿区(图外),岩性组合与塔塔一带基本一致,上部见炭质泥岩,以角度不整合覆于中泥盆统层位之上,厚度仅 60m。在拜城舒善河一带主要为灰白色砾岩或中至粗砂岩、黄绿色粉砂岩、砂质泥岩或黑色炭质页岩夹煤线互层,通常构成 3 个由粗到细的旋回,含植物 *Neocalamites heorensis*,*Cladophlebis* cf. *tsaidamensis*,*Annulariopsis inopinata*,*Hausmannia ussuriensis*,*Podozamites lanceolatus*;叶肢介 *Palaeolimnadia* cf. *chuanbeiensis*;孢粉 *Aratrisporites granulatus*,*Taeniaesporites albeita* 等(新疆地质矿产局,1999)。

在塔里奇克、舒善河等地夹可采煤层,在舒善河与下伏上三叠统黄山街组整合接触、上覆下侏罗统阿合组整合或不整合接触,厚197m。东至库车河厚820m(新疆地质矿产局,1999),区域上表现为西粗东细、西薄东厚。

由于区内塔里奇克组出露规模较小,又未采到化石,其时代确定相对困难。但从所处大地构造位置,以及剖面结构和地层层序上,区域上除了可与舒善河对比外,也可与东费尔干煤田科克金组进行对比,沉积环境均为河湖-湖沼相。鉴于以上事实,将塔里奇克组置晚三叠世。

第九节 侏罗系

侏罗系主要出露于测区东北角沿铁热克河呈不规则面状分布,另在南东阿克彻依、萨俄孜俄勒克等地少量出露,总面积约273km²。该地层包括下—中侏罗统叶尔羌群的莎里塔什组、康苏组、杨叶组和塔尔尕组,以及上侏罗统的库孜贡苏组。分属塔北地层分区和塔里木盆地地层分区,塔里木盆地地层分区仅出露上侏罗统的库孜贡苏组,总体为一套湖沼相的含煤碎屑岩建造。

苏联地质保矿部第十三航空地质大队(1953)将其三分,即下侏罗统里阿斯组、下—中侏罗统、中侏罗统道格组和上侏罗统麻姆组[①];新疆维吾尔自治区区域地层表编写组(1981)将其划为叶尔羌群,群内分4个组,其时代划归早—中侏罗世,上部粗碎屑岩为库孜贡苏组,置晚侏罗世。此后新疆地质矿产局第二地质大队(1985)[②]、新疆地质矿产局第一区调大队(1998)[③]、新疆地质矿产局(1999)沿用。本次工作采用新疆地质矿产局(1999)的划分方案(表2-12)。

表2-12 测区侏罗系地层划分沿革表

	苏联地质保矿部第十三航空大队(1953)		新疆维吾尔自治区区域地层表编写组(1981)		《新疆1:200万地质图》(1982)		《新疆维吾尔自治区区域地质志》(1993)		《中国地层典》(2000)		本书	
上统	麻姆组(J_3)		库孜贡苏组(J_3k)				库孜贡苏组		克孜勒苏群(J_3—K_1)		库孜贡苏组(J_3kz)	
中统	道格组(J_2)	上亚组(J_2^b)	叶尔羌群($J_{1-2}Y$)	塔儿尕组(J_2t)	叶尔羌群($J_{1-2}Y$)		塔儿尕组		库孜贡苏组(J_2)	叶尔羌群	塔儿尕组(J_2t)	叶尔羌群
		下亚组(J_2^a)		杨叶组(J_2y)			杨叶组		塔儿尕组(J_2)		杨叶组(J_2y)	
	(J_{1-2})								杨叶组(J_2)			
下统	里阿斯组(J_1)	上亚组(J_1^b)		康苏组(J_1k)			康苏组		康苏组(J_1)		康苏组(J_1k)	
		下亚组(J_1^a)		莎里塔什组(J_1s)			莎里塔什组		莎里塔什组(J_1)		莎里塔什组(J_1sh)	

一、剖面描述

1. 乌恰县塔塔下侏罗统莎里塔什组、康苏组实测剖面

该剖面位于乌恰县康苏镇(东侧图外)北西铁热克河,塔塔村东侧塔塔活洛提沟中。起点坐标:$X=4415709$,$Y=13496813$,$H=2596$m;终点坐标:$X=4418759$,$Y=13499065$,$H=3136$m。剖面

---

① 苏联地质保矿部第十三航空地质大队.1:20万喀什西北—克孜勒苏河流域地质测量及普查工作报告,1953.
② 新疆地质矿产局第二地质大队.新疆南疆西部地质图、矿产图说明书(1:50万),1985.
③ 新疆地质矿产局第一区域地质调查大队.1:5万乌恰县萨瓦亚尔顿地区区域地质调查报告,1998.

自南西向北东顺沟而上测制,全长 4150m(图 2-27)。

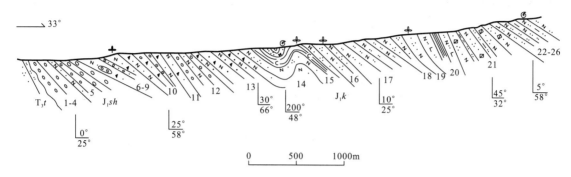

图 2-27 乌恰县塔塔下侏罗统莎里塔什组、康苏组实测剖面图

下侏罗统康苏组(J_1k) （第四系覆盖,未见顶） **厚>2117.7m**

26. 褐灰色板状细粒长石石英砂岩与灰黑色板状泥质粉砂岩、粉砂质页岩互层 >10.4m
25. 褐灰色板状泥质长石粉砂岩与灰黑色板状泥质粉砂岩互层,见虫管 103.6m
24. 褐色中层中粒长石石英砂岩,夹少量褐灰色板状泥质长石粉砂岩,前者中见中型楔状层理,后者
    发育水平纹层 22.5m
23. 褐灰色薄层泥质长石粉砂岩与灰黑色板状泥质粉岩互层,底部有一层厚约3m的中层长石粉砂岩 64.8m
22. 褐灰色板状泥质长石粉砂岩与灰黑色板状泥质粉砂岩互层,后者具水平纹层 30.1m
21. 褐色中层中粒长石石英砂岩夹灰绿色泥质粉砂岩,砂岩中见粒径约5cm的菱铁矿结核,圆形,少量
    分布。另砂岩层面见不对称流水波痕,示古流向为10° 235.3m
20. 褐色中层钙质粗粉砂岩夹灰黑色含炭粉砂质页岩,粗粉砂岩中具小型槽状层理 149.8m
19. 褐色中层中—细粒长石石英砂岩,夹少量灰色薄层细粒长石砂岩。前者见尖谷圆顶波痕,局部见植物
    叶片化石 134.6m
18. 褐色中层中—细粒长石石英砂岩与灰色中层细粒长石砂岩互层。二者均见平行层理,其中前者还发育
    中型对称波痕,普遍具分叉现象 151.9m
17. 灰黑色厚层长石粗粉砂岩,发育尖棱褶曲 218.8m
16. 褐色中层中粒长石石英砂岩与灰黑色薄层细粒长石砂岩互层。前者下部发育平行层理,上部发育楔
    状层理,后者见大量植物化石 108.9m
    植物化石:*Phoenicopsis angustifolia* Heer
           Podozamites sp.
15. 褐色中层中粒长石石英砂岩与灰黑色薄层细粒长石砂岩互层,夹含炭粉砂质页岩。长石砂岩中发育
    平行层理,小型槽状层理和不对称波痕,据波痕显示古流向为40°。页岩中见植物化石,长石石英砂
    岩中见双壳类碎片 76.6m
14. 灰色薄层细粒岩屑长石砂岩与灰黑色板状石英粉砂岩互层,夹厚约30cm的灰褐色中层粗粒岩屑长
    石砂岩 37.3m
13. 灰色中层中粒岩屑长石砂岩,夹少量灰色薄层细粒岩屑长石砂岩。前者中见小型槽状层理 142.5m
12. 灰褐色块状砂岩质-石英岩质中—细砾岩与灰色中层中粒岩屑长石砂岩互层 157.0m
11. 灰色中层含钙质细粒长石石英砂岩 59.9m
10. 灰色中层细粒岩屑长石砂岩,夹少量灰褐色中层片岩质中—细砾岩 231.3m
9. 黄灰色块状石英岩质中砾岩,砾石次棱角状,大小为5~30mm 6.1m
8. 灰色中层细粒岩屑长石砂岩夹少量灰褐色片岩质中层中—细砾岩。砾岩底界为突变面,砂岩中含
   植物化石 69.9m
   植物化石:*Sphenobaiera* sp.
7. 黄灰色块状砾质中粒砂岩,砾石大小为5~30mm,次棱角状,含量为30%±,主要为石英岩类 5.8m
6. 灰黑色中层细粒岩屑长石砂岩,夹少量灰黑色板状长石石英粉砂岩。砂岩中见大型楔状层理,局部夹
   粗粒长石石英杂砂岩及细砾岩透镜体 100.5m

——————整合——————

下侏罗统莎里塔什组（J_1sh） 厚 229.4m

5. 灰绿色厚层粗砾岩，夹少量灰色中层中粒长石砂岩。砾石成分为石英岩和片岩，呈次棱角状，少量
   呈次圆状，1~30cm，含量为60%±，底界面凹凸不平 115.9m
4. 灰绿色中层中粒长石砂岩夹中砾岩 21.2m
3. 灰绿色巨厚状石英岩质粗砾岩，砾石成分为石英岩和片岩 35.3m
2. 灰色砾岩与灰色中层中粒砂岩、灰黑色泥质粉砂岩韵律层 56.4m
1. 灰褐色块状砾岩，砾石成分为石英岩和片岩，棱角状，大小为2~5mm，总含量为80%± 0.6m

~~~~~~~~角度不整合~~~~~~~~

下伏地层：上三叠统塔里奇克组（T_3t） 灰色中层细粒长石石英砂岩

2. 乌恰县加斯喀克下侏罗统康苏组实测剖面

该剖面位于乌恰县康苏镇北西约18km铁热克河东侧加斯喀克沟中，起点坐标：$X=4419295$，$Y=13495738$，$H=3045m$；终点坐标：$X=4421851$，$Y=13496153$，$H=3321m$。剖面自南西向北东测制，全长245m（图2-28）。

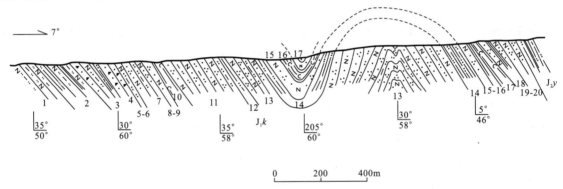

图2-28 乌恰县加斯喀克下侏罗统康苏组实测剖面图

上覆地层：中侏罗统杨叶组（J_2y） 灰黑色粉砂质页岩

——————整合——————

下侏罗统康苏组（J_1k） 厚＞1049.8m

20. 褐灰色中层中—细粒长石石英砂岩，其中有较多的灰黑色粉砂质页岩砾石。砾石大小一般
    为1cm×3cm，棱角状，不规则状 59.4m
19. 灰黑色粉砂质页岩夹灰黄色薄层细粒长石岩屑砂岩 8.5m
18. 褐灰色中层细粒长石石英砂岩夹灰黑色粉砂质页岩。砂岩中下部具平行层理，上部具楔状层理 75.7m
17. 灰黑色炭质页岩夹灰黄色中层中—细粒长石岩屑砂岩，下部3m为褐灰色中层细粒长石石英砂岩
    夹灰黑色板状泥质粉砂岩 23.6m
16. 灰黑色炭质页岩与灰黄色中层中—细粒长石岩屑砂岩互层 31.5m
15. 褐灰色中层细粒长石石英砂岩夹灰色板状泥质粉砂岩 7.9m
14. 灰黑色粉砂质页岩夹灰黄色薄层细粒长石岩屑砂岩，每隔1~4m夹厚50~100cm的中层细粒长
    石石英砂岩，向上变薄，页岩向上变多 66.6m
13. 褐灰色中层细粒长石石英砂岩夹灰色板状泥质粉砂岩，前者向上变薄 63.8m
12. 灰黑色粉砂质页岩夹灰黄色薄层细粒长石岩屑砂岩，页岩中含植物化石 9.1m
11. 褐灰色中—薄层细粒长石石英砂岩与灰色板状泥质粉砂岩互层，长石砂岩中见楔状层理 192.6m
10. 灰黑色炭质页岩，内部夹少量褐灰色泥质长石粉砂岩透镜体 41.3m
9. 褐灰色中层中粒长石石英砂岩 24.8m
8. 褐灰色板状泥质长石粉砂岩与灰黑色粉砂质页岩互层 16.5m

7. 浅褐灰色中层中粒长石石英砂岩夹少量灰黑色板状泥质粉砂岩　　　　　　　　　　　　73.0m
6. 褐灰色板状泥质长石粉砂岩与灰黑色粉砂质页岩互层　　　　　　　　　　　　　　　 7.2m
5. 褐灰色板状泥质长石粉砂岩与灰黑色粉砂质页岩互层,隔1m±夹厚约15cm的褐灰色中层中粒岩屑砂岩　14.3m
4. 褐灰色中层中粒岩屑砂岩　　　　　　　　　　　　　　　　　　　　　　　　　　 50.2m
3. 褐灰色中层中粒岩屑砂岩,板状泥质长石粉砂岩与灰黑色粉砂质页岩构成的韵律层重复,大约有7个韵律层,每个韵律层中砂岩向上变薄、变少　　　　　　　　　　　　　　　　　　　　　89.2m
2. 褐灰色板状泥质长石粉砂岩与灰黑色粉砂质页岩互层,自底部向上有4层厚15～60cm的褐灰色中层中粒岩屑砂岩,总体向上变薄　　　　　　　　　　　　　　　　　　　　　　　　111.5m
1. 褐灰色板状泥质长石粉砂岩与灰黑色板状泥质粉砂岩互层　　　　　　　　　　　　　＞83.1m

(第四系覆盖,未见底)

3. 乌恰县硝尔鲁中侏罗统杨叶组实测剖面

该剖面位于乌恰县康苏镇北西铁热克河上游东侧硝尔鲁沟中,起点坐标:$X=4424188$,$Y=13493782$,$H=3302m$;终点坐标:$X=4425813$,$Y=13494328$,$H=3932m$。自南西向北东方向测制,长约220m(图2-29)。

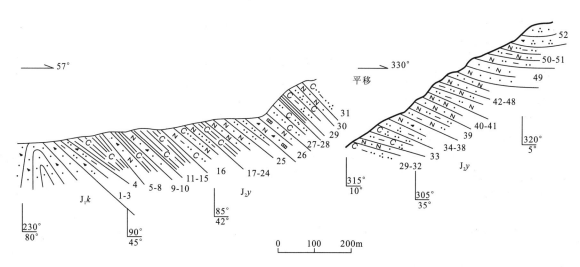

图2-29　乌恰县硝尔鲁中侏罗统杨叶组实测剖面图

中侏罗统杨叶组(J_2y)　　　　　　　　(向斜核部,未见顶)　　　　　　　　**厚＞1395.4m**
52. 褐灰色厚层中粒长石砂岩　　　　　　　　　　　　　　　　　　　　　　　　　＞37.9m
51. 灰黑色泥质长石粉砂岩　　　　　　　　　　　　　　　　　　　　　　　　　　 32.7m
50. 灰黑色泥质长石粉砂岩夹灰色中层细粒长石砂岩　　　　　　　　　　　　　　　　 60.9m
49. 褐灰色巨厚层中—细粒长石砂岩　　　　　　　　　　　　　　　　　　　　　　 64.7m
48. 褐灰色厚层中层中—细粒长石砂岩　　　　　　　　　　　　　　　　　　　　　 14.9m
47. 褐灰色巨厚层中—细粒长石砂岩　　　　　　　　　　　　　　　　　　　　　　 43.0m
46. 褐灰色厚层夹中层中粒长石砂岩与薄层中粒长石砂岩互层　　　　　　　　　　　　 9.6m
45. 灰黑色泥质长石粉砂岩　　　　　　　　　　　　　　　　　　　　　　　　　　 19.1m
44. 灰黑色中层条带状泥质长石粉砂岩,具水平层理　　　　　　　　　　　　　　　　 9.6m
43. 灰黑色泥质长石粉砂岩　　　　　　　　　　　　　　　　　　　　　　　　　　 16.3m
42. 灰黑色条带状泥质长石粉砂岩,内部具褐色细粒长石砂岩条带,条带向上变薄　　　　　 7.6m
41. 灰色中层细粒长石砂岩,具水平层理　　　　　　　　　　　　　　　　　　　　　 49.4m
40. 褐灰色厚层细粒长石砂岩,夹3cm±的灰色细粒长石砂岩条带　　　　　　　　　　　 8.6m

39. 灰黑色板状泥质长石粉砂岩,隔6m±夹一层厚30cm±的灰色中层细粒长石砂岩　　　　　　　　　　79.8m
38. 灰褐色薄层中粒岩屑长石砂岩、灰色薄层细粒岩屑石英砂岩构成的韵律层与灰褐色厚层中粒岩
    屑长石砂岩互层,韵律层厚约3m±,后者厚3m±　　　　　　　　　　　　　　　　　　　　　37.5m
37. 灰褐色薄层中粒岩屑长石砂岩与灰色薄层细粒岩屑石英砂岩构成的韵律层重复,二者单层各厚
    1～5cm　　　　　　　　　　　　　　　　　　　　　　　　　　　　　　　　　　　　　　12.5m
36. 灰褐色厚层中粒岩屑长石砂岩,每个剥离层顶面分布有厚3cm±的灰色细粒岩屑石英砂岩,
    构成条带状外貌　　　　　　　　　　　　　　　　　　　　　　　　　　　　　　　　　　　12.5m
35. 灰色中层细粒岩屑石英砂岩夹灰黑色中层含炭泥质石英粉砂岩,前者厚2cm±,后者厚1cm±,二者
    均发育劈理　　　　　　　　　　　　　　　　　　　　　　　　　　　　　　　　　　　　　8.3m
34. 灰色中层含炭泥质石英粉砂岩夹褐灰色薄层细粒长石砂岩,前者厚20cm±,具水平纹理,后者厚1cm±　12.5m
33. 灰色薄层含炭泥质石英粉砂岩,其中具褐灰色细粒长石砂岩条带,底界面为波状突变面　　　　　71.8m
32. 褐灰色厚层中粒长石砂岩,其中夹一层灰黑色炭质粉砂岩,呈板状,厚约1.5m。砂岩中见楔状层理　　6.6m
31. 灰色板状含炭泥质石英粉砂岩,具水平纹理　　　　　　　　　　　　　　　　　　　　　　　19.7m
30. 褐灰色中层细粒长石砂岩,下部夹厚约40cm的灰色板状含炭泥质粉砂岩,上部同样夹有一层,厚
    约20cm　　　　　　　　　　　　　　　　　　　　　　　　　　　　　　　　　　　　　　26.9m
29. 灰色板状含炭泥质石英粉砂岩　　　　　　　　　　　　　　　　　　　　　　　　　　　　　55.9m
28. 灰黑色炭质页岩　　　　　　　　　　　　　　　　　　　　　　　　　　　　　　　　　　　19.5m
27. 灰色板状炭质粉砂岩　　　　　　　　　　　　　　　　　　　　　　　　　　　　　　　　　53.6m
26. 灰色中层中粒含黄铁矿长石岩屑砂岩夹灰黑色片理化粉砂岩。黄铁矿大小为0.5cm×0.5cm　　　 88.3m
25. 灰黑色板状粉砂岩　　　　　　　　　　　　　　　　　　　　　　　　　　　　　　　　　　53.7m
24. 灰色中—薄层细粒长石岩屑砂岩,内部具灰黑色粉砂岩水平条带　　　　　　　　　　　　　　　6.0m
23. 灰色中层中粒长石岩屑砂岩,下部夹厚约10cm的灰色粉砂岩　　　　　　　　　　　　　　　　3.0m
22. 灰色板状粉砂岩,上部夹厚约1m的灰色中层中粒长石岩屑砂岩　　　　　　　　　　　　　　　11.9m
21. 灰色中层中粒长石岩屑砂岩　　　　　　　　　　　　　　　　　　　　　　　　　　　　　　3.0m
20. 灰色中层中粒长石岩屑砂岩与灰色板状粉砂岩互层,夹少量灰黑色炭质页岩及薄层细粒长石岩屑
    砂岩。中粒砂岩层向上变薄,粉砂岩中具水平纹理　　　　　　　　　　　　　　　　　　　　20.3m
19. 灰黑色块状岩屑长石粗粉砂岩,夹少量灰色薄层中粒长石岩屑砂岩　　　　　　　　　　　　　23.4m
18. 灰黑色炭质页岩,页理明显　　　　　　　　　　　　　　　　　　　　　　　　　　　　　　11.4m
17. 黄灰色含炭粉砂质泥岩,为薄层,发育劈理　　　　　　　　　　　　　　　　　　　　　　　6.6m
16. 灰黑色板状含炭泥质长石粉砂岩,底部为灰色中层细粒长石岩屑砂岩,厚约40cm,下部亦有一层　　85.2m
15. 灰黑色炭质页岩　　　　　　　　　　　　　　　　　　　　　　　　　　　　　　　　　　　16.5m
14. 灰色厚—中层细粒长石屑砂岩夹灰黑色粉砂质页岩　　　　　　　　　　　　　　　　　　　　16.5m
13. 灰黑色炭质页岩　　　　　　　　　　　　　　　　　　　　　　　　　　　　　　　　　　　11.0m
12. 灰色中层细粒岩屑石英砂岩与灰黑色粉砂质页岩互层　　　　　　　　　　　　　　　　　　　11.0m
11. 灰黑色板状含炭泥质长石粉砂岩　　　　　　　　　　　　　　　　　　　　　　　　　　　　11.0m
10. 褐灰色中层片理化中粒长石岩屑砂岩与灰黑色板状片理化含炭泥质长石粉砂岩互层　　　　　　12.8m
9. 灰黑色板状含炭泥质长石粉砂岩　　　　　　　　　　　　　　　　　　　　　　　　　　　　14.6m
8. 灰黑色炭质页岩夹板状含炭泥质长石粉砂岩　　　　　　　　　　　　　　　　　　　　　　　14.6m
7. 灰色中层细粒长石岩屑砂岩与灰黑色板状含炭泥质长石粉砂岩互层　　　　　　　　　　　　　16.4m
6. 灰黑色炭质页岩夹灰黑色板状含炭泥质长石粉砂岩　　　　　　　　　　　　　　　　　　　　16.9m
5. 灰黑中层细粒长石岩屑砂岩与灰黑色板状含炭泥质长石粉砂岩互层　　　　　　　　　　　　　8.4m
4. 灰黑色炭质页岩夹灰黑色含炭泥质长石粉砂岩,粉砂岩中具水平纹理　　　　　　　　　　　　106.5m
3. 灰黑色板状泥质粉砂岩,隔30cm±夹厚约3cm的黄灰色薄层泥质岩屑粉砂岩　　　　　　　　　11.7m
2. 黄灰色薄层泥质岩屑粉砂岩　　　　　　　　　　　　　　　　　　　　　　　　　　　　　　11.7m
1. 灰黑色极薄层含炭泥质长石粉砂岩　　　　　　　　　　　　　　　　　　　　　　　　　　　11.6m

——————整　合——————

下伏地层:下侏罗统康苏组(J_1k)　　褐灰色中—厚层中粒岩屑砂岩

4. 乌恰县索阔塔什萨依上侏罗统—白垩系实测剖面

该剖面位于乌恰县乌鲁克恰提乡北约10km,卓尤勒干苏河东侧索阔塔什萨依沟中,起点坐标:$X=4413949$,$Y=13449035$,$H=275m$;终点坐标:$X=4414881$,$Y=13446177$,$H=2616m$。由东向西与白垩系地层连续测制,全长约3000m(图2-30)。

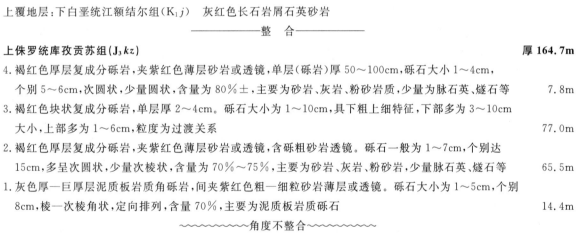

图2-30 乌恰县索阔塔什萨依上侏罗统库孜贡苏组实测剖面图

上覆地层:下白垩统江额结尔组(K_1j)　灰红色长石岩屑石英砂岩

——————————整　合——————————

上侏罗统库孜贡苏组(J_3kz) 　　　　　　　　　　　　　　　　　　　　　　　　　　　　　　厚164.7m

4. 褐红色厚层复成分砾岩,夹紫红色薄层砂岩或透镜,单层(砾岩)厚50~100cm,砾石大小1~4cm,
个别5~6cm,次圆状,少量圆状,含量为80%±,主要为砂岩、灰岩、粉砂岩质,少量为脉石英、燧石等　　7.8m

3. 褐红色块状复成分砾岩,单层厚2~4cm。砾石大小为1~10cm,具下粗上细特征,下部多为3~10cm
大小,上部多为1~6cm,粒度为过渡关系　　　　　　　　　　　　　　　　　　　　　　　　　　　77.0m

2. 褐红色厚层复成分砾岩,夹紫红色薄层砂岩或透镜,含砾粗砂岩透镜。砾石一般为1~7cm,个别达
15cm,多呈次圆状,少量次棱状,含量为70%~75%,主要为砂岩、灰岩、粉砂岩,少量脉石英、燧石等　　65.5m

1. 灰色厚—巨厚层泥质板岩质角砾岩,间夹紫红色粗—细粒砂岩薄层或透镜。砾石大小为1~5cm,个别
8cm,棱—次棱角状,定向排列,含量70%,主要为泥质板岩质砾石　　　　　　　　　　　　　　　14.4m

~~~~~~~~~~~~角度不整合~~~~~~~~~~~~

下伏地层:泥盆系塔什多维组(Dt)　浅灰色泥质板岩

二、岩石地层特征

1. 莎里塔什组(J_1sh)

莎里塔什组出露不多,仅在测区东北角的铁热克河两侧一带见及,面积约33km²。由南东向北西以角度不整合覆盖于上三叠统塔里奇克组和长城系阿克苏岩群之上(图2-31)。

莎里塔什组岩性主要为灰—灰绿色厚—巨厚层砾岩、灰绿色中层中粒长石砂岩及少量灰黑色泥质粉砂岩,厚229.4m。砾岩中砾石以次棱角状为主,少量呈次圆状和棱角状,一般多为1~30cm,大小混杂,个别可见150cm的巨砾,含量50%~60%,砾石成分主要为白色石英岩、黑色片岩。基质-颗粒支撑,填隙物以砂泥质为主。底部见厚约几十厘米的灰褐色角砾岩,呈次棱角状,大小为2~5mm,含量为80%左右。

从剖面上看,该组下部有两个明显向上变细的韵律性旋回,上部为厚达百余米的灰绿色粗砾岩夹少量中粒长石砂岩，砾岩具底蚀冲刷现象，整体表现为向上粒度变粗的特点。该组区内岩性稳定，厚度变化大，以一套磨圆及分选性均较差的砾岩组合为特征，沉积构造不发育，结合砾石特征，说明其物源不远，具泥石流堆积特点，或为冲积扇沉积环境。

2. 康苏组（J_1k）

在测区东北角沿铁热克河两侧呈不规则带状出露，与下伏莎里塔什组及上覆杨叶组均为整合接触，出露面积为 139km²。康苏组在铁热克河东侧多以单斜产出，西侧受由北向南推覆构造影响，多发育系列轴向北倾的斜歪及不对称褶皱，局部地层发生倒转和较微的变质作用。

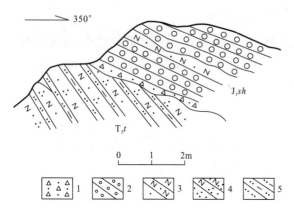

图 2-31　乌恰县铁热克河下侏罗统莎里塔什组与上三叠统塔里奇克组角度不整合接触关系素描图
1.角砾岩；2.砾岩；3.长石砂岩；4.长石石英砂岩；5.泥质粉砂岩

区内两条剖面上下大致衔接，基本可以反映出本组面貌。下部岩性为灰、灰黑色中层中细粒岩屑长石砂岩夹黄灰色块状砾岩或砾质砂岩，向上变为灰色薄层细粒岩屑长石砂岩与灰黑色板状石英粉砂岩，显示与莎里塔什组的过渡关系，所夹砾岩中的砾石为砂岩质和石英质，向上显示为砾径变小，石英质砾石增多。基本层序为砾岩—中细粒砂岩—粉砂岩，构成向上变细的层序。砂岩中见大型楔状层理和小型槽状层理，为滨湖沉积环境；中部为褐、褐灰色中层中粒长石石英砂岩与细粒石英砂岩组成韵律层，夹褐、灰黑色中层长石粉砂岩、石英粉砂岩和炭质粉砂质页岩，向上多见褐灰色、灰黑色板状泥质粉砂岩。典型基本层序为中层中粒长石砂岩—粗粒长石石英砂岩—石英粉砂岩、含炭粉砂质页岩，为向上变细变薄。该段沉积构造十分发育，砂岩中多见平行层理、楔状层理和不对称波痕、尖谷圆顶波痕，粉砂岩中见小型槽状层理、水平层理，砂岩中还见有菱铁矿结核。据波痕特征显示古流向为 10°～40°，沉积环境为浅湖相。上部为褐灰色中粒长石石英砂岩、细粒长石英砂岩、泥质长石粉砂岩、灰黑色粉砂质页岩，夹少量中粒岩屑砂岩和黑色炭质页岩。典型基本层序为中—薄层中—细粒长石石英砂岩→薄层或板状泥质长石粉砂岩→粉砂质页岩，向上变薄变细、炭质页岩增多。砂岩中见楔状层理、平行层理，沉积环境为湖泊-沼泽相。

剖面中没有见到煤层（线），不过在距其不远的西侧路线见有多层煤（线）。煤层厚 50～70cm，横向延伸稳定，顶底板均为砂岩。其他特征与剖面相比基本一致，另在靠近上部层位中见有示底冲刷构造（图 2-32）。

区内康苏组岩性较为稳定，横向变化不大。受构造影响层位不连续，厚度大于 367.5m。本组以褐灰色调和大量的细碎屑岩组合、含工业煤层或煤线为主要特征，易与同以粗碎屑组合、灰绿色调为特征的莎里塔什组区分，并以大量页岩的出现作为杨叶组的开始。

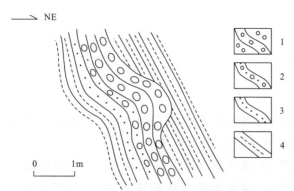

图 2-32　乌恰县塔吐布拉克道班北下侏罗统康苏组上部示底冲刷构造素描图
1.砾岩；2.砂砾岩；3.砂岩；4.泥岩

组内产丰富的植物化石，本次采获有 Sphenobaiera sp., Phoenicopsis angustifolia Heer（图版Ⅰ，1），Podozamites sp., Phoenicopsis sp. 等，局部见介壳碎片。

3. 杨叶组(J_2y)

本组在图幅北东角呈面状出露于铁热克河北东侧山腰部以上,向北、向东延出测区,面积 $80km^2$。本组多呈复式向斜产出,硝尔鲁一带为其核部,厚度大于 1395.4m。下部以灰黑色炭质页岩、含炭质长石粉砂岩为主,夹灰色中层中—细粒长石岩屑砂岩及少量黄灰色薄层泥质岩屑粉砂岩和含炭粉砂质泥岩。典型基本层序为细粒长石岩屑砂岩→泥质长石粉砂岩→炭质页岩,向上变细变薄,粉砂岩中见水平层理。中部为灰色板状(含)炭质泥质石英粉砂岩、炭质粉砂岩、粉砂岩,夹有灰色中层中粒长石岩屑砂岩、灰黑色炭质页岩,以及少量褐灰色中粒长石砂岩。典型基本层序为中粒长石岩屑砂岩→粉砂岩,砂岩向上明显减少,粉砂岩渐多,为变细变薄型。长石岩屑砂岩中含有零星的黄铁矿晶体,呈四方状,大小约 5mm 见方,偶见楔状层理和冲刷现象,粉砂岩中多见水平纹理。上部为褐灰色薄—厚层中—细粒长石砂岩、灰黑色板状—块状泥质长石粉砂岩,或条带状泥质长石粉砂岩夹薄层细粒岩屑石英砂岩。典型基本层序为细—中粒长石砂岩→泥质长石粉砂岩,为向上变细型,但总体向上粒度变粗,单层变厚。

区内杨叶组岩性稳定,变化不大。剖面未见顶,厚度大于 195.4m。剖面上未测到含煤层位,但在西侧路线上,该组下部见有少量煤线,厚一般几厘米。另在砂岩中见双壳类碎片,炭质页岩中产植物及其大量碎片,本次采获有 *Equisetites*? sp.。杨叶组总体上具向上变粗的粒序层,自下而上,炭质页岩由多而少,至上部不见,砂岩由少变多、粒度变粒、层理变厚,而粒度处于中间的粉砂岩,相应地以中部为多。组内多见平行层理、水平层理,且中下部见黄铁矿晶体。其色调也具有由灰黑向灰、褐灰色过渡的特征,表现出由湖泊沼泽相向湖泊相、由还原境向弱氧化环境渐变的趋势。

4. 塔尔尕组(J_2t)

塔尔尕组仅在乌鲁克恰提北图边少量见及,向北延至图外,面积仅 $2km^2$。本组产出位置也不理想,以不规则向形产出,故无剖面控制,路线也未见及顶、底,厚约 240m。主体岩性为浅红色厚层砾岩与暗红色厚层细粒长石石英砂岩互层,夹灰绿色中—薄层细粒长石石英砂岩、暗红色中—薄层泥质粉砂岩及少量灰绿色厚层砾岩。底部为灰白色中厚层细砾岩,其砾石呈次圆—圆状,大小 5mm 左右,含量约 60%,主要为石英和燧石质,填隙物为砂质。红色砾岩之砾石多 1cm 大小,呈次圆—次棱角状,含量约 70%,主要为石英岩、脉石英、长石石英砂岩和粉砂质、砂泥质填隙。总体向上变粗,色调由灰白、灰绿色转变为浅红、暗红色,为一套滨湖相沉积,同时有弱氧化环境向较强氧化环境过渡的趋势。该组以独特的杂色色调外貌和岩石组合特征区别于上、下层位。

5. 库孜贡苏组(J_3kz)

库孜贡苏组零星分布于乌鲁克恰提之北的阿克铁克提尔和小红山铁矿西南侧,以及图幅东边的阿克彻依南侧和中东部维吾尔南侧沟谷地带,呈规模不大的条带状并以单斜形式产出,面积 $18.4km^2$。维吾尔之南因受山前推覆构造影响,发生倒转,未见底。北部以角度不整合分别覆于泥盆系(图2-33)和石炭系之上,其上均被下白垩统克孜勒苏群平行不整合覆盖,局部为整合接触。

该组主体为一套红色粗碎屑岩建造。以褐红色

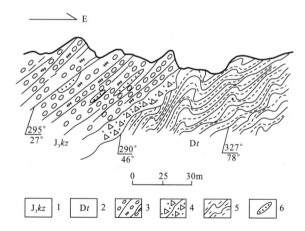

图 2-33 乌恰县索阔塔什萨依上侏罗统库孜贡苏组与泥盆系塔什多维组角度不整合接触关系素描图

1.上侏罗统库孜贡苏组;2.泥盆系塔什多维组;3.复成分砾岩;4.角砾岩;5.泥质板岩;6.砂岩透镜体

厚—巨厚层复成分砾岩为主夹紫红色砂岩薄层和透镜体，或为含砾粗砂岩透镜体。砾岩之砾石呈次圆状，少量为次棱角状、圆状，大小一般1~7cm，含量为70%~80%，成分主要为砂岩、灰岩、粉砂岩，少量为脉石英、燧石等，砂、泥质填隙，成分与砾石基本相同。底部见有厚约十余米的泥质板岩质角砾岩，间夹紫红色粗—细粒砂岩薄层或透镜。砾石以棱—次棱角状为主，大小1~5cm，个别可达8cm，含量70%左右，砾石几乎全为泥质板岩。在阿克彻依一带多见为灰绿色砾岩，砾石成分主要来自下伏火山岩层位，故显绿色调，并以玄武岩、凝灰岩、花岗岩类为主。

区内本组岩性及厚度变化不大，在索阔塔什萨依一带厚164.7m。仅因砾石成分差异，而在色调上有所不同。底部普遍见有角砾岩，砾石成分与下伏层位岩性特征一致。垂向上多具向上变细、砂岩层或透镜体增多变厚的特点，且砾石含量增加、分选及磨圆变好。砾石具定向排列，见不甚发育的平行层理和砾石层对下伏砂岩层的冲刷底蚀现象。从砾石形态和成分上看，明显为近源、快速堆积的产物，总体上反映了干旱或半干旱条件下的冲积扇沉积环境，向上表现为从以泥石流为主变为以河道为主。

三、区域地层对比及时代确定

1. 区域对比

区内下—中侏罗统叶尔羌群各组上述特征相对稳定，未见与库孜贡苏组接触，自阿克然达坂一带向西、向南未见出露，库孜贡苏组超覆于老的不同层位之上，自东向西南层位由老到新（图2-34）。

莎里塔什组底部的褐红色砾岩极具对比特征，横向上延伸较稳定，其上几乎全由灰绿色砾岩组成，厚度变化不大，塔塔一带厚229.4m。在莎里塔什一带夹少许砂岩、泥岩和炭质泥岩，厚达1314m。在乌拉根一带颇为特殊，呈大小混杂、杂乱无章的类冰碛堆积特征，漂砾直径可达2~4m，砾石几乎全为绿色片岩组成，厚326m。向东至克孜勒陶一带还夹有绿灰色薄—中层含砂粉砂岩和煤线，产植物碎片，厚仅29.6m。本组总体以一套绿色粗碎屑为主，向南东变薄。

康苏组在铁热河一带主体为灰、褐灰色长石石英砂岩夹灰黑色炭质粉砂岩，含工业煤层及煤线，横向上稳定，厚度大于3167.5m。在乌恰县康苏一带下部砾岩较多，主体为灰绿或灰色砂岩、砾状砂岩与泥岩互层，夹炭质泥岩、薄煤及工业煤层，为本区主要含煤层位，厚1500m。向东至克孜勒陶一带为灰黑色粉砂岩夹绿灰色长石石英砂岩，产较多工业煤层，最厚可达17m，且向上变多，该地本组厚440.3m。区域上本组自西向东、向南具明显的变薄趋势，但所含煤层却逐渐增多变厚。

杨叶组在区内铁热克河一带岩性稳定，以底部出现大套灰黑色炭质页岩作为分组标志，向上粒度渐变加粗，含少量煤线，厚度大于1395.4m。在乌恰一带以底部厚近百米的灰色片状泥岩为分组标志，向上过渡为灰绿、黄绿色中—细粒砂岩，至顶部夹少许砾岩透镜体，另夹劣质煤，不产工业煤层，厚160~1003m（新疆地质矿产局，1993）。向南至克孜勒陶地区下部以灰黑色薄层泥质粉砂岩、炭质页岩为主，炭质页岩横向易相变为煤层或煤线，产工业煤层。中部多为"泛绿"段，以页岩、细砂岩为主，向上色调过渡为灰、黄灰色，以细砂岩、钙质石英粉砂为主，厚达2828.2m。区域上表现为向东、向西变厚，且向东所含煤（层）增多、变厚。

区域上塔尔尕组主要为红色粗—中碎屑岩，据路线所见厚度不大。在乌恰地区以较鲜的绿色泥岩为主夹紫红色泥岩条带，底部为灰黄色砾岩，顶部则以红色泥岩为主，厚533m（新疆地质矿产局，1993）。在克孜勒陶地区为一套黄绿、绿、紫红、暗紫等杂色调的粉砂岩、细砂岩和泥岩等组合，极富特点，且向上粒度变粗，厚835.5m。区域上本组自南向北粒度变粗、厚度减小。

区内库孜贡苏组岩性组合相差不大，主体以一套红色粗碎屑岩为主，部分地段呈灰绿色砾岩，均夹少量细碎屑岩，区内未见与叶尔羌群接触，直接超覆于老的层位之上。乌鲁克恰提一带厚

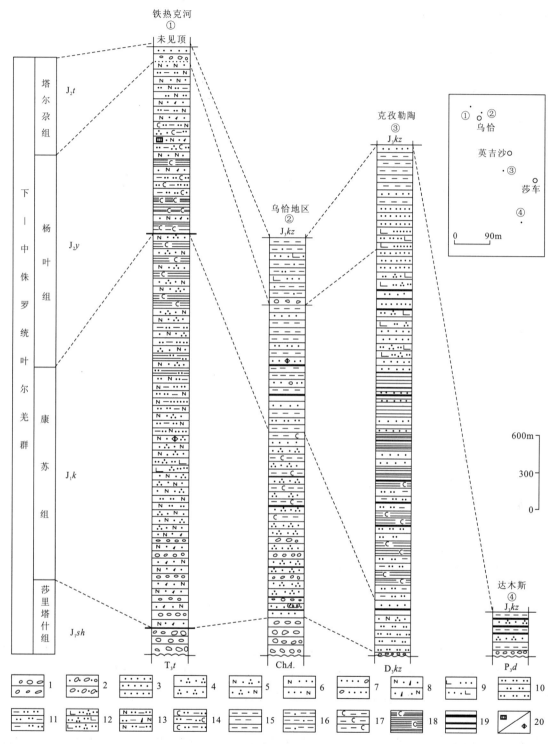

图 2-34 测区下—中侏罗统叶尔羌群区域地层柱状对比图

1.砾岩；2.砂砾岩；3.砂岩；4.石英砂岩；5.长石石英砂岩；6.长石砂岩；7.含砾砂岩；8.长石岩屑砂岩；
9.钙质砂岩；10.粉砂岩；11.泥质粉砂岩；12.钙质石英粉砂岩；13.泥质长石粉砂岩；14.炭质泥质粉砂岩；
15.泥岩；16.砂质泥岩；17.炭质泥岩；18.炭质页岩；19.煤层(线)；20.黄铁矿/菱铁矿

164.7m；乌恰地区岩性组合与测区大致相同，具向上变细的正粒序层特征，与下伏塔尔尕组为整合接触，厚 423m（新疆地质矿产局，1993）。在克孜勒陶地区表现为下绿上红，岩性组合为砾岩、含砾粗砂岩、粗砂岩夹细粒长石石英砂岩、粉砂岩和泥岩等，由下而上具由粗→细→粗的沉积韵律，厚658.7m。区域上表现为北粗南细、北薄南厚（图2-35）。

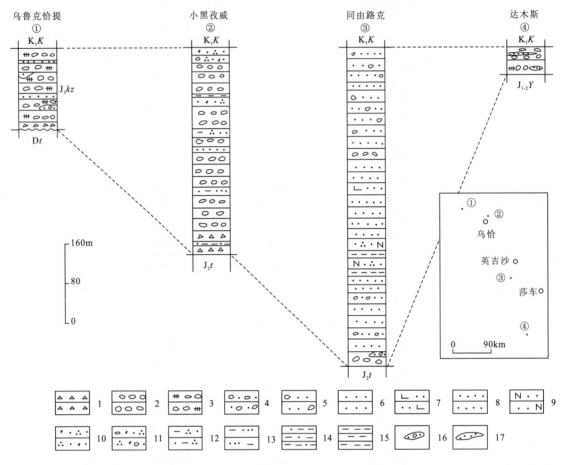

图2-35 上侏罗统库孜贡苏组区域地层柱状对比图

1.角砾岩；2.砾岩；3.复成分砾岩；4.砂砾岩；5.含砾粗砂岩；6.粗砂岩；7.钙质细砂岩；8.细砂岩；
9.长石石英砂岩；10.岩屑石英砂岩；11.含砾岩屑石英砂岩；12.石英杂砂岩；13.杂砂岩；14.砂质泥岩；
15.泥岩；16.砂砾岩透镜体；17.粗砂岩透镜体

2. 时代确定

区内莎里塔什组角度不整合于上三叠统塔里奇克组或长城系阿克苏岩群之上，其上均被有化石依据的下侏罗统康苏组整合覆盖，因而在层序上就限定了本组时代；再者本组与莎里塔什地区命名剖面及区域上所出露的该组层位，除厚度较薄外，在岩相建造、岩性及出露层序上极其相似，将其置早侏罗世早期是合适的。

康苏组在区内及区域上均与下伏莎里塔什组和上覆中侏罗统杨叶组为整合接触，含丰富的植物化石，常见为 *Coniopteris hymenophylloides - Phoenicopsis speciosa* 组合，双壳类以 *Unio - Ferganoconcha - Mytilus* 组合分子为主。本次采获较多的 *Phoenicopsis angustifolia* Heer，*Podozamites* sp.，*Sphenobaliera* sp. 及少量 *Equisetites*? sp.，苏联地质保矿部第十三航空地质大队（1953）[1]在铁热克河本组中采获有 *Cladophlepis hoiburnensis* Brongn，*Ctenis* sp.，*Coniopteris hymenophylloides*

---

[1] 苏联地质保矿部第十三航空地质大队.1∶20万喀什西北—克孜勒苏河流域地质测量及普查工作报告，1953.

Brongn等，并见有双壳类化石。这些属种均在上述剖面命名地的组合范围内，同时在出露层序及岩性等特征上与之相比较也非常相似。这些化石还见于新疆库车地区阳霞组、准噶尔盆地八道湾组和三工河组中，以及在甘肃下侏罗统大西沟组、吉林红旗组、陕北富县组和内蒙南苏勒图组、五当沟组中均有分布（新疆地质矿产局，1993）。国外与之相近的有中亚地区的费尔干纳盆地和西伯利亚南部库兹涅茨盆地早侏罗世植物群（新疆地质矿产局，1993），相同及相似分子较多。因此将本组时代归为早侏罗世。

杨叶组本次仅采获少量 *Equisetites*? sp.，其时代确定主要依据岩相、岩性、色调及出露层序作区域对比而划分的。在命名地本组化石组合仍为 *Coniopteris hymenophylloides* - *Phoenicopsis speciosa*，其中少有较老分子如 *Neocalamites carrerei* 等，而大量出现较新分子 *Coniopteris burejensis*。双壳类组合为 *Pseudocardinia* - *Lamprotula*（*Eolamprotula*）- *Psilunio*，与库车地区库孜努尔组、陕甘宁盆地的延安组、山西的大同组均可对比（新疆地质矿产局，1993）。考虑到区内该组整合于康苏组之上，而又被塔尔尕组整合覆盖，以及在岩相建造、岩性、色调和出露层序上极为相似，并可直接对比的事实，故其层位相当于杨叶组，时代为中侏罗世。

塔尔尕组区内出露较少，亦未采到化石，但在乌恰县塔尔尕地区含有介形类化石，并整合于下伏有化石依据的杨叶组之上，又被一套红色磨拉石建造的上侏罗统库孜贡苏组整合覆盖，区内与之相比较，除粒度稍粗之外，其他特征均可直接对比，因此将时代定为中侏罗世。

库孜贡苏组未见化石，分布少而散，区内未见与叶尔羌群直接接触，其时代依据是岩相、岩性、色调和出露层序与区域对比而定的。区内本组不论在北部还是南部昆仑山前均较稳定，以一套红色粗碎屑岩为主，与乌恰县小黑孜威命名剖面相比特征十分相像，且在塔里木盆地西南缘一带也较稳定，均为一套红色碎屑岩系，可直接对比。西北石油地质局地质大队（1981）在乌鲁克恰特一带采到介形类 *Lycoplerocypris* sp. 和轮藻 *Aclistochara* Laiae, *A. call*, *A. nuangshuiensis* 等[①]。据此，将本组时代置晚侏罗世。

第十节 白垩系

区内白垩系出露大致可分为3个带：北带起自图幅西边，沿斯木哈纳—乌鲁克恰提北—塔吐布拉克道班一线呈不规则带状断续出露；中带沿库鲁木托尔塔格峰—艾希太克一线呈西宽东窄的北东向带状展布；南带沿昆盖山北坡山前推覆断裂前缘呈星散状、不规则状分布，向南不过此界，区内出露总面积为 334km^2。其上下层位出露齐全，下与上侏罗统库孜贡苏组区域上为平行不整合接触，局部整合接触，区内多以角度不整合超覆于老的不同层位之上，上与古新统为连续沉积。根据岩石组合、接触关系等特征将其划分为下白垩统克孜勒苏群和上白垩统—古新统英吉莎群，群间为整合接触。

苏联地质保矿部第十三航测队（1953）将该套地层划归白垩纪，并将上白垩统自下而上分为土仑阶和赛诺曼阶—达宁阶[②]；新疆维吾尔自治区区域地层表编写组（1981）将其改为上白垩统英吉莎群和下白垩统克孜勒苏群，并将克孜勒苏群分为下亚旋回和上亚旋回；新疆地质矿产局第一区调大队（1998）将克孜勒苏群分为两个组，时代仍为早白垩世[③]；郝诒纯等（2001）依据介形虫化石的时代和上下层位关系，将顶部的吐依洛克组置于古新世早期，本次工作采用这一划分方案，使英吉莎

[①] 转引自新疆地质矿产勘查开发局第一区域地质调查大队.1：5万乌恰县萨瓦亚尔顿地区区域地质调查报告,1998.
[②] 苏联地质保矿部第十三航空地质大队.1：20万喀什西北—克孜勒苏河流域地质测量及普查工作报告,1953.
[③] 新疆地质矿产局第一区域地质调查大队.1：5万乌恰县萨瓦亚尔顿地区区域地质调查报告,1998.

群成为一个穿时性地层单位，同时采用新疆地质矿产局第一区调队 1∶5 万区调(1998)将下白垩统划分为两个组的方案(表 2－13)。

表 2－13　测区白垩系划分沿革表

<table>
<tr><th colspan="2">苏联地质保矿部第十三航测队(1953)</th><th colspan="3">新疆维吾尔自治区域地层表编写组(1981)</th><th colspan="2">新疆地质矿产局第一区调大队(1998)</th><th colspan="2">郝诒纯等(2001)</th><th colspan="3">本书</th></tr>
<tr><td rowspan="4">上白垩统</td><td rowspan="2">赛诺曼阶—达宁阶(K_2sn—d)</td><td rowspan="4">上白垩统</td><td rowspan="4">英吉莎群(K_2yj)</td><td>吐依洛克组(K_2t)</td><td rowspan="4">英吉莎群(K_2yj)</td><td>吐依洛克组(K_2t)</td><td>古新统</td><td>吐依洛克组(E_1t)</td><td>古新统</td><td rowspan="4">英吉莎群(K_2E_1Y)</td><td>吐依洛克组(E_1t)</td></tr>
<tr><td>依格孜牙组(K_2y)</td><td>依格孜牙组(K_2y)</td><td rowspan="3">上白垩统</td><td>依格孜牙组(K_2y)</td><td rowspan="3">上白垩统</td><td>依格孜牙组(K_2y)</td></tr>
<tr><td rowspan="2">土仑阶(K_2t)</td><td>乌依塔克组(K_2w)</td><td>乌依塔克组(K_2w)</td><td>乌依塔克组(K_2w)</td><td>乌依塔克组(K_2w)</td></tr>
<tr><td>库克拜组(K_2k)</td><td>库克拜组(K_2k)</td><td>库克拜组(K_2k)</td><td>库克拜组(K_2k)</td></tr>
<tr><td rowspan="2">下白垩统</td><td rowspan="2">K_1</td><td rowspan="2">下白垩统</td><td rowspan="2">克孜勒苏群(K_1kz)</td><td>上　部亚旋回</td><td rowspan="2">克孜勒苏群(K_1K)</td><td>乌鲁克恰特组(K_1w)</td><td rowspan="2">下白垩统</td><td rowspan="2">克孜勒苏群</td><td rowspan="2">下白垩统</td><td rowspan="2">克孜勒苏群(K_1K)</td><td>乌鲁克恰特组(K_1w)</td></tr>
<tr><td>下　部亚旋回</td><td>江额结尔组(K_1j)</td><td>江额结尔组(K_1j)</td></tr>
</table>

一、剖面描述

1. 乌恰县索阔塔什萨依白垩系实测剖面

该剖面位于乌恰县乌鲁克恰提乡北卓尤勒干苏河东侧索阔塔什萨依沟中，距乡政府驻地 7km。起点坐标：$X=4413949$，$Y=13449035$，$H=2751$m；终点坐标：$X=4414881$，$Y=13446177$，$H=2616$m。该剖面露头连续性好，各地层单元界线清晰，与上侏罗统库孜贡苏组剖面为连续剖面，自东向西测制，全长约 3km(图 2－36)。

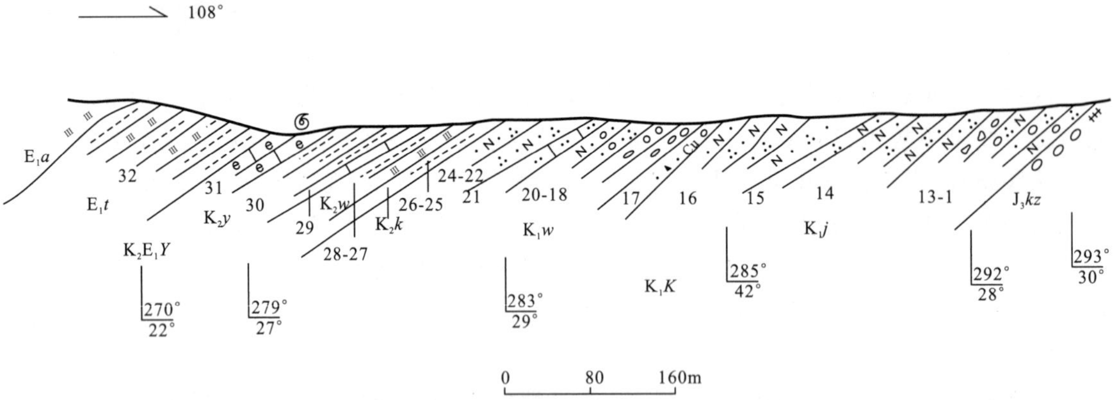

图 2－36　乌恰县索阔塔什萨依白垩系实测剖面图

上覆地层：喀什群阿尔塔什组(E_1a)　块状石膏岩

——————整　合——————

上白垩统—古新统英吉莎群(K_2E_1Y)　　厚 415.7m

古新统吐依洛克组(E_1t)　　厚 179.3m

32. 紫红色厚层泥岩夹白色厚层石膏岩或含膏泥岩、膏泥岩，向上石膏岩变多，单层变厚，膏泥岩变少或不见　　179.3m

―――― 整 合 ――――

上白垩统依格孜牙组（K_2y） **厚 172.7m**

31. 灰色薄—中层含生物碎屑微晶灰岩，夹灰绿色薄层泥岩，前者单层厚 5～25cm，后者厚 10cm±。
    灰岩中含双壳化石 83.7m
    双壳类化石：*Gyrostrea turkestanensis*（Bobkova）
    　　　　　Ostrea oxiana Romanovskiy
    　　　　　Ostrea sp.
    　　　　　Lima cff. *subrigida* Rǒemer
    　　　　　Leptosolen bashibulakeensis Lan et Wei
    　　　　　Trachycardium kokanicum Romanobskiy
    　　　　　Linearia? sp.
30. 灰绿色薄—中层泥岩，单层厚 5～25cm 71.4m
29. 灰色厚—巨厚层生物屑泥晶灰岩，含有孔虫、腕足类和介形虫碎屑 17.6m

―――― 整 合 ――――

上白垩统乌依塔克组（K_2w） **厚 38.0m**

28. 杂色条带状泥岩互层，一般厚 5～10cm，有灰、灰红、灰黄、灰绿色等，单层厚约 5cm 31.9m
27. 暗红色泥岩与白色或淡青色石膏岩互层，泥岩中厚层单层厚 15～40cm；石膏单层厚 10～40cm，
    沿走向常尖灭，或呈透镜状产出 6.1m

―――― 整 合 ――――

上白垩统库克拜组（K_2k） **厚 25.7m**

26. 暗红色薄层泥岩夹薄层浅红色粉砂岩、灰色粉砂质泥晶灰岩及白色石膏岩 17.1m
25. 暗红色厚层泥岩，夹薄层含粉砂质微晶灰岩，向上粉砂岩渐多 8.6m

―――― 整 合 ――――

下白垩统克孜勒苏群（K_1K） **厚 735.6m**

下白垩统乌鲁克恰特组（K_1w） **厚 247.6m**

24. 灰白色厚—巨厚层细粒长石石英砂岩，单层厚 50～250cm 2.2m
23. 灰红色厚—巨厚层细粒长石石英砂岩，夹暗红色薄层泥质粉砂岩。前者单层厚 40～250cm，
    后者厚 5～8cm，向上后者变厚，岩石中发育水平层理 27.3m
22. 灰白色厚—巨厚层细粒长石石英砂岩，夹暗红色薄层泥质粉砂岩。砂岩单层 50～300cm 49.0m
21. 棕红色中层含粉砂质微晶灰岩，单层厚 10～25cm 18.0m
20. 浅灰白色中层细粒长石石英砂岩，发育交错层理 21.7m
19. 浅灰白色厚—巨厚层含砾细粒长石石英砂岩，夹浅红色中厚层含砾中粒长石石英砂岩，所含砾岩
    大小 2～10mm，浑圆状，为石英质砾 26.5m
18. 浅黄灰色厚层石英岩质细砾岩，单层厚 50～100cm。砾石呈圆状，少量次圆状，大小 2～10mm，
    个别为 20mm，主要为石英岩质，含少量黑色燧石。发育低角度楔状层理 26.5m
17. 浅灰白色厚—巨厚层含砾不等粒岩屑石英砂岩，夹两层硅孔雀石化长石石英砂岩，各层厚约 50cm，
    延伸稳定，边界为渐变过渡。岩石中发育楔状斜层理，底部为厚约 15cm 的砾岩，底界面呈波浪状 76.4m

―――― 整 合 ――――

下白垩统江额结尔组（K_1j） **厚 488.0m**

16. 灰红色中厚层细粒长石石英砂岩，单层厚 15～80cm 150.1m
15. 灰红色厚—巨厚层细粒长石石英砂岩，单层厚 100～300cm 24.3m
14. 灰红色中厚层细粒长石石英砂岩，单层厚 20～150cm 65.4m
13. 灰红色厚—巨厚层细粒长石石英砂岩，夹中层浅灰色砾岩，前者单层厚 100～300cm，后者约 20cm 41.7m
12. 灰红色中层含砾中粒长石石英砂岩与灰红色细粒石英砂岩不等厚互层。前者单层厚 20～60cm，
    后者一般单层厚 20～250cm，二者之比 1∶4～1∶5。局部夹 20～40cm 厚的砾岩层 38.5m
11. 灰红色厚—巨厚层含泥砾细粒长石石英砂岩，单层厚 50～300cm 不等 17.7m
10. 灰红色中厚层细粒长石石英砂岩，夹浅绿灰色薄层长石石英砂岩，前者单层厚 10～50cm，后者

厚 5～10cm	41.9m
9. 灰红色厚—巨厚层含泥砾细粒长石石英砂岩,单层厚 50～250cm	7.8m
8. 灰红色中厚层细粒长石石英砂岩,夹浅绿灰色薄层细粒长石石英砂岩,前者单层厚 20～100cm,后者厚 2～4cm	781m
7. 灰红色中层含砾粗粒长石岩屑石英砂岩,单层厚 20～60cm	5.3m
6. 灰红色中厚层细粒长石石英砂岩,见少量泥砾,单层厚 15～40cm,其中夹一层厚约 20cm 的灰色复成分砾岩	16.0m
5. 灰红色中厚层含砾中粒长石岩屑石英砂岩,顶部见一层厚约 15cm 的绿灰色薄层细粒岩屑砂岩。该层粒度总体向上变细,为渐变过渡,见板状斜层理	1.2m

——————整　合——————

下伏地层:上侏罗统库孜贡苏组(J₃kz)

2. 阿克陶县托库孜布拉克白垩系实测剖面

该剖面位于阿克陶县木吉乡北昆盖山北坡,托库孜布拉克北玛尔坎苏河对岸近南北向沟中。起点坐标:X=4359529,Y=13412299,H=3262m;终点坐标:X=4366385,Y=13413126,H=3823m。由南向北测制,全长约 7.5km(图 2-37)。

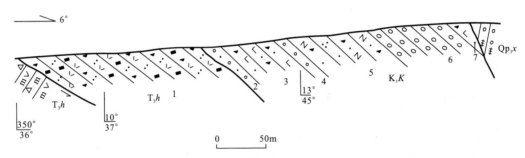

图 2-37　阿克陶县托库孜布拉克下白垩统克孜勒苏群实测剖面图

下更新统西域组(Qp₁x):复成分砾岩

══════断　层══════

下白垩统克孜勒苏群(K₁K)　　　　　　　　　　　　　　　　　　　　　**厚>171.01m**

7. 灰黑色中厚层钙质粗粒岩屑砂岩,单层厚 20～60cm	16.09m
6. 灰褐色厚层中砾岩,向上砾石增多,砾石以次圆—圆状为主,含量为 30%～50%,大小一般为 5～10cm,下部 3cm±,砾石成分以灰岩为主,次为石英脉	52.87m
5. 砖红色中层细粒长石砂岩夹灰绿色中薄层细粒含岩屑石英砂岩,前者单层厚 25cm±,后者 5～15cm	51.63m
4. 灰褐色中层砾岩,大小 5～10cm,次圆—圆状,含量 30%～50%,以灰岩为主,次为石英。向上砾径加大,含量增加。砾石具明显定向,扁平面与层面平行,见夹粗砂岩透镜体	6.26m
3. 灰褐色中层钙质细粒岩屑长石砂岩,夹灰绿色薄层含砾粗粒岩屑砂岩	34.52m
2. 灰褐色中层长石砂岩质砾岩,一般 1～2cm,最大 15cm±,主要为长石砂岩砾石,次为火山岩砾石,含量总体约 90%	8.76m

══════断　层══════

上三叠统霍峡尔组(T₃h):灰绿色含砾晶屑沉凝灰岩

3. 乌恰县阿克彻依上白垩统剖面

该剖面位于膘尔托阔依乡南西阿克彻依村南近南北向沟中(据郝诒纯等,2001,略有修改)。

上覆地层:阿尔塔什组(E_1a)

———————— 整 合 ————————

英吉莎群(K_2E_1Y) 厚 416.9m

古新统吐依洛克组(E_1t) 厚 27.1m

22. 下部为灰绿和棕红色相间的纹层—薄层含生物碎屑钙质砂岩、粉砂岩,生物碎屑主要为有孔虫、
    介形虫、苔藓虫。上部为灰红、棕红色纹层—薄层含生物碎屑粉砂质泥灰岩。含较多的有孔虫化石   9.0m
    有孔虫化石:*Nonion* cf. *reculvirensis*
              Quinqueloculina carinata

21. 灰、灰绿色纹层状泥质生物碎屑灰岩,生物碎屑主要为固着蛤、苔藓虫、介形虫碎片,中部为灰绿和
    棕红色相间,色调较复杂。含有较丰富的有孔虫化石   6.5m
    有孔虫化石:*Spiroplectammina densa*
              Ammodiscus angustus
              Textularia protenta
              Spiroloculina desertorum
              S. sp.
              Quinqueloculina pseudovata

20. 底部为厚 20cm 的棕红、灰红色含膏泥岩,向上为灰紫、灰红色钙质细砂岩及砂质白云岩   5.3m

19. 下部为厚 2.5m 的棕红、紫红色薄层含泥质白云岩、角砾状灰岩,灰岩中具泥裂和波痕构造,上部为
    厚 3.8m 的灰、灰红色薄层含泥钙质细砂岩   6.3m

———————— 整 合 ————————

上白垩统依格孜牙组(K_2y) 厚 119.8m

18. 下部为棕红色厚层—块状生物灰岩。生物主要是固着蛤、有孔虫和藻类。上部为棕红色薄层生物灰岩
    夹中厚层灰岩、泥质灰岩,顶部为生物碎屑灰岩。厚 6.6m。含丰富的固着蛤、有孔虫、介形虫化石   6.6m
    固着蛤化石:*Biradiolites boldjuanensis*
              Sauvagesia spp.
    有孔虫化石:*Textularia* sp.
              Quinclulina sp.
              pseudotriloculina sp.
    介形虫化石:*Neocythere* sp.
              Brachycythere sp.

17. 下部棕色薄层灰岩与灰白色中厚层灰岩不等厚互层,上部棕红色中厚层—块状泥质生物碎屑灰岩,
    灰岩中均含藻屑。海相化石较为丰富,主要为有孔虫、双壳类化石   25.6m
    有孔虫化石:*Textularia informis*
              Polychasmia pawpawensis
    双壳类化石:*Pycnodonte* (*P.*) sp.
              Lima sp.
              Caprindae

16. 棕红色厚层—块状生物灰岩。灰岩中含藻屑,顶部灰岩中见有波痕。双壳类化石丰富,并含有孔虫化石   20.3m
    双壳类化石:*Sauvagesia* sp.
              Lima sp.
    有孔虫化石:*Phenacophragma assurgens*
              Masslinahechti
              Quinqueloculina rotunda
              Pseudotriloculina ovarta

15. 粉红、棕红色厚层生物碎屑灰岩。生物碎屑主要为双壳类、腹足类等。上部为薄层白云质灰岩   42.2m

14. 浅灰—粉红色厚层—块状生物碎屑灰岩、灰岩。灰岩中具有藻凝块和砂屑,部分含白云质。下部夹

紫红色钙质泥岩。生物碎屑主要为双壳类、有孔虫、腹足类等　　　　　　　　　　　　　17.8m
　　有孔虫化石：*Nodosaria* cf. *tenuis*
　　　　　　　　Glomospira charoides var. *corona*
　　　　　　　　Textularia informis
　　　　　　　　T. topagorukensis
　　　　　　　　Quinqueloculina moremari
13. 紫红色砂质泥岩,亮晶—微亮晶砂屑灰岩夹灰绿色泥质团块。砂质主要为长石,其次为石英和岩屑　　6.3m
12. 灰绿色泥岩　　　　　　　　　　　　　　　　　　　　　　　　　　　　　　　　　　　　1.0m
────────────── 整　合 ──────────────

上白垩统乌依塔克组（K_2w）　　　　　　　　　　　　　　　　　　　　　　　　　**厚 110.4m**

11. 浅灰、灰色厚层—块状生物碎屑灰岩、泥灰岩。生物碎屑主要为双壳类、腹足类。灰岩中含砂砾屑,
　　部分含白云质　　　　　　　　　　　　　　　　　　　　　　　　　　　　　　　　　　20.5m
10. 灰绿色膏泥岩、棕红色泥岩夹灰绿色泥质团块　　　　　　　　　　　　　　　　　　　　27.6m
9. 绿色、灰绿、深灰色泥岩、生物碎屑灰岩、灰岩。海相化石丰富,有双壳类、介形虫、海百合、海胆、腕足类、
　腹足类、有孔虫、沟鞭藻、颗石藻、孢粉等　　　　　　　　　　　　　　　　　　　　　　48.8m
　　双壳类化石：*Exogyra* cf. *turkstanensis*
　　　　　　　　Ostrea rouvillei
　　介形虫化石：*Cytheridea* sp.
　　　　　　　　Cytherella gregaria
　　孢粉化石：*Cyathidites minor*
　　　　　　　Deltoidospora sp.
8. 棕红、灰绿、灰黑色膏泥岩夹泥岩。产有孢粉　　　　　　　　　　　　　　　　　　　　13.5m
　　孢粉化石：*Todisporites* sp.
　　　　　　　Deltoidospora sp.
　　　　　　　Schizaeoisporites kulandyensis
　　　　　　　Verrucosisporites sp.
　　　　　　　Ephedirpitess
────────────── 整　合 ──────────────

上白垩统库克拜组（K_2k）　　　　　　　　　　　　　　　　　　　　　　　　　　**厚 159.6m**

7. 灰绿、灰黄色膏泥岩。底部为土黄色膏泥岩。中部夹灰黑色页片状泥岩和薄层灰岩。泥岩中见有保存
　不佳的介形虫和腹足类化石　　　　　　　　　　　　　　　　　　　　　　　　　　　　　7.1m
6. 灰绿、深灰色泥岩与薄—中厚层生物碎屑灰岩不等厚互层。顶部为灰色灰岩和生物碎屑灰岩。海相
　化石丰富　　　　　　　　　　　　　　　　　　　　　　　　　　　　　　　　　　　　35.1m
　　有孔虫化石：*Hedbergella cretacea*
　　　　　　　　N. lenonardos
　　　　　　　　Migros oryzanus
　　　　　　　　M. lobatulus
　　双壳类化石：*Exogyra ostracina*
　　　　　　　　Ostrea axiana
　　颗石藻化石：*Calculites* spp.
　　　　　　　　Rhagodiscus spp.
　　孢粉化石：*Cyathidites minor*
　　　　　　　Schizaeoisporites evidens
　　　　　　　Ephedripites(E.)*rodundus*
　　　　　　　Mytraceidites
5. 灰—浅灰色中厚层含生物碎屑灰岩　　　　　　　　　　　　　　　　　　　　　　　　　12.7m

4. 灰绿、灰黑色泥岩夹数层生物碎屑灰岩、泥灰岩。生物碎屑为有孔虫、双壳类、苔藓虫、棘皮类、腕足类、
腹足类等。海相化石丰富 　　　　　　　　　　　　　　　　　　　　　　　　　　　　　　　　39.6m

　　有孔虫化石:*Migros spiritensis*
　　　　　　　　Ammobaculites pacalis
　　　　　　　　Talimuella merosa
　　　　　　　　Discorbis sp.
　　介形虫化石:*Cytherella reglaris*
　　　　　　　　Schuleridea aviformis
　　　　　　　　S. ampulla
　　双壳类化石:*Ostrea axiana*
　　　　　　　　Exogyra（*Costagyra*）*olisiponensis*
　　颈石藻化石:*Calculites* sp.
　　　　　　　　Grantarhabdus sp.
　　　　　　　　Lithastrinus floralis
　　孢粉化石:*Cyathidites minor*
　　　　　　　Schizaeoisporites evidens
　　　　　　　Cycadopites elongatus.
　　　　　　　Tricolporopollenites

3. 浅灰、灰黄色薄—中厚层生物碎屑泥晶灰岩。生物碎屑为有孔虫、腕足类、双壳类、介形虫、苔藓虫和钙藻　18.6m

　　有孔虫化石:*Quinqueloculina* sp.
　　介形虫化石:*Cytherella regularis*
　　　　　　　　C. sp.
　　　　　　　　Bythocypris sp.
　　　　　　　　Cytheridea sp.
　　　　　　　　Xestoleberis? sp.

2. 灰绿、棕红、暗紫色泥岩、粉砂岩、膏质泥岩夹膏化砂质白云岩 　　　　　　　　　　　　　　　43.9m
1. 灰绿、灰白色含砾细粒长石石英砂岩,砾石以石英、石英岩为主,砾径1～2cm 　　　　　　　　2.6m

————整 合————

下伏地层:下白垩统克孜勒苏群(K_1K)

二、岩石地层划分及特征

(一) 克孜勒苏群(K_1K)

克孜勒苏群自下而上分为乌鲁克恰特组和江额结尔组,区内该群地层因出露尺度或受构造影响,多以群表示,分布位置大致同前述,面积249.8km²。

1. 江额结尔组(K_1j)

本组主要为一套灰红色碎屑岩,在乌鲁克恰提、阿克彻依等地与下伏上侏罗统库孜贡苏组为平行不整合接触,局部呈整合接触,在吾合沙鲁东以角度不整合覆于长城系阿克苏岩群之上,乌鲁克恰提以西角度不整合于石炭系、泥盆系和志留系之上(图2-38),上与乌鲁克恰特组整合接触。岩性组合为灰红、紫红色中厚层—巨厚层细粒长石石英砂岩、中厚层含砾中粒长石石英砂岩、灰色中层复成砾岩,夹含砾粗粒长石岩屑石英砂岩及少量绿灰色薄—中层细粒长石石英砂岩及灰蓝色中层细粒岩屑长石砂岩,其色泽艳丽,界线清晰平直为该组下部层位的典型标志。细粒长石石英砂岩中常见有大小2～5mm的泥砾,个别10mm,多呈浑圆状,分布不均。本区典型基本层序为中粒长

石石英砂岩→细粒长石石英砂岩,向上粒度变细,单层变厚。砂岩中沉积构造发育,多见板状斜层理(图2-39)、平行层理,局部见有泄水构造(图版Ⅴ,4)。

区内该组向西至吉根、斯木哈纳一带角度不整合面之上往往为一套棕红—褐红色砾岩,砾石成分因地而异,往往与下伏层位有关,且具下粗上细的正粒序层特征。向上岩性趋于一致,整体向西粒度有所变粗。但据路线观测厚度明显变薄。在南部托库孜布拉克,受构造影响未见顶底,岩石色调稍杂,以灰褐、砖红色砾岩、细粒长石砂岩、岩屑长石砂岩为主,粒度整体较粗,其上部见一层灰黑色钙质粗粒岩屑砂岩,厚度大于171m。发育板状斜层理、平行层理、楔状交错层理等沉积构造十分发育,为冲洪积扇远端—扇前洪泛平原沉积。

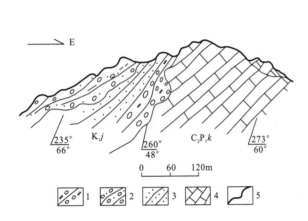 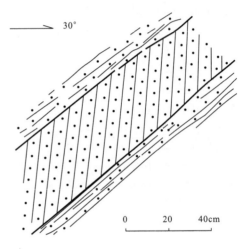

图2-38 乌恰县能琼萨依下白垩统江额结尔组与
上石炭—下二叠统康克林组角度不整合关系素描图
1.复成分砾岩;2.砂砾岩;3.砂岩;4.灰岩;5.接触界线

图2-39 乌恰县小红山西江额结尔组
长石砂岩中板状斜层理素描图

2. 乌鲁阿特组(K_1w)

该组岩性组合为:下部为浅灰白色厚—巨厚层含砾不等粒长石石英砂岩、浅黄灰色石英质细砾岩,夹两层厚约50cm的硅孔雀石化长石石英砂岩,孔雀石色泽艳丽,呈砂粒状不均匀分布,含量为30%±,走向上延伸稳定,上下界线呈过渡关系。砾岩之砾石大小2~10mm,少量大小为2cm,呈圆状,少量次圆状,含量为70%±,主要为石英质砾岩,少量为黑色燧石、杂色砂岩质,填隙物为中—粗砂。底部为一厚约15cm的紫红色砾质粉砂岩,具底蚀冲刷现象;中部为浅灰白色中层细粒长石石英砂岩、棕红色含粉砂质微晶灰岩;上部为灰白色、灰红色厚—巨厚层细粒长石石英砂岩,夹暗红色薄层泥质粉砂岩,构成向上变细的粒序。该组沉积构造十分发育,下部多见板状斜层理、楔状交错层理,上部则多为平行层理,为滨岸海滩沉积环境。

本组以灰白色为主色调,与下伏江额结尔组红色岩系差异明显,同时其底部多见硅孔雀石化长石石英砂岩,是一个良好的含铜层位,为其又一显著特征,而区分于上下层位。

(二)英吉莎群(K_2E_1Y)

该群自下而上分为库克拜组、乌依塔克组、依格孜牙组和吐依洛克组,出露面积84.2km²。郝诒纯等(2001)在区内东部昆盖山北坡阿克彻依一带,在其顶部吐依洛克组中采获有孔虫化石,而将该组置于古新世早期,归喀什群,本书采用其时代处理意见,基于对区内英吉莎群和喀什群出露的宽度、层位的稳定性以及成图尺度等因素的考虑,不易表示到组,为便于区分,本次仍将吐依洛克组归并英吉莎群,而使本群为一跨年代地层单位,在此一并叙述。本群与上、下层位间均为整合接触关系,群内各组间亦呈整合接触关系。

1. 库克拜组(K_2k)

该组主体为灰绿、灰黑、暗红色泥岩、灰—浅灰色薄—厚层含生物碎屑灰岩和粉砂质泥晶灰岩,夹有杂色粉砂岩和白色石膏岩、膏质泥岩等。北部索阔塔什萨依厚25.7m,以泥岩为主,南部阿克彻依一带,灰岩显著增多,且整体厚度也要大得多,达152.3m。泥岩、粉砂岩中水平层理发育,沉积环境为滨岸泻湖—潮下带。本组以暗红、灰绿、灰色泥岩出现为标志,与下伏层位区分开来。

本组产丰富的海相化石。主要有双壳类 Ostrea axiana, Exogyra (Costagyra) olisiponensis, Rhynchostrean suborbiculatum, Ostrea minor (Bobkova)(图版Ⅲ,4)等;有孔虫类 Quinqueloculina sp., Ammobaculites pacalis, Talimuella merosa 等;介形虫 Cytherrlla regularis, Bythocypris sp., Schuleridea ampulla 等;孢粉 Cyathidites minor, Schizaeoisporites eudens 等。

2. 乌依塔克组(K_2w)

本组主体为杂色泥岩夹石膏岩构成,泥岩呈条带状。北部乌鲁克恰提一带厚38m,南部阿克彻依岩性相对复杂,还有生物屑灰岩、灰黑色页片状泥岩等,厚48.2m。泥岩中发育水平层理,其沉积环境为潮下-泻湖相。本组以杂色带状泥岩和石膏含量显著增加为标志,区分为上下层位。

组内产有双壳类 Exogyra cf. turkstanensis, Ostrea rouvillei, Trochactaeon (Neocylindrites) wuyitakeensis Pan(图版Ⅱ,9~11)等;孢粉 Todisporites sp., Deltordospora sp., Schizaeoisporites kulandyensis, Jugla costaliferous 等;有孔虫 Migros guttiformis, Ammobaculites sp. 等。

3. 依格孜牙组(K_2y)

依格孜牙组主要为一套浅海相碳酸盐沉积。北部岩性组合为灰色厚—薄层生物碎屑泥晶—微晶灰岩和灰绿色薄—中层泥岩,厚172.7m;南部为碳酸盐岩夹少量碎屑岩组合,主要为灰、粉红、棕红色厚—巨厚层生物碎屑灰岩,仅下部夹少量灰绿色泥岩和紫红色砂质泥岩,厚140.4m。区内本组以厚—巨厚层灰色生物碎屑的出现为标志,与下伏乌依塔克组相区分,其上以大套红色碎屑岩、石膏岩的出现作为吐依洛克组的开始,泥岩中多见水平层理,灰岩中发育对称波痕,为潮间—潮下沉积环境,能量较高。

本组上部灰岩含丰富的双壳类 Gyrostrea turkestanensis (Bobkova), Ostrea oxiana Romanovskiy, Leptosolen bashibulakeensis Lan et Wei, Lima aff. subrigida Roemer(图版Ⅳ,1)等;有孔虫 Phenacophragma assurgens, Spiroloculina fissistonata 等。泥岩中含介形虫 Neocythere cf. sculpta, Cytheridea sp. 等;孢粉 Schizaeoisporites evidens, Tricolporopollenites parvlus 等。

4. 吐依洛克组(E_1t)

区内本组岩性及厚度变化较大,北带为一套细碎屑岩与石膏岩沉积组合,易与以生物灰岩为主的依格孜牙组相区分,上以块状石膏岩的出现作为阿尔塔什组的开始,向上石膏岩变多,厚179.3m。南带下部为棕红、紫红色薄层泥质白云岩、含泥钙质粉砂岩夹少量含膏泥岩,中部为灰、灰绿色纹层状泥质生物碎屑灰岩;上部为灰绿、灰绿色纹层状泥质生物碎屑灰岩,顶部为灰绿、棕红色含生物钙质砂岩、粉砂岩,厚26.1m。在干旱气候条件下,海水强烈蒸发咸化,属典型的泻湖沉积环境。

本组含丰富的有孔虫 Spiroplectammina densa, Ammodiscus angustus, Textularia protenta, Spiroloculina desertorum, Quinqueloculina pselldovata, Ophtolmipora graeilis 等。

三、生物地层划分及其特征

(一) 生物地层划分

区内白垩系地层生物化石十分丰富,尤其是晚白垩世海相层位中,有孔虫、介形虫、孢粉及双壳类更是丰富多彩。据郝诒纯等(2001)的研究可划分为四门类多个组合带(表2-14)。

表2-14 测区白垩纪生物组合带表

地层		有孔虫组合带	介形虫组合带	孢粉组合带	双壳类组合带
古新统	吐依洛克组	*Quinqueloculina—Nonion*			
		Cibicides—Cibicidokles			
上白垩统	依格孜牙组	*Pseudotriloculina—Ammodiscus—Protelphidium*		*Schizaeoisporites—Senegalosporites—Xingingpollis—Yengjishapdlis*	*Biradiolites—Osculigera*
		Quinqueloculina—Nodosaria—Textularia		*Classopolis—Schizaeoisporites—Yengjishapollis—Cranwellia*	
	乌依塔克组	*Quinqueloculina—Massilica*		*Schizaeoisporites—Podocalpidites—Interulobites*	
		Cibicidina—Quinqueloculina			
		Pararotalia—Nonionella			
		Migros—Ammobaculites			
下白垩统	库克拜组	*Discorbis—Hedbergella*	*Dordoniella—Tetisoeyoris—Brachtere—Cytherelloidea—Cytherrttinella*	*Classopolis—Taxodiaceaepollenites—Cranwellia*	*Ichthyosarcolites—Modioluss—Exogyra—Rhynchostreon—Gyrostrea*
		Talimuella—Yuanaia		*Schizaeoisporites—Jaurocusporites—Polycingulatisporites—Tricolpites*	
		Migros—Ammobaculites	*Pterygocythere—Cytherella*	*Schizaeoisporites—Cicatricosisporites—Triporoletes—Gabonisporis*	
	乌鲁克恰特组				
	江额结尔组		*Cypridea koskulensis—Kin. echinata*		

(二) 生物地层特征

区内有孔虫分布最为广泛,产出层位较全,限于篇幅,仅就有孔虫为例进行叙述,据郝诒纯等(2001)的研究可分为4个有孔虫动物群、11个有孔虫组合带。

1. *Migros-Ammopaculites* 动物群

1) *Migros-Ammopaculites* 组合带

该带以移栖虫爆发式出现和砂杆虫出现为底界面,以塔里木虫大量出现之下为其顶界面。

该组合带在乌鲁克恰提、库孜贡苏和巴什布拉克出现于库克拜组下部,但在斯木哈纳、阿尔塔什出现于该组中部,该带以 *Migrosspirtensis*, *M. guttiformis*, *Ammobaculites kuzgongsuensis* 为特征分子。

2)*Talimuella - Ammobaculites* 组合带

该带位于库克拜组的中上部。在库孜贡苏、乌鲁克恰提、巴什布拉克和阿克彻依位于夹层厚 1.5～3m 不等的生物碎屑灰岩之灰绿色泥岩中，在东部阿尔塔什位于含砂泥岩和泥岩中。该带以 *Telimuella merosa*，*Ammobaculites pacalis* 为代表分子。

3)*Discorbis - Hedbergella* 组合带

该带位于库克拜组上部的灰绿色泥岩中，其范围较前两带大为缩小，目前仅见于斯木哈纳、乌鲁克恰提、库孜贡苏和昆仑山前的阿克彻依、奥依塔克等地，发育好者当属阿克彻依。该带以 *Discorbis vescus*，*Hedbergella cretacea* 等为代表分子，所反映的环境尚不属典型的正常浅海。

2. *Pararotalia - Quinqueloculina* 动物群

1)*Migros - Ammobaculites* 组合带

该组合带分布于阿克彻依、奥依塔克等地乌依塔克组下部灰绿色砂质泥岩、泥岩中。上述化石出现层位为其底界，以仿轮虫、小诺宁虫出现为其顶界，下部膏泥岩中未见有孔虫化石，各地厚度不一，是库克拜组海水进退旋回的海退序列。该带开始代表了新一次的海进，有孔虫也开始了新一轮的繁衍。

2)*Pararotalia - Nonionella* 组合带

该带以仿轮虫、小诺宁虫出现为其底界，以五块虫和面包虫、小面包虫大量出现为其顶界，目前主要见于阿克彻依一带。见于乌依塔克组中下部的灰绿色泥岩中，以 *Pararotalia quinquepartita*，*Nonioella austinana* 为代表分子，其范围主要集中于昆仑山前，但比库克拜组规模小。

3)*Cibicidma - Quinqueloculina* 组合带

该组合带目前仅见于阿克彻依，产出于乌依塔克组中部的灰绿色泥中。从环境上说，与上一个带呈继承性，即代表海水退却的开始。该带以 *Cibicidina californica*，*Quinqueloculina coonensis* 为代表分子。

4)*Quinqueloculina - Massilina* 组合带

该组合带分布范围目前见于天山前的斯木哈纳和昆仑山前的阿克彻依、乌依塔克等地。以阿克彻依发育最好。该带见于乌依塔克组中上部。以 *Quinqueloculina simplex* 和 *Massilina pratti* 为代表分子，该带有孔虫为海退期的产物，生活于高盐泻湖环境。

3. *Quinqueloculina - Triloculina* 动物群

1)*Quinqueloculina - Textularia* 组合带

该带以五块虫诸种、节房虫和串珠虫出现为其底界，以节房虫诸种的消失为其顶界。该带在阿克彻依、乌依塔克、阿尔塔什等剖面中出现于依格孜牙组的中下部，以 *Quinqueloculina rotunda*，*Q. intongaziana*，*Nodosaria* cf. *tenus*，*Textularia costata*，*Bolivina incrassata* var. *crassa* 等为特征分子。该带目前仅见于昆仑山前缘地区，天山前未见到。它主要赋存于依格孜牙组的泥质生物碎屑灰岩中，小粟虫的数量很大时可构成小粟虫灰岩。

2)*Pseudotriloculina - Protelphidium* 组合带

本带以 *Bolivina* 和 *Nodos* 诸种的消失为其底界，以 *Pseudotriloculina* 和 *Protelphidium* 的消失为其顶界。该带主要分布于昆仑山前缘的阿克彻依、乌依塔克、阿尔塔什等地，与前一个组合带分布范围相似，赋存于依格孜牙组上部的泥质灰岩中，以 *Pseudotriloculina ovata*，*Protelphidium hofkeri* 等为其特征分子。本带与前一组合带有许多类似的地方，但在组合带的特征属的构成上仍有很大的不同，反映在生境上前者海水相对较后者更深一些。

4. *Quinqueloculina - Nonion - Cibicides* 动物群

1) *Cibicides - Cibicidoides* 组合带

该带见于天山前缘吐依洛克组下部。以 *Cibicides mammillatus* 和 *Cibicidoides succeses* 的出现和消失为其底、顶界面。该带产自具水平层理的薄层灰绿色泥岩中,反映了当时水体较平静,具有一定的深度。

2) *Quinqueloculina - Nonion* 组合带

该带目前见于昆仑山前缘的阿克彻依,之西还有这套地层出露。该带赋存于吐依洛克组上部至顶部的棕红、浅灰色生屑灰岩、灰岩及泥灰岩中。以 *Quinqueloculina*、*Pseudotriloculina* 和 *Ophthalmipora* 等为代表分子,数量稍多。

(三)生物地层与年代地层对比

1. 库克拜组

本组共包括 *Migros - Ammobaculites* 组合带、*Talimuella - Ammobaculites* 组合带和 *Discorbis - Hedbergella* 组合带等 3 个带。3 个化石带中除了地方性属种外,其中有不少分子均出现在特提斯其他地区的晚白垩世地层中,具有时代意义。

第一组合带中的 *Migros spiritensis* 是加拿大西部 Alberta 省 Spirit 河地区 Kaskapau 组中 *Gaudryina irenensis* 带的重要分子,该带属于赛诺曼中晚期(郝诒纯等,2001)。第二个组合带中的 *Ammobaculites pacalis* 及 *A. albertensis* 是上述地区 *Guadryina irenensis* 带之上 *Ammobaculites pacalis* 带中的代表分子,该带的时代略晚于 *Gaudryina irenensis* 带,属于赛诺曼晚期(郝诒纯等,2001)。第三个组合带中的代表分子 *Discorbis vescus*,*Migros aswiatica* 在中亚费尔干盆地东部及东南地区出现在赛诺曼阶(?)—土仑阶的牡蛎带(*Ostrea* zone)中(郝诒纯等,2001)。第三组合带中的 *Hedbergella planispira*,*H. cretacea* 广泛分布于特特斯区的西欧、北美、俄罗斯及澳大利亚等地的晚白垩世地层中,主要是分布于赛诺曼—土仑—赛诺早期的地层,在澳大利亚可延续到马斯特里赫特阶(郝诒纯等,2001)。*Heterohelix globulosa* 在许多地区分布于阿尔比阶—马斯特里赫特阶,在我国西藏冈巴地区见于土仑阶上部至坎潘阶下部(郝诒纯等,2001)。因此,库克拜组的时代依据有孔虫组合带的时代特征大致可以确定为赛诺曼中晚期—土仑期。

2. 乌依塔克组

该组包括了 *Pararotalia -Quinqueloculina* 动物群所赋存的所有层位,即包含了上述 4 个有孔虫组合带。其面貌与库克拜组的代表分子相同,据上下层位的关系推测该带所赋存的地层时代应为土仑晚期。从第二到第四组合带,有孔虫面貌与库克拜组迥然不同,全部为新的组成类型。第二组合带为乌依塔克组海侵高峰期产物。海水的侵进带来了全新的有孔虫分子,不但有底栖类型,且有浮游类型浮游有孔虫 *Conoglobigerina kellert* 在高加索的索奇地区见于早赛诺期(即康尼亚克期);*Hedbergella lata* 见于美国新泽西州西海岸平原区上白垩统的下三冬阶(即赛诺中阶);*H. holmdelensis* 在新泽西州的时代为见于马斯特里赫特早期;*Guembelitria cretacea* 在北美见于赛诺期—马斯特里赫特期。第二组合带的 *Nonionella austinana* 和 *N. robusta* 在美国得克萨斯州为晚白垩世奥斯梯期(Austinian)的代表分子和重要分子,前一种即是以该期的名称命名的。第三组合带的代表分子 *Cibicidina californica* 见于美国加利福尼亚州晚白垩世的坎潘期(即赛诺晚期)。*Quinqueloculina coonensis* 在美国田纳西州是赛诺早期 *Exogyra costata* 带的共生分子。除个别分子可延伸到马斯特里赫特阶以外,大部分限于赛诺阶,结合其他化石(后述)的时代,乌依塔克组的时代应从土仑晚期—赛诺期,土仑期和赛诺期的界线在第二组合带之底界(郝诒纯等,2001)。

3. 依格孜牙组

Bolivina 在该区依格孜牙组分布较广,数量可观。该属最早出现于晚白垩世晚期的马斯特里赫特期,分布广泛具世界性,一直可延续到现代。具代表性的有 *B. incrassata* var. *crassa* 和 *B. decurrens* var. *parallela* 两变种,曾分别产于中亚哈萨克斯坦及非洲埃及西奈地区上白垩统马斯特里赫特阶上部。*B. senonicus* var. *desnesis* 曾发现了俄罗斯地台的马斯特里赫特阶。*B. paiti* 曾产于美国得克萨斯州上白垩统 Navarro 组之中,分布相当普遍。依格孜牙组有孔虫的上述两个组合带主要以小粟虫超科的分子占优势,数量相当丰富可构成小粟虫灰岩。在北美、欧洲等许多地区晚白垩世都产有小粟虫灰岩,本区依格孜牙组的小粟虫灰岩与这些地区的灰岩是同期产物。依格孜牙组的组合带是下伏地层乌依塔克组 *Quinqueloculina - Massilina* 组合带的继续和发展,在系统演化上是连续的,呈明显的继承性,依格孜牙组的时代应属于白垩纪晚期,即马斯特里赫特期是适合的(郝诒纯等,2001)。

4. 吐依洛克组

第一组合带中的代表分子 *Cibicides mammillatus* 和 *Cibicidoides succedens* 产自瑞典南部下古新统暗绿色泥质砂岩中,化石含量丰富,分布广泛。尤其是后者仅见于古新统下部,在古新世早期非常繁盛,而在古新世晚期则非常罕见。该种还见于塔吉克盆地古新统下部的布哈尔层,位于 *Globorotalia tadjkistanensis* 带中;*Cibicidoides* cf. *loeblichi* 产自埃及西奈地区古新统的 Esna 页岩层中部;*Cibicides cantti* 产自英国东南部的古新统。*Cibicidoides* 和 *Florilus* 两属在世界各地最早出现在古新世,繁盛于新生代。与该带共生的介形虫化石也具有古近纪早期的特色,因此可以认定时代为古新世早期。上部棕红色灰岩中的组合带具有时代意义的分子有:*Quinqueloculina ranilotensis* 和 *Q. pseudovata* 产自巴基斯坦西部 Salt 地区的古新统;*Q. naheolensis*,*Textularia protenta* 和 *Massilina plummerae* 均产自美国亚拉巴马州和阿肯色州的古新统;*Ammodiscus angustus* 产自苏联喀尔巴阡山地区下古新统的丹尼阶(Danian)(郝诒纯等,2001)。

四、区域地层对比及时代确定

1. 区域地层对比

区内克孜勒苏群岩性较为稳定,与上下层位识别标志清晰(图 2-40)。

江额结尔组在区内主体为一套灰红、紫红色长石石英砂岩,在乌鲁克恰提一带厚 488m。斯木哈纳一带以棕红、暗紫色岩屑长石砂岩为主,向上多见灰、棕红色砾岩、砂砾岩,粒度变粗,厚 304m。在托库孜布拉克一带主要为灰褐色岩屑长石砂岩,下部为砾质粗砂岩,向上粗度变粗,未见顶,厚 171m。向东至康苏一带,下部以棕红色砾岩、砂砾岩为主,向上变细为棕红色中—细粒石英砂岩与砂质泥岩构成的韵律层夹杂砂岩和薄层砾岩,厚 793m。向南东至奥依塔克一带为紫红、棕红色中—细粒砂岩、石英砂岩,夹少量棕红色泥质粉砂岩,底部为厚数十米的紫红色砾岩,向上由粗变细,厚 666m。南至同由路克一带下部为褐红色细粒长石石英砂岩与紫红色粉砂岩韵律层,上部为褐红色钙质细粒长石与铁泥质长石石英粉砂岩韵律层,厚 1005.6m。本组厚度则自西北向东南变厚。

乌鲁克恰特组在区内变化不大,下部为灰白、灰黄色含砾中细粒长石石英砂岩,可见含孔雀石层位,走向上稳定,局部还见有沉积方铅矿夹层,底部为石英质砾岩,向上过渡为灰白、浅红色细粒

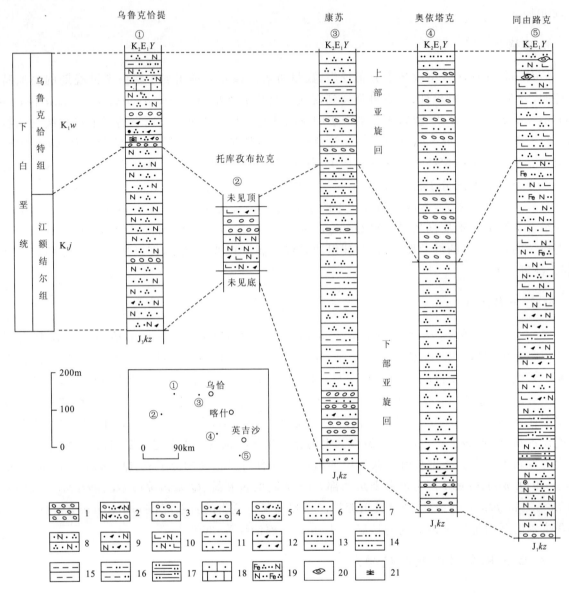

图 2-40 测区下白垩统区域地层柱状对比图

1.砾岩；2.含砾岩屑长石石英砂岩；3.砂砾岩；4.含砾岩屑砂岩；5.含砾岩屑石英砂岩；6.砂岩；7.石英砂岩；8.长石石英砂岩；9.岩屑长石砂岩；10.钙质长石砂岩；11.杂砂岩；12.岩屑砂岩；13.粉砂岩；14.泥质粉砂岩；15.泥岩；16.粉砂质泥岩；17.粉砂质页岩；18.砂质灰岩；19.含铁质长石石英砂岩；20.砾岩透镜；21.孔雀石

长石石英砂岩。该组在吉根一带厚162.7m，乌鲁克恰提一带厚247.6m。向东至康苏一带则以灰白、浅棕色中—细粒石英砂岩为主夹棕红或灰绿色粉砂岩、粉砂质泥岩，厚793m；在奥依塔克一带为棕红、棕黄色细粒石英质细砂岩，向上过渡为粉砂质泥岩，夹少量砾岩，厚559m。向南东至同由路克，岩性组合为土褐、浅褐色钙质细粒长石石英砂岩，夹棕红色粉砂质泥岩，向上色调变浅，厚292.1m。整体上本组无论在区内还是区域上，其色调均浅于江额结尔组，具下粗上细的粒序特点，康苏一带厚度最大，向西及南东渐薄。

区域上英吉莎群为一套滨浅海-泻湖相沉积，横向上分布较为稳定，纵向上变化明显，层序清晰，发育完整，生物化石丰富（图2-41）。

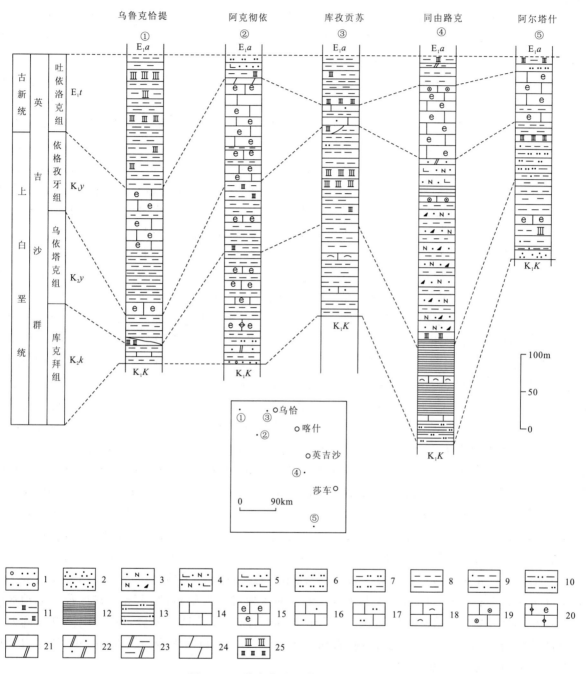

图 2-41 英吉莎群区域地层柱状对比图

1.含砾砂岩;2.石英砂岩;3.岩屑长石砂岩;4.钙质长石砂岩;5.钙质砂岩;6.粉砂岩;7.泥质粉砂岩;8.泥岩;9.砂质泥岩;10.粉砂质泥岩;11.膏泥岩;12.页岩;13.粉砂质页岩;14.灰岩;15.生物碎屑灰岩;16.砂质灰岩;17.粉砂质灰岩;18.介壳灰岩;19.鲕粒灰岩;20.生物屑泥晶灰岩;21.白云岩;22.砂质白云岩;23.泥质白云岩;24.泥灰岩;25.石膏岩

库克拜组广泛分布于昆仑山前和天山前缘地区,岩性和岩相基本稳定,主要为灰绿色、暗红色、褐红色泥岩,夹灰、灰黄色灰岩、生物灰岩。在乌鲁克恰提一带厚 26~76m,以泥岩为主夹灰岩,在阿克彻依一带本组中灰岩与泥岩均等,厚 152m,中部有孔虫较为丰富,主要为胶结壳类型,可构成 *Migros-Ammobaculites* 和 *Talimuella-Ammobaculites* 上、下两个组合带,上部主要为钙质微孔壳底栖类型,可构成 *Discorbi-Hedbergella* 组合带,另有介壳层,以双壳类牡蛎为主,有 *Liestrea oxiana*,*Exogyna columba*,*Ostrea delletrei*,*Gryphaea costei*,*Gyroostrea turkestanensis* 等。剖面命名地库克拜地区以泥岩为主,夹多层黄灰色或红灰色介壳层,双壳类化石丰富,厚 134m;在英吉沙南同由路克以灰绿、灰黄色页岩为主,夹少量介壳层,厚 255m;在莎车县阿尔塔什以灰绿灰黄、棕褐色泥岩、砂质泥岩为主夹少量生物灰岩,底部为灰白色石英细砂岩,厚 117m。本组西起区内斯木哈纳向南东至玉力群一带,延伸约 450km,在杜瓦附近尖灭。

乌依塔克组区域上分布范围略小,天山前缘地带和昆仑山前地层差异较大。区内乌鲁克恰提—斯木哈纳以杂色泥岩、粉砂岩、膏泥岩为主夹少量生物屑灰岩,局部夹薄层石膏岩,厚 38~228m 不等。在阿克彻依一带,下部以灰绿泥岩、膏泥岩为主,夹薄层石膏,上部则以棕红、紫红色泥岩、砂质泥岩为主夹砂质膏泥岩,中部海相化石丰富,计有牡蛎、介形虫、海百合、海胆、腕足类等,有孔虫可分为 $Migros - Ammobaculites$, $Pararotalia - Nonionella$, $Cibicidina - Quinqueloculina$ 和 $Quinqueloculina$ 四个组合带,厚 97m。在乌恰库孜贡苏主体以灰绿、棕红、紫红色、褐红色泥岩为主,夹块状白色石膏岩及团块,具上红、下绿的特征,厚 133m。在英吉沙同由路克以褐红色细粒岩屑长石砂岩为主,夹紫红色页岩及少量灰色鲕粒灰岩、生物屑泥晶灰岩,顶部发育约 1m 厚的含砂白云岩,整体较前述本组粒度要粗,厚达 255m。在莎车阿尔塔什为紫褐、棕褐色泥岩,含砂泥岩、石英细砂岩夹少量白云岩和石膏薄层,底部见灰绿色泥岩,且含双壳类化石 $Nucllla$ sp.,厚 69m。本组在英吉沙同由路克厚度较大,而且粒度最粗,走向上向东、西两侧变薄、变细。

依格孜牙组是英吉莎群 4 个组当中在区域上岩性、岩相最为稳定的一个层位。岩性几乎均为一套生物屑灰岩和泥岩组合,乌鲁克恰提一带灰绿色泥岩较多,厚 173m,向西至吉根一带仅厚 29m,南部阿克彻依泥岩层变少,厚 140m,产丰富的古生物化石,有牡蛎、固着蛤、腹足类、腕足类、有孔虫、介形虫和孢粉等,其中有孔虫可构成 $Quinqueloculina - Nodosaria - Textularia$ 和 $Psudotriloculina - Ammodiscus - Protelphidium$ 两个组合带。在乌恰库孜贡苏所夹泥岩变为红色,且有少量石膏出现,厚度也仅有 27m。在英吉沙同由路克则不见泥岩夹层,为紫红、灰白、灰黄、浅绿、紫灰等杂色灰岩,构成色彩斑斓之外观,顶部还见一层鲕粒灰岩。产双壳类 $Pecten$ sp., $Durania$ sp., $Sauvagesia$ sp. 等,厚 101m。在莎车阿尔塔什为灰白、棕红色生物屑灰岩夹少量棕红色粉砂质泥,厚 67m,下部产双壳类 $Nucula$ sp., $Lapeirrousellaria$ sp. 等,上部产有孔虫 $Quinqueloculina$ sp., $Triloculina$ sp., $Ammobaculites$ sp. 等,双壳类 $Lopha$ sp., $Biradiolites boldjuanensis$, $Neitheopsis quadincostata$ 等,介形虫 $Paijenborchella$ 等。该组自北西向南东,厚度变化呈现薄→厚→薄→厚,呈波状跌宕,所含泥岩层则相对变少,由绿变红。

吐依洛克组是英吉莎群在区域上岩相、岩性相对稳定的又一个地层单元。在乌鲁克恰提为一套紫红色泥岩夹石膏岩、膏泥岩,厚 179m,在阿克彻依相对灰岩稍多,厚 27m。在库孜贡苏地区岩石组合基本上与乌鲁克恰提地区相同,厚 67m。在同由路克顶部见白云岩,厚 38m,至莎车阿尔塔什下部粒度稍粗,为紫褐、灰白色石英砂岩和泥质粉砂岩,上部以膏泥岩为主,厚 20m。该组自北向南厚度呈渐薄之势,而粒度略粗。

2. 时代确定

1)克孜勒苏群

区域上克孜勒苏群平行不整合或整合于上侏罗统库孜贡苏组之上,上被有化石依据的上白垩统英吉莎群整合覆盖,其时代应限于白垩纪。新疆地质矿产局第一区调队(1985)[①]在同由路克相应层位中,采获有 $Daruinla contracta$, $Clinoeypris seolia$, $Monglianolla rhamariniemsis$ 和 $Lycoptelocypris circutata$ 等化石,其时代为早白垩世。区内乌鲁克恰特组未见化石报道,但与其毗邻且

---

① 新疆地质矿产局第一区域地质调查大队.1:100 万西昆仑山布伦口—恰尔隆地区区域地质调查报告,1985.

在岩相和出露层序上均十分相似的康苏地区,新疆石油局地质大队(1981)[1]采获轮藻 *Flabelladliara* sp.,孢粉 *Lygodiumsporitds*,*Magnoliapollis*,*Deltoidespora*,*Cicatruosisprites*,*Retitriletes*,*Piceapollenites*,*Tricolporopollenites*,故将其时代置早白垩世晚期。

2)库克拜组

区域上该组岩性、岩相基本稳定,产丰富的双壳类化石,郝诒纯等(2001)据化石组合将其时限置赛诺曼中晚期—土仑期,故该组时代为晚白垩世早期。前面生物地层已经叙及,不再赘述。

3)乌依塔克组

根据郭宪璞(1995)、郝诒纯(2001)对有孔虫和孢粉化石时代分析,将其定为土仑晚期—赛诺期。本次据区域对比和前人资料,将其置晚白垩世晚期。

4)依格孜牙组

该组在区域上十分稳定,双壳类化石十分丰富,郝诒纯(2001)等根据有孔虫组合带,将其划归马斯特里郝特期。本次在乌鲁克恰提亦采获有大量双壳类化石:*Cyrostrea turkestansis*(Bobkova),*Ostrea oxiana* Romanovskiy,*Ostrea* sp.,*Lima* aff. *subrigida* Roemer,*Leptosolen bashibulakeensis* Lan et Wei,*Trachycardium kokanicum* Romanobskiy,*Linearia*? sp.等。结合前人资料,将其时代置晚白垩世晚期。

5)吐依洛克组

该组在区域上亦较稳定,其上覆层位在区域上表现极为稳定,均为喀什群阿尔塔什组块状石膏岩整合覆盖。郝诒纯等(2001)在该组上部采到具时代意义有孔虫组合,主要分子有 *Quinqueloculina ranikolensis* 和 *Q. psendovata* 以及 *Q. naheolensis*,*Textularia protenta* 等,其时代定为古新世丹尼期。另外郭宪璞(1990)也曾在邻区库孜贡苏该层位中发现了以 *Cibicides-Cibicidoides* 为代表的有孔虫组合,时代为早古新世。

综上所述,克孜勒苏群属早白垩世,群中上、下两组分别归早白垩世早期和早白垩世晚期,相当于贝利阿斯期—赛诺曼早期;英吉莎群归晚白垩世—古新世,相当于赛诺曼中期—丹尼期。

第十一节 古近系

区内古近系较为发育,分属塔里木地层区和中南天山地层区,局限于昆盖山与天山前缘之间的广大区域,多呈近东西向不规则带状与新近系相间分布。出露层位为古新统—渐新统喀什群,自下而上分为阿尔塔什组、齐姆根组、卡拉塔尔组、乌拉根组和巴什布拉克组。基于成图尺度、构造等因素,仅以群表示,未分到组。出露总面积 792.5km²。

苏联地质保矿部第十三航测大队(1953)将该套地层分为前天山和前昆仑山两个岩相区,自下而上分为古新统布哈尔—苏扎克阶、始新统阿莱阶和土尔克斯坦阶及始—渐新统里什坦、伊斯法拉、哈那巴德和苏木萨尔阶[2];新疆维吾尔自治区区域地层表编写组(1981)自下而上分古新统阿尔塔什组、古—始新统齐姆根组,始新统卡拉塔尔组和乌拉根组及始—渐新统巴什布拉克组,通称喀什群,时代置古近纪;郝诒纯等(1982)将包括测区在内的该套地层自下而上分为古新统阿尔塔什组和齐姆根组,始新统盖吉塔格组、卡拉塔尔组、乌拉根组和卓尤勒干苏组,以及渐新统巴什布拉克组。其中的盖吉塔格组是从齐姆根组上部划分出来的,前者置始新世,后者置古新世,卓尤勒干苏组是从巴什布拉克组下部分离出来的,前者归始新世,后者归渐新世;新疆地质矿产局第一区调队

---

[1] 转引自新疆地质矿产局第一区域地质调查大队.1∶5万乌恰县萨瓦亚尔顿地区区域地质调查报告,1998.
[2] 苏联地质保矿部第十三航空地质大队.1∶20万喀什西北—克孜勒苏河流域地质测量及普查工作报告,1953.

(1985)将该套地层两分,下部为古新统阿尔塔什组,上部均称始—渐新统喀什群,其中包括一大部分新近系[①]。此后,区内该套地层多沿用新疆区域地层表的划分方案,使用稳定。本次工作在前人的划分方案基础之上,根据测区该套地层的展布位置、出露层序及其岩石组合等特征,除古新统吐依洛克组归英吉莎群外,其他仍归喀什群,自下而上分为古新统阿尔塔什组、古—始新统齐姆根组、始新统卡拉塔尔组和乌拉根组及渐新统巴什布拉克组。

一、剖面描述

1. 乌恰县索库尔艾奇给古近系实测剖面

该剖面位于乌鲁克恰提乡加斯村北索库尔艾奇给沟中,起点坐标:$X=4413219$,$Y=13460107$,$H=2866m$;终点坐标:$X=4409475$,$Y=13460508$,$H=2703m$。由北向南与新近系乌恰群联测,长约4km(图2-42)。

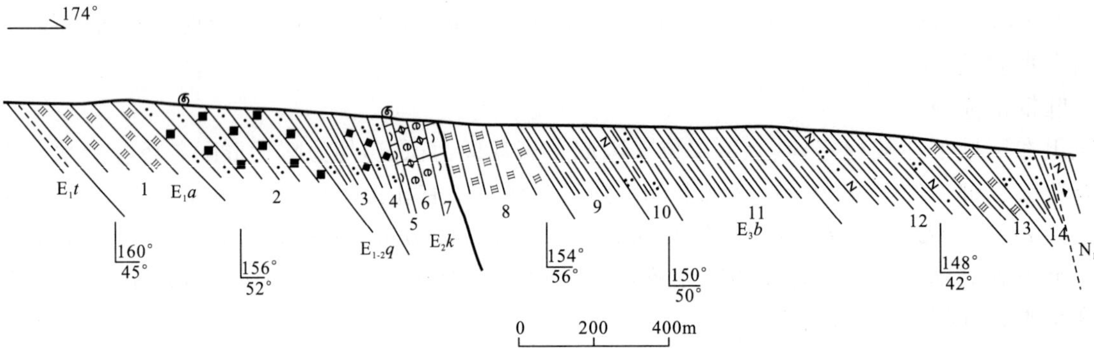

图2-42 乌恰县索库尔艾奇给古近系喀什群实测剖面图

上覆地层:克孜洛依组(N_1k) 红灰色厚层钙质石英粉砂岩
——————————— 整 合 ———————————

古近系喀什群(EK)   厚>491.6m
渐新统巴什布拉克组(E_3b)   厚>273.9m

14. 红灰色中厚层钙质石英粉砂岩与灰红色泥岩不等厚互层,夹少量灰红色薄层细粒长石石英砂岩。
   粉砂岩中见浅绿灰色还原斑,大小1~3cm   29.6m
13. 紫红色厚层泥岩与白色厚层石膏岩不等厚互层,间夹浅灰白色薄—中层膏泥岩   21.3m
12. 紫红色厚层泥岩夹红灰色薄层细粒长石石英砂岩,以及少量灰绿色薄—中层细粒长石石英砂岩 61.5m
11. 紫红色厚层泥岩夹灰绿色厚层泥岩   64.5m
10. 红灰色中—厚层细粒长石石英砂岩与暗红色泥岩不等厚互层,夹有灰绿色薄—中层粉砂岩,砂岩
   中见波状层理、平行层理   19.2m
9. 紫红色中—厚层泥岩,单层厚30~100cm   36.1m
8. 白色厚—巨厚层石膏岩,单层厚50~300cm,局部厚5m±   41.7m
=============== 断 层 ===============

始新统卡拉塔尔组(E_2k)   厚>37.8m

7. 灰白色厚—巨厚层介壳灰岩,单层厚50~300cm,含大量双壳类   10.4m
   双壳类化石:*Ostrea (Turkostrea) strictiplicata* Raulin et Delbos
   Ostrea sp.

[①] 新疆地质矿产局第一区域地质调查大队.1∶100万西昆仑山布伦口—恰尔隆地区区域地质调查报告,1985.

Sokolowia orientalis (Gekker, Osipova et Belskaya)
Sokolowia? sp.
Sokolowia buhsii (Grewingk)
Ostrea (*Turkostrea*) *baissuensis* Bohm
Ostrea (*Turkostrea*) sp.
Ostrea (*Turkostrea*) *cizancourti* Cox
Venericardia simplex (Edward)
Sokolowia cf. *orientalis* (Gekker, Osipova et Belskaya)

6. 浅灰白色厚层含生物屑泥晶灰岩，单层厚50cm　　　　　　　　　　　　　　　　　20.8m
5. 褐灰色厚层介壳灰岩，单层厚50～150cm，介壳含量约40%　　　　　　　　　　　6.6m

———————— 整　合 ————————

古新统—始新统齐姆根组($E_{1-2}q$)　　　　　　　　　　　　　　　　　　　　　**厚 51.3m**
4. 绿灰色厚层粉砂质泥晶灰岩，含少量双壳类碎片　　　　　　　　　　　　　　　26.0m
3. 棕红色厚层粉砂质泥岩，单层厚40～70cm　　　　　　　　　　　　　　　　　　25.3m

———————— 整　合 ————————

古新统阿尔塔什组(E_1a)　　　　　　　　　　　　　　　　　　　　　　　　**厚 128.6m**
2. 绿灰色厚层粉砂质泥晶灰岩，单层厚30～60cm，含少量介壳类碎片　　　　　　78.7m
1. 白色块状硬石膏岩，单层厚2m以上　　　　　　　　　　　　　　　　　　　　　49.9m

———————— 整　合 ————————

下伏地层：英吉莎群吐依洛克组(E_1t)　　棕红色厚—巨厚层泥岩夹石膏岩

2. 阿克陶县托库孜布拉克古近系实测剖面

该剖面位于木吉乡西北约60km，昆盖山北坡托库孜布拉克北河对岸近南北向沟中。起点坐标：$X=4359529, Y=13412299, H=3262m$；终点坐标 $X=4366385, Y=13413126, H=3823m$。由南向北与多个地层单元合测，全长约7.5km。剖面受构造影响较大，断裂及褶皱构造十分发育，分组困难，以群表示（图2-43）。

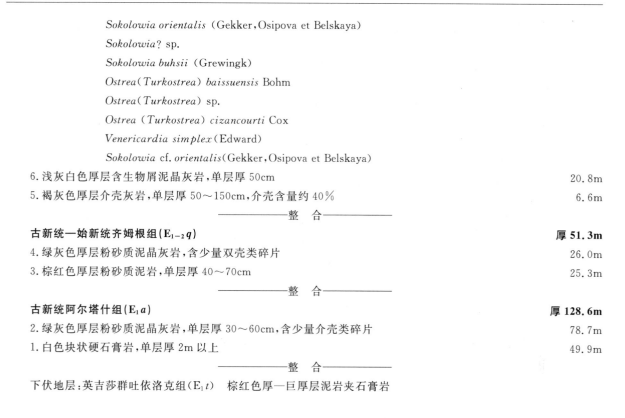

图2-43　阿克陶县托库孜布拉克古近系喀什群实测剖面图

中新统安居安组(N_1a)

════════ 断　层 ════════

古近系喀什群(EK)　　　　　　　　　　　　　　　　　　　　　　　　　　　**厚>1057.45m**
31. 灰色中厚层砂质细晶灰岩夹棕红色薄层粉砂岩。灰岩单层由下而上变薄，由60cm至20cm，发育
　　尖棱褶皱，紧闭同斜褶皱　　　　　　　　　　　　　　　　　　　　　　　　106.03m
30. 灰色中层钙质石英粉砂岩，单层厚15～30cm　　　　　　　　　　　　　　　　39.69m
29. 棕红色中层钙质细粒岩屑石英砂岩与薄层泥岩互层，前者单层厚15～20cm，后者厚5cm±，二者
　　之比约1:1，一个互层为30～40cm　　　　　　　　　　　　　　　　　　　　28.14m

28. 灰色中厚层钙质细粒岩屑石英砂岩与棕红色薄层泥岩互层,前者单层厚30~50cm,后者5~10cm,
    二者之比为2∶1~3∶1   136.65m
27. 暗红色中层含粉砂质微晶灰岩与中薄层微晶灰岩互层。前者单层厚20cm±,后者厚5~20cm,二者
    之比约1∶1   263.00m
26. 灰绿色中厚层钙质细粒石英砂岩与棕红色泥岩互层,前者单层厚20~55cm,后者厚15~25cm,二者
    之比约为2∶1,互层厚35~150cm   38.86m
25. 灰绿色中厚层钙质细粒石英砂岩夹暗红色泥岩,单层厚30~60cm,最厚达150cm,向上变薄   54.67m
24. 暗红色中层钙质石英粉砂岩,单层厚15cm±   36.45m
23. 土黄色中层膏泥岩夹紫红色中薄层钙质细粒长石石英砂岩,前者单层厚15~40cm,后者单层厚
    5~25cm,二者之比约为5∶1~8∶1,向上膏泥岩层厚变大,砂岩变小,变少   339.82m
22. 紫红色中层钙质细粒长石石英砂岩夹土黄色中层膏泥岩,前者单层厚25cm±,后者厚15~30cm,
    二者之比为5∶1。岩石裂隙中见石膏薄膜,局部见大量白色石膏团块   14.14m

(断层切割,未见底)

3. 乌恰县喀什炼铁厂乌拉根组实测剖面

据新疆地质矿产局第一区调队1∶5万区调报告(略有修改),该剖面位于乌鲁克恰提乡北喀什炼铁厂。

上覆地层:巴什布拉克组(E_3b)

——————整 合——————

始新统乌拉根组(E_2w)   **厚57.2m**
  6. 黄绿色含粉砂泥岩   36.9m
  5. 灰褐色中—薄层含生物碎屑泥晶灰岩,含双壳类   2.0m
    双壳类化石:*Sokolowia buhsii*(Grewingk)
           S. buhsii alpha Gamma
  4. 黄绿色砂质泥晶灰岩,含双壳类   6.1m
    双壳类化石:*Sokolowia buhsii*(Grewingk)
           S. buhsii alpha Gamma
           Kokanostrea kokanensis(Sokolov)
           Pelecyora(*Cordiopsis*)sp.
  3. 浅褐色中厚层中细粒钙质长石岩屑砂岩   8.2m
  2. 浅绿灰色厚层含生物屑钙质长石岩屑砂岩   2.0m
  1. 灰黄色厚层细粒钙质长石岩屑砂岩   2.0m

——————整 合——————

下伏地层:始新统卡拉塔尔组(E_2k) 含生物屑泥晶灰岩

二、岩石地层划分及其特征

(一)岩石地层划分

区内古近系除古新统吐依洛克组归英吉莎群外,其他通称喀什群。据岩石组合特征,自下而上可分为5个组,分别是古新统阿尔塔什组、古—始新统齐姆根组、始新统卡拉塔尔组和乌拉根组,以及渐新统巴什布拉克组。与下伏英吉莎群整合接触,与上覆乌恰群为平行不整合接触,群内各组间均为整合接触关系。

(二)岩石地层特征

1. 阿尔塔什组(E_1a)

该组下部主体为白色块状硬石膏岩,局部夹少量灰岩,上部为含双壳类生物屑泥晶灰岩。北部索库尔艾奇给一带厚128.6m,下部石膏岩厚50m。区内本组岩性十分稳定,下部石膏岩可建一个非正式单位。向西至乌鲁克恰提—斯木哈纳一带,下部石膏岩有变厚的趋势,达159m,而上部的灰岩层则具变薄之趋势,厚度不足10m。向南过边界断裂至南部昆仑山前,上述特征已不明显,代之以砂岩、砾岩为主,粒度也明显变粗。本组为潟湖-浅海相碳酸盐岩台地沉积环境,下部属吐依洛克组海退的延续,二者在层序上也是连续的,总体为一明显的海进层序。

总之,本组在区内下部为一套厚达数十米至百余米的石膏岩,无论是色调还是地貌均很有特征,易与下伏层位相区分,以泥岩或粉砂岩的出现与上覆齐姆根组划分开来。

2. 齐姆根组($E_{1-2}q$)

该组具上绿下红特征,厚51.2~126.4m,下部为棕红色粉砂质泥岩、黄绿色泥晶灰岩,上部绿灰粉砂质泥晶灰岩、浅黄色粉砂质泥岩、含白云质泥岩夹少量薄层石膏、网脉状石膏。本组以艳丽的红绿色调而极易识别,走向上东薄西厚,至斯木哈纳厚126.4m,其中的岩石组合比例由灰岩与泥岩均等向西灰岩逐渐减少、粒度变粗。泥岩中发育水平层理,代表台缘浅滩-潟湖相沉积环境。

组内采获有双壳类 *Sigmesalia* cf. *sulcata* (Lamarck)(图版Ⅱ,12、13), *Pholadomya* (*Pholadomya*) *norini* Frebold, *Flemingostrea kaschgarica* Vyalov, *Kokanostrea kokanensis* (Sokolov)等。

3. 卡拉塔尔组(E_2k)

本组以体大、壳厚、量多的牡蛎化石组成的介壳灰岩为显著特征(图版Ⅴ,5),也成为区域上该套地层的明显标志。岩性组合为:灰色生物屑泥晶灰岩、鲕粒灰岩、介壳灰岩,下部夹少量灰绿色泥岩。东部视厚37.8m,向西至斯木哈纳厚达276m,色调上也由灰白色过渡为浅灰黄、土黄色、灰色,明显变深。纵向上显现海进序列,为高能的开阔台地边缘地带介壳滩沉积环境。

组内产丰富的双壳类 *Ostrea* (*Turkostrea*) *strictiplicata* Raulin et Delbos(图版Ⅲ,3), *Sokolowia buhsii* (Grewingk)(图Ⅲ,1), *Ostrea* (*Turkostrea*) *baissuensis* Bohm(图版Ⅲ,5), *Ostrea* (*Turkostrea*) *cizancourti* Cox(图版Ⅳ,4), *Venericardia simplex* (Edward)(图版Ⅳ,3)等。

4. 乌拉根组(E_2w)

该组岩性组合为灰绿色泥岩、生物屑泥晶灰岩,上部夹暗红色泥岩和少量细砂岩。乌鲁克恰提一带为灰绿色钙质细粒长石岩屑砂岩、粉砂岩、泥岩,上部夹黄绿色砂质泥晶灰岩,厚53.2m。斯木哈纳为灰绿色泥质粉砂岩厚58m。本组以灰绿色外貌为特征区别于上下层位,为开阔碳酸盐岩台地-滨岸沉积环境。

本次采获有双壳类 *Kokanostrea kokanensis* (Sokolov), *Flemingostrea yeagisarica* (Wei), *Ostrea* (*Ostrea*) *ulugqatics* Lan et Wei等。

5. 巴什布拉克组(E_3b)

本组以紫红色调构成其外貌特征,与下伏乌拉根组绿色调形成极大反差,易于识别。该组底部普遍发育厚十余米至数十米的白色石膏岩,可作为标志层。岩性组合为紫红色泥岩、细粒长石石英砂岩、红灰色钙质石英粉砂岩夹少量石膏薄层或脉状石膏，上部夹灰绿色粉砂岩、泥岩，在索库尔艾奇给厚度大于273.9m。乌鲁克恰提一带下部含膏岩层厚近百米，主要为砂质、泥质石膏岩和膏泥岩，中下部还夹少量介壳灰岩，总厚527m。向西底部变薄，在吉根厚49m，向上过渡为紫红色膏泥岩。至斯木哈纳，底部石膏岩仅厚约11m，其上为砖红色泥岩与土黄色砂岩互层，累积厚度达224m。向西厚度有趋薄之势，色调由红变黄。砂岩中发育槽状交错层理、平行层理及楔状交错层理，总体上为泻湖相沉积环境。

本次在组内采获双壳 Ferganea bashibulakeensis Wei（图版 Ⅳ，7），Ferganea? sp.，Cubitostrea prond，Ferganea ferganensis 等。

三、生物地层划分及其特征

区内古近系生物化石较为丰富，普遍见有双壳类、腹足类，有孔虫类。前二者因分布零散，层位相对集中，分带性不明显。而有孔虫表现突出，且分带性明显，据郝诒纯等(1982)研究可分为3个有孔虫动物群、9个有孔虫组合带。

1. Spiroplectammina - Globigerina - Nonionellina 动物群

该有孔虫动物群主要分布于中上古新统齐姆根组，这个动物群在区内巴什布拉克和东邻库孜贡苏发育最佳。西部乌鲁克恰提及英吉沙南部的七美干地区次之，后者未见浮游有孔虫出现。本动物群根据有孔虫组分的变化特点，自下而上可分为3个组合带。

1) Spiroplectammina - Textularia 组合带

该组合位于齐姆根组下部，它赋存于该组底部和下部泥岩之中，含丰富的钙质微孔壳及胶结壳有孔虫，以 Anomalina，Cibicides，Nonion，Karreria 等属较为常见，还有少量的 Bulimina，Uvigerina 及浮游有孔虫。

乌恰县康苏地区有孔虫组分变化较大，区内乌鲁克恰提地区本组合有孔虫共11属12种，但数量贫乏。英吉沙南部七美干、莎车阿尔塔什地区本组合化石较少，仅11～12种，个体数量也不多。总体上发育不好，也是较为动荡环境的反映。

2) Globigerina - Globorotalia 组合带

该组合带亦位于齐姆根组中下部，在 Spiroplectammina - Textularia 组合带之上。以浮游有孔虫显著增多为特征。在库孜贡苏及巴什布拉克两地该组合中浮游有孔虫发育，乌鲁克恰提较差，其余地区则未见出现。

该带化石优势度在区内所有化石带中最低，多样度、均衡度最高，表明其海相性强，所赋存的沉积物为灰绿色、灰褐色泥岩、粉砂质泥岩和含生物屑的泥晶灰岩，代表了相对稳定的沉积环境。

3) Nonionellina - Anomalina 组合带

该组合位于齐姆根组的上部，浮游有孔虫及胶结壳类型很少出现，以 Nonionellina remiformis，Anomalina luxorensis 为代表。这个组合多数地区发育不全，区外库孜贡苏地区发育较好，巴什布拉克及康苏等地未见这个组合出现，但七美干地区较为丰富。

该动物群所含浮游有孔虫大都是古新世常见化石。Globigerina triloculinoides，G. pseudobulloides 广布于世界各地，为古新世早期达宁阶上部的重要分子，前者可延至古新统上部，后者亦可延到古新世中期；Globorotalia angulata 种为古新统中部蒙特阶的分带化石，在亚、非、欧、美各洲广泛分布。Globorotalia conicotruncata，Globigerina fringa 两种在高加索、土库曼出现于古新统达宁阶，前者在特立尼达可上延至古新统上部。Globorotalia velascoensis 种地理分布广泛，是古新统顶部一个带化石，但亦可在古新统中部出现(郝诒纯等，2001)。

在底栖类有孔虫中 Spiroplectammina monetalis，Anomalina mantaensis 等出现在塔吉克盆地

布哈尔层，*Nonionellaovata*，*Asterigerina norvangi* 在瑞典南部古新统下部出现，前者在费尔干盆地古新统布哈尔层下部也曾发现（郝诒纯等，2001）。

该动物群其他共生动物化石带可与费尔干盆地对比。如牡蛎化石 *Ostrea bellovacina*，*Flemingosrtea hemiglobosa*，*Gryphaea camelus*，以及介形虫的代表分子 *Echinocythereis scabra*，*Hermanites suzakensis*，*Eocythereopteron kalickyi* 等均为该盆地古新统上部布哈尔层常见的化石（郝诒纯等，2001）。

综上所述本动物群当属古新统无疑，根据浮游有孔虫及邻近地区对比，特别是与塔吉克盆地、费尔干纳盆地，埃及开罗等地区对比，这个动物群的时代应属古新世中晚期。

2. *Nonion - Cibicides - Anomalinoides* 动物群

1）*Lower Nonion - Cibicides* 组合带

本组合位于齐姆根组和卡拉塔尔组中，所含有孔虫化石较少，且仅分布于少数地区。以库孜贡苏地区发育较好；康苏及七美干地区化石贫乏，其余地区则未见出现。化石以 *Nonion*、*Cibicides* 两属较为常见，其他属很少出现。其下部，即齐姆根组中，可见前一动物群的个别上延分子，所含的有孔虫以库孜贡苏和康苏发育较好，齐姆根地区与库孜贡苏基本相似，只是化石更加稀少。上部即卡拉塔尔组所含有孔虫化石，在乌鲁克恰提地区比较发育，七美干和阿尔塔什地区仅有个别化石出现。

2）*Nonion - Anomalinoides - Cibicides* 组合带

本组合位于乌拉根组中，化石比较丰富，主要分布在区外库孜贡苏、康苏和七美干等地。几乎全属钙质微孔壳底栖类型。库孜贡苏和康苏地区本组合化石颇为丰富，康苏地区有孔虫面貌基本一致，但化石数量更为丰富。齐姆根地区，本组合化石种类也较丰富，面貌与西部相似，但个体数量大为减少。阿尔塔什地区本组合化石种数和数量都很贫乏，但组分与以上三个地区相比无太大差别。

3）*Upper Nonion - Cibieides* 组合带

本组合仅见于乌鲁克恰提的巴什布拉克组，明显含有渐新统的分子，表现了向渐新世过渡的特点。

上述有孔虫动物群的重要分子中 *Nonion laevis*，*Cibicides artemi* 两种为中亚塔吉克和费尔干盆地始新世的重要化石。前者主要出现在该区始新统的阿莱依层到利什坦层，在巴黎盆地的中上始新统中也有出现。后者主要出现在土耳克斯坦层。*Anomalinoides vialovi* 除在费尔干纳盆地产于利什坦组外，并在比利时的 Lede 层到 Asse 层及英国的 Bartoa 层中发现，其时代均属始新世晚期。*Nonion rolshauseni* 在阿拉巴玛产于中晚始新世地层；*Nonion anulatum*、*N. rotulum* 在土库曼及高加索晚始新世地层中出现，在美国密西西比产于晚始新世的 Jackson 层。*Cibicides celebrus* 和 *C. deusseni* 分别产于美国俄勒冈布朗可角及得克萨斯的中始新统中。*Cibicides lobatulus* 在不少地区常见于晚始新世地层（郝诒纯等，1982）。

本动物群其他动物化石亦可与费尔干纳盆地对比。本区卡拉塔尔组所含牡蛎化石 *Ostrea turkestanensis*，*Turritella alaica* 及乌拉根组的 *Sokolovia bohmi*，*S. esterhazyi*，*Ostrea kokanensis* 等分别在费尔干盆地的阿莱依层及土尔克斯坦层中出现。共生的介形虫化石，以 *Eocythereopteron vesculosum*，*Cytheridea asiatica* 为代表，与费尔干及塔吉克盆地土尔克斯坦组的介形虫组合非常相近。

3. *Cibicidoides* 动物群

本动物群保存在渐新世巴什布拉克组中，在乌鲁克恰提一带可延伸到中新世地层中，化石十分丰富,为本区有孔虫一个繁盛时期。但其分布范围较为有限,除乌鲁克恰提、巴什布拉克、库孜贡苏外,其他地区尚未发现化石。

1) *Cibicidoides - Spiroplectammina* 组合带

本组合位于巴什布拉克组下部,在乌鲁克恰提、库孜贡苏河的克孜洛依发育最好,巴什布拉克次之,其余地区未见出现,这个组合在种类和数量上均甚丰富。本组合在乌鲁克恰提地区位于巴什布拉克组下部棕红色泥岩中。库孜贡苏地区巴什布拉克组出露不全,但仅在不及10m岩层中,本组合的化石却格外丰富,总的面貌与乌鲁克恰提相似,但其种数和数量的丰富程度在本组合中冠于全区。

2) *Cibicidoides - Baggina* 组合带

本组合位于巴什布拉克组中下部,在乌鲁克恰提发育较好,巴什布拉克次之,其余地区未见出现。其特点是:*Spiroplectammina* 已经很少出现,*Baggina* 的分布较为普遍。乌鲁克恰提地区,本组合包含有孔虫33属,54种。巴什布拉克地区本组合化石则较贫乏,仅8属16种,其主要面貌仍可和其他地区同组合对比。

3) *Cibieidoides - Cibicides* 组合带

本组合位于巴什布拉克组上部,个别地区可延续到克孜洛依组和安居安组,在乌鲁克恰提地区发育较好,其他地区很少出现,乌鲁克恰提地区共12属17种,以 *Cibicidoides* 及 *Cibicides* 为主。

本动物群带有明显的渐新世的色彩。*Cibicidoides pseudoungerianus* 在伏尔加顿河流域属早渐新世,在克里木属中渐新世,在美国该种也产于早渐新世。*Spiroplectammlna* 在比利时晚渐新世的 Boom 层到 Voort 层和德国晚渐新世的 Septaria 层中出现。*Cibicides borislavensis* 在乌克兰喀尔巴巴阡山渐新世的 Kosroach 系中发现,并可上延至中新统。*Turrilina alsatica* 和 *Pullenia quinqueloba* 在比利时中渐新世 Boom 层中曾发现。*Baggina turgidus* 也在该地早渐新世 Tongeren 层中发现,并在布鲁塞尔出现于上渐新统(郝诒纯等,1982)。

早期与本动物群共生的其他动物化石,如牡蛎 *Ostrea pygmaes*,*O. tianschanensis* 等,都在费尔干盆地的利什坦到苏木萨尔层中出现。该区利什坦层之上与本区巴什布拉克组相当的伊斯法林层到苏木萨尔层被置于始新世。从上述本区巴什布拉克组所含有孔虫化石来看,渐新世分子占有相当比例,并可与西欧及其他地区的渐新统对比。

本区中新统底部的克孜洛依组仅在乌鲁克恰提和库孜贡苏两地发现少量化石,多为下部巴什布拉克组似面包虫动物群之上延分子,有孔虫面貌已相差较大。克孜洛依组中含介形虫化石以 *Cyprideis littoralis* 为代表,该种在前苏联及我国西北地区均分布于中新世及其以后的地层。

四、区域地层对比及时代确定

1. 阿尔塔什组

该组区域上分布较广。在麦盖提地区见于玛扎塔克、古董山、乌山、罗斯塔克、海米奇塔克等地,上界为断层,下未见底,岩性以白色晶粒状石膏层为主,夹不规则的褐色、灰绿色泥岩、灰岩和薄层白云岩,厚11~105m。在莎车达木斯厚度最大,达431m。在英吉沙地区,该组呈带状分布于和什拉甫到依格孜牙、奥依塔克等地,在奥依塔克底部为砾岩,粒度较粗,向上过渡为砂岩、粉砂岩、泥岩、泥灰岩,构成向上变细的基本层序,其中仅夹少量的石膏岩,厚196m(图2-44)。在喀什、乌恰地区,呈带状分布于天山山前、昆仑山麓、克孜克阿尔特山、卡巴加特山。在库孜贡苏发育白云质灰岩,厚294m。本组顶部一层数米至数十米的灰岩,是全区最稳定层位之一。在乌拉根、塔什皮萨克石膏不发育,厚度最小;康苏一带在石膏层下出现绿色块状砂岩夹砾岩,厚40~50m。在克孜阿尔特山区顶部灰岩变为灰黑色。西昆仑山麓沉积的边缘相,底部有近100m的红色砾岩,其上为白、灰色薄—厚层石膏、膏泥岩、灰岩互层。

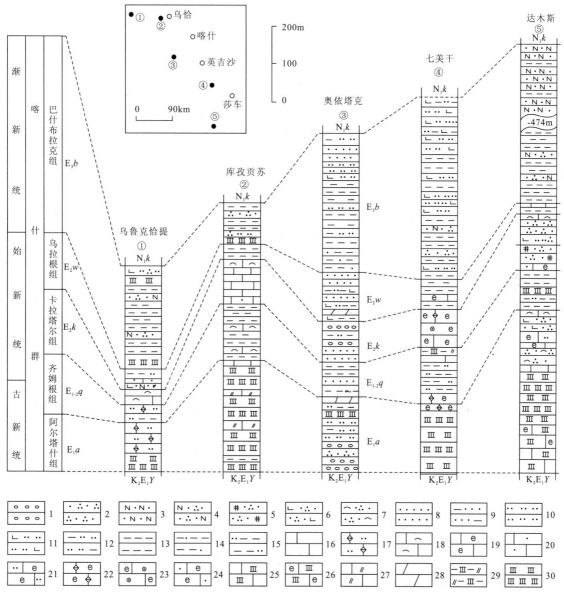

图2-44 测区古近系区域地层柱状对比图

1.砾岩;2.石英砂岩;3.长石砂岩;4.长石石英砂岩;5.海绿石石英砂岩;6.钙质石英砂岩;7.介壳石英砂岩;8.砂岩;9.杂砂岩;10.粉砂岩;11.钙质粉砂岩;12.泥质粉砂岩;13.泥岩;14.砂质泥岩;15.粉砂质泥岩;16.灰岩;17.含粉砂质泥晶灰岩;18.介壳灰岩;19.生物屑灰岩;20.砂质灰岩;21.粉砂质生物屑灰岩;22.生物屑泥晶灰岩;23.生物屑鲕粒灰岩;24.砂质生物屑灰岩;25.含膏灰岩;26.含膏生物屑灰岩;27.白云质灰岩;28.泥灰岩;29.白云质膏泥岩;30.石膏岩

郝诒纯等(2001)在库孜贡苏、斯木哈纳等地采获有孔虫 *Quinqueloculia*,以及小型双壳类和腹足类:*Corbula* (*Cuneocorbula*) *asiatica*, *C*. (*C*.) *angulata*, *Brachydontes jeremejewi*, *B. elongans*, *Potamidea* sp., *Modiolus* sp., *Cardita* sp., *Natica* sp. 等。据史基安(2001)在阿尔塔什、喀拉吐孜等地本组采获孢粉化石 *Parcisporites*, *Echitriporites*,以及古新统常见孢粉 *Myrtaceidites*, *Echitriporites*, *Sapindaceidites* 等,综合本区资料,其时代确定为古新世。

2. 齐姆根组

该组在全区岩性较为稳定,乌拉根隆起的局部地区缺失。在喀什、乌恰一带上部为棕红色泻湖膏泥岩,厚 30～50m,下部为浅海相灰绿色泥岩夹介壳灰岩薄层,含极丰富有孔虫、双壳类、介形虫等化石。在克孜克阿尔特山东部,上段红层较下部绿色层厚。西昆仑山麓为边缘相,岩性变红变粗,在昆仑山前莎车以西较为发育。在叶城地区下部层位多变为杂色。英吉沙地区本组厚度最大,在七美干厚达 151.5m,乌鲁克恰提最薄,厚仅 51.3m。另七美干以东本组中上部层位往往还见有石膏岩。

本次组内采获有 *Pholadomya (Pholadomya) norini* Frebold, *Flemingostrea kaschgarica* Vyalov, *Kokanostrea kokanensis* (Sokolov), *Brachidontes elegans* (Sowerby), *Cardita kschtutica* Kachanova, *Sigmesalia* cf. *sulcata* (Lamarck)等,其中 *Flemingostrea kaschgarica* 等常见于本组上部层位。

郭宪璞(1995)在区内采到有孔虫,并将其分为 4 个组合:*Spiroplectammina - Textularia* 组合、*Lagenammina - Haplophragmoides* 组合、*Discorbis - Globigerina - Globorotalia* 组合和 *Nonionellina - Anomalisna* 组合,为古新统上部常见分子;郝诒纯等(1987)在乌鲁克恰提、库孜贡苏地区齐姆根组上部层位中发现 *Nonionlaevis*, *Cibicides lobatulus*, *Anomalinoides petaliformis* 等有孔虫化石,时代为始新世。故本组时代确定为古新世晚期—始新世早期。

3. 卡拉塔尔组

该组区域上变化较大,分布广泛。在天山山前为海相块状灰岩及介壳灰岩,仅在克孜阿尔特山东部相变为泥岩和灰岩互层,灰岩中产丰富的双壳类化石,厚 30～130m,在莎霍阿依格尔山全部为灰绿色。在乌鲁克恰提本组底部灰岩之上出现少量红色泥岩夹层,在巴什布拉克东出现红色膏泥岩及石膏夹层。向东至库孜贡苏地区则变为红色泥岩、石膏和灰色钙质介壳灰岩互层,厚 111.5m。到西昆仑山麓地带的奥依塔克为红色山麓相砾岩、砂岩夹红、绿色条带状砂质泥岩,向上粒度变粗,厚 108m。地处昆仑山前的皮山县,下部为正常海相灰岩、介壳灰岩,上部为泻湖相石膏和红色膏泥岩,厚仅 20m 余。莎车达木斯中下部出现海绿石石英砂岩,顶底为生物灰岩,厚 146m。

本次在斯木哈纳—乌鲁克恰提一带采获大量双壳类化石,主要有 *Ostrea (Turkostrea) strictiplicata* Rsulin et Delbos, *Sokolowia orientalis* (Grewingk, Dsipova et Belskaya), *Sokolowia buhsii* (Grewingk), *Ostrea (Turkostrea) baissuensis* Bohm 等。其中 *Ostrea (Turkostrea) strictiplicata - Ostrea (Turkostrea) cizancourti* 组合为本组常见分子。郝诒纯等(1982)在乌鲁克恰提也曾采到有孔虫 *Nonion laevis*, *Pararotalia mimicusa*, *Asterigerina bararotalia*, *Anomalina* sp., *Cibicides* sp., *Melonis* sp., *Quinqueloculina* sp. 等。其时代确定为始新世中期。

4. 乌拉根组

本组在天山山前为正常海相沉积的绿色泥岩,厚 5～60m,局部出现红色泥岩和石膏夹层。在克孜克阿尔特山区的东部,厚度达 128m,上部出现块状砂岩夹层。在西昆仑山麓地带为红色泥岩、砂岩互层夹少量暗红色砾岩及绿色泥岩条带,条带中产海相软体动物化石,在奥依塔克厚 128m。在乌恰库孜贡苏地区本组上部为灰黄色砂质鲕状灰岩、砂砾岩、鲕状灰岩,中下部为灰绿色泥岩夹浅灰色介壳灰岩,化石相当丰富,厚 40m。向西至康苏地区岩性与上述一致,厚仅 27m。在英吉沙七美干以灰绿色泥岩为主夹生物屑泥晶灰岩、钙质粉砂岩,灰岩中产双壳类。向东至莎车达木斯主体为灰绿色泥岩,仅夹少量产丰富双壳类的灰岩,厚 27m。在麦盖提县罗斯塔克等地,为灰绿、黄灰色泥岩夹泥质白云岩和介壳层。

本组所产化石有 Kokanostrea kokanensis（Sokolow），Ostrea sp.，Flemingostrea yeagisarica（Wei），Ostrea（Ostrea）ulugqatics Lan et Wei 等牡蛎化石，常见于塔里木盆地西部和西南边缘及天山山前的海相始新统乌拉根组中。结合郝诒纯等（1982）在库孜贡苏和康苏一带采获的有孔虫 Nonion-Anomalinoides-Cibicides 组合，其时代确定为始新世中期。

5. 巴什布拉克组

该组呈带状分布于天山山前，克孜克阿尔特山区和昆仑山前地带。标准岩相在区内之乌鲁克恰特及巴什布拉克一带为暗红色泥岩、砂质泥岩与桔红色、灰红色块状砂岩，砾质砂岩互层，夹石膏及砂质介壳层的滨海泻湖相沉积，牡蛎化石丰富。本组在大部分地区仅残存下部层位，不少地区全部缺失，如塔什皮萨克、乌拉根等地。本组在库孜贡苏地区厚仅 111m。莎车达木斯厚度达 894m，且上部以红色细粒长石砂岩为主，粒度也较西部明显变粗。总体上，该组区域上自西向东由泥岩、石膏岩逐渐过渡为粉砂岩、砂岩，石膏岩逐渐不见，厚度变大。

郝诒纯等（1982）在区内乌鲁克恰提本组中采获有孔虫，并将其分为 3 个组合带：Cibicidoides-Spiroplectammina、Cibicidoides-Baggina 和 Cibicidoides-Cibicides，带有明显的渐新世色彩。史基安（2001）在本组采获有孔虫 Cibicidoides pseudoungerianus，Nonion laevis，Baggina targidus，Pullenia quinqueloba，Spiroplectammina howei，Dentalina monroei 等，时代为渐新世早—中期。介形类组合 Cytheretta virgulata-Ranocythere gloriosa 是渐新世早期常见分子，少数在始新世晚期已出现；双壳类 Fergania galeata，F. ferganensis，Cubitostrea tianshanensis，C. prona 等是始新世晚期至中渐新世地层中常见分子。故本次将巴什布拉克组的沉积时代置渐新世，不跨始新世。

第十二节　新近系

测区新近系十分发育，集中分布于测区中部，并呈带状与古近系相间展布，多构成系列复式褶皱，其轴向以近东西向为主，与区域构造线方向一致。区内层位出露齐全，包括中新统乌恰群和上新统阿图什组，出露总面积为 2660km^2。中新统乌恰群与下伏喀什群为平行整合接触，与上覆阿图什组呈整合接触，阿图什组被下更新统西域组不整合覆盖。

1950 年以前，资料很少，仅划分为第三系；苏联地质保矿部第十三航测大队（1953）将这套地层下部称为玛萨盖特阶橙黄色岩组，分下、中、上 3 个亚组，时代为渐—中新世，上部称扎卡普组，归上新世，组内同样分为下、中、上 3 个亚组[①]；在《西北地区区域地层表·新疆维吾尔自治区分册》（1981）中将其分为渐—中新统乌恰群和上新统阿图什组，乌恰群自下而上分为渐—中新统克孜洛依组、中新统安居安组和帕卡布拉克组，新疆地质矿产局第一区调队（1985）沿用此划分方案，但未将乌恰群划分到组。新疆地质矿产局（1993）将乌恰群统归中新世。新疆地质矿产局（1999）再次将乌恰群置渐—中新世，新疆地质矿产局第一区调队（1998）[②]沿用。本次工作采用新疆地质矿产局（1993）的划分方案，并沿用其组名（表 2-15）。

---

① 苏联地质保矿部第十三航空地质大队.1：20 万喀什西北—克孜勒苏河流域地质测量及普查工作报告，1953.
② 新疆地质矿产局第一区域地质调查大队.1：5 万乌恰县萨瓦亚尔顿地区区域地质调查报告，1998.

表 2-15 测区新近系划分沿革表

苏联地质保矿部第十三航测大队(1953)			新疆维吾尔自治区区域地层表编写组(1981)		新疆地质矿产局(1993)		新疆地质矿产局(1999)		本书	
			上新统	阿图什组(N_2a)	上新统	阿图什组(N_2a)	上新统	阿图什组(N_2a)	上新统	阿图什组(N_2a)
		扎卡普组(N_2)								
玛萨盖特阶	橙黄色岩组	上亚组(E_3-N_1)c	中新统	乌恰群(E_3N_1Wq) 帕卡布拉克组(N_1p)	中新统	帕卡布拉克组(N_1p)	中新统	帕卡布拉克组(N_1p)	中新统	帕卡布拉克组(N_1p)
		中亚组(E_3-N_1)b		安居安组(N_1a)		安居安组		乌恰群(E_3N_1W) 安居安组(N_1a)		乌恰群(N_1W) 安居安组(N_1a)
		下亚组(E_3-N_1)a	渐新统	克孜洛依组(E_3-N_1)k		克孜洛依组	渐新统	克孜洛依组(E_3N_1k)		克孜洛依组(N_1k)

一、剖面描述

1. 乌恰县索库尔艾奇给新近系实测剖面

该剖面位于剖面位于乌鲁克恰提乡加斯村北索库尔艾奇给沟中,起点坐标:$X=4413219$,$Y=13460107$,$H=2866m$;终点坐标:$X=4409475$,$Y=13460508$,$H=2703m$。由北向南与古近系联测,长约4km(图2-45)。

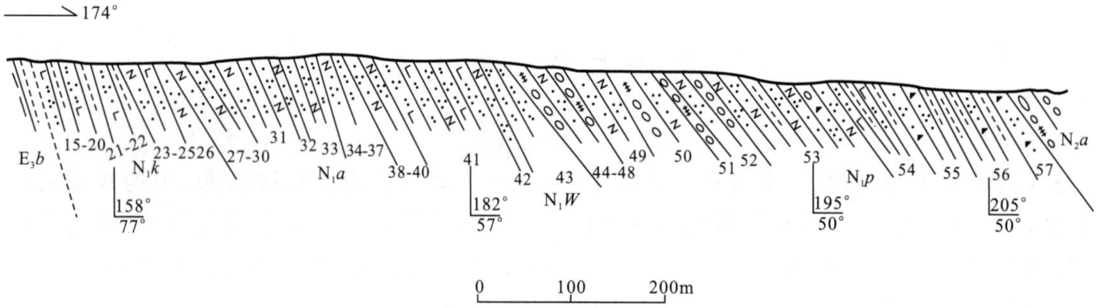

图 2-45 乌恰县索库尔艾奇给新近系乌恰群实测剖面图

上覆地层:上新统阿图什组(N_2a) 褐灰色厚—巨厚层复成分砾岩

———————— 整 合 ————————

中新统乌恰群(N_1W) 厚 2595.2m
中新统帕卡布拉克组(N_1p) 厚 1266.0m

57. 灰红色中厚层细粒岩屑石英砂岩,夹灰色砾岩层(或透镜体)及中层暗红色泥岩,砂岩单层厚15~30cm,砾岩沿走向常尖灭,或相变为砾质粗砂岩   50.6m

56. 暗红色中厚层泥岩,夹薄—中层灰红色细粒岩屑石英砂岩及少量灰绿色薄层泥岩   50.6m

55. 浅红灰色薄—中层细粒岩屑石英砂岩与紫红色薄层泥岩互层,夹灰绿色薄—中层泥岩;砂岩中见波痕,波峰弯曲,走向上分叉   159.7m

54. 红灰色薄层钙质粉砂岩与紫红色薄层泥岩互层,夹灰色薄层细粒岩屑石英砂岩及少量灰绿色薄层泥岩(或泥皮),粉砂岩单层厚5~6cm,砂岩厚1~2cm,泥岩厚0.5~3cm   175.5m

53. 浅棕红色中厚层细粒长石石英砂岩,夹灰红色薄—中层含砾粗粒岩屑石英砂岩,以及少量暗红、

灰绿色薄层泥岩	336.2m
52. 灰红色中厚层细粒长石石英砂岩,夹厚层灰色细砾岩,砾岩层一般厚 30~40cm	76.8m
51. 灰色中厚层复成分细砾岩,砾石大小一般为几毫米至 4cm,个别为 6~8cm,多呈圆状,砾石成分主要为砂岩、脉石英、燧石,少量灰岩、变质岩,含量为 60%~80%	18.7m
50. 灰色厚层复成分砾岩与灰红色厚层中粒长石石英砂岩不等厚互层,二者之比为 1:4,砾岩对下伏砂岩具底蚀、冲刷现象,砾石几毫米至十几厘米等,略具定向性,含量 50%~80%,局部相变为砾质粗砂岩	94.3m
49. 灰红色中厚层粗粒长石石英砂岩,夹浅灰红色巨厚层粗粒长石石英砂岩,前者单层厚 15~50cm;后者厚达 200cm 以上,局部含砾,砾石成分以石英质为主,走向上常相变为细砾岩透镜体	84.4m
48. 灰色厚层复成分细砾岩与灰红色中厚层细粒长石石英砂岩互层,砾岩沿走向厚度变化较大	38.3m
47. 灰红色中厚层粗粒长石石英砂岩,夹有灰色复成分砾岩透镜体	31.2m
46. 灰色厚层复成分细砾岩,夹棕红色薄层中粒长石石英砂岩或透镜体	4.2m
45. 灰红色中厚层细粒长石石英砂岩,夹灰色砾岩透镜体	22.2m
44. 灰色厚层复成分细砾岩,夹棕红色薄层中粒长石石英砂岩或透镜体,底界具冲刷、底蚀现象,界面弯曲不平	20.4m

——————整 合——————

中新统安居安组(N_1a) **厚 912.3m**

43. 暗红色厚层石英粉砂岩,夹绿灰、灰红色薄—中层细粒岩屑砂岩	64.9m
42. 绿灰色厚—巨厚层细粒长石石英砂岩,单层厚 50~300cm	28.9m
41. 暗红色中厚层钙质石英粉砂岩,夹绿灰、灰红色薄—中层细粒长石石英砂岩	225.5m
40. 灰红色厚层细粒长石石英砂岩,单层厚 50~150cm	6.8m
39. 暗红色中厚层粉砂岩夹绿灰、灰红色薄—中层细粒长石石英砂岩	47.7m
38. 绿灰色块状细粒长石石英砂岩,单层厚 3~4m	26.4m
37. 棕红色厚层粉砂岩夹中薄层灰色岩屑砂岩,及少量绿灰色薄层粉砂岩	20.5m
36. 灰色块状细粒长石石英砂岩,单层厚 2~3m	11.0m
35. 棕红色厚层粉砂岩夹中厚层细粒长石石英砂岩,前者单层厚 50~150cm,后者一般厚 10~40cm	26.7m
34. 灰色厚—巨厚层细粒长石石英砂岩,夹含砾中粒岩屑砂岩及少量粉砂岩,见孔雀石	9.2m
33. 棕红色厚层粉砂岩,夹绿灰色薄—中厚层细粒长石石英砂岩	113.1m
32. 浅绿灰色中厚层细粒长石石英砂岩与棕红色中厚层粉砂岩互层,前者单层厚 10~40cm,后者厚 15~60cm	20.3m
31. 浅绿灰色中厚层细粒长石石英砂岩夹棕红色中厚层粉砂岩,向上粉砂岩增多,二者之比由 3:1→近 1:1	150.4m
30. 紫红色厚层粉砂岩,夹薄—中层浅绿灰色细粒长石石英厚层砂岩及少量杂色薄层泥质粉砂岩	38.5m
29. 灰绿色厚层细粒长石石英砂岩与暗红色中厚层粉砂岩不等厚互层	12.8m
28. 浅绿灰色薄层细粒长石石英砂岩,单层厚 3~8cm	34.7m
27. 浅绿灰色厚层细粒长石石英砂岩,单层厚 60~70cm	66.9m

——————整 合——————

中新统克孜洛依组(N_1k) **厚 416.9m**

26. 灰红色薄—中层细粒长石石英砂岩与中层钙质粉砂岩不等厚互层,二者之比 1:2~1:3	33.9m
25. 灰红色中厚层细粒长石石英砂岩与灰红色薄层钙质粉砂岩不等厚互层,二者之比 1:2~2:1	19.5m
24. 红灰色薄层细粒长石石英砂岩与灰红色中厚层钙质粉砂岩不等厚互层,夹少量暗红色粉砂质泥岩,互层之比 1:2~1:3	31.3m
23. 红灰色中厚层细粒长石石英砂岩与灰红色中厚层钙质粉砂岩不等厚互层,夹少量暗红色薄层粉砂质泥岩。二者互层比为 1:1~1:2,石英砂岩层面见波痕	59.2m
22. 红灰色薄—中厚层钙质石英粉砂岩与暗红色厚层泥岩不等厚互层,二者之比近 1:1	45.8m
21. 红灰色中—厚层钙质石英粉砂岩与暗红色中厚层泥岩不等厚互层,二者之比近 2:1~3:1	41.9m
20. 红灰色薄—中层钙质细粒石英砂岩与暗红色厚层泥岩不等厚互层,二者之比 1:2 左右	29.8m
19. 红灰色厚层钙质细粒石英砂岩,夹薄层岩屑砂岩和中层泥岩	71.7m
18. 红灰色薄—中厚层细粒长石石英砂岩与灰红色泥岩互层,砂岩单层厚 10~20cm,泥岩厚约 30cm	35.9m

17. 红灰色中厚层含粗砂钙质石英砂岩与灰红色泥岩互层,砂岩单层厚10~20cm,泥岩厚约30cm　　　　13.6m
16. 暗红色厚—巨厚层泥岩夹薄层绿灰色粉砂岩,泥岩单层厚1~2.5m,粉砂岩厚5~10cm　　　　25.3m
15. 红灰色厚层钙质石英粉砂岩,单层厚30~100cm,个别达150cm　　　　9.0m

―――――整　合―――――

下伏地层:渐新统巴什布拉克组(E_3b)　红灰色中厚层钙质石英粉砂岩与灰红色泥岩不等厚互层

2. 阿克陶县托库孜布拉克新近系实测剖面

该剖面位于木吉乡西北约60km昆盖山北坡,托库孜布拉克北河对岸近南北向沟中。起点坐标:$X=4359529$,$Y=13412299$,$H=3262m$;终点坐标 $X=4366385$,$Y=13413126$,$H=3823m$。由南向北与多个地层单元合测,全长约7.5km。剖面受构造影响较大,断裂及褶皱构造十分发育,除导致层位缺失外,还造成层位不连续,故只能分段描述(图2-46~图2-48)。

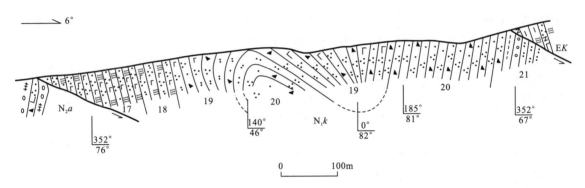

图2-46　阿克陶县托库孜布拉克中新统克孜洛依组实测剖面图

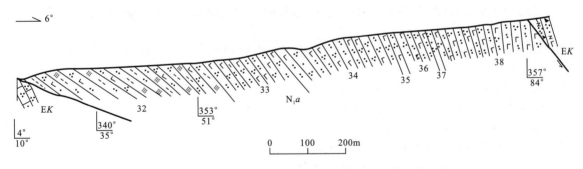

图2-47　阿克陶县托库孜布拉克中新统安居安组实测剖面图

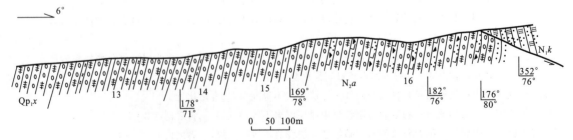

图2-48　阿克陶县托库孜布拉克上新统阿图什组实测剖面图

上覆地层：下更新统西域组（Qp_1x）　灰褐色复成分砾岩偶夹棕黄色长石砂岩透镜体

～～～～～～～不整合～～～～～～～

上新统阿图什组（N_2a）　　　　　　　　　　　　　　　　　　　　　　　　　　　厚＞928.6m

13. 灰黑色厚层复成分砾岩夹棕红色薄层粉砂岩。砾石多为5～10cm大小，次圆状，定向明显。前者
 单层厚50cm，后者厚5～10cm。向下夹层变多、变厚　　　　　　　　　　　　　　　273.2m
14. 灰黑色厚层复成分砾岩夹棕红色薄层粉砂质泥岩。砾岩一般大小为5～8cm，最大25cm，磨圆较
 好，多呈次圆状，主要为岩屑石英砂岩、玄武岩、脉石英等。单层厚50～60cm，粉砂质泥岩厚5～10cm，
 局部达30cm。具正粒序层，自下而上，由粗砾—中砾—细砾，且砾石含量有所减少。砾岩对下伏
 泥岩层具底蚀、冲刷现象　　　　　　　　　　　　　　　　　　　　　　　　　　　119.2m
15. 灰黑色厚层复成分砾岩夹棕红色中层含砾钙质石英粉砂岩。前者单层厚50～100cm，后者厚
 20～40cm。粉砂岩中砾石大小为2～3mm，含量约3%，多呈棱角状　　　　　　　　　138.6m
16. 灰黑色厚层复成分砾岩与棕红色中厚层钙质细粒石英砂岩互层。前者单层厚50～100cm，后者厚
 15～55cm，二者之比2∶1，一个互层厚5～10m　　　　　　　　　　　　　　　　　397.7m

══════════断　层══════════

中新统克孜洛依组（N_1k）　石英粉砂岩

中新统安居安组（N_1a）　　　　　　　　　　　　　　　　　　　　　　　　　　　厚936.8m

38. 暗红色薄层钙质石英粉砂岩与紫红色中层钙质粉砂岩互层，夹灰绿色中薄层细粒石英砂岩。石英
 粉砂岩单层厚5～10cm　　　　　　　　　　　　　　　　　　　　　　　　　　　　199.6m
37. 灰绿色中薄层细粒石英砂岩夹暗红色薄层钙质石英粉砂岩，砂岩单层厚8～20cm，粉砂岩单层
 厚5cm±　　　　　　　　　　　　　　　　　　　　　　　　　　　　　　　　　　11.7m
36. 暗红色中薄层钙质石英粉砂岩与紫红色中层钙质粉砂岩互层，夹灰绿色中薄层细粒石英砂岩　70.7m
35. 暗红色中薄层钙质石英粉砂岩，单层厚20～65cm，局部可达100cm±　　　　　　　　7.9m
34. 暗红色中薄层钙质石英粉砂岩与紫红色中层钙质粉砂岩互层，夹灰绿色中薄层细粒石英砂岩。
 互层比为1∶2～3∶1，夹层间隔2～3cm　　　　　　　　　　　　　　　　　　　　236.0m
33. 暗红色中层钙质石英粉砂岩与紫灰色中薄层钙质粉砂岩互层，前者单层厚30cm±，后者厚10cm± 144.7m
32. 暗红色中层含膏粉砂质泥岩夹灰绿色中薄层钙质细粒石英砂岩，前者单层厚15～20cm，后者厚
 5～15cm，二者比5∶1～8∶1，泥岩中见石膏团块　　　　　　　　　　　　　　　　266.3m

══════════断　层══════════

古近系喀什群（EK）

中新统克孜洛依组（N_1k）　　　　　　　　　　　　　　　　　　　　　　　　　　厚＞416.42m

21. 灰绿色中层粗粒岩屑石英砂岩、灰绿色细砾岩与暗红色中层泥岩、粉砂岩互层，岩性比例大致均等　22.2m
20. 紫红色中层含岩屑细粒石英砂岩，单层厚20～35cm，发育平行层理及楔状交错层理，发育系列
 紧闭斜褶皱　　　　　　　　　　　　　　　　　　　　　　　　　　　　　　　　177.6m
19. 暗红色钙质石英粉砂岩与棕红色中层细粒岩屑砂岩互层夹灰绿色中层中粒岩屑砂岩，粉砂岩中
 见虫迹　　　　　　　　　　　　　　　　　　　　　　　　　　　　　　　　　　19.9m
18. 棕黄色中层膏化钙质石英粉砂岩夹暗红色中层细粒石英砂岩，前者单层厚10cm，后者厚15cm，二者
 之比5∶1～10∶1，向上粉砂岩变厚、砂岩变薄　　　　　　　　　　　　　　　　　52.9m
17. 土黄色中薄层含石膏钙质石英粉砂岩与薄层钙质细粒石英砂岩互层，夹石膏岩。粉砂岩单层厚
 5～20cm，砂岩厚5～10cm，二者比约1∶2。石膏多为白色板片状，厚0.5～1cm，局部呈透镜状，
 石英砂岩中见波痕　　　　　　　　　　　　　　　　　　　　　　　　　　　　　143.9m

3. 乌恰县阔依喀普沟上新统阿图什组实测剖面

　　该剖面位于乌鲁克恰提乡北约2km卓尤勒干苏河西岸阔依喀普沟中，交通方便。起点坐标：$X=4411993$，$Y=13442265$，$H=2580$m；终点坐标$X=4412119$，$Y=13441299$，$H=2665$m。上下界线清晰，由东向西连续测制，全长约1km（图2-49）。

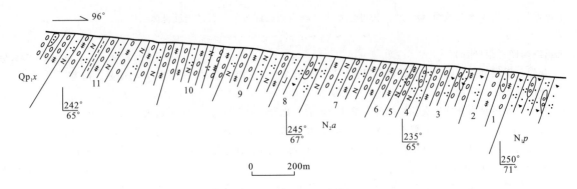

图 2-49 乌恰县阔依喀普沟上新统阿图什组实测剖面图

上覆地层：下更新统西域组（Qp_1x）　复成分砾岩

～～～～～～不整合～～～～～～

阿图什组（N_2a）　　　　　　　　　　　　　　　　　　　　　　　　　　　　　　　　　**厚 595.2m**

11. 灰、褐灰色中厚层复成分砾岩与浅红色薄—中层细粒长石石英砂岩不等厚互层，向上砂岩层变厚。
　　砂岩层面有少量紫红色泥皮　　　　　　　　　　　　　　　　　　　　　　　　　118.4m
10. 灰、褐灰色中厚层复成分砾岩夹浅红色细粒长石石英砂岩薄层或透镜体　　　　　　85.4m
9. 灰、褐灰色中厚层复成分砾岩与浅红色中厚层细粒长石石英砂岩不等厚互层　　　　62.0m
8. 浅红色薄—中层细粒岩屑石英砂岩与棕红色薄层钙质粉砂岩不等厚互层，另夹有暗红色泥皮和少量
　　灰色复成分砾岩透镜体　　　　　　　　　　　　　　　　　　　　　　　　　　39.3m
7. 灰、褐灰色中厚层复成分砾岩与浅红色薄—中层细粒长石石英砂岩不等厚互层　　　90.1m
6. 灰、褐灰色厚层复成分砾岩夹浅红色薄层细粒长石石英砂岩或透镜体　　　　　　　23.3m
5. 灰、褐灰色厚层复成分砾岩与浅红色中—厚层细粒长石石英砂岩不等厚互层。底界弯曲不平，砾岩
　　对下伏层有明显的冲刷、底蚀现象　　　　　　　　　　　　　　　　　　　　　16.3m
4. 浅红色厚层中粒长石石英砂岩，夹灰色砾质粗砂岩透镜体及薄层暗红色粉砂岩，顶部有一层厚
　　10～20cm 的紫红色薄层泥岩　　　　　　　　　　　　　　　　　　　　　　　22.5m
3. 灰、褐灰色厚层复成分砾岩夹浅红色薄层细粒岩屑石英砂岩薄层或透镜体　　　　　67.6m
2. 灰、褐灰色厚层复成分砾岩与浅红色中厚层细粒岩屑石英砂岩不等厚互层　　　　　45.0m
1. 灰、褐灰色厚层复成分砾岩夹棕红色薄层细粒岩屑长石石英砂岩或透镜体，砾岩中具下粗、上细特征　25.3m

――――整　合――――

下伏地层：中新统帕卡布拉克组（N_1p）　细粒岩屑石英砂岩

二、岩石地层划分及其特征

（一）岩石地层划分

区内新近系地层按其岩性组合、上下接触关系，自下而上可分为中新统乌恰群和上新统阿图什组。其中乌恰群据岩性及其组合，自下而上又可以分为克孜洛依组、安居安组和帕卡布拉克组 3 个组，上述各地层单位间均呈整合接触关系。

（二）岩石地层特征

1. 中新统克孜洛依组（N_1k）

该组岩性组合为：下部灰红、红灰、紫灰、棕红色细粒长石岩屑石英砂岩、钙质石英粉砂岩、钙质泥岩、暗红色厚层泥岩夹少量灰绿色粉砂岩；上部为细粒长石石英砂岩与钙质粉砂岩互层。在乌鲁

克恰提该组多见薄层石膏或网脉状石膏,厚416.9m。西部斯木哈纳一带以细粒长石岩屑砂岩为主夹少量钙质粉砂岩,粒度稍粗,厚442m。南部昆仑山前下部为土黄、棕黄色膏化钙质石英粉砂岩与钙质石英砂岩夹石膏岩,上部为粗粒岩屑石英砂岩,见少量细砾岩,未见顶底,厚度大于416.4m。本组具下细上粗粒序特征,且北部粒度较南部要细,向西有厚度减薄的趋势。本组砂岩中沉积构造发育,多见大型板状斜层理、平行层理、楔状斜层理、波痕(图2-50)和泄水层理(图版Ⅴ,6)等,代表了陆内咸化湖或陆源碎屑湖的湖滨-浅湖沉积环境。该组以其色调发暗为特点,并以下部大厚层砂岩的出现为标志与巴什布拉克组相区分。

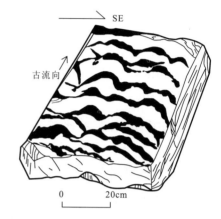

图2-50 乌恰县索库尔艾奇给克孜洛依组砂岩中波痕特征素描图

2. 中新统安居安组($N_1 a$)

区内本组岩性较为稳定,在乌鲁克恰提岩性组合为灰绿色、灰红色细粒长石石英砂岩、灰绿、棕红色粉砂岩,砂岩与粉砂岩多呈互层出现。底部为厚达数十米的绿灰色厚层细粒长石石英砂岩,地貌上十分显著,易于辨认,另下部普遍见一层灰色含孔雀石含砾中粒长石石英砂岩,厚度不大,多宽数厘米,顺层断续展布,其色泽艳丽,规模虽小,但十分醒目,厚912.3m。向西在吉根一带,下部粒度略细,以钙质粗粉砂岩、泥质粉砂岩为主,厚912.3m。南部昆仑山前,下部仍见有少量膏泥岩,受构造影响,未见顶底,厚大于937m。本组以红绿相间色调加上不同宽度的彩色条带构成其艳丽多彩的外貌,颇具特征,是区分上下地层的良好标志,底部发育的绿灰色厚层细粒长石石英砂岩厚达数十米,横向上延伸稳定,可构成标志层。组内粉砂岩、砂岩中发育平行层理,砂岩层面上还见有波痕,总观上述特征,为陆源碎屑湖滨湖-浅湖沉积环境。

3. 中新统帕卡布拉克组($N_1 p$)

在北部乌鲁克恰提一带,下部为灰色复成分砾岩、灰红色细粒长石石英砂岩不等厚互层,彼此夹有对方的透镜体,走向上也易相变。向上砾岩层变薄,砾石变小,对下伏岩层多具冲刷、底蚀现象,中部为一大套灰红色细粒长石石英砂岩夹含砾粗粒岩屑石英砂岩及少量暗红、灰绿色薄层泥岩,上部为细粒岩屑石英砂岩与暗红、紫红色泥岩互层夹砾岩层或透镜体,以及少量灰绿色泥岩或泥皮,厚1266m。向西、南以灰紫、红褐色细粒岩屑石英砂岩为主,夹粉砂岩及少量泥岩,粒度明显较前者要细,厚度也急剧减薄。本组粒度总体表现为向上变细。帕卡布拉克组以整体粒度明显大于安居安组,又以底部出现厚十米至数十米的灰色复成分砾岩为标志与安居安组区分开来。组内泥岩中发育水平层理,砂岩中发育平行层理、大型交错层理,层面见波痕等,为陆源滨湖-浅湖沉积环境。

4. 上新统阿图什组($N_2 a$)

在北部乌鲁克恰提等地,本组上部被下更新统西域组不整合覆盖,二者呈角度不整合接触关系(图2-51),厚595.2m。岩性组合为灰、褐灰色复成分砾岩、浅红色

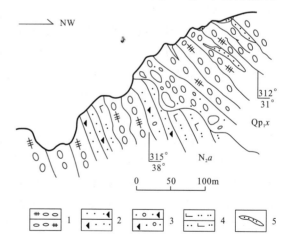

图2-51 乌恰县萨喀勒恰特西下更新统西域组与上新统阿图什组角度不整合接触关系素描图

1.复成分砾岩;2.岩屑砂岩;3.含砾岩屑砂岩;
4.钙质粉砂岩;5.砂岩透镜体

细粒石英砂岩,多呈互层出现,其间夹泥皮、粉砂岩。砾岩中多见砂岩透镜体,而砾岩又多夹砂岩透镜体,砾岩向上变薄、粒径变细。南部昆盖山前,砾岩以灰黑色为主夹棕红色钙质细粒石英砂岩,向上变为粉砂岩、粉砂质泥岩,未见底,厚度大于928.6m。上述二者中砾岩层对下伏层位均具冲刷、底蚀现象。向西粒度变细,主体为紫色细粒长石岩屑砂岩与钙质粉砂岩不等厚互层,夹灰色砾岩,但较前述明显减少。整体上本组粒度向西变细,但厚度急剧增大,至吉根一带厚达2042m。组内砾岩中见大型交错层理,环境为湖口扇-滨浅湖沉积。

该组以砾岩增多,色调发暗,又以砾岩砂岩互层形成"凹"、"凸"相间地貌为特征,与下伏帕卡布拉克组相区分,又以灰褐色块状砾岩的出现,砂岩迅速减少,仅呈透镜状产出为显著标志并作为西域组的开始。

三、区域地层对比及时代确定

(一)区域对比

区域上乌恰群大体上可分为两个相区,即前天山相区和前昆仑山相区。在前天山相区和前昆仑山相区之英吉沙以西地区,横向岩相变化较大,中部有绿色层,可分为克孜洛依组、安居安组和帕卡布拉克组,在康苏到乌帕尔一线以东,沉积较细。乌恰地区总厚约3258m。在英吉沙地区以东岩石粒度变粗,该群中部不见绿色层,也不易分组。在莎车达木斯地区厚2741m,可分为上、下两个段:下段为灰红色薄层细粒长石砂岩、浅灰色厚层砾岩,夹浅灰色薄层砾岩,长石砂岩透镜体,砾岩底为突变,向上变细变薄或变粗变厚再变细变薄;上段岩石组合为暗灰色薄层细砾岩,灰红色薄层钙质细粒长石砂岩,细粒长石砂岩及灰红色泥岩夹薄石膏层。再往东到叶城柯克亚一带厚431m,主要岩石组合为褐红色厚层长石英粉砂岩,薄—厚层石英粉砂岩夹褐灰色厚—薄层细砾岩,上部粉砂岩中夹薄层膏泥岩。

克孜洛依组在乌恰地区厚422m,底部见有一层厚不足一米的砾岩层,下部还夹有少量石膏岩(图2-52)。在英吉沙七美干一带粒度整体稍粗,与下伏渐新统巴什布拉克组呈平行不整合接触,主要为紫红色岩屑长石石英砂岩,夹钙质泥岩,厚506.7m。

安居安组在乌恰地区以灰绿色泥岩为主,夹粉砂岩及少量细粒石英砂岩,厚668m。在英吉沙七美干一带以灰绿色钙质石英粉砂岩与紫红色粉砂质泥岩互层为主,夹有粉砂质膏泥岩,厚863m。上述二者粒度均较测区细。

帕卡布拉克组在命名地厚2168m,由石英砂岩、粉砂岩和泥岩构成韵律重复。向东至七美干厚度减薄为590m,以灰绿色调为主,主要岩性为钙质石英粉砂岩,向上出现较多的膏泥岩、粉砂质膏泥岩,并见少量石膏薄层。区域上该组向东粒度变细,向两侧厚度变薄。

阿图什组区域上岩性变化很大,山麓地带为砂砾岩,而近平原地区为一套厚度很大的具棕红色外观的砂岩和泥岩。在疏附、喀什、阿图什一带发育最佳,厚3000m(新疆地质矿产局,1999),以湖相沉积为主,岩性以泥岩、粉砂岩、砂岩为主,夹少量含砾砂岩。在英吉沙七美干一带以灰、灰黄、灰绿色细粒岩屑长石石英砂岩为主,夹泥岩、粉砂岩,厚1723m;在叶城柯克亚其底部及顶部为灰绿色厚层细粒岩屑长石砂岩,并以此与乌恰群及西域组分界,主体为褐灰色厚层复成分砾岩夹褐黄色薄层细粒长石砂岩、薄层岩屑石英粉砂岩及细砾岩,厚1711m。向东多相变为山麓河流相,以灰棕、土黄和棕红色砾岩夹砂岩为主,在卡巴加特山西昆仑山前岩性明显变粗,为灰色砾岩和砂岩。

(二)时代确定

区域上乌恰群与下伏渐新统巴什布拉克组为整合接触,阿图什组被下更新统西域组不整合覆盖,因此,二者时代应限于新近纪。

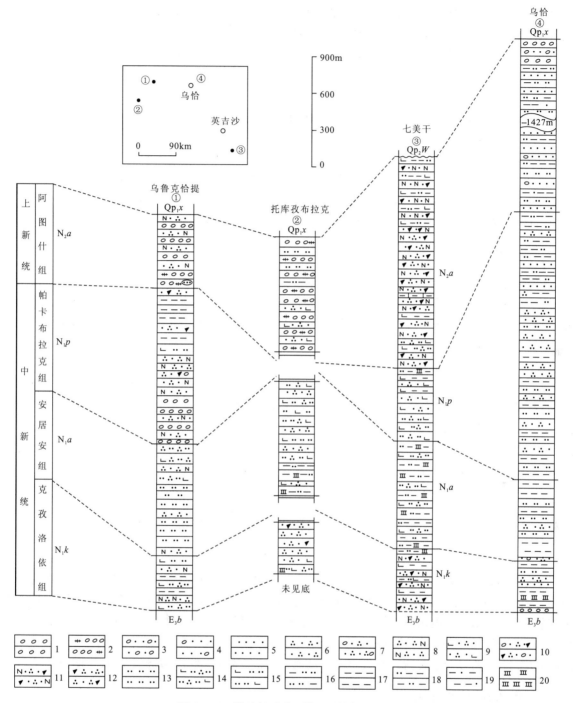

图 2-52 测区新近系区域地层柱状对比图

1.砾岩；2.复成分砾岩；3.砾质砂岩；4.含砾砂岩；5.砂岩；6.石英砂岩；7.含砾石英砂岩；8.长石石英砂岩；9.钙质石英砂岩；10.含砾岩屑石英砂岩；11.岩屑长石石英砂岩；12.岩屑石英砂岩；13.粉砂岩；14.钙质石英粉砂岩；15.钙质粉砂岩；16.泥质粉砂岩；17.泥岩；18.粉砂质泥岩；19.砂质泥岩；20.石膏岩

1. 克孜洛依组

前人多将其时代定为渐新世晚期—中新世，主要是地层划分上的原因和区内二者整合接触界面不十分显著所致。周永昌等(2002)在本组采获大量介形虫，主要有 *Cyprides littoralis*, *Hemicyprinotus valvaetumidus*, *Cyprinotus daductus*, *C. circumscritus*, *Mediocypris schneiderae*, *Eucypris longa*, *Limnocythere aligra*, *Darwinula stevensoni* 等，与哈萨克斯坦中亚前天山洼地、土尔克明尼亚、斋桑盆地、伊犁

盆地新近系产出的介形虫可对比，与我国准噶尔盆地、柴达木盆地中新统产出的介形虫也可以对比。其中 *Cyprinotus daductus* 是准噶尔盆地中新统的标准分子，*Hemicyprinotus valvaetumidus* 是柴达木盆地中新统的标准化石。因此本次将克孜洛依组置中新世早期是合适的。

2. 安居安组

郝诒纯等(1982)曾在乌鲁克恰提等地采获有孔虫 *Ammonia* 组合，主要有 *Ammonia limnetes*，*A. hatatatensis*，*A. tepida* 及 *Cibicidoides amygdaliformis*，*Cibicides borislavensis*，*Nonion* sp.等，其中 *Ammonia honyaensis*，*A. hatatatensis* 见于日本中新世中期的浅水沉积中，*Cibicides borislavensis* 在乌克兰可从渐新世上延到中新世早期；介形类以 *Cyprideis* 为主，其中，*C. stephensoni* 和 *C.* sp. nov 较具特征，前者原产于美国路易斯安那州中新统上部，其地质历史限于中新世以后。综上所述，该组时代应为中新世。另据上下层位，本次将其置中新世中期。

3. 帕卡布拉克组

区内帕卡布拉克组含有孔虫 *Ammonia honyaensis* (Asano)，*A. hatatatensis* (Takayanagi)，*A. beccarii* (Linne)等；介形类以 *Cyprideis* 为主，并有 *Eucypris biplicata* (Koch)，*Cypris subglobosa* (Sow)等。上述有孔虫虽与下伏安居安组的有孔虫基本面貌相似，但介形类却出现了新分子，故将本组时代置中新世晚期。

4. 阿图什组

化石比较少，含介形类 *Eucypris notabilis* Schneider，*Lineocypris asseptis* Galeev，*Advenocypris decuria* Schneider，*Candoniella acuta* (Sokac)，*Condona neglecta* Sars 等，轮藻 *Sphaerochara primorskensis* (Maslov)，*Nitellopsis meriani* (Braun et Unger)等。据蒋显庭(1995)研究，该组产出的介形动物群为 *Lineocypris - Subalacypris* 组合，以上新世色彩为主，据此将阿图什组置上新世。

第十三节 中、新生代沉积盆地分析

测区中、新生代地层十分发育，相对集中分布于测区中部，即北部的天山前和南部的昆仑山前之间的广大区域，另在昆盖山南木吉地区，受新构造运动影响，发育一小型山间盆地。其展布形态与区域构造线方向一致。区内出露面积 6799km²，占测区总面积的 57%。本区中、新生代沉积类型较为复杂，主体以陆源碎屑岩为主，属陆内沉积盆地。南部因构造破坏严重，其层位、层序已面目全非，无法系统分析。本分析对象主要指北部天山前缘盆地，内容包括沉积组合、沉积层序及盆地演化等。

一、中生代沉积盆地

(一)主要沉积组合

1. 冲积扇沉积组合

该组合由塔里奇克组构成，可识别出扇根和扇三角洲。扇根位于该组中、下部，由浅绿褐色巨厚层石英岩质-砂岩质砾岩组成，底部为一层褐红色巨厚层砂岩质粗砾岩，底界为一突变面，厚度近400m。砾石厚 2～10cm，向上变细，多 2～4cm，砾石呈次棱角状—次圆状，宏观上显示平行层理。砾石成分以砂岩为主，另有石英岩、灰岩，均来自下伏层位及近邻物源区，为物源较匮乏下的快速堆积。上部为扇三角洲沉积，以灰色砂岩为主，夹有灰黑色粉砂岩。

2. 洪积扇-辫状河三角洲沉积组合

由莎里塔什组下部灰绿、灰色石英岩质-片岩质中—粗砾岩组成,底部有60cm厚的角砾岩,上部为厚层粗砾岩。砾石厚1~30cm,最厚达150cm,以次棱角状为主,少量为次圆状,分选差,成熟度低,混杂堆积。其中夹灰色、灰绿色中粒长石砂岩,砾岩层具底蚀、冲刷现象,具向上变粗的粒序特征,反映了洪水期的快速堆积,物源较近,其中的石英岩、片岩均来自邻近的中元古界层位。康苏组底部为岩屑长石砂岩、石英粉砂岩,向上变细,厚176m。砂岩中见大型楔状层理,表现为扇中—扇缘沉积环境。康苏组下部为辫状河沉积,主要为砂岩质、石英质中—细砾岩,砾质中粒砂岩与中—细粒岩屑石英砂岩、岩屑长石砂岩组合,二者在垂向上交替出现,砂岩中见槽状交错层理。向上为灰黑色石英粉砂岩、细—中粒长石石英砂岩,见小型槽状交错层理,楔状交错层理,不对称波痕,显示古流向为40°。向上粒度变粗,具河控三角洲特征。

3. 滨-浅湖沉积组合

本组合由康苏组中部开始至塔尔尕组结束,由滨湖-浅湖或沼泽交替,约有4次明显变化。每次旋回以滨湖的长石砂岩为主,向上过渡为以砂和粉砂互层的浅湖相。康苏组上部发育有灰黑色炭质页岩,属沼泽环境。杨叶组下部以炭质页岩为主,夹少量岩屑长石砂岩,为沼泽环境,有间歇性洪水期发生。另有黄铁矿晶体,表明存在一定的还原环境。组合中砂岩多发育楔状层理、波痕等,页岩中常见水平纹层,下部还见有虫迹等。该组合在横向上可见煤层或煤线,一般下部(相当于康苏组中上部层位)煤层多而厚,向上至杨叶组煤层变少变薄,多不具工业意义。

4. 陆源碎屑海岸沉积组合

该沉积组合属退积型海岸沉积,分布于乌鲁克恰特组中—下部,为海侵早期沉积,底部为几十厘米厚的滞留砾岩,砾石为圆—次圆状,大小为2~10mm,略具定向,以石英质砾石为主,以上的灰白色中厚状长石石英砂岩,可能为海滩砂。发育平行层理及低角度楔状交错层理,分选及磨圆较好。进积型沉积位于上部,为粉砂岩、杂色细粒长石石英砂岩及少量红色含粉砂质微晶灰岩,发育平行层理。向上为一套变粗变厚的陆源碎屑沉积。

5. 碳酸盐岩台地沉积组合

该沉积组合可分为台地潮坪相和开阔台地相,由英吉莎群和古新统阿尔塔什组下部石膏岩构成。潮坪相见于库克拜组—依格孜牙组下部,以及吐依洛克组,前者岩石类型为暗红色泥岩、粉砂岩—灰绿泥岩,夹有白色、淡青色石膏岩,少量杂色条带状泥岩,石膏岩有时沿走向尖灭,或呈透镜状产出,表现为初期的不稳定性,粉砂岩、泥岩中具波状层理,见有孔虫、介形类和腹足类等生物碎屑。该组合泥岩最为发育,属潮坪沉积。吐依洛克组为红色泥岩和石膏岩为主,且向上石膏岩增多变厚,至阿尔塔什组达到极致,沉积了厚达数十米至百余米厚的硬石膏岩,实际上为典型的潮上萨布哈沉积。

开阔台地相见于依格孜牙组上段,由灰色薄—中厚状含生物碎屑微晶灰岩,夹少量灰绿色薄层泥岩组成,含丰富的双壳类,指示开阔海的沉积环境。

(二)层序分析

测区内中生代地层按旋回层序及层序界面的划分原则做了层序划分,可分出一个不完整的一级层序(I_1),底界为上三叠统塔里奇克组底部砾岩,为Ⅰ型界面,顶界面区内未见,并据区内地层实际出露特征,归并为上三叠统—中侏罗统和上侏罗统—上白垩统分别叙述。

1. 上三叠统—中侏罗统

该地层可分出二级层序一个(II_1),三级层序五个(图2-53)。II_1层序底界同I_1层序底界,顶界为塔尔尕组顶界，为Ⅰ型界面。

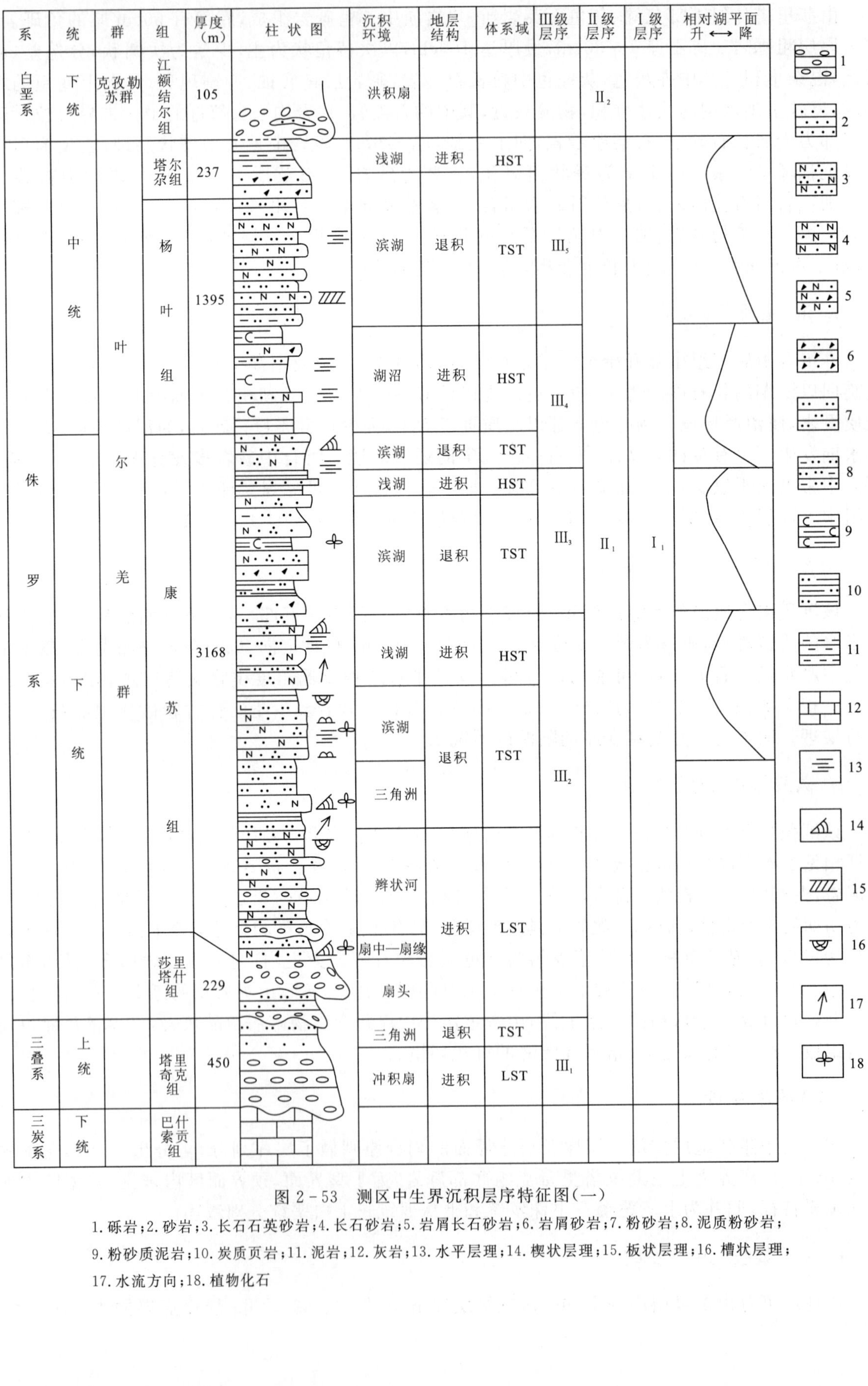

系
统
群
组
厚度（m）
柱状图
沉积环境
地层结构
体系域
Ⅲ级层序
Ⅱ级层序
Ⅰ级层序
相对湖平面 升⟷降
白垩系
下统
克孜勒苏群
江额结尔组
105
洪积扇
Ⅱ2
侏罗系
中统
叶尔羌群
塔尔尕组
237
浅湖
进积
HST
杨叶组
1395
滨湖
退积
TST
Ⅲ5
湖沼
进积
HST
Ⅲ4
下统
康苏组
3168
滨湖
退积
TST
浅湖
进积
HST
滨湖
退积
TST
Ⅲ3
Ⅱ1
Ⅰ1
浅湖
进积
HST
滨湖
三角洲
退积
TST
Ⅲ2
辫状河
扇中—扇缘
扇头
进积
LST
莎里塔什组
229
三叠系
上统
塔里奇克组
450
三角洲
退积
TST
冲积扇
进积
LST
Ⅲ1
三炭系
下统
巴什索贡组
1
2
3
4
5
6
7
8
9
10
11
12
13
14
15
16
17
18

图2-53　测区中生界沉积层序特征图（一）

1.砾岩；2.砂岩；3.长石石英砂岩；4.长石砂岩；5.岩屑长石砂岩；6.岩屑砂岩；7.粉砂岩；8.泥质粉砂岩；9.粉砂质泥岩；10.炭质页岩；11.泥岩；12.灰岩；13.水平层理；14.楔状层理；15.板状层理；16.槽状层理；17.水流方向；18.植物化石

1) Ⅲ₁层序

Ⅲ₁层序由塔里奇克组构成，底界同Ⅱ₁底界，顶界为本组顶界，即叶尔羌群底界面，为Ⅰ型界面。该层序的体系域由低水位体系域和湖泛体系域组成。

低水位体系域，由褐红—绿褐色块状复成分粗砾岩—中砾岩组成，向上砾径变细，含量较多，且上部逐渐显示平行层理，为向上变细的基本层序（图 2-54）。图中 a 层为混杂的粗砾岩，b 层为显示平行层理的中砾岩。

湖泛体系域由塔里奇克组上部层位组成，为灰黑色中层泥质长石粉砂岩—绿褐色块状复成分中砾岩，砾岩中见平行层理，砾石磨圆较好，具向上变粗的逆粒序层特征。

2) Ⅲ₂层序

Ⅲ₂层序包括塔塔剖面第 1—36 层和加斯喀克剖面的第 1—2 层。底界为莎里塔什组底界面，为Ⅰ型界面，顶界为 2 层页岩顶面，属Ⅱ型界面。该层序的体系域由低水位体系域、湖泛体系域和高水位体系域组成。

低水位体系域为塔塔剖面第 1—13 层，由灰色中砾岩—灰色中层中粒砂岩—细粒岩屑长石砂岩组成，为向上变粗又变细型，总体向上变细，典型基本层序为砾—含砾砂岩—砂岩（图 2-55），可识别出 6 个基本层序，其中 c、d 两层往往缺失。

湖泛体系域由塔塔剖面第 14—20 层组成，为长石石英砂岩—粉砂岩，大致两个向上变细的基本层序，顶部有时见少量炭质页岩。下部基本层序为中粒岩屑长石砂岩—细粒长石砂岩，上部为细粒长石石英砂岩—泥质长石粉砂岩，总体向上粒度变细，层变薄。

高水位体系域由第 21—26 层组成，基本层序为向上变细变薄型，由长石石英砂岩—粉砂岩—粉砂质页岩组成，底部见菱铁矿结核，粗砂岩中多见水平纹层。

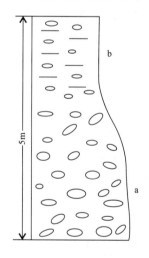

图 2-54 塔里奇克组下部基本层序

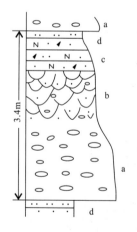

图 2-55 莎里塔什组基本层序

3) Ⅲ₃层序

Ⅲ₃层序由加斯喀克剖面第 3—17 层组成，底界为第 3 层中粒岩屑砂岩底面，顶界为第 17 层炭质页岩顶面，均为Ⅱ型界面，由湖泛体系域和高水位体系域构成。

湖泛体系域为剖面第 3—15 层，基本层序由砂岩—粉砂岩—页岩组成。下部典型基本层序为褐灰色中层中粒岩屑砂岩—薄层泥质长石粉砂岩—灰黑色粉砂质页岩（图 2-56）组成。为向上变细变薄型，大致有 7 个这样的基本层序，向上砂岩减少，页岩变多。上部由砂岩与粉砂岩和粉砂岩与页岩组成基本层序，交互叠置。

高水位体系域为剖面的第 16—17 层，由灰黑色炭质页岩与灰黄色中层中—细粒岩屑长石砂岩组成,下部为二者互层,向上页岩增多,砂岩呈夹层出现,并夹有少量泥质粉砂岩,总体向上变细。

4)Ⅲ₄层序

Ⅲ₄层序为塔塔剖面的第18—20层和硝尔鲁剖面的第1—18层,底界为前者第18层长石石英砂岩底界,顶界面为后者第18层炭质页岩顶界,均为Ⅱ型界面,由湖泛体系域和高水位体系域组成。

湖泛体系域为加斯喀克剖面第18—20层,由褐灰色中层细粒长石石英砂岩夹灰黑色粉砂质页岩与含砾中—细粒长石石英砂岩构成向上变粗的基本层序,厚度巨大。下部砂岩中发育平行层理,楔状交错层理,上部砂岩中含较多粉砂质页岩砾石,棱角状,显然为能量较大的动荡环境,属湖滨环境。

高水位体系域为硝尔鲁剖面的第1—18层,典型基本层序为灰黑色薄层含炭泥质长石粉砂岩—黄灰色含炭粉砂质泥岩—灰黑色炭质页岩组成,底部见厚约40cm的细粒长石岩屑砂岩,总体以灰黑色炭质页岩为主,具向上变细变薄特征,其中发育水平纹理,为湖泊沼泽沉积环境,时有洪泛期砂质混入。

5)Ⅲ₅层序

Ⅲ₅层序为剖面第19—52层,底界面为第19层岩屑长石粉砂岩底界,为Ⅱ型界面。顶界面同Ⅱ₁顶界,为Ⅰ型界面。但剖面发育不完整,为构造剥蚀所致,由萨瓦亚尔顿东剖面代之,由湖泛体系域和高水位体系域组成。

湖泛体系域为硝尔鲁剖面的第19—52层和萨瓦亚尔顿东剖面第1—2层。下部基本层序为向上变薄变细型(图2-57),由灰色中层中粒长石屑岩砂岩—中薄层细粒砂岩—粉砂岩组成。中上部为灰黑色泥质粉砂岩→褐灰色中层中—细粒长石砂岩→褐灰色厚层中粒长石砂岩,向上变粗变厚,整体也为向上变粗变厚型。砂岩中见板状斜层理,粉砂岩中发育平行层理。

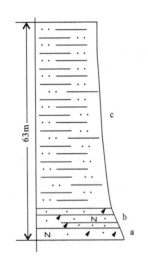
图2-56 康苏组下部基本层序

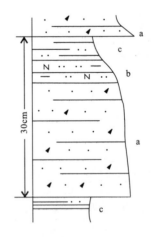
图2-57 杨叶组上部基本层序

高水位体系域为萨瓦亚尔顿东剖面第3—4层,由灰紫色、砖红色泥岩夹长石岩屑砂岩,另夹少量白云质灰岩组成,整体向上变粗变厚,下部泥岩中发育水平层理。

2. 上侏罗统—上白垩统

可分为一个Ⅱ级层序(Ⅱ₂)和三个Ⅲ级层序(图2-58),Ⅱ₂层序底界为上侏罗统库孜贡苏组底部砾岩与下伏泥盆系的不整合界面,为Ⅰ型界面,顶界为古新统阿尔塔什组下部石膏岩顶面,为

Ⅱ型界面。

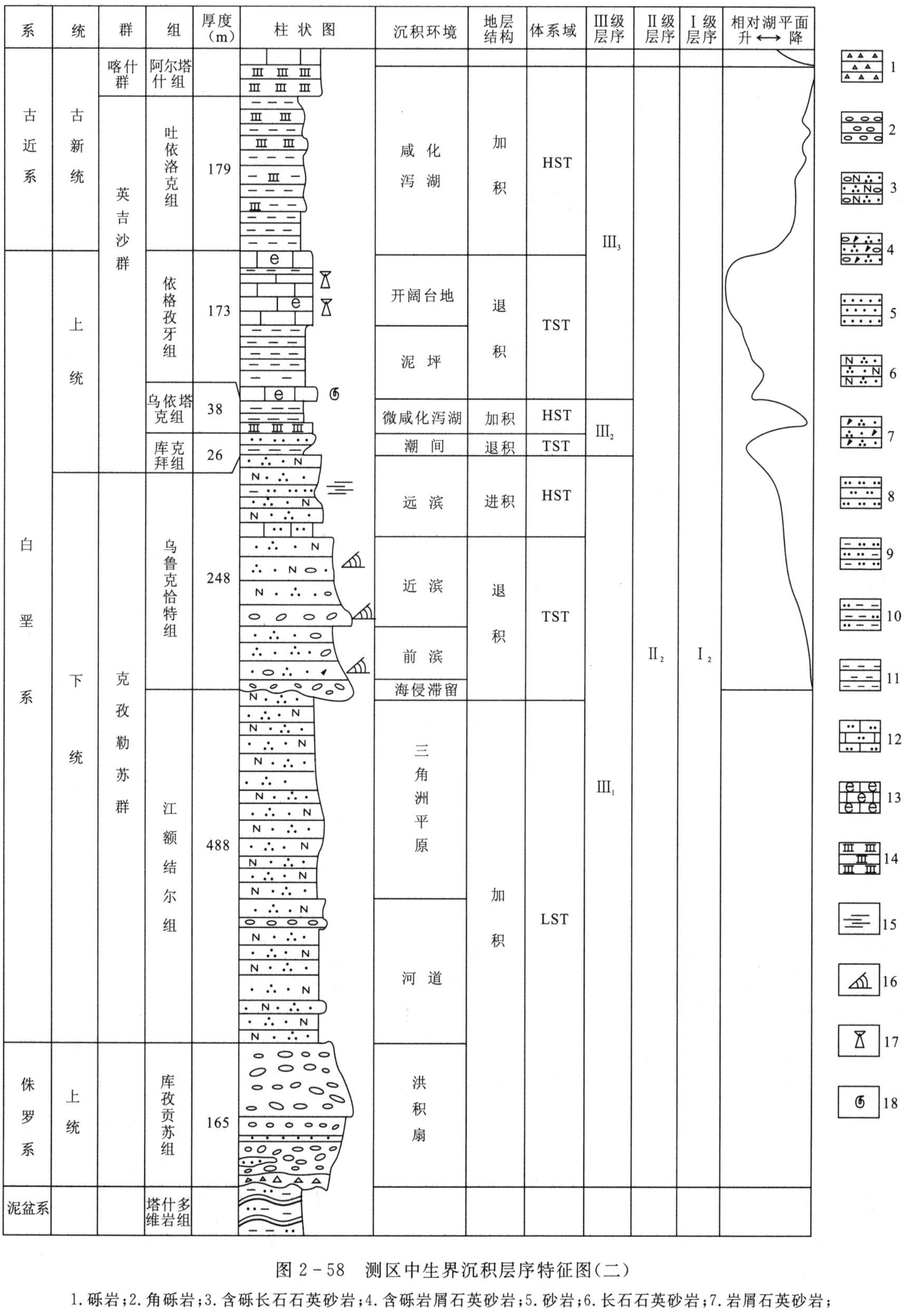

系	统	群	组	厚度(m)	柱状图	沉积环境	地层结构	体系域	Ⅲ级层序	Ⅱ级层序	Ⅰ级层序	相对湖平面升←→降
古近系	古新统	喀什群	阿尔塔什组			咸化泻湖	加积	HST	Ⅲ₃			
			吐依洛克组	179								
		英吉沙群	依格孜牙组	173		开阔台地	退积	TST				
	上统					泥坪						
			乌依塔克组	38		微咸化泻湖	加积	HST	Ⅲ₂			
			库克拜组	26		潮间	退积	TST				
白垩系						远滨	进积	HST				
			乌鲁克恰特组	248		近滨	退积	TST		Ⅱ₂	Ⅰ₂	
	下统	克孜勒苏群				前滨						
						海侵滞留						
			江额结尔组	488		三角洲平原	加积	LST	Ⅲ₁			
						河道						
侏罗系	上统		库孜贡苏组	165		洪积扇						
泥盆系			塔什多维岩组									

图 2-58 测区中生界沉积层序特征图(二)

1.砾岩;2.角砾岩;3.含砾长石石英砂岩;4.含砾岩屑石英砂岩;5.砂岩;6.长石石英砂岩;7.岩屑石英砂岩;8.粉砂岩;9.泥质粉砂岩;10.粉砂质泥岩;12.粉砂质灰岩;13.含生物屑灰岩;14.石膏岩;15.平行层理;16.楔状层理;17.双壳类;18.有孔虫

1) Ⅲ₁层序

Ⅲ₁层序由库孜贡苏组和克孜勒苏群构成,底界为Ⅱ₂底界,顶界为乌鲁克恰特组顶部长石石英砂岩顶界,为Ⅱ型界面,由低水位体系域、海侵体系域和高水位体系域组成。

低水位体系域为剖面第1—16层,下部为冲洪积砾岩,由库孜贡苏组单独构成。砾岩由细→粗→细,多见夹砂岩薄层或透镜。向上砾石分选性及磨圆度均变好,且上部多见下粗上细的粒序层,表现了洪积扇的扇根—扇中环境,另据砾石长轴定向,说明扇体由东向西发展。中部为灰红色中层含砾粗粒长石岩屑石英砂岩—中厚层细粒长石石英砂岩构成的向上变细型基本层序。上部为灰红色厚—巨厚状细粒长石石英砂岩夹中层砾岩—中厚层细粒长石石英砂岩构成的向上变细变薄型基本层序。总体表现为由洪积扇-辫状河—三角洲平原的沉积环境,为加积型地层结构。

海侵体系域为剖面的第17—21层,底部见海侵面滞留砾石,主要为石英质砾,磨圆好。典型基本层序为浅黄灰色厚层石英质细砾岩—灰白色厚层含砾中—细长石石英砂岩—浅灰白色中层细粒长石石英砂岩,具向上变薄变细型(图2-59),为退积型地层结构。砾岩、砂岩中发育楔状斜层理,楔状交错层理,具滨岸动荡及双向回流特征。

高水位体系域为剖面的第22—24层,岩性为灰白、灰红色厚—巨厚层细粒长石石英砂岩,夹暗红色薄层泥质粉砂岩,向上变厚,发育平行层理。

2) Ⅲ₂层序

Ⅲ₂层序由库克拜组和乌依塔克组组成,相当于剖面的第25—28层,底界为第25层暗红色泥岩底界,顶界为第28层条带状泥岩顶界,均为Ⅱ型界面,由海侵体系域和高水位体系域组成。

海侵体系域为剖面第25—26层,由下部泥岩夹粉砂质灰岩,向上变灰岩组成,表明海水相对变深,海侵逐渐加大,至灰岩顶界相当于最大海泛面,明显为向上变细型层序。

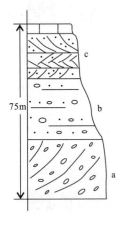

图2-59 乌鲁克恰特组下部基本层序

高水位体系域为第27—28层,下部岩性为紫红色泥岩—石膏岩,石膏岩走向上不稳定,常尖灭或呈透镜状,上部为杂色薄层条带状泥岩,总体上反映了海水逐渐变浅,为一海退过程,垂向上为加积型层序,岩石层理薄,变化速率快。

3) Ⅲ₃层序

Ⅲ₃层序由依格孜牙组、吐依洛克组和阿尔塔什组下部石膏岩构成,相当于剖面第29—32层。底界为厚层生物泥晶灰岩底界,为Ⅱ型界面,顶界同Ⅱ₂顶界。由海侵体系域、高水位体系域组成。

海侵体系域为依格孜牙组,相当于剖面的第29—31层,底部为灰白厚—巨厚层生物屑泥晶灰岩,向上为大套灰绿色泥岩和薄—中层生物屑微晶灰岩,灰岩中含丰富生物化石,尤以双壳类为显著特征。泥岩中发育水平层理。为开阔碳酸盐岩台地环境,也是白垩纪最大的一次海侵,为退积型沉积层序,即向上变粗,海水加深,动能渐大。

高水位体系域主要为泥岩、膏泥岩和石膏岩组成,下部以紫红色泥岩为主夹膏泥岩和石膏岩,向上二者为互层,至上部则变为白色块状硬石膏岩,层序上为进积型,表现为持续干旱条件下咸化泻湖相沉积环境,向上海水渐浅。

(三)沉积盆地演化特征

区域构造资料表明,区内三叠纪盆地因所处大地构造位置不同,而南、北明显有异。在塔里木地块北缘,华力西运动使阔克塔勒晚古生代裂陷槽闭合造山,在南北向应力作用下,此时在测区北东库车—拜城一线发育一条狭长的前陆盆地,堆积了早三叠世的磨拉石沉积组合,区内尚处在隆起状态,而成为物源区。随南天山持续向南的冲断作用,晚三叠世坳陷形成盆地,接受了一套冲积扇沉积组合,代表了盆地初降期盆缘扇体沉积。

南部受早三叠世古特斯洋闭合影响,昆仑山山脉迅速隆起,在持续挤压过程中一个短暂的应力松弛阶段,形成了一个东西向的山前断陷盆地,早期主要为一套湖沼相沉积,为含煤碎屑岩建造。晚期,沉积了一套厚度较大的爆发相火山碎屑岩和喷溢相的火山熔岩,但其强度不大,其间有大量的碎屑沉积夹层或二者交互出现。

侏罗纪早期,在南北向挤压持续影响下,出现一个北西向的塔拉斯-费尔干纳走滑断裂,形成了早—中侏罗世拉分盆地。沿东邻康苏—乌恰—库斯拉甫一线呈带状展布,盆内堆积了一套碎屑含煤岩系,厚度巨大,沉积作用受断裂控制明显。这一作用结果,在区内也可从早侏罗世莎里塔什组冲积粗碎屑岩系向北西不断的超覆现象得以证明。该时期区内仅东北角铁热克河一带沉降接受沉积,西、西南仍为剥蚀物源区,沉积中碎屑物来自南天山古生界。莎里塔什组砾岩之砾石以砂岩、片岩、灰岩为主,就是很好的例证。大量资料表明,其碎屑成分均来自再旋回造山带。这一盆地可能是在改造晚三叠世断陷盆地基础上发展起来的。

随着早—中侏罗世拉分盆地进一步发展,该区早期接受了一套湖沼相的含煤碎屑岩建造,便成为该区一个重要成煤期。中侏罗世后期,盆地萎缩,沉降中心随之向盆内迁移。区内中侏罗统塔尔尕组几乎不见,而在东邻乌恰地区则发育较好,即表明盆地中心应在东南方向。

中侏罗世晚期盆地继续缩小,上侏罗统库孜贡苏组为一套洪积扇堆积红色粗碎屑沉积,厚度不大。同时表现为该组不整合于下—中侏罗统之上或超覆于下伏老的不同层位之上。

早白垩世早期,在前述盆地的基础上,区内沉积了一套红色河流-三角洲相粗—中碎屑岩。在坳陷作用下白垩统江额结尔组与下伏上侏罗统库孜贡苏组或连续过渡,或不整合超覆于老的不同层位之上。早白垩世晚期受世界性海侵的影响,海水沿测区西部阿莱谷地涌入本区,形成了口小肚大的西塔里木古海湾,沉积了一套滨岸碎屑沉积和海相碳酸盐岩沉积组合。

关于海侵时间,此前大量资料都论述了海侵从晚白垩世赛诺曼期开始。但刘训等(1994)在下白垩统乌鲁克恰特组中发现有遗迹化石,郭宪璞(1990)也在乌鲁克恰提一带相当于乌鲁克恰特组中发现有海绿石,结合本次资料,可以认为海侵是从早白垩世开始的,在索阔塔什萨依剖面上,相当于乌鲁克恰特组底部的灰黄色石英质砾岩层。

自早白垩世晚期海侵开始至古新世早期,有两次明显的海进海退过程,即晚白垩世库克拜组海进,形成了潮间带沉积环境,但这一时间不长,沉积厚度也不大。在晚期海平面开始下降,至乌依塔克期,成为较闭塞的干旱潮坪环境,沉积泻湖相的石膏岩、膏泥岩。依格孜牙期开始第二次海侵,规模明显较前次要大,形成了较为宽阔的台地环境,沉积了大套生物屑灰岩和泥岩,其中双壳类十分丰富。

古新世早期海水退缩,故吐依洛克期为咸化泻湖相的泥岩、膏泥岩和石膏岩组合,在阿尔塔什早期形成蒸发岩台地,沉积了巨厚的石膏盐岩。这一时期盆地范围与早白垩世大致相似,只是稍有扩展,因此海侵范围受原古地势的控制,在南部昆仑山前坳陷带,沉积厚度较大。资料表明,在东邻乌恰一带,该时期变为一局限台地环境,区内吾合沙鲁东一带可见下白垩统地层直接覆于长城系阿克苏岩群之上,厚度较小,其上晚白垩沉积厚度更小,相对英吉莎群内各组也不易区分。其间在测区西部部分地区上升,导致上白垩统部分地层缺失。

二、新生代沉积盆地

（一）主要沉积组合

1. 碳酸盐岩台地沉积组合

这一组合包括有蒸发台地、开阔台地、潮坪及滩地沉积相。

蒸发台地相见于阿尔塔什组下部、巴什布拉克组底部及上部层位，它们均发育巨厚层的硬石膏岩、膏泥岩等，尤以阿尔塔什下部最具代表性，其厚度达数十米，个别地区可厚达160m，如测区西部斯木哈纳一带，普遍可达百余米。

开阔台地相以卡拉塔尔组为代表，主要为灰—灰白色生物屑泥晶灰岩、介壳灰岩，岩石均呈厚层，向上达巨厚层，含丰富化石，尤以双壳类最为丰富，表明海水较深。

潮坪滩地相在阿尔塔什组上部，齐姆根组、乌拉根组和巴什布拉克组均有发育，岩性有绿灰色厚层粉砂质泥晶灰岩—灰黄、浅绿灰色厚层细粒长石岩屑砂岩—黄绿色含粉砂泥岩，其中巴什布拉克组中为紫红色厚层泥岩，红灰色中—厚层细粒长石石英砂岩和中厚层钙质石英粉砂岩等。上述灰岩中见双壳类，砂岩中多发育平行层理，泥岩中普遍见水平层理，巴什布拉克组厚274m，可能有较多的陆源碎屑混入，总体上，向上粒度明显变粗。

2. 滨湖-浅湖沉积组合

该组合自克孜洛依组开始到帕卡布拉克组结束，由滨湖-浅湖相交替组成，大约有3次明显湖进、湖退。滨湖主要为红灰色中厚层钙质石英砂岩，长石石英砂岩，夹少量暗红色泥岩、钙质石英粉砂岩，以及含砾岩屑石英砂岩。浅湖相主要为灰红色中厚层粉砂岩、钙质粉砂岩、钙质石英粉砂岩与暗红色薄—厚层泥岩，夹少量灰绿色泥岩、岩屑石英砂岩等，具类复理石建造特征。上述二者均发育平行层理、波痕等沉积构造，局部见泄水构造。其中见有河流相沉积，出现在帕卡布拉克组下部，岩性为灰色厚层复成分砾岩，多夹有棕红色中粒长石石英砂岩薄层或透镜，向上为灰红色中厚层细粒长石石英砂岩，多夹砾岩透镜。二者横向上均易彼此相变，具辫状河流沉积环境，但厚度不大。

3. 冲洪积扇沉积组合

该组合在上新统阿图什组至全新统一直发育，由混杂堆积的砾岩—砂岩组合，局部大致可分出扇根、扇中和辫状河等沉积亚相。阿图什组下部为灰、褐灰色厚层复成分砾岩，夹浅红、棕红色薄—中层细粒岩屑石英砂岩薄层或透镜体。砾石向上变细，中部砾岩减少，砂岩增多，砾岩多呈透镜体，走向上二者易相变，多见砾岩对下伏砂岩的冲刷底蚀现象，夹有薄层钙质粉砂岩。上部具下粗上细特征，向上砂岩均多，多见夹有紫红色泥皮，具辫状河沉积特征。本段砾岩成分多以砂岩、灰岩、片岩（浅变质岩）等为主，少量见石英岩、脉石英等，分选、磨圆中等，为近源沉积堆积产物，其成分均来自北部天山剥蚀区，据砾石长轴方向等统计，扇根在东侧，扇体由北东向南西发展。

（二）层序分析

测区内新生代地层按旋回层序及层序界面的划分原则做了层序划分，可分出二级层序2个（II_3、II_4），三级层序10个（图2-60、图2-61）。

1. 古新统—中新统二级旋回层序

该旋回层序底界为古新统阿尔塔什组中部灰岩覆盖石膏层的底界，为II型界面，顶界面为新近

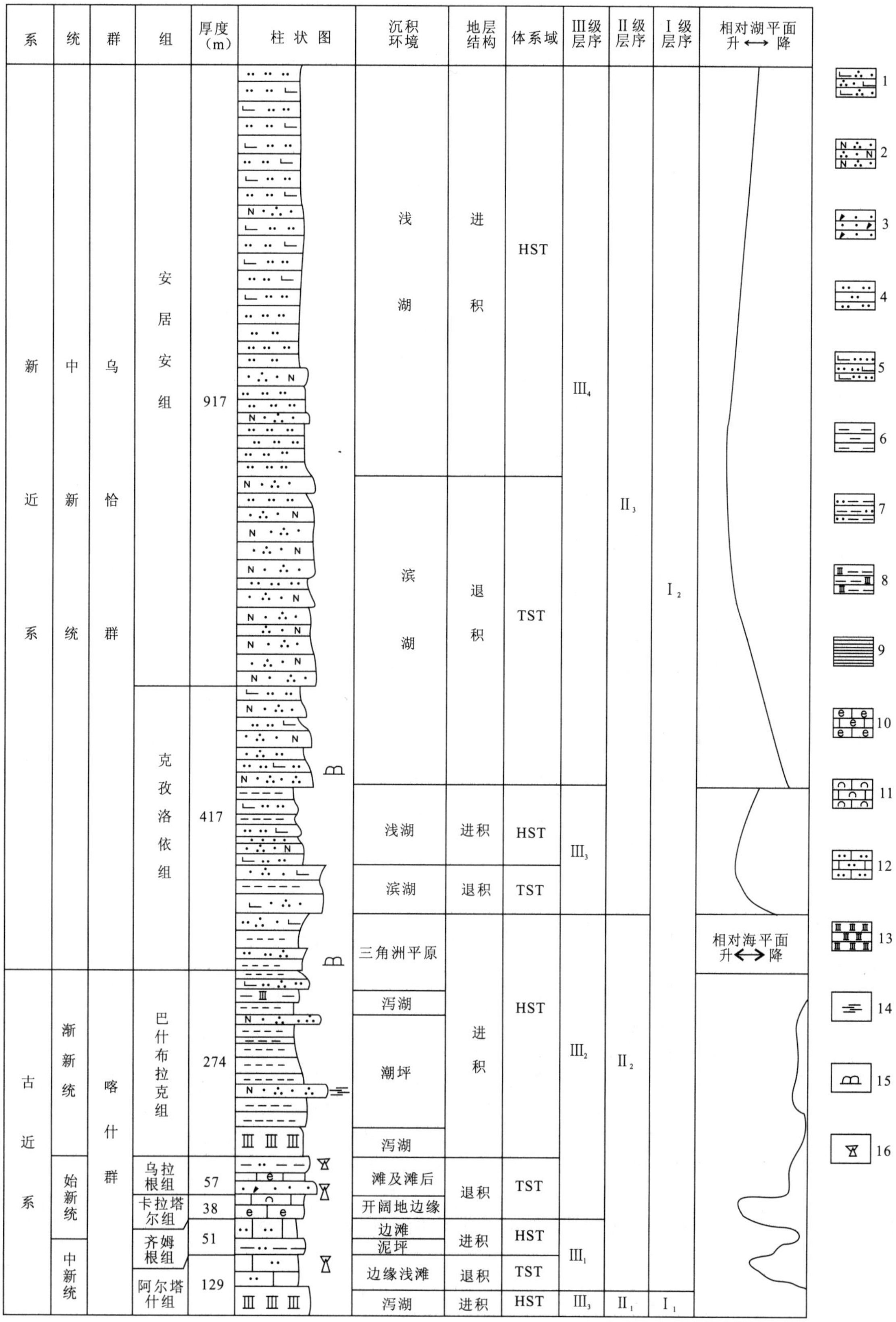

第二章 地层

系	统	群	组	厚度(m)	柱状图	沉积环境	地层结构	体系域	Ⅲ级层序	Ⅱ级层序	Ⅰ级层序	相对湖平面 升←→降
新近系	中新统	乌恰群	安居安组	917		浅湖	进积	HST	Ⅲ₄	Ⅱ₃		
						滨湖	退积	TST			Ⅰ₂	
			克孜洛依组	417		浅湖	进积	HST	Ⅲ₃			
						滨湖	退积	TST				
古近系	渐新统	喀什群	巴什布拉克组	274		三角洲平原						相对海平面 升←→降
						泻湖	进积	HST	Ⅲ₂	Ⅱ₂		
						潮坪						
						泻湖						
	始新统		乌拉根组	57		滩及滩后	退积	TST				
			卡拉塔尔组	38		开阔地边缘						
			齐姆根组	51		边滩泥坪	进积	HST	Ⅲ₁			
	中新统		阿尔塔什组	129		边缘浅滩	退积	TST				
						泻湖	进积	HST	Ⅲ₃	Ⅱ₁	Ⅰ₁	

图 2-60 测区新生界沉积层序特征图（一）

1.钙质石英砂岩；2.长石石英砂岩；3.岩屑砂岩；4.粉砂岩；5.钙质粉砂岩；6.泥岩；7.粉砂质泥岩；8.含膏泥岩；9.页岩；10.生物屑灰岩；11.介壳灰岩；12.粉砂质灰岩；13.石膏岩；14.平行层理；15.波痕；16.双壳类

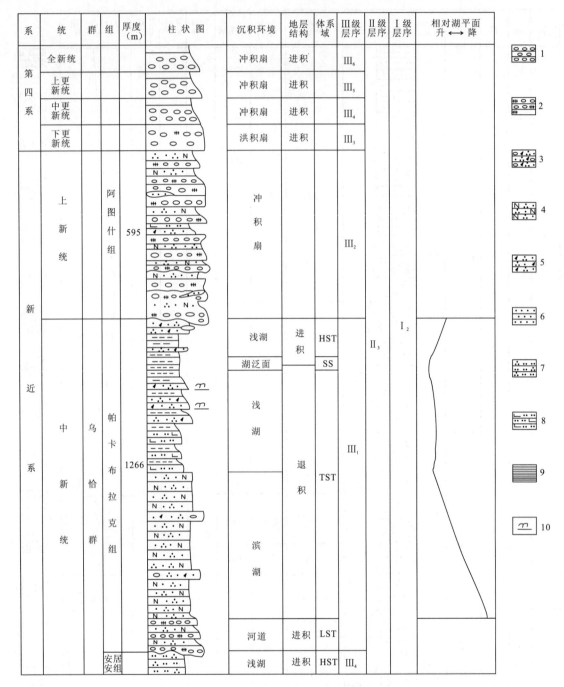

图 2-61 测区新生界沉积层序特征图(二)

1.砾岩；2.复成分砾岩；3.含砾岩屑石英砂岩；4.长石石英砂岩；5.岩屑石英砂岩；6.砂岩；
7.石英粉砂岩；8.钙质粉砂岩；9.泥岩；10.波痕

系中新统克孜洛依组下部泥岩顶界，为Ⅱ型界面。共划分为两个三级层序。现以索库尔艾奇给剖面为主叙述如下。

Ⅲ₁层序包括阿尔塔什组上部和齐姆根组，底界同I₂层序底界，顶界为齐姆根组顶界，均为Ⅱ型界面，为Ⅱ型层序，由海侵体系域和高水位体系域组成。

海侵体系域由阿尔塔什组上部组成，索库尔艾奇给剖面第2层为海湾边滩沉积，由灰绿色厚层粉砂质泥晶灰岩构成，中含介壳类碎片，为一次海侵的开始，构成海侵体系域，为退积沉积。高水位体系域由齐姆根组组成，相当于剖面第3—4层，齐姆根组下部棕红色粉砂质泥岩为海湾边滩泥坪相沉积,向上为绿灰色厚层粉砂质泥晶灰岩,平行层理发育,为局限台地加积型结构(图2-62),向上逐渐淤积,海水渐浅,氧化较强。

Ⅲ₂层序由卡拉塔尔组、乌拉根组、巴什布拉克组和克孜洛依组底部(第15—18层)地层组成,底界为卡拉塔尔组亮晶含砂屑生物屑灰岩底界,为Ⅱ型界面,顶界面同Ⅱ₂顶界,为Ⅱ型界面,为Ⅱ型层序,由海侵体系域和高水位体系域组成。

海侵体系域由卡拉塔尔组、乌拉根组组成,相当于索库尔艾奇给剖面第5—7层,由褐灰色、浅灰白色厚层生物屑泥晶灰岩→钙质细粒岩屑石英砂岩(发育板状交错层理)→钙质石英粉砂岩→粉砂质灰岩组成,向上变细,海水渐深,动能渐小,总体为退积沉积。

高水位体系域包括巴什布拉克组,克孜洛依组底部第15—18层。其中第10层为中—厚层细粒长石石英砂岩,发育平行层理发育,上部粉砂岩中见不对称波痕、泄水构造。巴什布克组主体为潮坪沉积,底部为泻湖相的块状石膏岩,厚度超过40m。上部为膏泥岩、泥岩组成的基本层序(图2-63),属潮上萨布哈沉积。

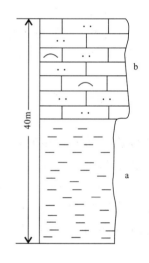

图2-62 齐姆根组基本层序

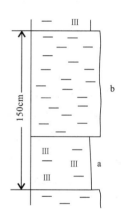

图2-63 巴什布拉克组上部基本层序

2. 中新统—全新统二级旋回

层序底界面为克孜洛依组下部厚层钙质细粒石英岩层底界,为Ⅱ型界面,顶界为全新统现代风化壳,可分为3个三级层序。

Ⅲ₁层序由克孜洛依组中下部组成,相当于剖面第19—22层,底界同Ⅱ₃底界,顶界面为22层暗红色泥岩顶界。由低水位体系域、湖泛体系域组成。低水位体系域由剖面第19层厚层钙质细粒石英砂岩、薄层岩屑砂岩和中层泥岩组成,呈进积型地层结构。湖泛体系域由第20—22层构成,主要为薄—中层钙质细粒石英砂岩、钙质石英粉砂岩、泥岩,向上砂岩增多,泥岩减少,向上变细,湖水加深,为退积型层序(图2-64)。

Ⅲ₃层序由帕卡布拉克组组成,底界为该组底部复成分砾岩底界面,顶界为本组顶部砂岩与上新统阿图什组底部砾岩接触界面(剖面第44—57层),由低水位体系域、湖泛体系域、凝缩段和高水位体系域构成。

低水位体系(剖面第44—51层)基本层序为灰色厚—中层复成分砾岩→灰红色薄—厚层细粒长石石英砂岩(图2-65),砾岩层横向上易相变为砾质砂岩、含砾粗砂岩,砂岩中常见砾岩透镜体。砾岩层普遍对下伏层位具冲刷、底蚀现象,为河道沉积环境。

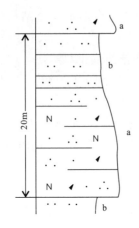
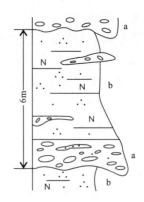

图 2-64　克孜洛依组上部基本层序　　　图 2-65　帕卡布拉克组下部基本层序

湖泛体系域（剖面第52—56层）由中厚层细粒长石石英砂岩夹含砾粗粒岩屑石英砂岩、薄—中层细粒岩屑石英砂岩、钙质粉砂岩、泥岩组成，向上粒度变细，沉积环境为滨-浅湖，砂岩中多见不对称波痕，波峰常具分叉现象。凝缩段为剖面第56层，其中部为最大湖泛面，以上属高水位体系域，主要为泥岩，发育水平层理。

高水位体系域自第56层中部至第57层，由泥岩—薄—中层细粒岩屑石英砂岩-中厚层细粒石英砂岩夹砾岩或砾岩透镜体，向上粒度变粗，为滨浅湖沉积环境。

Ⅲ$_4$ 及Ⅲ$_5$ 层序分别为阿图什组及西域组地层组成，为受局部构造运动的陆相冲积扇沉积，层序由细粒岩屑长石砂岩（槽状交错层理发育）→厚层复成分砾岩夹钙质粉砂岩透镜体（粉砂岩水平层理发育）→细粒岩屑长石砂岩组成，总体向上变粗再变细。其中Ⅲ$_5$ 层序由于地壳抬升未见顶。

Ⅲ$_6$、Ⅲ$_7$ 和Ⅲ$_8$ 层序受局部构造运动控制，分别对应于第四系中更新统（Qp_2）、上更新统（Qp_3）和全新统（Qh）砂砾石层，在山区沟谷中为河流沉积，构成河岸阶地，在山前河口地带为冲积扇沉积，逐次向前推进。

（三）沉积盆地演化特征

继古新世早期海退，并受盆地西端抬升影响，在古新世中期—阿尔塔什早期，海湾出口受阻，加以干旱的气候条件，使整个海湾形成一个巨大的咸化泻湖，沉积了巨厚石膏岩层。此时生物几近绝灭，区内阿尔塔什早期很少有生物发现。阿尔塔什晚期包括测区在内的塔里木盆地西部再次下降，海水重又浸漫坳陷区，其影响范围较之晚白垩世的海侵范围要大得多。区内逐渐变为开阔台地、半局限台地环境。沉积了泥质和多含牡蛎的碳酸盐岩，已处于正常海湾环境，但水动力条件可能较为强烈。随之出现的较多生活于广海生物，如前述的浮游有孔虫及个别深水类型的有孔虫等，这说明此时海湾与外海畅通无阻。但由于海湾环境不同于广海，曾一度出现的浮游有孔虫未能得到进一步的发展。因此，分布地局限于区内巴什布拉克和区外东邻的库孜贡苏等地，而且很快衰灭。

始新世早期本区又出现一个较普遍的泻湖环境，出现了以齐姆根组为代表的泥质、膏泥岩沉积。始新世中期，沉积物以泥质和碳酸盐岩为主，多含牡蛎、海相介形虫及有孔虫。因此始新世中期本区又大致处于正常的潮下带上部环境，表明海侵规模加大。卡拉塔尔期海侵达到本区古近纪以来之极致，使海湾内海水与外海的交换加强，海水含盐度接近正常海水，故而在该期沉积了大量的牡蛎礁灰岩和生物碎屑灰岩，形成了以沉积灰岩为主的开阔台地相环境。而同一时期在南部昆仑山前，由于受昆仑山隆升的影响，还有冲积扇砾岩、砂砾岩的堆积。始新世后期一度出现了泻湖环境，发育了泥质及膏盐沉积，除出现少量有孔虫及牡蛎外，其他生物几乎绝迹。

始新世末—渐新世海退开始,在巴什布拉克早期处于泻湖相环境,沉积了巴什布拉克组底部厚度较大的石膏岩层。但测区的乌鲁克恰提一带仍残留有小片海水,发育了潮坪相的泥岩、含膏泥岩等。此时,测区东邻的乌拉根地区仍高出水面,形成沉积间断,其余地区出现一套棕红和灰绿间互的杂色泥质粉砂沉积,发育了多种生物,有牡蛎、海扇,另有双壳类、腹足类、蠕虫动物及介形虫、有孔虫等。这段时期有孔虫得到空前发展,其种类和数量都十分丰富。说明这时为正常海水,气候也变得温暖适宜,整体环境较为稳定。渐新世晚期,塔里木海湾相对抬升,随着海水逐渐退出,除乌鲁克恰提和巴什布拉克等地外,很多地区遭受剥蚀。而接受沉积的地区沉积物粒度变粗,海生生物受到显著影响,大部分趋于灭绝。

中新世早期盆地再次下沉,水体面积有逐渐扩大的趋势,但总体上已进入陆内湖泊演化阶段。此时可能仍有不定期的海泛事件,有孔虫仅分布于乌鲁克恰提等局部地带,不过其种类和数量都大为减少。中新世中期盆地可能已完全封闭,但水体面积进一步扩大,仍然保留残留海的特点,使原有少量有孔虫得以继续生存。部分地区可能由于河流淡水的注入,海水进一步淡化,发育了半咸水有孔虫动物群。中新世后期有孔虫完全绝迹,盆地进入陆相沉积时期。这一时期区内主要发育一套滨-浅湖相的中—细碎屑岩的复陆屑建造,物源均来自再旋回造山带。自中新世始—中新世末,区内大致经历了三次明显的湖泊扩张和收缩,最终在中新世晚期达到鼎盛。随后由于印度板块向北持续挤压造成西昆仑抬升显著,随之盆地及其沉积中心不断向南东迁移至奥依塔克—七美干一线,区内湖泊也随之萎缩,继而消亡。

上新世阿图什组为山前磨拉石建造,属盆地边缘冲洪积扇沉积组合,在测区仅分布于北部天山和南部西昆仑山前地带,大部分地区褶皱隆起成山,遭受剥蚀。早更新世的西域运动,形成了西域组的盆缘坳陷冲积扇沉积,砾石物源主要来自古近系及其以前层位。这一运动至少持续到全新世早期,区内普遍可见中更新统乌苏群形成的高基座阶地,与现今河流侵蚀面相对高差高达 300 余米。综上所述,新生界其古地理地势中部低、周边高,由早到晚其碎屑岩由石英砂岩—长石石英砂岩—长石砂岩组成,其成熟度渐低,总体来自造山带再旋回物源区。第四纪盆地边缘仍持续坳陷,其沉积区向盆地推进,以砂砾石沉积为主,物源来自阿图什—西域组砾岩,全新世直到现在其幅度渐小,沉积物粒度渐细。

测区南缘的木吉盆地,为第四纪以来形成的山间断陷盆地,其形成与晚侏罗世以来的构造挤压关系密切,尤其是上新世以后,由于印度板块持续和强烈向北推挤,除了导致帕米尔—昆仑—天山等山系强烈上升以及一系列前陆盆地的诞生之外,同时其内部也出现了受阻之后的应力回弹,或表现为近东西向的张裂。其表现有两方面:一是形成了规模不同、形态各异的山间盆地;二是在边缘形成了一系列右行走滑断裂,木吉盆地即为前一形式的具体体现。据本次调查显示,其充填物为中更新统湖积物及冰碛、冲洪积、湖积、湖沼等堆积物组成,尚未见到早更新世及其以前沉积。至今这一活动仍在持续,表现为不断的、强烈的下切作用,致使早期的湖积物与现今的河床形成多达数百米的高差。

第十四节 第四系

区内第四系在南部木吉盆地一带较为发育,受独特地理位置、地形、新构造活动等因素影响,该地沉积物相对复杂,成因类型较多。中、北部发育下更新统西域组,呈近东西向不规则断续带状展布。包括冲洪积成因的下更新统西域组、中更新统乌苏群,以及冰川堆积、冰水堆积、湖积、湖沼堆积和化学堆积等,面积 2499.6 km²,占测区总面积的 21%。

一、剖面描述

1. 乌恰县萨喀勒恰特西下更新统西域组（Qp_1x）实测剖面

该剖面位于吉根乡南东萨喀勒恰特村西公路桥西侧，克孜勒苏河南岸。起点坐标：$X=4403486$，$Y=13427593$，$H=2655m$；终点坐标 $X=4404085$，$Y=13426772$，$H=2699m$。该组与阿图什组构成轴向为北东-南西向向斜构造，底界线清晰，未见顶。剖面位于向斜南东翼，由南东向北西测制，全长约1km（图2-66）。

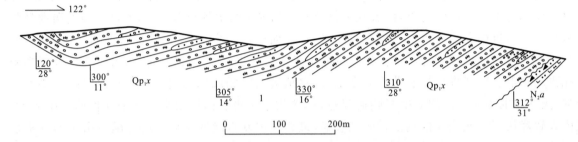

图2-66 乌恰县萨喀勒恰特西下更新统西域组实测剖面图

下更新统西域组（Qp_1x） （未见顶） 厚>316.8m

1. 褐灰色块状复成分砾岩，夹含砾粗砂岩，粗砂岩薄层或透镜体，砾石大小一般为3～6cm，最大50cm以上，呈次圆状，少量呈圆或次棱角状，具正粒序层理。含量75%～80%。岩层单厚一般在2m以上，部分在2m以下，层理清晰   >316.8m

～～～～～～～角度不整合～～～～～～～

下伏地层：上新统阿图什组（N_2a） 钙质粉砂岩

2. 阿克陶县托库孜布拉克下更新统西域组（Qp_1x）实测剖面

该剖面位于木吉乡西北约60km昆盖山北坡，托库孜布拉克北河对岸近南北向沟中。起点坐标：$X=4359529$，$Y=13412299$，$H=3262m$；终点坐标：$X=4366385$，$Y=13413126$，$H=3823m$。由南向北与多个地层单元合测，全长约7.5km（图2-67）。与下伏阿图什组为不整合关系，上未见顶。

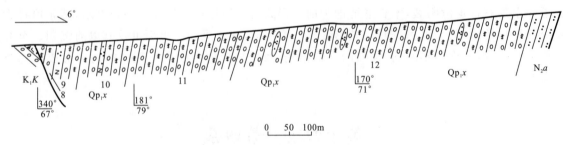

图2-67 乌恰县萨喀勒恰特西下更新统西域组实测剖面图

下更新统西域组（Qp_1x） （未见顶） 厚>1174.41m

8. 褐灰色厚层复成分粉砾岩，砾石大小以5～10cm为主，最大50cm±，呈次棱角—次圆状，含量70%，主要为细晶灰岩、杂色砾岩、岩屑砂岩等，单层厚60cm±   31.3m
9. 灰褐色厚层复成分粗砾岩夹棕黄色中粒含岩屑长石质石英砂岩，单层厚50～200cm。大小混杂，最大约

90cm,呈次棱角—棱角状,少量为次圆状,含量60%±,主要成分为石英砂岩、灰岩、玄武岩	93.9m
10.黄褐色厚层复成分砾岩,偶夹棕黄色细粒长石石英砂岩条带(或透镜)	147.3m
11.紫褐色厚层复成分砾岩,大小不等,最大约30cm,以棱角状为主,分选性差,含量80%±砾石成分以粗砂岩为主,次为灰岩及玄武岩,单层厚60~80cm	276.9m
12.灰褐色厚层复成分砾岩偶夹棕黄色钙质中细粒长石砂岩透镜体	624.9m

～～～～～～不整合～～～～～～

下伏地层:上新统阿图什组(N_2a)　灰黑色厚层复成分砾岩夹棕红色薄层粉砂岩

3. 阿克陶县古鲁窝孜上更新统实测剖面

该剖面位于木吉乡北西约46km,古鲁窝孜东卡拉特河东岸峡谷入口处,有简易公路与木吉相连,交通相对较为方便。起点坐标:$X=4344128,Y=13414077,H=3521m$。剖面沿一陡坎测制,高约110m,未见顶底(图2-68)。

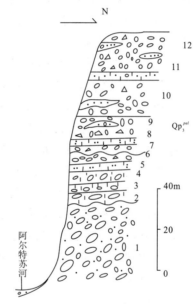

图2-68　阿克陶县克鲁窝孜上更新统实测剖面图

上更新统冲洪积层(Qp_3^{pal})	(未见顶)	**厚>60m**
12.绿黄色碎石层夹褐黄色含砾砂土层楔状体		17.4m
11.褐黄色粉砂土层,含少量砾石		2.8m
10.绿黄色碎石层夹褐黄色含砾砂土层,砾石为次棱角状,大小为1~10cm,含量为80%±,砾石成分主要为石英片岩		18.3m
9.黄褐色碎石屑夹褐黄色含砾砂土层楔状体,砾石呈次棱角状,大小为1~7cm,含量为70%,成分以石英片岩为主,向上变细		11.5m
8.褐黄色粉砂土,呈楔状体		0.8m
7.绿色含粘土碎石层,大小主要为1~3cm,次为5~10cm,少量达40cm,呈棱—次棱角状,含量80%,砾石成分主要为石英片岩,向上变细		2.8m
6.黄褐色粘土碎石层,呈棱—次棱角状,大小以1~4cm为主,次为7~15cm,含量70%±,多为云母石英片岩质砾石		5.1m
5.褐黄色粉砂土层		2.4m
4.褐黄色含粘土卵石层,具巨大型楔状层理		5.3m
3.褐黄色含粘土层与少量褐色含砾细砂土互层		4.6m

2. 褐黄色含粘土卵石层,呈次棱—次圆状,大小以 1~60cm 者居多,含量 50%,主要为石英砂岩,次为石英片岩质砾石。最大扁平面平行层理面,底界起伏不平,向上总体粒度变细   4.3m

1. 绿色块状含粘土卵石层,呈次棱—次圆状,大小为 1~44cm,个别达 100cm,含量 50%±,其中长石砂岩质砾石占 30%,黑云石英片岩占 20%   34.7m

(未见底)

二、岩石地层特征及成因类型划分

综合上述剖面及路线地质研究资料,第四系划分为下更新统、中更新统、上更新统和全新统 4 个地层单元及多种成因类型。

(一)下更新统西域组(Qp_1x)

该组主要分布于中东部的奥尔吐托阔依西侧以及吉根—乌鲁克恰提等地。多呈大小不一的椭圆形,出露面积 580km²。区域上多为角度不整合覆盖于老的不同层位之上,在阔依喀普沟与下伏阿图什组为整合接触,上被乌苏群或更新层位所覆盖。

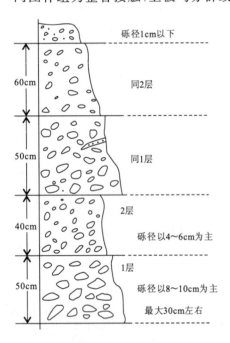

该组主要为一套褐灰色、灰色厚—块状复成分砾岩,夹紫红色、灰红色粗砂岩、细砂岩薄层或透镜。砾石大小一般为 3~6cm,个别达 50cm,多呈次棱角状,少量为次圆状,含量 80%左右。层理多较清晰,上部较模糊,具粒径向上变细的韵律性(图 2-69),每一韵律层厚 1~2m。砾石多具定向排列,局部为叠瓦式排列;下部主要成分有灰岩、砂岩、变碎屑岩、火山岩、花岗岩、变质岩等,砂、泥质填隙。砾石成分因地而异,多与周边出露岩性有关,地貌上多形成陡壁断崖。吉根一带视厚 316.8m,为一套洪积扇体堆积。

本组时代的确定主要是依据岩相、岩性、色调以及出露层序而划分的。其一,整合于上新统阿图什组之上;其二,在岩相上与阿图什组差异明显,即不属于同一沉积环境,也不是同期产物;其三,与区域上所描述的西域组可以对比。

(二)中更新统

1. 乌苏群(Qp_2W)

图 2-69 下更新统西域组粒序特征图

乌苏群零星分布于北部斯木哈纳、加斯村东等地,呈不规则片状出露,出露面积约 7km²。多覆盖于老的不同层位之上,常形成高基座阶地,高出河床数十米,个别高达二百多米(图 2-70)。

本群为一套灰褐色,冲洪积堆积的粗碎屑沉积,为砾石层、砂砾石层,多呈半胶结,上部少量未胶结,呈松散状,易风化。砾石成分因地而异,但远比西域复杂,磨圆中等,大小多为 1~15cm,最大可达 80cm,可视厚度 10~50m。

本群时代确定主要是依据岩相、岩性、色调、出露层序以及区域对比而划分的。

2. 湖积层(Qp_2^l)

该地层仅在木吉盆地见及,面积约 33km²。可形成多级阶地,所见可达五级。阶高几米至数十米不等。由高到低,主要为砾石层、砂层、粉砂层和泥质层,具明显的粒度特征。砾岩之砾石多呈次

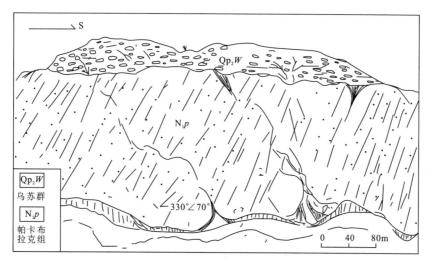

图 2-70 乌恰县萨喀勒恰特南中更新统乌苏群不整合
于中新统帕卡布拉克组之上素描图(高基座阶地)

棱—次圆状,少量为扁平状,砾石大小一般在 10cm 以下,含量 70%～80%,成分均来自周边基岩山地。每一阶地沉积物均表现为由砾岩层—砂层—粉砂质—泥质层的韵律性变化,但向上整体变细,砾岩变少,至晚期阶地则以粉砂和泥为主。阶地相对高差也由早至晚逐渐加大,累计高差可达二百余米。砂、泥质中普遍发育水平层理及纹层,稍高阶地层理微向盆地中心倾斜,倾角 5°～7°。测区南邻琼块勒巴什湖一带泥岩中见植物化石,采获有 Equisetum? sp.。

其时代是根据所处的地貌位置和上叠层位而定的。

(三)上更新统

1. 冲洪积层(Qp_3^{pal})

该地层零星分布于测区各大谷地及其支沟岸侧,或为阶地或为冲洪积扇体,面积约 941km²。据地形地貌不同,其出露形态各异,大小不一。上更新统垂向上见典型二元结构,下部多为褐黄、灰黄色砾石层,砾石呈次棱—次圆状,大小混杂;上部为褐黄、土黄色粘土层、亚砂土层。

2. 冰碛层(Qp_3^{gl})

该地层仅在木吉盆地的周边山地分布,面积约 254km²。多形成在山腰部以下,或地形相对狭小的地带或沟谷中分布。由大小不一的棱角状砾石、泥沙质等混杂堆积而成。砾石大小悬殊,小者仅数厘米,大者达 4m 以上,均呈棱角状,含量 80%～85%,砾石成分主要为片麻岩、火山熔岩、片岩、石英砂岩,以及少量石英岩、变砂岩等,均来自现代冰雪覆盖的高山大川基岩带,砂、泥质充填,无固结,松散堆积。其上见星点状稀疏草本植被。

3. 冰水堆积层(Qp_3^{gfl})

该地层主要围绕昆盖山南北两侧分布,多分布于山腰部以下地形相对开阔的地带或宽谷中,面积约 34km²。由大小不一的棱角状砾石、泥沙等混杂堆积而成,局部微显层状特征。多构成现代侵蚀河流阶地,局部阶高可达近百米。草本植被相对较为发育,在河流上游地段,多分布有草地牧场。

（四）全新统（Qh）

1. 冲积层（Qh^{al}）

该层为现代河流的河床、河漫滩及Ⅰ级阶地沉积物，具二元结构。按岩性、地貌特征可分为上、下两部分：下部冲积层分布于区内各大河流及其支流两岸，为河流Ⅰ级阶地，岩性为砾石层、砂土层、含砾砂土层；上部冲积层分布在区内大、小河流的河床、河漫滩上，为河流冲积、堆积物，岩性因地而异，河流上游到下游沉积物有由大到小、磨圆度由棱角到次棱角—次圆状，分选由差到好的分布特征，沉积物以砾石、砂为主，局部地带可见有淤泥沉积。

2. 洪积层（Qh^{pl}）

该层主要分布于昆盖山南坡的木吉河北侧岸等地，面积约 $53km^2$。大体上与活动构造带的发育位置及程度有关。以棱角—次棱角状砾石为主，夹杂大量泥沙质物，大致与泥石流相似。多呈扇形，长喇叭状，影像上十分醒目。

3. 洪冲积层（Qh^{pal}）

该层主要分布于海拔相对较高的宽阔河谷中，构成现代河流的阶地或岸坡，面积约 $111km^2$。以砾石、沙、砂土等松散堆积物为主。

4. 湖沼堆积层（Qh^{fl}）

该层分布于木吉北部，并呈不规则片状分布于盆地中部洼地内，与活动构造断陷带位置相吻合，面积 $122km^2$，主要为细砂、深色淤泥等。其中水草发育，为经常性积水区域，通常有水泡冒出。

5. 冰川堆积层（Qh^{gl}）

该层主要围绕昆盖山的山谷分布，多分布于现代冰川的前缘、冰蚀槽谷内和"U"型悬谷附近地带，面积约 $11km^2$。多呈长舌状，由棱角状砾石、冰块组成，砾石大小极为悬殊，大者可达十余米。

6. 全新统"泥火山"堆积—化学堆积层（Qh^{al}—Qh^{ch}）

该层集中分布于木吉盆地中部，大都成群出现，并呈北西-南东向串珠状分布，面积约 $9km^2$。单体呈火山锥状，平面多为近圆形，椭圆形，径 $1\sim40m$，地面以上高 $1\sim5m$，以下深 $1\sim2m$。大致有两类物质：一是土灰色粉砂质泥土，个别有少量砂、砾（图版Ⅴ，7）；另一种是钙华堆积（图版Ⅴ，8）。

这些"火山"有的已停止"喷发"，形成干土堆，有的正在喷涌，主要是泉水和气体。近距可闻其声，间歇性地发出声响。

三、第四系小结

综上所述，图幅内第四系的分布是有一定规律的。新生代以来，由于青藏高原的不断隆起，昆仑山和天山前第四系露头由老至新向盆地推移。下中更新统以洪积、冲洪积为主，呈扇形洪积裙在山前带出露。上更新统洪积、冲洪积和全新统早期冲洪积组成倾斜扇形洪积裙。全新统晚期冲洪积、冲积广布于宽大河谷区，其分布地貌由老到新依次降低。由于其抬斜坳陷由南、北两侧向中部发展，近期南部抬升大于北部，故南部风化剥蚀得较厉害，后期沉积物是分布于对前期沉积物剥蚀形成的凹地中的，故上更新统—全新统沉积物分布形成两条带状，但其总体分布阶地格局不变，即由老到新其阶地高度依次降低，更趋低处分布。上述堆积物来源于测区南北两侧的昆仑山和西南天山，以水搬运为主，因此，砾石从两侧向中部由粗变细，由砾石层逐渐过渡为上更新统—全新统砂层。但因其较大程度受地形地貌的影响，随着地势掀斜，沉积中心向中部迁移明显。

第四纪地貌由老到新沉积物分布阶地依次降低，但区内出露的西域组，大部分已隆起成山，或褶皱变形，成为剥蚀物源区，说明图幅内下更新统以来总体上是依次相对抬升的。由山区向盆地阶地高差明显变大，也表明山区相对抬升幅度向盆地渐减，最大的阶地高差为乌苏群（Qp_2W）所在的阶地，在天山山区及其前缘一般达 20～30m，局部可达近 300m，并切蚀下伏西域组。据此说明上更新统—全新统抬升幅度较大，而全新统冲洪积阶地与现代河床高差不明显，仅数十厘米，说明新构造运动渐趋稳定，抬升不明显，而下更新统西域组掀斜抬升幅度及沉积厚度巨大，尤其是山前地带，是下更新统以来洪积堆积厚度不可比拟的。

第三章 岩浆岩

测区岩浆岩不甚发育,出露面积约 1117km²,占测区总面积的 9.5%,其中侵入岩占岩浆岩的 42%,火山岩占岩浆岩的 58%。岩浆岩大部分处于西昆仑造山带中,少部分处于西南天山造山带中。岩石类型主要为酸性岩、基性岩,次为中性岩,少量超基性岩。岩浆活动始于泥盆纪,结束于三叠纪。泥盆纪为少量基性、超基性岩的侵入与喷发,石炭纪—三叠纪以大规模的中酸性岩浆侵入及中基性岩浆喷出为特点。

测区岩浆岩的分布受板块构造所控制,在西南天山造山带中呈南西-北东向带状展布,在西昆仑造山带中呈北西-南东向带状展布。后者据时空分布及演化规律,以空贝利-木扎令断裂为界由东北向西南可进一步划分为西昆仑北带、西昆仑中带两个构造岩浆岩带(西昆仑南构造岩浆岩带未延入测区),岩浆岩的分布见图 3-1。

岩浆岩的时代界线按照全国地层委员会 2001 年编制的《中国地层指南及中国地层指南说明书》所推荐的中国年代地层表进行划分。

岩浆岩的分类命名按照 1999 年实施的国家标准《火成岩岩石分类和命名方案》进行,对于似斑状花岗岩,采用斑晶含量 10% 作为含斑与斑状界线。

第一节 基性-超基性岩

本节包括基性-超基性侵入岩、蛇绿岩及与蛇绿岩密不可分的火山岩,出露面积约 453km²,主要分布于图幅中部昆盖山北坡一带,少量分布于图幅南部木吉一带及图幅西北部吉根一带。其可划分为泥盆纪木吉—托尔色子基性-超基性侵入岩、早泥盆世吉根蛇绿岩、早石炭世奥依塔克基性-超基性岩带、时代不明的碳酸岩体。

一、泥盆纪木吉—托尔色子基性-超基性侵入岩(υD、ψD、ΣD)

该岩体分布于测区南部苏鲁果如木都沟—木吉一带,面积仅 4.5km²,包括 4 个岩体(岩体群),岩体规模均小。

(一)地质特征及岩石学特征

该基性-超基性岩呈脉状、透镜状产于志留系之中,与周围志留系分别呈侵入或断层接触关系;有的呈似层状捕房体产于二叠纪、三叠纪岩体中,被周围岩体超动侵入。该基性-超基性岩主要发育下述四种类型:① 辉橄岩,见于苏鲁果如木都岩体中,为该岩体的主要类型,该岩石常发生蛇纹石化、透闪石化、滑石化等蚀变,蚀变强烈时形成透闪石-绿泥石岩;② 角闪石岩,仅见于苏鲁果如木都岩体中,为该岩体的主要类型;③ 次闪石岩、斜长次闪石岩,见于木吉北岩体中,为该岩体的主要类型,富含铁镁矿物的暗色层与斜长石含量较高的较浅色层呈几十厘米厚的交替出现,表现出堆积结构、层状构造的特征；④ 暗色角闪辉长岩，为阔略果乌托克岩体、苏鲁果如木都岩体的主要类型，二者特征基本一致。各岩体的特征见表 3-1。

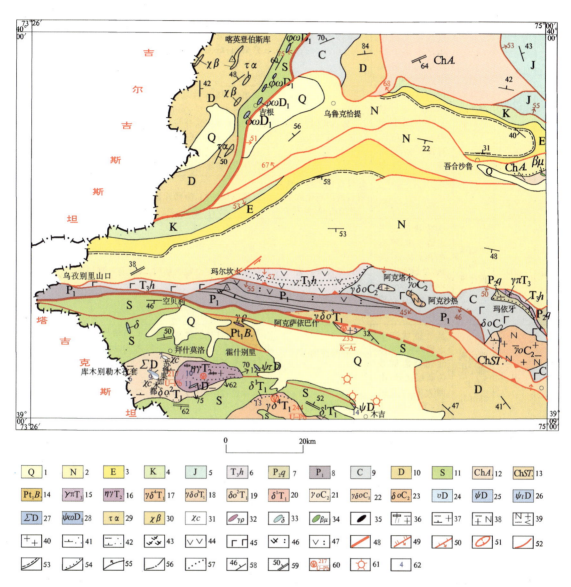

图 3-1　岩浆岩分布图

1.第四系；2.新近系；3.古近系；4.白垩系；5.侏罗系；6.上三叠统霍峡尔组；7.中二叠统棋盘组；8.下二叠统；9.石炭系；10.泥盆系；11.志留系；12.长城系阿克苏群；13.长城系赛图拉岩群；14.古元古界布伦库勒岩群；15.晚三叠世花岗岩；16.三叠纪二长花岗岩；17.三叠纪第四次侵入花岗闪长岩；18.三叠纪第三次侵入英云闪长岩；19.三叠纪第二次侵入石英闪长岩；20.三叠纪第一次侵入闪长岩；21.晚石炭世斜长花岗岩；22.晚石炭世英云闪长岩；23.晚石炭世石英闪长岩；24.泥盆纪辉长岩；25.泥盆纪辉长相岩；26.泥盆纪辉岩；27.泥盆纪超基性岩；28.早泥盆世蛇绿岩；29.安粗岩；30.碱玄岩；31.碳酸岩；32.花岗伟晶岩脉；33.闪长岩脉；34.辉绿玢岩脉；35.暗色包体；36.中斑状黑云母二长花岗岩；37.中粒黑云母花岗闪长岩；38.细粒黑云母斜长花岗岩；39.细—中粒黑云闪长岩；40.花岗斑岩；41.中粒石英闪长岩；42.中—细粒黑云母石英闪长岩；43.英安岩；44.安山岩；45.玄武岩；46.英安质凝灰岩；47.安山质凝灰岩；48.分区断裂；49.逆断层；50.逆冲断层；51.飞来峰；52.活动断层；53.平行不整合界线；54.不整合界线；55.超动侵入接触界线及产状；56.脉动侵入界线；57.岩相界线；58.层理产状；59.片理产状；60.同位素年龄；61.泥火山；62.岩体编号

岩体名称：1.萨罗依；2.阿克塔木；3.阿克沙热；4.波斯坦铁列克；5.阿克萨依巴什；6.库木别勒木孜套；7.苏鲁果如木都；8.索洛莫沟；9.拜什莫洛；10.卡拉阿尔特；11.阔略果乌托克；12.霍什别里；13.沙热塔什

表 3-1 木吉—托尔色子基性-超基性侵入岩岩体特征一览表

岩体名称	代号	位置	地质特征	岩石类型	岩石学特征
苏鲁果如木都	$\Sigma-\upsilon D$	图幅西南部的霍什别里西侧	呈似层状捕虏体产于 $\delta o^2 P$ 中或呈脉状侵入于志留系中，共11个（条），岩体（脉）宽一般 0.8~30m，最宽 500m，长 5km±，有镍矿化，见镍华	暗色角闪辉长岩	灰黑色，中细粒结构，柱状粒状结构，块状构造；普通角闪石 90%~55%，(2~4)mm×6mm，常含辉石包体、个别包裹斜长石；斜长石 10%~35%，不规则板柱状，分布于角闪石格架间；普通辉石 0~15%，0.2mm±，短柱状，分布于角闪石格架间；绿泥石<5%；黑云母 0~10%；石英 0~5%，呈极不规则的粒状、短柱状，呈填隙状充填于主要矿物之间；副矿物为榍石
				辉石角闪石岩 黑云母角闪石岩	灰黑色、鳞片柱状粒状变晶结构，块状构造；普通角闪石 40%~65%，0.2mm×0.3mm~0.3mm×0.5mm；透辉石 0~30%，柱状，分布不均，与普通角闪石大小相近；黑云母 0~30%，鳞片状；绿泥石<5%，呈鳞片状集合体产出；绿帘石 0~5%；方解石 0~20%，呈细粒状，构成条痕、条带状集合体；副矿物为褐铁矿、黄铁矿
				蛇纹石化方辉橄榄岩 滑石透闪石化辉橄榄岩 透闪石-绿泥石岩	纤维网状结构，微鳞片纤维变晶结构，块状构造，片理构造
霍什别里	ψD	图幅西南部的霍什别里南侧	呈脉状侵入于志留系中，平行产出，共3条脉，单脉宽 50~100m，长 4km±，有蛇纹石、石棉矿化	橄榄辉石岩	粒状结构，变余粒状结构，块状及片理构造
木吉北	φD	图幅南部、木吉北 2km 处	呈透镜状产于志留系中，岩体北侧与志留系为断层接触，南侧为非断层关系，宽 30m，长 200m	斜长次闪石岩	灰绿色，纤柱状变晶结构，堆积结构，块状构造、层状构造。次闪石 60%±，纤柱状，最大 4mm×8mm，粗大纤柱系细纤柱的集合体，斜长石 10%±，石英 15%±，黑云母 10%，金属矿物<5%
				次闪石岩	灰绿色，纤柱状变晶结构，堆积结构，块状构造、层状构造。次闪石 85%±，纤柱状，残留有角闪石残晶，绢云母 10%±，绿帘石<5%
阔略果乌托克	υD	图幅西南部、命名地北 1km 处	呈似层状捕虏体产于 $\eta\gamma T$ 之中，宽 500m，长 2.5km	暗色角闪辉长岩	灰绿色，中细粒结构，块状构造。普通角闪石 70%±，绿色，柱状、部分为纤柱状，0.2mm×(0.3~2.5)mm，个别包裹斜长石；绢云母化斜长石 20%±，分布于角闪石格架间；微斜长石 5%±；石英 5%±，呈填隙状充填于主要矿物之间；副矿物为绿帘石

（二）岩石化学及地球化学特征

1. 岩石化学特征

分析结果及参数见表 3-2。角闪石岩、次闪石岩、暗色角闪辉长岩的 SiO_2 含量分别为 44.81%、47.43%、54.71%，属超基性-基性岩类。铝指数 A/CNK＝0.31~0.48，属偏铝质类型。在硅—碱图（Irvine 等，1971）上均位于亚碱性系列区（图 3-2），在 $TFeO/MgO$ 与 SiO_2、$TFeO$（$TFeO=FeO+0.9Fe_2O_3$，下同）关系图解（Miyashiro，1974）上大部分样品位于拉斑玄武岩系列区，二者综合显示出该基性-超基性岩为拉斑玄武岩系列。$Na_2O-2<K_2O$，均属富钾类型。在 AR-SiO_2 图解（Wright，1969）上该基性-超基性岩主要位于钙碱性岩区（图 3-3），对于 $SiO_2>45\%$ 的岩石，其里特曼指数 σ 为 0.50~0.78，二者综合显示碱度上相当于皮科克的钙性岩。角闪石岩的 SiO_2 含量与中国超基性岩中的辉石岩平均值相当，与其相比具高 TiO_2、Al_2O_3 低 MgO 的特点，K_2O 含量波动较大，部分样品明显高于辉石岩平均值；次闪石岩与中国基性岩平均值相比具高 MgO、CaO，低 Al_2O_3、FeO、Na_2O、K_2O 的特点。角闪石岩、次闪石岩镁铁比值 M/F 为 2.1~2.29，属吴利仁（1963）划分的富铁质超基性岩，该类型一般与硫化铜镍矿及铂矿有关。

表 3-2 木吉—托尔色子基性-超基性岩岩石化学成分、CIPW 标准矿物及特征参数一览表

岩体	序号	样号	岩石类型	氧化物含量(%)												
				SiO_2	TiO_2	Al_2O_3	Fe_2O_3	FeO	MnO	MgO	CaO	Na_2O	K_2O	P_2O_5	H_2O^+	CO_2	总量
苏鲁果	1	5116/4	角闪石岩	45.80	1.49	9.53	2.71	7.83	0.24	13.51	14.55	1.10	0.38	0.19	1.84	0.45	99.62
如木都	2	5116/5	角闪石岩	43.82	1.65	10.45	3.66	8.80	0.17	14.71	9.96	0.97	1.99	0.14	2.97	0.32	99.61
木吉北	3	5126/2	次闪石岩	47.43	1.33	9.64	1.86	6.92	0.18	10.39	15.96	1.19	0.56	0.15	1.97	2.00	99.58
阔略果乌托克	4	227/1	暗色角闪辉长岩	54.71	0.45	8.84	1.34	6.03	0.18	11.44	12.11	1.02	1.40	0.12	1.74	0.32	99.70

序号	样号	CIPW 标准矿物(%)										特征参数							
		or	ab	an	c	di	hy	q	ap	il	mt	ol	σ	AR	DI	SI	ALK	A/CNK	FL	MF	M/F
1	5116/4	2.25	9.31	19.94	0.00	39.47	4.80	0	0.44	2.83	3.93	15.17	0.78	1.13	11.55	52.92	1.48	0.33	9.23	43.83	2.29
2	5116/5	11.76	8.21	18.28	0.00	23.42	0.44	0	0.32	3.13	5.31	26.88	10.68	1.34	19.96	48.82	2.96	0.48	22.91	45.86	2.15
3	5126/2	3.31	10.07	19.31	0.00	38.11	17.38	0.31	0.35	2.53	2.70		0.69	1.15	13.69	49.67	1.75	0.31	9.88	45.80	2.10
4	227/1	8.27	8.63	15.41	0.00	34.31	21.98	6.32	0.28	0.85	1.94		0.50	1.22	23.22	53.89	2.42	0.35	16.66	39.18	2.76

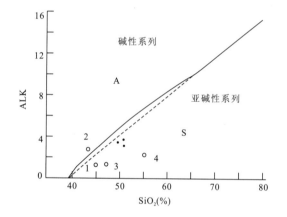

图 3-2 木吉基性岩硅-碱图
(实线据 Macdonald,1968;断线据 Irvine,1971)
○为本区资料,编号同表 3-2；·为英吉沙县幅资料

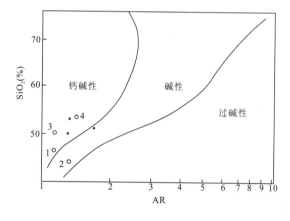

图 3-3 木吉基性岩 $AR-SiO_2$ 与碱性度关系图
(据 Wright,1969)
○为本区资料,编号同表 3-2；·为英吉沙县幅资料

2. 稀土元素特征

分析结果及特征参数见表 3-3。角闪石岩、次闪石岩的稀土总量为 $112.4×10^{-6}\sim 96.9×10^{-6}$,明显高于超基性岩的平均值而接近于基性岩,稀土元素标准化曲线见图 3-4,显示轻稀土中等富集、曲线斜率$(La/Yb)_N$ $=7.38\sim 5.37$,无铕异常；角闪辉长岩的稀土总量为 $92.8×10^{-6}$,与基性岩平均值相当,稀土元素标准化曲线见图 3-4,显示轻稀土中等富集、曲线斜率$(La/Yb)_N=$ 6.87,具弱铕负异常。可以看出各种岩石类型具有大体类似的稀土特征。

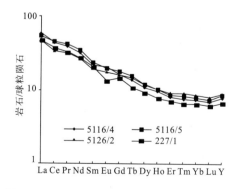

图 3-4 木吉基性-超基性岩稀土配分模式

表 3-3　木吉—托尔色子基性-超基性岩稀土、微量元素含量（×10⁻⁶）及特征参数一览表

序号	样号	La	Ce	Pr	Nd	Sm	Eu	Gd	Tb	Dy	Ho	Er	Tm	Yb	Lu	Y	ΣREE	LR/HR	δEu	(La/Yb)$_N$
1	5116/4	17.68	34.86	4.69	18.72	4.12	1.50	4.19	0.63	3.53	0.68	1.71	0.25	1.53	0.22	15.53	109.8	6.40	1.09	7.79
2	5116/5	16.83	35.68	5.02	20.55	4.47	1.44	4.60	0.73	3.82	0.74	1.79	0.27	1.63	0.23	17.15	115.0	6.08	0.96	6.96
3	5126/2	14.17	26.8	3.82	16.10	3.71	1.25	4.10	0.69	3.83	0.74	1.90	0.29	1.78	0.26	17.48	96.9	4.85	0.98	5.37
4	227/1	13.97	29.28	3.94	16.25	4.00	0.97	3.74	0.52	3.00	0.57	1.47	0.21	1.37	0.20	13.30	92.8	6.17	0.76	6.87

序号	样号	V	Cr	Ni	Rb	Sr	Zr	Ba	Th	Sc	Hf	Nb	Co	Ta	Ga	Rb/Sr	Ba/Sr	Zr/Hf
1	5116/4	249.00	991.00	495.00	8.80	464.00	117.00	10.00	2.19	29.20	2.60	14.90	60.70	1.10	7.06	0.019	0.022	45.0
2	5116/5	341.00	952.00	565.00	84.10	250.00	98.10	190.00	2.73	32.30	3.50	12.80	73.40	0.87	13.70	0.34	0.76	28.03
3	5126/2	386.00	1351.00	308.00	28.50	527.00	87.70	127.00	1.42	72.70	2.30	12.70	47.10	1.08	9.97	0.054	0.24	38.13
4	227/1	277.00	867.00	170.00	50.00	199.00	62.10	264.00	4.60	50.80	1.90	2.87	46.00	0.37	13.50	0.25	1.32	32.68

3. 微量元素特征

微量元素分析结果见表 3-3。角闪石岩多数元素（如 Cr、Ni、Co、Ba、Th、Nb、Ga）含量介于超基性岩与基性岩维氏克拉克值之间，部分元素（Zr、Sr）与基性岩维氏值接近，部分元素（V、Ba）高于超基性岩、基性岩维氏值；次闪石岩微量元素总体上接近于基性岩维氏值，仅 Rb、Sc、Th、V、Cr 高，Ba、Nb、Ga 低，V、Cr、Ba、Nb、Ga 表现出由基性岩向超基性岩过渡的特点；角闪辉长岩与基性岩维氏克拉克值较接近，仅 Cr、Rb 高，Sc、Nb 低。

（三）成因及时代

从区域资料看，该基性-超基性岩与围岩之间多表现为非构造关系，岩石化学显示为拉斑系列，故认为它是板内的镁铁-超镁铁岩建造。岩体侵入志留系，晚于泥盆纪的地层中均未见及，区域资料显示泥盆纪测区处于板内拉张环境，该基性-超基性岩可能与该时期的大陆裂解活动有关，故将其时代置于泥盆纪。

二、早泥盆世吉根蛇绿岩（$\varphi\omega D_1$）

蛇绿岩分布于测区西北部吉根一带，面积仅 1km²。呈豆荚状产于上—顶志留统塔尔特库里组（$S_{3-4}t$）之中，二者构成蛇绿混杂岩带。图幅内共填绘出蛇绿岩残片 7 个，单个岩片长数百米，宽数十米，岩片沿构造线呈北东-南西向带状展布。

（一）地质特征

蛇绿岩产于吉根断裂西侧，位于伊犁地块东南缘。蛇绿岩片与周围上—顶志留统塔尔特库里组（$S_{3-4}t$）碎屑岩、灰岩呈断层关系。吉根北 4km 处的苏万阔勒岩片发育较为完整（图 3-5），由石英菱镁岩、辉长辉绿岩、细碧岩组成，各岩石单元之间为断层关系；喀拉达坂东南 1.5km 处的蛇绿岩片仅由蛇纹岩组成；其他岩片由基性火山岩组成。

上述蛇纹岩、石英菱镁岩组成该蛇绿岩套的深成杂岩单元，该单元多具板状外形；辉长辉绿岩仅见及于苏万阔勒处，产状不明，是否为蛇绿岩单元尚待研究。基性火山岩组成该蛇绿岩套的喷出岩单元。下面主要以苏万阔勒岩片为例，描述其特征。

（二）岩石类型及特征

蛇纹岩　暗绿、绿、黄绿色，叶片—鳞片状变晶结构，块状构造。矿物主要（＞95%）为蛇纹石（叶蛇纹石、纤维蛇纹石），次为滑石、白云石、绿泥石等，副矿物组合为磁铁矿—磷灰石—锆石—铬

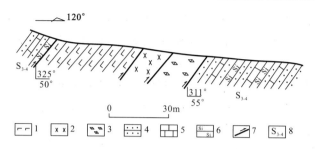

图 3-5 吉根北苏万阔勒沟蛇绿岩残片剖面
1.基性熔岩；2.辉长辉绿岩；3.石英菱镁岩；4.变质细砂岩；
5.灰岩；6.硅质岩；7.逆冲断层；8.上顶志留统

铁矿。

石英菱镁岩 黄褐色，粒状—显微鳞片变晶结构，块状构造。主要由石英、镁铁碳酸盐组成。该岩石系由超镁铁质岩蚀变而来。

辉长辉绿岩 灰、灰白色，辉长辉绿结构，主要为辉石（35%±，部分发生角闪石化）和斜长石（65%±）。

玄武岩 黄绿—灰绿色，少斑—斑状结构，基质间粒、间隐、球粒结构，块状构造，气孔-杏仁状构造。斑晶由基性斜长石（1%～2%）、辉石（1%±）组成；基质主要为中基性斜长石（50%～60%），呈板条状、放射状，在其搭成的三角形空隙中充填粒状辉石和磁铁矿或隐晶质的铁镁质矿物。辉石已基本蚀变为绿泥石，斜长石不同程度向钠长石转化，副矿物组为磁铁矿—白钛石。熔岩中的气孔-杏仁状构造大小不一，长轴定向排列，杏仁体的填充物为石英、绿泥石、方解石。

细碧岩 灰绿色，斜长石和辉石全部被钠长石和绿泥石等取代，其他特征同玄武岩。

（三）岩石化学及地球化学特征

1. 岩石化学特征

分析结果及特征参数见表 3-4。蛇纹岩 SiO_2 含量 42%，属超基性岩，与橄榄岩世界平均值相比富 MgO，贫 Al_2O_3、$TFeO$，极贫 TiO_2、CaO、Na_2O、K_2O，$MgO/MgO+FeO=0.84$，稍高于该岩类的世界平均值 0.7～0.8。

表 3-4 吉根蛇绿岩岩石化学成分参数一览表

单元	序号	样 号	岩石类型	氧化物含量（%）												
				SiO_2	TiO_2	Al_2O_3	Fe_2O_3	FeO	MnO	MgO	CaO	Na_2O	K_2O	P_2O_5	H_2O^+	CO_2	总量
深成杂岩	1	A4-3764/4	石英菱镁岩	33.70	2.15	9.55	2.71	8.16	0.12	28.80	1.90	0.01	0.01	0.04		12.67	99.82
	2	A4-3764/1	蛇纹岩	42.03	0.10	2.16	2.31	4.94	0.12	37.2	1.98	0.01	0.01	0.01		18.17	100.7
喷出岩	3	L11B2	玄武岩	51.32	2.55	16.77	8.06	4.54	0.09	6.30	2.70	4.68	0.04	0.40	2.33		99.84
	4	L11B3-1	玄武岩	50.31	1.80	17.77	5.74	5.56	0.07	7.90	2.30	4.63	0.03	0.26	2.93		99.30
	5	L11H1	玄武岩	51.91	2.15	16.06	8.90	3.50	0.06	7.60	2.40	5.59	0.05	0.33	0.82		99.37
	6	L11B1	玄武岩	52.05	1.90	15.82	8.95	3.55	0.06	7.20	2.40	5.16	0.05	0.33	1.99		99.46
	7	L11B3-2	玄武岩	49.25	2.05	20.20	5.40	4.50	0.07	7.80	2.40	4.60	0.04	0.33	2.98		99.62
	8	L11H2	玄武岩	50.69	2.30	16.29	8.15	5.55	0.08	6.40	2.30	4.61	0.04	0.31	2.62		99.34

玄武岩及细碧岩在 $Zr/TiO_2 - Nb/Y$ 及 $SiO_2 - Zr/TiO_2$ 命名图解(Winchester,Floyd,1977)上显示为亚碱性系列(图3-6);$TFeO/MgO$ 与 SiO_2、$TFeO$ 图解(Miyashiro,1974)显示属拉斑玄武岩系列(图3-7);K_2O 含量很低,在 $K_2O - SiO_2$ 图解(Coleman,Peterman,1975)上均位于低钾区,为低钾类型;含标准矿物石英,显示为 SiO_2 过饱和的石英拉斑玄武岩。氧化物含量与洋脊拉斑玄武岩平均值十分接近,仅 TiO_2、Na_2O 稍高,CaO 低,K_2O 稍低,TiO_2 含量 1.72%～2.55%,明显不同于 TiO_2 含量非常低的(<1%)岛弧火山岩,Al_2O_3 含量平均 16.49%,与 Al_2O_3 含量相对低的(13%～16%)大陆溢流玄武岩及洋岛拉斑玄武岩不同。这种高 Al_2O_3、中等含量 TiO_2 的特征与洋脊玄武岩一致。

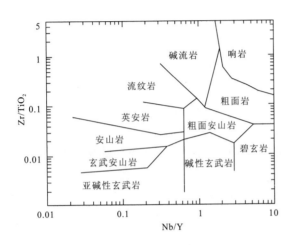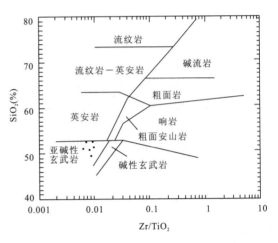

图3-6 吉根蛇绿岩中的细碧岩 $Zr/TiO_2 - Nb/Y$ 和 $SiO_2 - Zr/TiO_2$ 相关图

(据 Winchester,Floyd,1976)

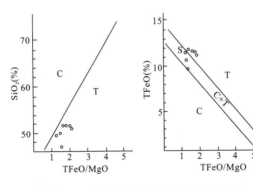

图3-7 $TFeO/MgO$ 与 SiO_2、$TFeO$ 图

(据 Miyashiro,1974)

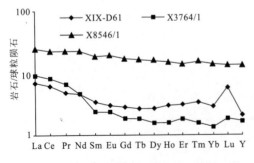

图3-8 吉根蛇绿岩稀土配分模式

2. 稀土元素特征

稀土元素分析结果见表3-5。蛇纹岩与石英菱镁岩稀土总量均较低,稀土配分模式(图3-8)形态相似,蛇纹岩轻稀土中等富集,曲线斜率,$(La/Yb)_N = 6.61$,具弱铕正异常,石英菱镁岩为轻稀土弱富集型,曲线斜率$(La/Yb)_N = 2.42$,无铕异常,与蛇绿岩套中的堆积岩典型模式大体相当。玄武岩或细碧岩稀土配分模式(图3-8)为平坦型,轻稀土略有富集、$(La/Yb)_N =$

1.30,无铕异常,稀土总量较低(ΣREE 平均 90.1×10^{-6}),类似于典型的 P-MORB(Wilson,1989)。

表 3-5 吉根蛇绿岩稀土、微量元素含量($\times10^{-6}$)及特征参数一览表

序号	样号	La	Ce	Pr	Nd	Sm	Eu	Gd	Tb	Dy	Ho	Er	Tm	Yb	Lu	Y	ΣREE	LR/HR	δEu	(La/Yb)$_N$
1	X4-3764/4	2.22	4.88	0.60	2.83	0.66	0.22	0.75	0.14	0.87	0.22	0.66	0.11	0.61	0.19	4.17	19.14	1.48	0.95	2.45
2	X4-3764/1	2.81	6.59	0.83	2.83	0.45	0.17	0.49	0.09	0.51	0.11	0.39	0.05	0.28	0.06	3.31	2.58	18.99	1.10	6.76
3	L11B2	10.30	24.3		17.6	6.72	2.06		1.71					6.19	0.919		57.4			1.12
4	L11B3-1	8.86	20.1		16.1	5.31	1.71		1.27					5.22	0.792		44.3			1.14
5	L11H1	11.60	25.4		17.30	5.61	2.04		1.29					5.42	0.809		48.9			1.44
6	L11B1	10.30	25.8		19.00	5.48	1.62		1.22					5.16	0.734		42.2			1.35
7	L11B3-2	7.70	20.3		16.00	4.92	1.85		1.04					5.19	0.743		40.2			1.00
8	L11H2	10.10	21.1		19.90	5.90	1.79		1.39					5.61	0.859		52.1			1.21
9	8546/1	7.69	17.93	2.66	13.05	3.53	1.38	4.45	0.79	5.03	1.05	2.87	0.49	2.84	0.43	25.91	90.10	2.58	1.06	1.83

序号	样号	V	Cr	Ni	Rb	Sr	Zr	Ba	Th	Sc	Hf	Nb	Co	Ta	Ga	Rb/Sr	Ba/Sr	Zr/Hf
3	L11B2				11.3	110.0	254.0	62.0	0.970		5.00	18.2		1.66		0.10	0.56	50.8
4	L11B3-1				34.1	82.7	141.0	39.9	0.930		4.24	15.5		1.19		0.41	0.48	33.25
5	L11H1				34.1	83.7	187.0	68.7	0.91		4.93	17.9		1.32		0.41	0.82	37.93
6	L11B1				33.4	186.0	189.0	59.9	0.98		4.37	16.3		1.29		0.18	0.32	43.20
7	L11B3-2				33.5	145.0	163.0	48.1	0.81		3.80	15.0		1.13		0.23	0.26	42.89
8	L11H2				34.0	89.9	148.0	71.5	1.01		4.47	17.0		1.37		0.38	0.80	33.11
9	8546/1	490	139	81.30	3.4	161.00	88.40	28.60	0.26	48.20	2.60	8.64	53.30	0.73	9.06	0.02	0.18	34.00
玄武岩平均		490	139	81.3	26.3	111.9	167.2	54.1	0.84	48.2	4.20	15.51	53.3	1.24	9.06	0.24	0.48	39.81

3. 微量元素特征

玄武岩微量元素分析结果及参数见表 3-5。元素含量与基性岩维氏克拉克值差别较大,表现为强烈富集 V、Rb、Sc、Hf,强烈亏损 Ni、Sr、Ba、Th。地球化学型式见图 3-9,总体表现出大隆起型式,具 Ta 正异常,Ba 负异常,Rb 正异常,与 P-MORG 的型式类似,而与洋岛、正常洋中脊拉斑玄武岩有差别;La/Yb=0.57~0.89、Th/Ta=0.58~0.89,均接近于 1,Zr/Y=3.18~4.48(>3,张旗等,2001),Zr/Nb=6.03~13.96,这些特征也与 P-MORB 一致。

4. 同位素特征

基性熔岩 5 个样品的 Sr-Nd 同位素测试结果构成一线形良好的 Sm-Nd 等时线,相应年龄为 392 ± 15Ma(徐学义等,2003)。经测算,εNd(t)值较高,变化相对较小,在 +4.24~+6.79 之间,而 εSr(t)值变化范围较大,在 -12.71~+1.28 之间,多位于 -4~-3 之间,并得出当时 MORB 型亏损地幔的 εNd(t)平均值为 +9.4±2。该区基性熔岩的 εNd(t)最大值与当时的 N-MORB 的下限值非常接近,但多数小于 N-MORB;在 εNd(t)-Sm/Nd 相关图(Zindele,Hart,1986)上中,投点落入 MORB 和 OIB 区之间靠近 MORB 区(图 3-10);二者均表明该熔岩最亏损的源区类似于 N-MORB 地幔源区,在形成过程中受到了富集地幔的影响,即属 P-MORB 型玄武岩。

(四)成因

该套岩石中的基性火山岩属低钾拉斑玄武岩系列,可能的形成环境为洋中脊、岛弧和板内。该岩石的主元素最接近洋中脊玄武岩,高 Al、中等含量 Ti 显示其不可能是板内和岛弧玄武岩;微量元素地球化学型式类似于 P-MORB,特征参数 Zr/Nb、Th/Ta、Zr/Y 与 P-MORB 基本一致,而有别于 N-MORB;稀土特征与 P-MORB 相似;同位素特征显示源区为 N-MORB,但形成过程中受到了富集地幔的影响;在 Th-Hf-Ta、Tb-Th-Ta、Nb-Zr-Y 图解(Meschde,1986)中主要位于 P 型或富集型洋中脊玄武岩区(图 3-11)。

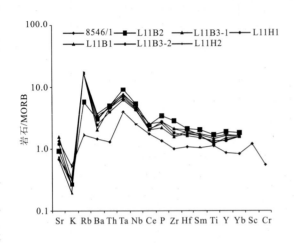

图 3-9 吉根蛇绿岩地球化学型式

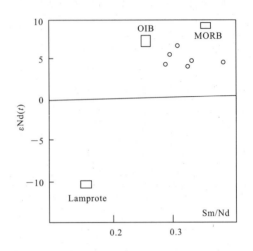

图 3-10 吉根基性熔岩 εNd(t)-Sm/Nd 相关图

(据 Zindle 等,1986)

OIB 为洋岛玄武岩,MORB 为洋中脊玄武岩

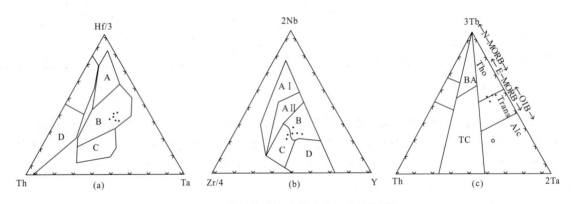

图 3-11 基性熔岩产出的地质构造环境图解

(据 Meschede,1986)

(a):A 为正常洋脊玄武岩;B 为富集型洋脊玄武岩;C 为板内玄武岩;D 为岛弧玄武岩;(b):AⅠ、AⅡ为板内碱性玄武岩;AⅡ.C 为板内拉斑玄武岩;B 为富集型洋脊拉斑玄武岩;D 为正常型洋脊拉斑玄武岩;C、D 为岛弧玄武岩;

(c):OIB 为洋岛玄武岩;Tho 为拉斑玄武岩;Trans 为过渡型玄武岩;Alc 为大陆碱性玄武岩;TC 为大陆拉斑玄武岩;BA 为弧后和弧前盆地玄武岩;·吉根蛇绿岩;○萨瓦亚尔顿组

综上所述该基性火山岩为 P 型洋中脊玄武岩,形成于洋中脊或类似于洋脊的弧后盆地等环境,与伴生的超镁铁质岩等共同构成蛇绿岩套。

(五)形成时代

徐学义(2003)对该蛇绿岩套的苏万阔勒岩片内的基性火山岩进行了年龄测定,测得 Sm-Nd 等时线年龄为 392±15Ma;何国琦等(2001)在综合我国西南天山与邻区吉尔吉斯南天山最新的研究成果后指出,南天山洋晚志留世—早泥盆世为又一次拉张高峰期;我们根据同位素年龄值结合区域地质研究成果将其形成时代置于早泥盆世。

三、早石炭世奥依塔克基性-超基性岩带

该岩带分布于测区东南部木孜都嫩乔库苏托一带，图内面积约 446km²。该岩带位于区域构造上的奥依塔克裂陷槽内，沿构造线呈带状展布，北、南两侧被断裂围限，西部被上三叠统霍峡尔组不整合覆盖，向东延伸出图，经波斯坦铁列克、阿克塔什到英吉沙县幅的奥依塔克镇，带宽 10~17km，长 130km，由早石炭世乌鲁阿特组火山岩及少量基性-超基性深成岩组成，伴少量海相沉积岩层。本图幅仅出露其中的乌鲁阿特组火山岩部分，该火山地层在图幅内厚度、岩性较稳定，一般厚 2618m±，该地层的中、上部夹稀少的海相灰岩、砾岩层，火山岩占该地层的 99%±，几乎全由熔岩组成，以玄武质-玄武安山质为主（占火山岩的 98.5%±），伴极少量偏酸性的英安质岩石。

（一）韵律旋回划分

该火山地层的结构为熔岩型，现以玛依牙剖面为例介绍其韵律旋回特征。

该火山地层根据沉积夹层、熔岩的成分变化可划分为 9 个韵律（表 3-6），包含 3 种类型，a 熔岩→沉积岩型（韵律 2，8）；b 熔岩型，内部具颜色变化（韵律 1）；c 熔岩型，韵律内部由基性向较酸性变化（韵律 3，4，5，6，7，9）。

表 3-6 奥依塔克基性-超基性岩带火山岩韵律划分表

亚旋回	韵律	厚度(m)	层号	岩石组合	韵律结构特征	喷发强度
上部亚旋回	9	175.6	54—57	浅灰色英安岩 灰绿色蚀变杏仁玄武岩 暗紫灰色枕状杏仁玄武岩 灰绿色、枕状杏仁玄武岩	灰绿、紫红色枕状杏仁玄武岩→杏仁玄武岩→英安岩	喷溢
上部亚旋回	8	21.2	52—53	粉晶灰岩 灰绿色块状弱蚀变玄武岩	灰绿色块状玄武岩→灰岩	喷溢→宁静
上部亚旋回	7	75.6	48—51	浅灰色英安岩 紫红色枕状杏仁橄榄玄武岩 灰绿色块状杏仁玄武岩 紫红色块状杏仁状玄武岩	紫红色、灰绿色杏仁玄武岩→浅灰色英安岩	喷溢
上部亚旋回	6	186.1	44—47	灰绿色英安岩 灰绿色块状杏仁玄武岩夹枕状杏仁玄武岩	块状、杏仁玄武岩→英安岩	喷溢
中部亚旋回	5	377.0	38—43	灰绿色块状玄武安山岩 灰绿色块状杏仁玄武岩 灰绿色枕状球颗玄武岩与枕状杏仁玄武岩互层	枕状玄武岩→块状玄武岩→块状玄武安山岩	喷溢
中部亚旋回	4	1081.4	22—37	灰绿色枕状玄武安山岩 灰绿色枕状球颗玄武岩与枕状玄武岩互层 灰绿色枕状杏仁玄武岩	杏仁玄武岩→枕状玄武安山岩	喷溢
中部亚旋回	3	172.8	17—21	灰绿色石英安山岩 灰绿色枕状球颗玄武岩 灰绿色火山角砾岩	玄武岩→火山角砾岩→玄武岩→石英安山岩	喷溢→爆发→喷溢
下部亚旋回	2	240.1	12—16	生物碎屑泥晶灰岩 灰绿色砾岩 灰绿色枕状玄武岩 灰绿色、紫红色枕状杏仁状玄武岩	灰绿色、紫红色玄武岩→灰绿色玄武岩→沉积岩	喷溢→宁静
下部亚旋回	1	287.9	1—11	灰绿色枕状玄武岩 灰绿色紫红色枕状球颗玄武岩与枕状玄武岩互层	灰绿色枕状玄武岩→灰绿色玄武岩	喷溢

总体看,该套火山岩从下向上表现为岩浆由基性向偏酸性演化,据此可划分3个亚旋回,下部亚旋回厚528m,火山岩全部为玄武岩;中部亚旋回厚1631m,由玄武岩→玄武安山岩韵律组成;上部亚旋回厚459m,由玄武岩→英安岩韵律组成。该火山地层的下部总体表现为紫红色,中部为灰绿色,上部为灰绿色与紫红色间互。

(二)岩石类型及特征

岩石类型包括熔岩、火山碎屑岩两种。后者零星出露,主要为玄武质火山角砾岩,呈似层状、透镜状产出,横向上延伸不稳定。

熔岩类主要有枕状球颗玄武岩、枕状杏仁状玄武岩、块状杏仁状玄武岩,少量枕状玄武安山岩(占火山岩10%±)、英安岩(仅占火山岩的1.5%)。它们均广泛分布。

枕状杏仁状玄武岩 灰绿、紫红色,间隐间粒结构,枕状、杏仁状构造,由斜长石、辉石组成。斜长石呈板条状,部分呈针状并构成放射状集合体,大小为0.05mm×0.2mm~0.25mm×3.5mm,为基性斜长石;辉石及副矿物磁铁矿呈细小他形粒状,充填于斜长石格架间。杏仁体呈圆状、椭圆状、云朵状,直径为0.5~3mm±,充填物为绿泥石、方解石。

枕状球颗玄武岩 灰绿、紫红色,球颗结构,枕状构造。由斜长石、辉石组成,斜长石粒径0.01mm×0.2mm,呈板条状、针状、纤维状;辉石呈针状、纤维状雏晶,二者呈放射状排列构成球颗结构,有的球颗间充填绿泥石鳞片。岩石中常有少量的杏仁体,充填物为方解石、绿泥石。

块状杏仁状玄武岩 灰绿色,间粒结构,块状构造,杏仁状构造。由斜长石(50%~55%±)、辉石(35%~40%)组成,斜长石呈针状、板条状微晶,大小为0.01mm×0.03mm~0.03mm×0.7mm,为更-中长石,辉石呈他形粒状,直径为0.05~0.1mm±,一部分已绿泥石化,副矿物为磁铁矿、榍石。辉石、磁铁矿、榍石充填于斜长石的格架间构成间粒结构。杏仁体含量10%~20%,呈不规则状、杏仁状、椭圆状,充填物为绿泥石、方解石、石英、葡萄石。

英安岩 浅灰、灰绿色,斑状结构,基质包含微晶结构、球粒结构,块状构造。斑晶含量5%~10%,为斜长石,呈自形、半自形板柱状,大小为0.2mm×0.5mm~0.3mm×1.5mm;基质由长英质微晶组成,有的呈纤维状放射状生长构成球粒结构,或在近球粒状的石英元晶中包含着一些针状长石微晶构成包含微晶结构,球粒间分布着鳞片状绿泥石。

喷溢相的特点是各岩石类型延伸稳定,枕状玄武岩与块状玄武岩互层产出,其中的枕体长轴60~120cm、短轴30~60cm。

(三)岩石化学及地球化学特征

1. 岩石化学特征

分析结果及参数见表3-7,样品大多风化蚀变较强。

1)岩石化学分类

SiO_2含量46.94%~54.05%,属中性、基性岩类,一般出现标准矿物石英,含量1.82%~12.97%,为SiO_2饱和类型,个别出现少量标准矿物橄榄石,属SiO_2不饱和型。在TAS图解(Le Bas等,1986)上主要位于玄武安山岩区(图3-12),其次位于玄武岩区,与镜下定性分类稍有出入。K_2O-SiO_2图解(Pecerillo等,1976)上显示主要为低钾类型(图3-13),少数为中钾类型。

2)岩石系列划分及碱度

该火山岩在硅-碱图(Irvine等,1971)上位于亚碱性系列区(图3-14),在$TFeO/MgO$与SiO_2、$TFeO$关系图解(Miyashiro,1974)上大部分样品位于拉斑玄武岩系列区(图3-15),少部分位于钙碱性系列区,二者综合显示该火山岩一部分属拉斑玄武岩系列、一部分属钙碱性系列,结合前述硅-钾图可知,属拉斑玄武岩系列的均是低钾类型,属钙碱性系列的可以是低钾,也可以是中钾。一般 $Na_2O > K_2O + 2$,属钠质类型。在 $AR - SiO_2$ 图解(Wright,1969)上位于钙碱性岩区(图3-16),$\sigma = 0.6 \sim 3.3$,碱度上相当于皮科克的钙性岩-钙碱性岩。

表 3-7 奥依塔克基性-超基性岩带岩石化学成分、CIPW 标准矿物及特征参数一览表

序号	样号	岩石类型	氧化物含量(%)												
			SiO_2	TiO_2	Al_2O_3	Fe_2O_3	FeO	MnO	MgO	CaO	Na_2O	K_2O	P_2O_5	H_2O^+	CO_2	总量
1	XIX-D6① *	枕状玄武岩	48.34	2.09	14.77	4.35	7.53	0.17	7.15	6.77	3.72	0.34	0.22	0.14	0.08	99.35
2	XIX-4 *	蚀变杏仁玄武岩	46.94	1.76	14.85	3.46	5.86	0.11	8.03	6.86	3.27	0.25	0.14	0.56	0.07	101.45
3	XIX-28 *	枕状玄武岩	50.58	2.27	14.31	5.50	6.48	0.16	5.52	7.96	3.85	0.62	0.25	0.08	0.23	101.05
4	XIX-D6	枕状玄武岩	51.78	1.72	14.23	5.07	5.47	0.12	5.39	8.05	4.75	0.21	0.20	0.01	0.05	99.56
5	XXXI-2 *	碎裂玄武安山岩	52.95	2.16	14.46	1.89	9.19	0.16	7.59	2.01	3.29	0.20	0.27	0.05	0.09	99.18
6	4579/1	玄武安山岩	51.08	2.21	13.73	3.26	9.30	0.23	5.27	5.17	3.62	0.51	0.29	3.82	1.29	99.78
7	XIX-18 *	枕状球颗玄武安山岩	52.49	1.76	14.08	2.60	6.12	0.10	4.08	8.60	2.95	0.72	0.22	0.13	0.19	99.49
8	XIX-18③ *	枕状杏仁玄武安山岩	54.05	1.00	13.77	.94	6.94	0.13	6.65	7.05	2.12	0.41	0.11	0.00	0.22	99.18

序号	样号	CIPW 标准矿物(%)									特征参数							
		or	ab	an	c	di	hy	q	ap	il	mt	σ	AR	DI	SI	ALK	A/CNK	FL	MF	M/F
1	XIX-D6① *	2.01	31.48	22.60	0	7.80	20.33	0	0.48	3.97	6.31	3.09	1.47	33.49	30.97	4.06		37.49	0.62	0.44
2	XIX-4 *	1.48	27.67	25.10	0	6.49	21.70	0	0.31	1.88	5.02	3.15	1.37	29.15	38.44	3.52		33.91	0.54	0.62
3	XIX-28 *	3.66	32.58	19.93	0	14.44	10.76	3.29	0.55	4.31	7.97	2.64	1.50	39.53	25.13	4.47		35.96	0.69	0.31
4	XIX-D6	1.24	40.20	16.89	0	17.41	8.39	1.82	0.44	3.27	7.35	2.80	1.57	43.26	25.80	4.96		38.13	0.66	0.34
5	XXXI-2 *	1.18	27.84	8.38	7.98	0	30.95	12.63	0.59	4.10	2.74	1.22	1.54	41.65	34.25	3.49		63.46	0.59	0.58
6	4579/1	3.13	31.90	16.51	1.49	25.30	8.66	0.66	4.37	4.93	2.11	1.56	43.69	24.00	4.13			44.41	70.44	0.76
7	XIX-18 *	4.26	24.97	23.05	0	14.93	9.25	9.68	0.48	3.34	3.77	1.42	1.39	38.90	24.77	3.67		29.91	0.68	0.36
8	XIX-18③ *	2.42	17.94	26.85	0	6.07	22.52	12.97	0.24	1.90	4.26	0.58	1.28	33.33	34.89	2.53		26.41	0.60	0.51

* 据新疆地质调查院 1:5 万喔尔托克幅区调资料(1998 年)。

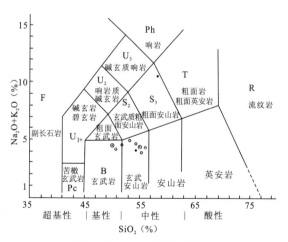

图 3-12 火山岩 TAS 图
(据 Le Bas 等,1986;IUGS,1989)
○奥依塔克基性岩带,编号同表3-7;
+D_1s;• D_2t;× P_1;⊙ P_2q

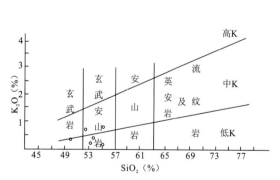

图 3-13 奥依塔克基性岩带硅-钾图

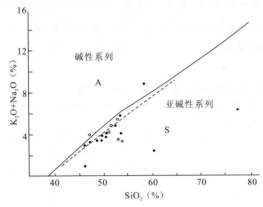

图 3-14 奥依塔克基性岩带硅-碱图
（据 Irvine 等, 1971）
（实线据 Macdoneld, 1968; 断线据 Irvine 等, 1971）
○ 本区样品；● 图区东邻波斯坦铁列克资料

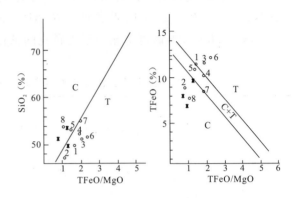

图 3-15 奥依塔克基性岩带
TFeO/MgO 与 SiO_2、TFeO 关系图

3) 岩石化学特征

该套火山岩在测区所取样品 Al_2O_3 含量均较低（在 13.77% ~ 14.85% 之间），在邻区 $Al_2O_3 > 16\%$ 的高值也常见，TiO_2 含量差异较大，既有较高含量的（2.09% ~ 2.27%），也有中等含量的（1.72% ~ 1.76%）及低含量的（0.99% ~ 1%），这些特征数值分别与板内、洋脊、岛弧玄武岩典型值大体相当；TFeO 含量为 7.8% ~ 11.5%，与洋脊拉斑玄武岩、岛弧拉斑玄武岩一致，显著低于各种板内拉斑玄武岩的平均值；K_2O 含量均较低，为 0.25% ~ 0.72%，具大洋玄武岩的特征，而不同于大陆玄武岩。总体看该套火山岩岩石化学成分具有洋脊、岛弧玄武岩的特征，但不同程度带有板内（洋岛）玄武岩色彩。

2. 稀土元素特征

分析结果及参数见表 3-8。稀土总量为 $47 \times 10^{-6} \sim 149 \times 10^{-6}$，接近于基性岩平均值，标准化曲线见图 3-17，为平坦型—轻稀土略富集型，曲线斜率 $(La/Yb)_N = 1.10 \sim 2.23$，一般无铕异常（$\delta Eu = 0.9 \sim 1.03$），与洋内岛弧拉斑玄武岩、富集型洋中脊拉斑玄武岩典型型式一致，与大陆弧玄武岩不同。

表 3-8 奥依塔克基性-超基性岩带稀土元素含量（$\times 10^{-6}$）及特征参数一览表

序号	岩石名称	La	Ce	Pr	Nd	Sm	Eu	Gd	Tb	Dy	Ho	Er	Tm	Yb	Lu	Y	ΣREE	LR/HR	δEu	(La/Yb)_N
1	XIX-D6①	13.80	26.7	3.73	18.30	4.92	1.72	6.03	1.12	7.25	1.54	4.54	0.64	3.83	0.58	39.9	134.6	1.06	0.970	2.42
2	XIX-4*	5.65	8.34	1.17	6.030	1.70	0.67	2.42	0.40	2.70	0.55	1.58	0.24	1.65	0.22	13.9	47.22	0.996	1.010	2.23
3	XIX-28*	10.90	28.6	4.10	21.10	6.02	2.16	7.50	1.32	9.36	2.06	5.42	0.78	4.48	0.64	45.8	150.2	0.942	0.982	1.64
4	XIX-D6	13.00	24.4	3.65	18.00	5.12	1.76	6.36	1.20	8.11	1.69	4.89	0.74	4.03	0.58	44.2	137.7	0.918	0.957	2.12
5	XXXI-2*	25.90	59.0	7.80	35.00	8.37	2.13	8.70	1.53	10.20	2.28	6.38	0.84	5.23	0.87	54.1	228.5	1.530	0.769	3.34
6	4579/1	8.81	24.46	4.20	20.20	6.32	1.97	8.30	1.48	9.31	2.03	5.68	0.92	5.41	0.86	49.57	149.5	1.940	0.830	1.10
7	XIX-18*	8.67	22.3	3.14	16.10	4.45	1.70	6.00	1.07	7.27	1.47	4.03	0.60	3.75	0.58	32.9	114.0	0.977	1.021	1.51
8	XIX-18③*	7.94	18.9	2.70	14.0	3.89	1.42	4.97	0.95	6.49	1.26	3.54	0.55	2.86	0.38	31.3	100.6	0.944	1.002	2.12
9	XIX-18⑤*	6.64	11.5	1.85	7.42	2.58	0.80	2.91	0.63	4.29	0.94	2.92	0.44	2.49	0.41	23.2	69.02	0.805	0.903	1.76
10	XIX-18⑧*	10.3	19.3	2.44	11.8	3.40	1.31	4.54	0.79	5.46	1.18	3.36	0.50	2.99	0.41	27.8	95.58	1.032	1.035	2.26

* 据新疆地质调查院 1:5 万喔尔托克幅区调资料（1998 年）。

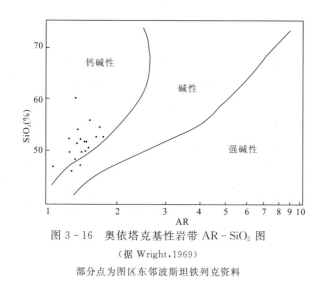

图 3-16 奥依塔克基性岩带 AR-SiO₂ 图
(据 Wright,1969)
部分点为图区东邻波斯坦铁列克资料

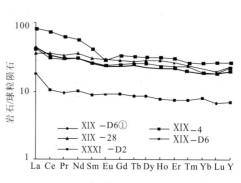

图 3-17 奥依塔克基性岩带稀土配分模式

3. 微量元素特征

分析结果及参数见表 3-9,元素含量与玄武岩维氏克拉克值差别较大,具显著高 Hf、V、显著低 Ba、Nd、Sr、Yb、Ni、低 Cr 的特点。地球化学型式见图 3-18,可分为 3 种类型:其一(2,6 号)为右侧高场强元素亏损,中－低程度富集左侧大离子亲石元素,与洋内岛弧玄武岩、岛弧扩张形成的蛇绿岩型式一致;其二(1 号)为富集右侧高场强元素,中等程度富集左侧大离子亲石元素,具 Nd 的负异常,与 MORB-VAB 过渡型的阿曼蛇绿岩型式极其相似;其三(3,4,5,7 号)为右侧高场强元素不亏损或略有富集,具 Ce、Sm、Hf 的正异常,左侧大离子亲石元素稍富集或中等富集,不同程度具有洋中脊玄武岩、板内拉斑玄武岩、火山弧玄武岩的特点。

表 3-9 奥依塔克基性-超基性岩带微量元素含量($\times 10^{-6}$)及特征参数一览表

序号	岩石名称及样品	V	Cr	Ni	Rb	Sr	Zr	Ba	Th	Sc	Hf	Nb	Co	Ta	Ga	Rb/Sr	Ba/Sr	Zr/Hf
1	玄武安山岩(4579/1)	382	116	46.8	11.2	114.0	193.0	84.4	0.6	38.7	4.90	4.91	38.20	0.39	12.6	0.98	0.74	39.39
2	枕状玄武岩(4 个样)*				5.25	155.5	76.75	60.5			2.45	3.13				0.034	0.39	31.33
3	枕状玄武岩(1 个样)*				11	170.0	150	63.0			4.1	4.6				0.065	0.37	36.59
4	枕状玄武岩(1 个样)*				4	190.0	98	44.0			3.4	3.4				0.021	0.26	28.82
5	块状玄武岩(3 个样)*				4.3	267.3	102	166.0			3.57	5.03				0.016	0.62	28.57
6	蚀变-杏仁玄武岩(3 个样)*				8.33	116.7	60.33	111.7			2.4	3.1				0.042	0.96	25.14
7	枕状球颗玄武岩(3 个样)*				6.33	196.7	72.67	63.0			6.5	2.77				0.032	0.32	11.18
8	安山岩(1 个样)*				22	26.5	100	175.0			3.2	4.7				0.83	6.60	31.25

* 据新疆地质调查院 1:5 万喀尔托克幅区调资料(1998 年)。

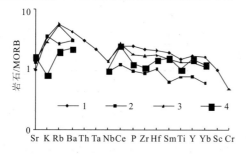
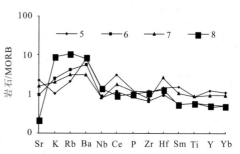

图 3-18 奥依塔克基性岩带地球化学型式(样号见表 3-9)

(四)形成的构造环境分析

该火山岩岩层稳定,岩石类型单调,岩石组合主要为玄武岩—玄武安山岩,部分属拉斑玄武岩系列,部分属钙碱性系列,具有洋脊、洋内岛弧火山岩的特征;岩石化学成分总体与洋脊、岛弧玄武岩接近,但带有一些洋岛玄武岩的色彩;稀土配分模式不同于大陆弧;微量元素地球化学型式分别具有岛弧蛇绿岩、洋内岛弧玄武岩、过渡型的阿曼蛇绿岩特点。在Ti/100-Zr-3Y图解(Pearce,1979)、Nb×2-Zr/4-Y图解(Meschde,1986)、Ti/Y-Nb/Y图解(Pearce,1982)(图3-19~图3-21)中本次所取样品一致落入洋中脊与火山弧的重叠区,在Zr/Y-Zr图解(图3-22)(Pearce,1982)上主要位于洋脊与岛弧区,同时这些图解显示该火山岩非板内成因。在Th-Hf/3-Ta图解(Wood等,1979)、Cr-Y图解(Pearce,1982)(图3-23、图3-24)上部分样品位于洋中脊玄武岩区,部分样品位于岛弧拉斑玄武岩区,各样点吻合性好;在TFeO/MgO与TiO_2图解(Migashiro,1974)上主要位于洋中脊区(图3-25)。

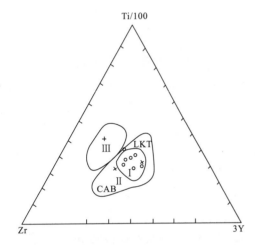

图3-19 玄武岩的Ti/100-Zr-3Y环境判别
(据Pearce,1979)

Ⅰ.洋底玄武岩;Ⅱ.火山弧玄武岩;Ⅲ.洋岛和板内玄武岩
奥依塔克基性岩带:○本区见表3-9;
×东邻奥依塔克;+D_1s

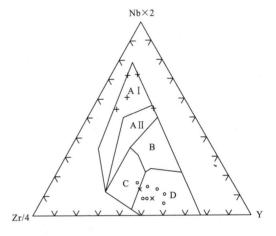

图3-20 玄武岩的Nb×2-Zr/4-Y环境判别
(据Meschede,1986)

AⅠ和AⅡ为板内碱性玄武岩;AⅡ和C为板内拉斑玄武岩
B为P-MORB;D为N-MORB;C和D为火山弧玄武岩
奥依塔克基性岩带:○本区,见表3-9,×东邻奥依塔克;+D_1s

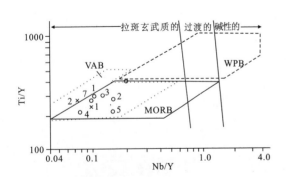

图3-21 奥依塔克岩带玄武岩Ti/Y-Nb/Y图
(据Pearce,1982,修改)

○本区,编号见表3-9;×奥依塔克,编号见
英吉沙县幅报告表3-6

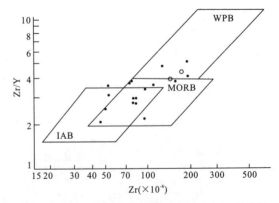

图3-22 不同环境玄武岩的Zr/Y-Zr判别图
(据Pearce,1982)

MORB为洋中脊;WPB为板内玄武岩;IAB为岛弧玄武岩
·东邻波斯坦列克;○邻区奥依塔克资料

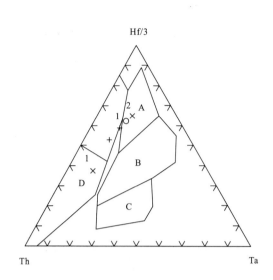

图 3-23 奥依塔克基性岩 Hf/3-Th-Ta 判别
(据 Wood,1979)
A 为 M-MORB;B 为 P-MORB;C 为板内碱性玄武岩
及分异产物;D 为岛弧拉斑玄武岩及分异产物
○本区,编号见表 3-9;×奥依塔克,编号见
英吉沙县幅报告表 3-6

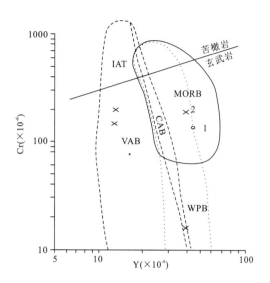

图 3-24 奥依塔克岩带 Cr-Y 图解
(据皮尔斯,1982)
VAB 为火山弧玄武岩,MORB 为洋中脊拉斑玄武岩;
WPB 为板内玄武岩
○本区,编号见表 3-9;×奥依塔克,编号见英吉沙县幅
报告表 3-6;•阿克塔什(据丁道桂等,1996)

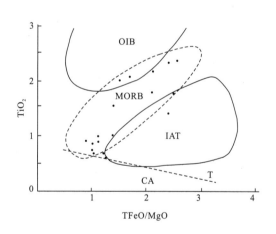

3-25 奥依塔克基性岩带 TFeO/MgO-TiO$_2$ 图
(据 Migashiro,1974、1975)
OIB 为洋岛;IAT 为岛弧;MORB 为洋中脊

综上所述,本书认为该套火山地层在沉积岩层之下一部分应属洋中脊玄武岩,其余的火山岩一部分为扩张轴外有富集地幔物质带入的 MORB 性质的玄武岩,一部分为岛弧火山岩。

四、碳酸岩岩体

该岩体分布于图幅西南部的苏鲁果如木都沟一带,面积 0.5km²,包括索洛莫沟、拜什莫洛两个小岩体(索洛莫沟岩体外貌见图版Ⅵ,3),两个岩体综合叙述如下。

(一) 地质特征

岩体呈岩株状、岩墙状产出,沿早期岩体接触边界或岩体与地层接触边界侵位。侵入周围志留系、泥盆纪基性-超基性岩、三叠纪石英闪长岩,岩体边界呈港湾状(图版Ⅵ,4),岩体内部发育围岩的捕虏体(图版Ⅵ,5),边部常见,中心稍少。捕虏体呈不规则状,大小不等,一般几厘米至几米,有的长轴斜交或垂直边界,见及的岩石类型主要为基性-超基性岩浆岩,有的因同化而颜色变浅现象,附近围岩中发育较多的岩枝、岩脉。局部地段碳酸岩岩体中穿插有伟晶岩脉、黑云母花岗岩脉。

(二) 岩石学特征

岩体内部矿物颗粒粗细不均,向中心有变粗趋势,粗者粒径达5mm,细者达1mm,构成粗粒—细粒碳酸岩,依矿物含量可以划分为方解石碳酸岩、透辉石碳酸岩。

方解石碳酸岩 灰白色,半自形粒状结构,块状构造,方解石近100%,双晶纹平直,晶粒内无形变,镜下切面稍有浑浊,颗粒之间以平直的边缘嵌接。

透辉石碳酸岩 浅灰色,粒状结构,条带状构造。方解石占90%±;透辉石占10%±,短柱状—长柱状,粒度稍小于方解石,具绿色—浅黄色多色性,集合成暗色条带,条带宽60mm±。颗粒之间相互以平直边界紧密镶嵌。

(三) 岩石化学及地球化学特征

索洛莫沟岩体的岩石化学分析结果见表3-10。该碳酸岩的特点为富集CaO(平均55%)、CO_2(平均43%),贫TiO_2、K_2O、Al_2O_3、FeO、P_2O_5、MnO;与幔源碳酸岩特征明显不同,据研究幔源碳酸岩的特点为贫CO_2,高TiO_2、K_2O(赵斌,2004),高Al_2O_3、Fe_2O_3、FeO、Na_2O、P_2O_5(邱家骧等,1991);总体与沉积碳酸盐岩平均值(特点为富CO_2,贫TiO_2、K_2O、Al_2O_3、Fe_2O_3、FeO、Na_2O、P_2O_5)十分接近,但CaO高,SiO_2、Al_2O_3、FeO、MnO、MgO、K_2O低,表现出沉积碳酸盐岩的特点。

表3-10 索洛莫沟碳酸岩岩体岩石化学成分一览表(%)

样号	岩石类型	SiO_2	TiO_2	Al_2O_3	Fe_2O_3	FeO	MnO	MgO	CaO	Na_2O	K_2O	P_2O_5	H_2O^+	CO_2	总量
5118/2	细粒方解石碳酸岩	1.07	0.07	0.01	0.01	0.18	0.05	0.01	55.14	0.06	0.01	0.02	0.26	43.03	99.92
5118/3	粗粒透辉石碳酸岩	0.95	0.05	0.01	0.01	0.13	0.03	0.70	54.55	0.05	0.01	0.02	0.31	43.14	99.96
湖北庙垭方解石碳酸岩		2.41	0.18	0.69	1.12	0.80	0.43	0.66	50.11	0.19	0.30	1.86	0.43	39.21	
沉积碳酸盐岩平均值		5.14	0.07	0.40	—	0.49	0.14	7.79	42.30	0.03	0.16	0.05	1.63	41.74	

稀土元素分析结果见表3-11,稀土配分模式见图3-26。各种稀土元素含量均很低,总量仅7×10^{-6},与沉积碳酸盐岩(杨学明,1998)、壳源成因碳酸岩的低轻稀土特征类似(赵斌等,2004),与幔源成因碳酸岩的高轻稀土特征(杨学明,1998;赵斌等,2004)明显不同。

微量元素分析结果见表3-11。该碳酸岩微量元素含量与幔源碳酸岩[以高Th、Rb、Nb、Ba为特点,(杨学明,1998;赵斌等,2004)]不同,表现为大部分微量元素含量(Th、Rb、Nb、Ba、V、Cr、Ni、Zr、Th、Ga)均很低;总体与沉积碳酸盐岩、壳源成因碳酸岩的特点一致[除Sr外的各种微量元素含量均很低,(杨学明,1998;赵斌,2004)],与沉积碳酸盐岩相比,仅Hf、Co稍高,V、Ni、Zr、Th、Ga低。据赵斌等(2004)总结,幔源成因碳酸岩的$\delta^{18}O$为$-17.4\sim5.5$,$\delta^{13}C$为$-6.6\sim-0.5$,壳源成因碳酸岩的$\delta^{18}O$为$15.6\sim21.2$,$\delta^{13}C$为$-2.5\sim+1$。本碳酸岩的$\delta^{18}O$为17.12,$\delta^{13}C$为4.01,具有壳源成因碳酸岩的特点。

表 3-11　索洛莫沟碳酸岩稀土、微量元素含量($\times 10^{-6}$)及特征参数一览表

序号	样号	La	Ce	Pr	Nd	Sm	Eu	Gd	Tb	Dy	Ho	Er	Tm	Yb	Lu	Y	ΣREE	LR/HR	δEu	(La/Yb)$_N$
1	5118/2	1.27	1.28	0.30	1.04	0.25	0.06	0.22	0.04	0.19	0.04	0.11	0.02	0.09	0.02	2.05	7.0	1.5	0.77	9.52
2	5118/3	1.52	1.77	0.29	1.02	0.28	0.04	0.18	0.03	0.19	0.04	0.11	0.02	0.08	0.01	1.40	7.0	2.26	0.51	12.89
钙质碳酸岩*	范围	90~1600	74~4152	50~389	190~1550	95~164	29~48	91~119	9~10	22~46	3~9	—	—	1.5~12	—	25~346				
	平均	608	1687	219	883	130	39	105	9	34	6	4	1	5	0.7	119				
沉积石灰岩*		1~9	11.5	1.1	4.7	1.3	0.20	1.3	0.2	0.9	0.3	0.5	0.04	0.5	0.2	30				

序号	样号	V	Cr	Ni	Rb	Sr	Zr	Ba	Th	Sc	Hf	Nb	Co	Ta	Ga	Rb/Sr	Ba/Sr	Zr/Hf
1	5118/2	16.20	13.00	6.02	2.70	122.00	6.70	15.00	0.20	1.54	0.50	0.50	2.35	0.20	0.32	0.022	0.123	13.4
2	5118/3	10.00	7.40	6.68	3.30	170.00	6.00	32.90	0.20	0.68	0.50	0.50	2.86	0.20	0.74	0.019	0.194	12
钙质碳酸岩*	范围	0~300	2~479	5~30	4~35		4~2320		5~168	0.6~18	—	1~15000	2~26		—			
	平均	80	13	18	14		189		52	7	—	1204	11		<5			
沉积石灰岩*		20	11	20	3		19		1.7	1	0.3	0.3	0.1		4			

注:标 * 据 Wooly, Kempe, 1989。

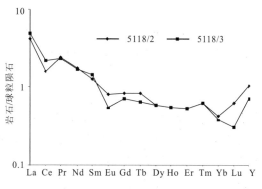

图 3-26　碳酸岩稀土配分模式

(四)成因及时代

该碳酸岩与围岩为侵入关系,矿物颗粒粗细不均,显示为岩浆成因。氧化物、稀土、微量元素含量均与沉积成因碳酸盐岩或壳源成因碳酸岩接近,与幔源成因碳酸岩不同,$\delta^{18}O$、$\delta^{13}C$ 显示为壳源成因碳酸岩。故认为该碳酸岩为沉积的碳酸盐岩再熔融而成。

该碳酸岩在空间上与三叠纪石英闪长岩相伴生,可能为该岩体侵位时岩浆热量使周围沉积碳酸盐岩熔融而成,其时代也可能为三叠纪。

第二节　中酸性侵入岩

测区中酸性侵入岩出露较少,面积 $461 km^2$,占测区面积的 4%,分别产于西昆仑北、西昆仑中两个构造岩浆岩带中,形成时期为石炭纪—三叠纪。本次工作共填绘出岩体 8 个,解体出侵入体 10 个,岩体呈小岩基、岩株、岩墙产出,岩石类型主要为花岗岩、少量闪长岩。

一、西昆仑北带中酸性侵入岩

其构造位置处于塔里木地块西南缘,北以空贝利-木扎令断裂为界,岩体出露面积 $159 km^2$。可

划分为晚石炭世、晚三叠世两期(表3-12)。

表3-12 西昆仑北带中酸性侵入岩划分及岩体简况一览表

时代	岩体名称	面积(km²)	侵入体主体岩性	代号	侵入体序次	年龄(Ma)	主要接触关系	中心坐标	
晚三叠世	萨罗依	13	花岗斑岩	$\gamma\pi T_3$		Rb-Sr-222	侵入C_1w及T_3h	74°56′	39°18′
晚石炭世	阿克塔木	5	细—中粒英云闪长岩	ΓoC_2	2		侵入C_1w	74°30′	39°20′
	阿克沙热	5	细粒黑云母斜长花岗岩	γoC_2	2		侵入C_1w	74°37′	39°18′
	波斯坦铁列克	136	细粒黑云母斜长花岗岩	γoC_2	2	U-Pb-309	侵入C_1w	74°55′	39°10′
			中粒石英闪长岩	δoC_2	1				

(一)晚石炭世侵入岩

其分布于图幅东南部的木孜都嫩乔库苏托—伯日克孜一带,面积146km²,由波斯坦铁列克、阿克沙热、阿克塔木3个岩体组成。岩体均位于区域构造上的"奥依塔克裂陷槽"内,空间上与早石炭世乌鲁阿特组火山岩伴生。

1. 波斯坦铁列克岩体

该岩体分布于图幅东南部、伯日克孜村北侧。岩体向东延出测区,总面积170km²,图内面积136km²,包含两次侵入活动,第一次侵入的岩性为中粒石英闪长岩(δoC_2),第二次侵入的岩性为细粒斜长花岗岩(γoC_2)。

1) 地质特征

该岩体呈小岩基状侵位于下石炭统乌鲁阿特组中,两次侵入岩与围岩的侵入关系均明确(图3-27),接触界线截然,多呈不规则锯齿状,岩体边部发育冷凝边、捕虏体,围岩发育烘烤边、褪色蚀变边。斜长花岗岩单元脉动侵入石英闪长岩单元(图3-28),二者界线截然,在斜长花岗岩单元的边部发育较窄的冷凝边,并具石英闪长岩单元的捕虏体,其内的暗色岩浆包体在边界附近有聚集现象,位于该单元边部的部分包体尚具拉长定向,显示岩浆由下向上运移。岩体中的围岩捕虏体仅在岩体边部较多,内部零星发育,暗色岩浆包体偏少,包体、捕虏体一般呈棱角状、次棱角状,大小不等。

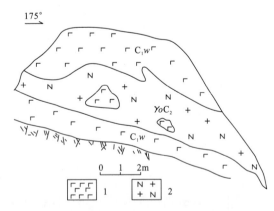

图3-27 晚石炭世波斯坦铁列克岩体斜长花岗岩(γoC_2)侵入下石炭统乌鲁阿特组(C_1w)素描剖面图

1.玄武岩;2.斜长花岗岩

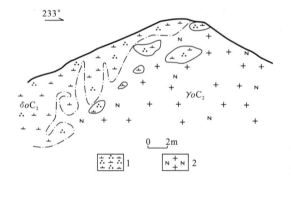

图3-28 晚石炭世波斯坦铁列克斜长花岗岩(γoC_2)侵入石英闪长岩(δoC_2)素描图

1.石英闪长岩;2.斜长花岗岩

2) 岩石学特征

岩石学特征见表3-13,多阳离子R_1-R_2图解(De La Rache等,1980)定名与实际矿物含量定名基本一致(图3-29)。

表3-13 波斯坦铁列克岩体岩石学特征表

分次	第一次	第二次
岩石类型	浅灰色—浅灰绿色中粒石英闪长岩	浅灰白色细粒黑云母斜长花岗岩
结构构造	中粒半自形结构,块状构造	细粒半自形结构,块状构造
斜长石	70%±,为中长石,半自形—自形板柱状,长轴2~3mm,环带结构发育,表面分布许多细小黝帘石颗粒,较污浊	25%±,他形粒状,0.5~1mm,与斜长石交生,呈蟹爪状或填隙状分布
石英	10%~15%,他形粒状,1mm±,填隙状分布,具波状消光	60%~65%,半自形板状,(0.5~1)mm×2mm,聚片双晶及卡钠复合双晶发育,具弱绢云母化
暗色矿物	角闪石:15%~18%,半自形柱状,长轴2mm±,次生蚀变较强,多被绿泥石替代,有锆石、磷灰石、磁铁矿包体	黑云母:10%±,片状,0.5~1mm,填隙状分布,具绿泥石化
副矿物	主要为绿帘石—赤铁矿—磁铁矿,次有白钛石、锆石、磷灰石、榍石	主要为磁铁矿—绿帘石—赤铁矿,次有黄铁矿、锆石、磷灰石、榍石
R_1-R_2	闪长岩区	花岗闪长岩区

3) 岩石化学及地球化学特征

(1) 岩石化学特征。岩石化学分析结果及特征参数见表3-14。

表3-14 侵入岩岩石化学成分、CIPW标准矿物及特征参数一览表

岩体	序次	侵入体岩性	序号	样号	氧化物含量(%)												
					SiO_2	TiO_2	Al_2O_3	Fe_2O_3	FeO	MnO	MgO	CaO	Na_2O	K_2O	P_2O_5	H_2O^+	CO_2	总量
波斯坦铁列克	1	石英闪长岩	1	1153/1	55.78	1.56	14.86	3.13	7.53	0.23	2.84	7.27	3.05	0.20	0.16	2.83	0.42	99.86
			2	XXXIV-3	58.02	0.64	16.55	3.14	3.38	0.09	2.19	6.13	3.93	0.65	0.19	灼4.13	0.01	99.22
	2	斜长花岗岩	3	XXXIX-17	68.95	0.19	14.08	1.41	2.60	0.06	2.19	1.65	4.14	2.05	0.04	0.02	1.95	99.41
			4	XXXIX-20	77.10	0.28	11.37	0.86	1.61	0.06	0.50	1.65	4.49	1.16	0.04	0.01	1.66	100.84

序号	样号	CIPW标准矿物(%)					特征参数							
		q	or	ab	an	c	σ	AR	DI	SI	ALK	A/CNK	Na_2O/K_2O	MF	M/F
1	1153/1	16.24	1.18	25.81	26.26	0.00	0.83	1.34	43.23	16.96	3.25	0.81	15.25	78.96	0.47
2	XXXIV-3	16.31	3.84	33.26	25.60	0.00	1.40	1.51	53.41	16.48	4.58	0.91	6.04	75	0.23
3	XXXIX-17	28.77	12.11	35.04	7.95	4.24	1.48	2.30	75.92	17.08	6.19	1.18	2.02	65	0.40
4	XXXIX-20	41.61	6.86	38.00	7.44	0.00	2.43	1.32	86.46	37.97	5.65	0.97	3.87	54	0.69

石英闪长岩单元岩石样品风化均较强,下述图解及参数只能大致反映其特点。在硅-碱图(Irvine等,1971)(图3-30)上投点位于亚碱性系列区,在TFeO/MgO与SiO_2、TFeO关系图解(Miyashiro,1974)(图3-31)上位于拉斑玄武岩系列区,在硅-钾图(Pecerillo等,1976)上位于低钾区(图3-32),根据共生的斜长花岗岩的岩石化学属性,我们认为该岩石很可能仍属钙碱性系列。在$AR-SiO_2$图解(Wright,1969)上位于钙碱性岩区(图3-33),里特曼指数σ平均为1.1,二者显示碱度上相当于皮科克的钙性岩。铝指数A/CNK平均0.86,属偏铝质岩石,氧化物含量与中国石英闪长岩平均值较为接近,具显著高CaO、显著低K_2O、P_2O_5、低SiO_2、Al_2O_3的特点。

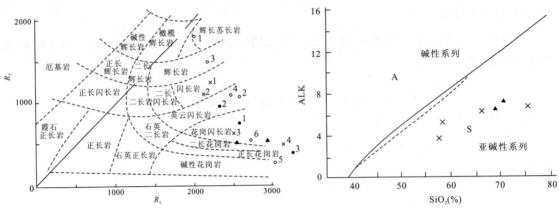

图 3-29 岩石分区的 R_1-R_2 图解
（据 De La Roche，1980）
×波斯坦铁列克，编号同表 3-14；▲萨俄孜俄勒克；
○沙热塔什等，编号同表 3-21；●卡拉阿尔特，编号同表 3-24

图 3-30 硅-碱图（据 Irvine 等，1971）
×波斯坦铁列克；▲萨俄孜俄勒克

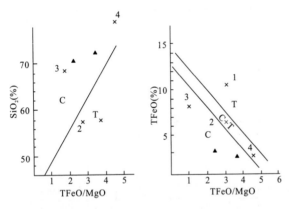

图 3-31 TFeO/MgO 与 SiO_2、TFeO 图
（据 Miyashiro，1974）
×波斯坦铁列克，编号同表 3-14；▲萨俄孜俄勒克

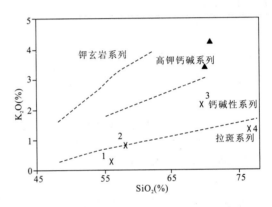

图 3-32 K_2O-SiO_2 图解
（据 Pecerillo 等，1976）
×波斯坦铁列克，编号同表 3-14；▲萨罗依岩体

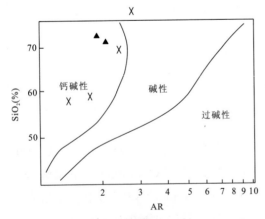

图 3-33 $AR-SiO_2$ 与碱性度关系图
（据 Wright，1969）
×波斯坦铁列克，编号同表 3-14；▲萨罗依岩体

斜长花岗岩单元在硅-碱图（Irvine 等，1971）、TFeO/MgO 与 SiO_2、TFeO 关系图解（Miyashiro，1974）（图 3-30、图 3-31）上综合显示为钙碱性系列。该岩石在 $AR-SiO_2$ 图解（Wright，1969）上位于钙碱性岩区（图 3-33），里特曼指数 $\sigma=0.94\sim1.48$，二者显示碱度上相当于皮科克的钙性岩。铝指数 A/CNK 平均为 0.98（结合 1∶5 万区调在波斯坦铁列克地区所取的样品），属偏铝质岩石。氧化物含量与中国花岗岩类平均值较为接近，具稍高 Na_2O，稍低 Al_2O_3，显著低 K_2O、P_2O_5 的特点。K_2O 平均为 1.61%，与蛇绿岩套中的斜长花岗岩不同。

该岩体的共同特点是低 K_2O、P_2O_5。

（2）稀土元素特征。分析结果及特征参数见表 3-15。

石英闪长岩单元的稀土总量（ΣREE）为 60.15×10^{-6}，显著低于中性岩的平均值（130×10^{-6}）。稀土标准化曲线（图 3-34）平坦—略向右倾，曲线斜率 $(La/Yb)_N$ 平均为 1.49，具弱铕正异常（δEu 平均为 1.10）。斜长花岗岩单元的稀土总量 ΣREE 平均为 96.85×10^{-6}，显著低于花岗岩的平均值（250×10^{-6}）。稀土标准化曲线（图 3-34）略向右倾，曲线斜率 $(La/Yb)_N$ 平均为 4.93，具中等铕亏损，总体上类似于塞班岛岛弧型英安岩的型式，仅稀土总量及轻稀土富集程度较之均高一些。

表 3-15　波斯坦铁列克岩体稀土元素含量（$\times10^{-6}$）及特征参数一览表

单元	序号	样号	La	Ce	Pr	Nd	Sm	Eu	Gd	Tb	Dy	Ho	Er	Tm	Yb	Lu	Y	ΣREE	LR/HR	δEu	$(La/Yb)_N$
δoC_2	1	1153/1	4.47	11.89	1.86	9.06	3.05	1.26	4.10	0.74	4.81	1.06	2.86	0.48	3.12	0.52	24.08	73.36	1.79	1.09	0.97
	2	ⅩⅩⅩⅣ-3	7.92	12.7	1.62	6.90	2.23	0.92	2.92	0.61	3.94	0.92	2.76	0.43	2.66	0.40		46.93	2.21	1.10	2.01
γoC_2	3	ⅩⅩⅩⅨ-17	21.2	37.3	3.72	14.4	3.00	0.70	2.5	0.47	3.24	0.70	1.98	0.32	1.97	0.29		91.79	7.00	0.76	7.26
	4	ⅩⅩⅩⅨ-20	16.7	30.7	3.93	18.1	4.71	0.90	5.94	1.07	7.49	1.65	4.97	0.72	4.33	0.66		101.9	1.10	0.37	2.60

可以看出，两次侵入岩稀土总量均较低，从早至晚稀土总量增大，轻重稀土分馏程度增强。

（3）微量元素特征。分析结果见表 3-16。石英闪长岩与闪长岩维氏值、斜长花岗岩与富钙酸性岩涂氏值差别均很大，二者均显著高 Co、Hf，显著低 Nb、Cr、Ti、Rb、Sr、Ta、Ba、Th、Ga。此外石英闪长岩显著高 Sr、显著低 Zr。石英闪长岩的地球化学型式（图 3-35）为平坦型；斜长花岗岩的地球化学型式显示大离子亲石元素略富集，高场强元素略亏损，类似于火山弧花岗岩的典型型式。

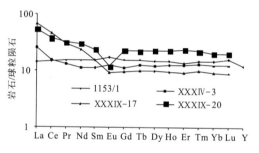

图 3-34　波斯坦铁列克岩体稀土配分模式

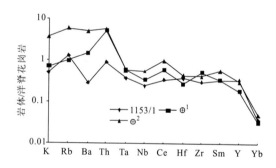

图 3-35　波斯坦铁列克岩体地球化学型式

4）形成深度

该岩体与围岩界线明显，接触变质作用较弱，岩体不显面理，常具冷凝边，侵位于相关的火山岩之中，从地质特征上看形成于浅带。在 Q-Ab-Or 相图（图略）（Barker，Arth，1976）上位于 500b（1b=100kPa）压力线附近（相当于 1.7km 深度），同样显示岩体形成深度较浅。

表 3-16　波斯坦铁列克岩体微量元素含量（$\times10^{-6}$）及特征参数一览表

单元	样号	V	Cr	Ni	Rb	Sr	Zr	Ba	Th	Sc	Hf	Nb	Co	Ta	Ga	Rb/Sr	Ba/Sr	K/Rb
δoC_2	1153/1	79.00	13.20	5.68	5.20	152.00	105.00	14.50	0.74	33.20	3.40	2.48	25.20	0.26	9.06	0.034	0.095	319.2
	⊕1	206.86	138.96	35.08	4	145.3	181.7	76.7	4.2	35	2.5	3.5	25.79	0.42		0.028	0.53	
γoC_2	⊕2	71.53	40.36	12.66	24	94.5	145	255	4.65	11.25	4	5.5	14.76	0.41		0.254	2.70	

注：⊕为 1:5 万喔尔托克幅资料，系该单元岩石的平均值。

2. 阿克沙热及阿克塔木岩体

两个岩体均呈小岩株状侵位于下石炭统乌鲁阿特组火山岩之中，均为一次侵入的简单岩体。

阿克沙热岩体岩性为细粒斜长花岗岩(γoC_2)，各项特征与波斯坦铁列克岩体中的斜长花岗岩一致，岩体内部偶见辉绿岩脉。

阿克塔木岩体为细—中粒英云闪长岩($\gamma\delta oC_2$)，由斜长石(64%)、石英(25%)、黑云母(6%)、普通角闪石(<5%)组成，斜长石呈自形—半自形板柱状，大小为1mm×1.5mm～2.5mm×4mm，有的具环带、净边，石英呈他形粒状，填隙分布，黑云母呈鳞片状，角闪石呈细柱状，副矿物主要为绿帘石、磷灰石。该岩体与波斯坦铁列克岩体中的斜长花岗岩基本可以对比，差别在于该岩体暗色矿物较高，并含少量角闪石。

3. 晚石炭世侵入岩的成因及地球动力学环境分析

该期岩体副矿物均为磁铁矿、榍石，铝指数A/CNK<1，均属偏铝质岩石，总体表现为钙碱性系列，其中的石英闪长岩富含角闪石，不含辉石，较新鲜的斜长花岗岩所取样品显示属中钾类型。据上述特征判断该期岩石属巴尔巴林的含角闪石钙碱性花岗岩类，该岩石类型形成的地球动力学环境为板块俯冲，显示的物质来源为壳幔混合源。

斜长花岗岩稀土曲线类似于赛斑岛岛弧型英安岩；Al_2O_3含量较低(平均为12.72%)，Yb含量较高(平均为3.15×10^{-6})，具有大洋(包括洋内岛弧、洋脊)花岗岩的特点，微量元素地球化学型式类似于火山弧花岗岩的典型型式，右侧高场强元素较高，显示更可能为岛弧成因。在Rb-Y+Nb、Y-Nb图解(Pearce等，1984)上位于火山弧花岗岩区(图3-36)。

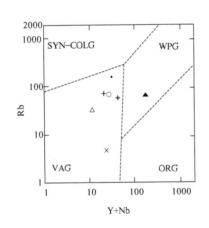 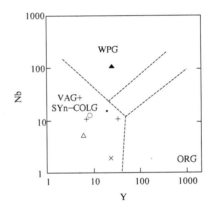

图3-36　不同构造环境花岗岩的非活动元素判别图(据Pearce等，1984)

VAG为火山弧花岗岩；WPG为板内花岗岩；syn-COLG为同碰撞花岗岩；ORG为洋中脊花岗岩；
× 波斯坦铁列克岩体；+ 沙热塔什岩体；○ 库木别勒木孜套岩体；△ 阿克萨依巴什山岩体；
● 卡拉阿尔特岩体；▲ 托格买提组火山岩

综上所述，本报告认为该侵入岩为洋内俯冲的岛弧花岗岩，物质来源于壳幔混合源。

4. 形成时代

新疆地质调查院第二调查所(1998)在波斯坦铁列克岩体细粒斜长花岗岩中获得的单颗粒锆石U-Pb法年龄值为309Ma(宜昌地质研究所测试)；新疆地质矿产局二区调队(1994)在东邻的英吉沙县幅奥依塔克岩体中获得的锆石Pb-Pb法年龄值为313Ma，该岩体与本图幅的本期岩体关系密切，两个年龄值吻合较好，均属晚石炭世；该侵入岩侵入早石炭世乌鲁阿特组，其形成下限为早石炭世。据此我们同意1∶5万喔尔托克幅报告的意见，将其时代置于晚石炭世。

(二) 晚三叠世侵入岩($\gamma\pi T_3$)

该测区仅出露萨罗依岩体，分布于测区东南部的萨俄孜俄勒克一带，面积13km²，仅有一次侵入活动，岩性为花岗斑岩。

1. 地质特征

岩体呈岩墙状沿构造线展布，宽0.5～1km，长17km，与周围早石炭世乌鲁阿特组，晚三叠世霍峡尔组均呈侵入关系，岩体边界陡倾、界面弯曲、斜切围岩层理面，岩体边缘可见上述两套地层的捕虏体，捕虏体在岩体的局部地段较为密集，见及的岩性均为火山岩。

2. 岩石学特征

岩石呈暗紫红色，斑状结构、基质微晶—玻璃质结构，块状构造。斑晶占50%～60%，平均55%，主要为正长石和石英，少量斜长石、黑云母，局部含少量角闪石。正长石呈半自形—自形板状，长轴1～3mm，表面不均匀泥化；斜长石呈自形板状，长轴2～3mm，聚片双晶发育，具绢云母化、碳酸盐化；石英呈自形—半自形粒状、六方柱状，长轴0.5～3mm，熔蚀明显；黑云母呈片状，长轴1mm±，多具暗化边；角闪石呈自形长柱状，绿色，长轴0.3～0.6mm，有弱绿泥石化。基质由长英质微晶及玻璃质组成，玻璃质多脱玻化形成长英质球粒。副矿物主要为磁铁矿、绿帘石，次为赤铁矿、褐铁矿、自然铜、锆石、黄铁矿，少量磷灰石、黄铜矿、偶见自然金，副矿物组合为绿帘石—磁铁矿—黄铁矿型。在岩体边缘处，岩石中的部分斑晶具破碎现象。

该岩石在多阳离子R_1-R_2图解(De La Rache等，1980)(图3-29)上位于花岗闪长岩区但靠近二长花岗岩区，与实际矿物定性命名基本一致。

3. 岩石化学及地球化学特征

1) 岩石化学特征

分析结果及特征参数见表3-17。该岩石氧化物含量与中国花岗岩平均值基本一致，具高CaO、Fe_2O_3，显著低Na_2O、K_2O、P_2O_5、低SiO_2、FeO、Al_2O_3、MnO的特点。

该侵入岩在硅-碱图(Irvine等，1971)上位于亚碱性系列区(图3-30)，在$TFeO/MgO$与SiO_2、$TFeO$关系图解(Miyashiro，1974)上进一步显示属钙碱性系列(图3-31)；在K_2O-SiO_2图解(Pecerillo等，1976)上位于高钾区(图3-32)，显示属高钾类型；在AR-SiO_2图解(Wright，1969)上位于钙碱性岩区(图3-33)，显示碱度上属莱特的钙碱性岩；该岩体不同地段铝饱和度不均一，铝指数A/CNK=1.05～1.13，属过铝质，局部地段出现偏铝质的特征矿物角闪石，综合认为该岩体由于岩浆混合程度不均一，造成部分地段为过铝质，部分地段为偏铝质。

表3-17 萨罗依岩体岩石化学成分、CIPW标准矿物及特征参数一览表

侵入体岩性	序号	样号	氧化物含量(%)												
			SiO_2	TiO_2	Al_2O_3	Fe_2O_3	FeO	MnO	MgO	CaO	Na_2O	K_2O	P_2O_5	H_2O^+	灼	总量
花岗斑岩	1	9551YQ-Ⅷ45	71.77	0.24	12.68	1.64	0.73	0.03	0.61	2.26	2.09	4.22	0.04	0.45	3.87	100.72
	2	9651 YQ-ⅩⅩⅦ-2	69.92	0.29	13.77	2.59	0.68	0.04	1.32	2.11	2.76	3.52	0.06	0.22	2.02	99.39

样号	CIPW标准矿物(%)					特征参数								
	q	or	ab	an	c	σ	AR	DI	SI	ALK	A/CNK	Na_2O/K_2O	MF	M/F
9551YQ-Ⅷ45	37.36	24.94	17.69	10.98	3.56	1.38	1.78	79.98	6.57	6.31	1.05	0.50	79.55	0.151
YQ-ⅩⅩⅦ-2	33.67	20.80	23.36	10.12	4.39	1.47	2.07	77.83	12.14	6.28	1.13	0.78	71.2	0.224

2) 稀土元素特征

分析结果及特征参数见表3-18。稀土总量平均值171.56×10^{-6}，比科尔曼的花岗岩类平均

值($250×10^{-6}$)低。标准化曲线见图 3-37,显示轻稀土中等富集,曲线斜率$(La/Yb)_N$平均 13.77,具中等铕亏损(δEu 平均 0.49)。

表 3-18 萨罗依岩体稀土、微量元素含量($×10^{-6}$)及特征参数一览表

序号	样号	La	Ce	Pr	Nd	Sm	Eu	Gd	Tb	Dy	Ho	Er	Tm	Yb	Lu	Y	ΣREE	LR/HR	δEu	(La/Yb)_N
1	Ⅷ-45	46.6	77.5	7.26	28.7	4.76	0.69	3.68	0.56	3.71	0.73	2.01	0.31	1.92	0.29		178.7	12.53	0.49	16.4
2	ⅩⅩⅩⅦ-2	38.7	67.0	7.06	31.0	5.12	0.73	3.97	0.64	3.84	0.84	2.43	0.38	2.34	0.35		164.4	10.12	0.48	11.14

样号	V	Cr	Ni	Rb	Sr	Zr	Ba	Cu	Pb	Zn	As	Co	Bi	Au	Ag	Sb	B
样品平均	24.73	14.33	5.79		340	92.5	435	12.86	25.60	69.38	10.28	9.04	0.09	31.50	0.07	0.6	16

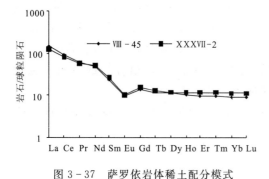

图 3-37 萨罗依岩体稀土配分模式

3) 微量元素特征

其分析结果见表 3-18。亲硫元素普遍高于维氏值,其中 Bi 和 Au 的含量分别高于维氏值的 1.74、1.62 倍;亲铁元素中的 Ni 略低于维氏值,Co 高于维氏值 1.81 倍。

4. 与霍峡尔组火山岩的关系

该岩体斑晶具破碎现象,基质为微晶—玻璃质,为高位深成岩体。

该期岩体(包括英吉沙县幅出露的托喀依岩体)均产于霍峡尔组火山岩的内部或附近,时间上总是晚于霍峡尔组火山岩而侵入其中,二者均属亚碱性系列、莱特的钙碱性岩,故认为它与火山岩系为同一机制下的产物。

5. 形成时代

该期岩体侵入霍峡尔组火山岩;1998 年,新疆地质调查院在该岩体中获得的 Rb-Sr 等时线年龄为 $222±14Ma$,属晚三叠世,与地质特征吻合,故将其时代置于晚三叠世。

6. 成因及形成的地球动力学环境分析

该岩体局部含少量角闪石;副矿物主要为磁铁矿;具有较低 Al_2O_3、较高 CaO 的特点,K_2O 较高,但含量不稳定且小于 5%;伴生的霍峡尔组火山岩在该岩体附近的岩石组合为玄武岩—玄武安山岩,在东部的霍峡尔一带尚出现安山岩;$^{87}Sr/^{86}Sr=0.7057±0.00042$,该值位于幔源、幔壳混合源分界线(0.706)附近;这些特征类似于巴尔巴林的含角闪石钙碱性花岗岩,该岩石类型显示的地球动力学环境为板块俯冲,与霍峡尔组火山岩岩石化学等显示的环境一致。但区域资料显示,晚三叠世主大洋已经关闭,测区进入后碰撞阶段,结合晚三叠世沉积盆地分析所提供的信息,我们认为该岩体可能为后碰撞阶段的中间松弛期局部拉张引起幔源拉斑玄武质岩浆上侵、岩浆在上升过程中混染了地壳组分再经分异而成。

二、西昆仑中带中酸性侵入岩

该带构造位置处于西昆仑中间地块,北以空贝利-木扎令断裂为界,岩体出露面积 $302km^2$,可划分为早三叠世、中三叠世两期(表 3-19)。

表 3-19 西昆仑中带中酸性侵入岩划分及简况一览表

时代	岩体名称	面积 (km^2)	侵入体主体岩性	代号	侵入体序次	年龄 (Ma)	主要接触关系	中心坐标	
中三叠世	卡拉阿尔特	98	斑状中粒黑云母二长花岗岩	$\eta\gamma T_2$		U-Pb-217	侵入志留系,超动侵入 $\delta o^2 P$	73°57′	39°07′
早三叠世	阿克萨依巴什山	8	中粒黑云母英云闪长岩	$\Gamma o^3 T_1$	3	233	侵入志留系	74°23′	39°13′
	库木别勒木孜套	120	中—细粒黑云母石英闪长岩	$\delta o^2 T_1$	2		侵入志留系	73°48′	39°07′
	沙热塔什	76	中粒黑云母花岗闪长岩	$\gamma\delta^4 T_1$	4	U-Pb-244	侵入志留系	74°11	39°02′
			细粒闪长岩	$\delta^1 T_1$		K-Ar-159			

(一)早三叠世侵入岩

早三叠世侵入岩分布于图幅南部库木别勒木孜套-木吉一带,岩体面积 $204km^2$,由沙热塔什等 3 个岩体组成,各岩体呈 NW 向带状展布,构成二叠纪火山弧花岗岩带。其包含 4 次侵入活动。

1. 沙热塔什岩体

该岩体分布于图区南部沙热塔什一带,南延出图,总面积 $120km^2$,图内 $76km^2$,内部包含 2 次侵入活动,早期侵入形成的岩性为细粒闪长岩(归属本期第一次,$\delta^1 T_1$)、晚期侵入形成的岩性为中粒黑云母花岗闪长岩(归属本期第四次,$\gamma\delta^4 T_1$)。后者在岩体北缘局部地段形成二云母二长花岗岩细粒带。

1)地质特征

岩体呈极不规则的带状,顺构造线侵位于志留系中,侵入界面呈港湾状、折线状,一般中等角度外倾,局部因界面弯曲而成中—高角度内倾。与围岩的侵入关系明确(图 3-38),表现为岩体边部发育大量捕虏体,接触带附近围岩中穿插大量岩枝并发育明显的热变质现象。两次侵入岩之间为界线截然的脉动关系,界面中等内倾,沿界面常充填伟晶岩脉。

2)岩石学特征

岩石学特征见表 3-20,多阳离子 R_1-R_2 命名图解(De La Rache 等,1980)与实际矿物含量定名稍有差别(图 3-29)。

表 3-20 沙热塔什岩体岩石学特征表

侵入体序次	本期第一次侵入岩	本期第四次侵入岩	
岩石类型	细粒闪长岩	中粒黑云母花岗闪长岩	细粒白云黑云二长花岗岩
颜色	灰色,风化面深灰色、灰黑色	浅灰色—浅白色	灰白色
结构	细粒半自形结构,块状构造	中粒半自形结构,弱定向构造	细粒半自形结构,弱定向构造
钾长石		17%±,半自形柱状,一般 1.5mm×2.5mm,为微斜条纹长石	30%±,半自形板柱状,1mm×1.5mm,主要为微斜长石,少数为正长石
斜长石	>60%,半自形—自形板柱状,一般 0.3mm×0.5mm~1.5mm×2mm,较大的具环带,聚片双晶发育	47%,半自形—自形板柱状,1mm×2mm~1.5mm×3mm,聚片双晶发育、部分具卡氏双晶,多数具环带,部分具钠长石化	32%±,半自形板柱状,1mm×2mm
黑云母	10%±,呈鳞片状,分布于角闪石粒间,有绿泥石化现象	7%~17%,平均 12%,褐色片状,1~1.5mm,部分呈集合体出现,少数具绿泥石化	10%±,片状 1mm±,星散分布
其他	普通角闪石:25%,半自形柱状,(0.3~1.5)mm×2mm,多聚集	白云母少量,小片状	白云母 3%±,片状,1~2mm,星散分布
石英	<5%,青灰色,他形粒状,0.5mm,波状消光明显	23%~25%,青灰色,半自形—他形粒状,1~1.5mm,星散分布	25%±,青灰色,他形粒状,1mm±,星散分布
副矿物	榍石、磷灰石、金属矿物	榍石、磷灰石	
R_1-R_2 图解	辉长岩区	英云闪长岩区	

3) 岩石化学及地球化学特征

(1) 岩石化学特征。岩石化学分析结果见表3-21。闪长岩、花岗闪长岩在岩石系列判断图解上（图3-39、图3-40）分别显示为拉斑玄武岩系列、钙碱性系列，在硅-钾图上（图3-41）分别位于高钾、中钾区，结合岩石类型综合看该侵入岩属中钾钙碱性系列。在$AR-SiO_2$图解上（图3-42）位于钙碱性岩区，闪长岩、花岗闪长岩的里特曼指数σ分别为1.61、1.31，综合显示碱度相当于皮科克的钙性岩。闪长岩的铝指数为0.72，属偏铝质类型，花岗闪长岩的铝指数为1.01，属弱过铝。该岩体中的闪长岩、花岗闪长岩氧化物含量与中国同类岩石平均值相比SiO_2均较低，具有高CaO，低Na_2O、Fe_2O_3的特点。

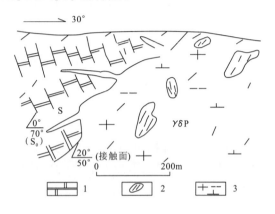

图3-38 沙热塔什岩体侵入塞图拉岩群素描图
1.大理岩；2.捕房体；3.花岗闪长岩

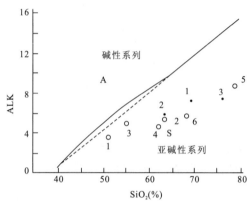

图3-39 硅-碱图（据Irvine等，1971）
○沙热塔什等，编号同表3-22；●卡拉阿尔特，编号同表3-24

(2) 稀土元素特征。分析结果见表3-22。稀土配分模式见图3-43。闪长岩的稀土总量（178.68×10^{-6}）高于同类岩石平均值（130×10^{-6}），轻稀土相对弱富集，具中等铕亏损，花岗闪长岩的稀土总量特别低（87.12×10^{-6}），轻稀土中等富集，具弱的铕正异常。

表3-21 侵入岩岩石化学成分、CIPW标准矿物及特征参数一览表

岩体	序次	侵入体岩性	序号	样号	氧化物含量(%)												
					SiO_2	TiO_2	Al_2O_3	Fe_2O_3	FeO	MnO	MgO	CaO	Na_2O	K_2O	P_2O_5	H_2O^+	CO_2	总量
沙热塔什	1	细粒闪长岩	1	5133/1	49.18	1.16	16.51	2.15	8.30	0.24	6.08	10.35	1.37	1.78	0.23	1.90	0.50	99.75
	4	黑云母花岗闪长岩	2	2102/2	61.69	0.80	16.42	1.36	4.78	0.10	2.55	5.46	2.49	2.10	0.17	1.53	0.33	99.78
		闪长质包体	3	2102/3	55.40	0.72	17.19	1.50	6.28	0.21	3.95	8.41	2.53	1.71	0.11	1.60	0.20	99.81
库木别勒木孜套	2	黑云母石英闪长岩	4	225/6	60.25	0.86	16.70	1.10	5.50	0.11	2.55	5.94	2.33	2.18	0.19	1.43	0.65	99.79
		花岗伟晶岩	5	225/5	78.43	0.04	11.61	0.01	0.10	0.35	0.02	2.12	6.09	0.08	0.55	0.22	99.86	
阿克萨依巴什山	3	英云闪长岩	6	4126/1	67.75	0.39	16.44	1.07	1.43	0.05	1.28	4.59	3.94	1.38	0.13	0.97	0.30	99.72

序号	样号	CIPW标准矿物(%)				特征参数								
		q	or	ab	an	c	σ	AR	DI	SI	ALK	A/CNK	Na_2O/K_2O	MF	M/F
1	5133/1	2.52	10.52	11.59	33.64	0.00	1.61	1.27	24.63	30.89	3.15	0.72	0.77	63.22	1.04
2	2102/2	22.08	12.41	21.07	23.89	1.29	1.13	1.53	55.56	19.20	4.59	1.01	1.19	70.66	0.73
3	2102/3	22.19	11.58	23.27	25.28	0.00	1.45	1.56	57.04	22.33	4.71	0.93	1.40	64.39	0.91
4	225/6	20.51	12.88	19.71	24.12	1.67	1.18	1.50	53.10	18.67	4.51	0.98	1.07	72.13	0.68
5	225/5	42.48	35.98	17.94	0.00	0.00	1.90	5.38	96.40	0.94	8.21	1.08	0.35	74.19	0.50
6	4126/1	28.46	8.15	33.34	20.03	1.12	1.14	1.68	69.95	14.07	5.32	1.01	2.86	66.14	0.91

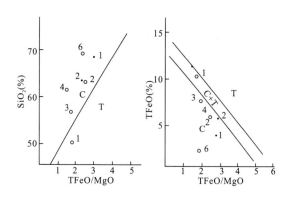

图3-40 TFeO/MgO 与 SiO₂、TFeO 图(据 Miyashiro,1974)

C 为钙碱性系列;T 为拉斑玄武岩系列

○沙热塔什等,编号同表3-22;•卡拉阿尔特,编号同表3-24

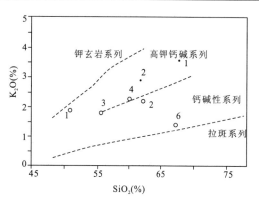

图3-41 K₂O-SiO₂ 图解(据 Pecerillo 等,1976)

○沙热塔什等,编号同表3-22;•卡拉阿尔特,编号同表3-24

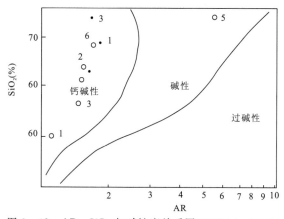

图3-42 AR-SiO₂ 与碱性度关系图(据 Wright,1965)

○沙热塔什等,编号同表3-22;•卡拉阿尔特,编号同表3-24

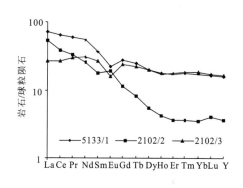

图3-43 沙热塔什岩体稀土配分模式

表3-22 侵入岩稀土元素含量(×10⁻⁶)及特征参数一览表

岩体	序次	侵入体岩性	序号	样号	La	Ce	Pr	Nd	Sm	Eu	Gd
沙热塔什	1	细粒闪长岩	1	5133/1	21.81	52.17	7.39	32.29	7.16	1.64	7.14
	4	中粒黑云母花岗闪长岩	2	2102/2	16.54	31.66	3.99	15.64	3.54	1.43	3.00
		闪长质包体	3	2102/3	8.38	21.63	3.64	18.47	5.19	1.16	6.16
库木别勒木孜套	2	中细粒黑云母石英闪长岩	4	225/6	16.3	31.6	3.98	16.47	3.58	1.39	3.00
		花岗伟晶岩	5	225/5	1.07	2.17	0.29	0.98	0.40	0.05	0.47
阿克萨依巴什山	3	英云闪长岩	6	4126/1	26.42	42.61	4.56	16.38	2.53	0.73	1.78

序号	样号	δTb	Dy	Ho	Er	Tm	Yb	Lu	Y	ΣREE	LR/HR	δEu	(La/Yb)ₙ
1	5133/1	1.16	6.49	1.29	3.65	0.59	3.61	0.53	31.76	178.7	5.01	0.69	4.07
2	2102/2	0.39	1.79	0.30	0.77	0.12	0.76	0.13	7.32	87.1	10.40	1.31	22.32
3	2102/3	1.03	6.31	1.27	3.79	0.60	3.85	0.56	32.03	110.7	2.89	0.63	11.31
4	225/6	0.38	1.64	0.28	0.69	0.11	0.50	0.11	7.48	87.51	10.93	1.26	22.00
5	225/5	0.11	0.71	0.13	0.42	0.07	0.50	0.07	4.06	11.50	2.00	0.35	1.44
6	4126/1	0.24	1.21	0.23	0.56	0.08	0.48	0.08	5.48	103.37	20.01	1.00	37.06

(3)微量元素特征。分析结果及参数见表3-23。闪长岩与同类岩石维氏值相比,具有高 V、Sc、Hf,低 Ni、Sr、Th、Nb 的特点,花岗闪长岩与同类岩石相比具有高 Hf,低 Th、Nb 的特点,两次侵

入岩的共同特征是高 Hf，低 Th、Nb。地球化学型式(图 3-44)均大体类似于火山弧花岗岩的典型型式。

表 3-23 侵入岩微量元素含量($\times 10^{-6}$)及特征数值一览表

岩体	序次	侵入体岩性	序号	样号	V	Cr	Ni	Rb	Sr	Zr	Ba
沙热塔什	1	细粒闪长岩	1	5133/1	283.00	140.00	23.60	60.60	293.00	123.00	414.00
	4	中粒黑云母花岗闪长岩	2	2102/2	92.50	52.70	27.00	83.00	235.00	214.00	409.00
		闪长质包体	3	2102/3	147.00	41.70	12.30	64.00	240.0	83.10	274.00
库木别勒木孜套	2	中细粒黑云母石英闪长岩	4	225/6	91.70	42.90	20.60	82.00	240.0	194.00	400.00
		花岗伟晶岩	5	225/5	6.60	10.70	1.54	258.00	15.20	17.80	52.40
阿克萨依巴什山	3	英云闪长岩	6	4126/1	46.10	32.90	9.42	37.20	970.00	119.00	573.00

序号	样号	Th	Sc	Hf	Nb	Co	Ta	Ga	Rb/Sr	Ba/Sr	K/Rb
1	5133/1	1.55	46.20	3.40	10.50	33.50	0.87	22.40	0.21	1.41	243.79
2	2102/2	2.36	17.80	5.80	11.20	20.20	0.87	21.70	0.35	1.74	210.00
3	2102/3	1.12	32.00	3.20	8.26	25.70	0.91	18.20	0.27	1.14	221.77
4	225/6	2.21	19.00	5.60	12.00	23.70	1.11	22.70	0.34	1.67	220.66
5	225/5	0.23	1.43	0.50	5.70	16.40	1.15	5.50	16.97	3.45	195.92
6	4126/1	4.02	5.67	2.70	5.33	11.70	0.39	24.40	0.038	0.59	307.90

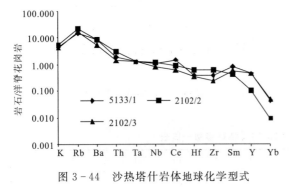

图 3-44 沙热塔什岩体地球化学型式

4) 组构、节理、岩脉、包体特征

花岗闪长岩单元内部(包括边缘细粒带)发育很弱的面理构造，由暗色矿物及包体的弱定向显示，面理走向大致平行于岩体边界，可能为岩浆流动造成。

岩体中主要发育剪节理，主要有 3 组：a 组为南北走向，近于直立；b 组为高角度倾向 SW；c 组为低角度倾向 SW。

闪长岩单元中发育少量花岗伟晶岩脉，岩脉中含较多的大片径白云母，可开采，花岗闪长岩单元中几乎不见任何岩脉。

岩体中的包体包括捕虏体和暗色岩浆包体两类。捕虏体分布于岩体边部，其中在花岗闪长岩单元的边部大量出现(但边缘细粒二长花岗岩带中很少)，呈不规则块状、带状、似层状产出，密集处构成与岩体互层外貌，规模一般较大，几至几十米，最宽达百米，岩石类型为各种片岩。暗色岩浆包体在各种岩石类型中均广泛分布，在花岗闪长岩单元中大量发育(但边缘细粒二长花岗岩带中偏少且不均匀)，呈透镜状、不规则团块状、圆球状，一般约为 5cm×7cm，扁平面与主岩的定向一致；岩性主要为闪长岩；各项分析结果分别见表 3-21～表 3-23，具富 FeO、CaO，贫 Fe_2O_3、Na_2O、K_2O、P_2O_5 的特点，稀土总量与中性岩平均值相当，稀土配分模式(图 3-43)显示轻稀土略富集，具中等铕亏损和强的 Yb 亏损，微量元素含量与闪长岩维氏值差别较大，显著富集 Sc、Hf、Co，显著亏损 Ni、Sr、Zr、Ba、Th、Nb。

5) 接触变质作用

接触带处围岩及岩体内的捕虏体普遍发育接触变质现象，围岩接触变质晕宽 1～4km，在碎屑岩中产生新生矿物红柱石、白云母，近岩体处红柱石含量可达 30%，在周围钙质岩中形成条带状大理岩。

2. 库木别勒木孜套岩体

该岩体分布于图幅的西南部命名地附近,面积120km²,仅含一次侵入活动,岩性为石英闪长岩(归属本期第二次侵入岩)。

1) 地质特征

该岩体呈岩株状侵位于志留系中,接触面呈波状、折线状弯曲,中—高角度外倾。与赛图拉岩群的侵入关系见图3-45,表现为岩体边缘普遍发育细粒化带,部分地段见宽约10cm的细粒边,发育有围岩之捕虏体,围岩中发育穿插的岩枝,且普遍发育热变质现象。岩体与围岩之间在某些地段常充填有二长花岗岩脉,泥盆纪基性-超基性岩呈岩块状分布于该岩体之中。岩体剖面见图3-46。

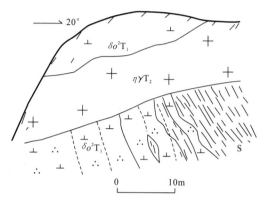

图3-45 阿克陶县卡拉阿尔特岩体($\eta\gamma T_2$)、库木别勒木孜套岩体($\gamma o^2 T_1$)侵入志留系(S)素描剖面图

2) 岩石学特征

该岩体的主体岩性为中—细粒黑云母石英闪长岩,岩体向边部矿物颗粒变细,边缘发育宽300m±的细粒黑云母石英闪长岩带,岩体中心处矿物颗粒较粗,为中粒黑云母石英闪长岩。在多阳离子R_1-R_2图解(De La Rache等,1980)上位于英云闪长岩区(图3-29),与实际矿物含量定名差别不大。

岩石呈浅灰色、深灰色、灰绿色,半自形粒状结构,片麻状—块状构造。斜长石为50%～70%,平均为60%,半自形—自形板柱状,大小一般为(0.5～1.5)mm×2mm±,为更长石,显聚片双晶,有的具环带,晶体中心具波状消光;普通角闪石为5%～20%,平均13%,柱状,大小一般1.5mm×3.0mm±;黑云母为10%～30%,平均16%,片状、鳞片状,大小一般为1.5mm±;石英为10%～15%,平均为11%,青灰色粒状,一般为1～1.5mm。副矿物主要为金属矿物、磷灰石、榍石、石榴石、锆石。

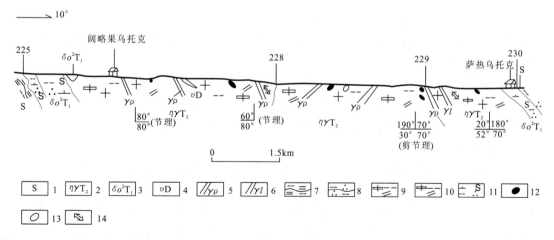

图3-46 阿克陶县阔略果乌托克-萨热乌托克库木别勒木孜套岩体($\delta o^2 T_1$)、卡拉阿尔特岩体($\eta\gamma T_2$)实测剖面图

1.志留系;2.中三叠世二长花岗岩;3.早三叠世石英闪长岩;4.泥盆纪辉长岩;5.花岗伟晶岩脉;6.花岗细晶岩脉;7.二云片岩;8.黑云石英片岩;9.中斑状中粒黑云母二长花岗岩;10.大斑状中粒黑云母二长花岗岩;11.片麻状细粒黑云母石英闪长岩;12.暗色包体;13.捕虏体;14.斑晶定向

3) 岩石化学及地球化学特征

岩石化学分析结果见表 3-21。岩石化学图解(Irvine 等,1971;Miyashiro,1974)上显示属钙碱性系列(图 3-39、图 3-40),在硅-钾图解(Pecerillo 等,1976)上位于高钾与中钾区分界线附近,显示为中—高钾类型(图 3-41)。在 AR-SiO$_2$ 图解(Wright,1969)上位于钙碱性岩区(图 3-42),里特曼指数 σ 为 1.18,综合显示碱度相当于皮科克的钙性岩。铝指数 A/CNK=0.98,并出现大量角闪石,为偏铝质岩石。氧化物含量与中国石英闪长岩平均值较接近,具有高 FeO、CaO,显著低 Fe$_2$O$_3$、P$_2$O$_5$,低 Na$_2$O 的特点。

稀土元素分析结果及参数见表 3-22。稀土总量(87.51×10^{-6})远低于中性岩平均值(130×10^{-6}),稀土配分模式见图 3-47,显示轻稀土中等富集,曲线斜率 $(La/Yb)_N=22.00$,具弱铕正异常。

微量元素分析结果及参数见表 3-23,与闪长岩维氏值大体接近,具有显著高 Sc、Hf、Co,显著低 Ni、Sr、Th、低 Nb 的特点。地球化学型式(图 3-48)总体类似于火山弧花岗岩的典型型式。

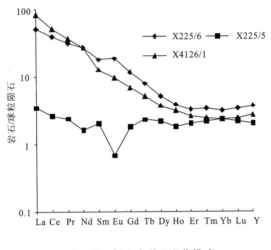

图 3-47 侵入岩稀土配分模式

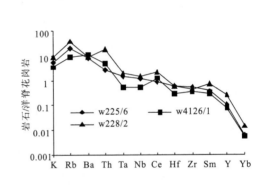

图 3-48 侵入岩地球化学型式

4) 组构、节理、岩脉、包体及接触变质特征

该岩体边部发育片麻状构造,由暗色矿物定向显示,片麻理一般不明显、仅局部较为明显,片麻理产状与岩体接触面大体一致。

岩体内节理发育,主要有 5 组:a 组向外缓倾(倾角 30°),相当于 Cloos 的层节理,系岩体冷缩而形成;b 组走向垂直于接触面,为剪节理性质,相当 Cloos 的纵节理;c 组产状内倾(50°~70°),为剪节理性质,相当于 Cloos 的横节理;d 组主体产状为 290°∠30°;e 组主体产状为 330°∠30°。其中 d 组与 e 组为共扼节理。

岩体中的捕虏体不很发育,主要分布于岩体边部,内部零星,靠中心处已属顶垂体性质,在岩体的边缘处捕虏体的扁平面一般平行于接触面;捕虏体呈透镜状、不规则带状,个体一般较大;岩石类型主要为大理岩、片岩等。岩体中的暗色岩浆包体零星,呈条带状、透镜状、圆球状,一般为 4cm×6cm~4cm×20cm,内部略显片麻状构造,岩石类型主要为黑云母石英闪长岩,与主岩相比暗色矿物高,石英低,矿物粒度细。

岩体中的岩脉稀少,仅局部较多一些,沿上述节理贯入,主要为花岗伟晶岩,宽 0.05~4m,内含电气石、白云母,各项分析结果分别见表 3-21~表 3-23。其中 SiO$_2$、K$_2$O 很高,CaO 很低,稀土总量很低,稀土配分模式为平坦型(图 3-47),具中等铕亏损,微量元素与贫钙酸性岩涂氏值差别较大,表现为显著富 Co,显著贫 V、Ni、Sr、Th、Zr、Ba 的特点。

接触带附近的围岩较普遍产生热变质现象,热变质晕宽700m左右,产生的变质矿物有白云母、黑云母,局部见角岩化。

3. 阿克萨依巴什山岩体

该岩体分布于图幅南部阿克萨依巴什山山脊附近,面积8km^2。仅含有一次侵入活动,岩性为中粒黑云母英云闪长岩,归属本期第三次侵入岩。

1)地质特征

该岩体侵入志留系中,接触面外倾50°～70°,岩体边部矿物颗粒变细,具明显的冷凝边,并见有大量围岩捕虏体,捕虏体多呈凸镜状、团块状,一般在2m×10m以下,外接触带常见角岩化、绢云母化、绿泥石化、硅化等多种蚀变,并发育较多贯入的小岩枝。

2)岩石学特征

岩石呈灰白色,中粒花岗结构,块状构造。钾长石1%～5%,半自形板柱状—他形粒状,大小为0.2mm×0.7mm～1.5mm×3.0mm,发育格子双晶,为微斜长石,部分具条纹结构;斜长石65%～70%,半自形板状,大小为0.45mm×0.7mm～1.5mm×3.1mm,聚片双晶发育,部分见有较清楚的环带,绢云母化、黝帘石化(呈隐晶质集合体)较强烈,An=28～35,系更—中长石;上述长石颗粒的长轴一般在1.5～3mm之间;石英22%～25%,青灰色,他形粒状,0.2～1.9mm,不均匀分布于长石间,波状消光较明显;黑云母为黑色—暗棕绿色,片状,0.4～3mm,具褪色多色性,部分被绿泥石取代;角闪石1%,绿色,半自形柱状,大小为0.08mm×0.5mm～0.3mm×1mm,具绿色—黄绿色多色性,部分被绿泥石交代。副矿物主要为榍石、磁铁矿、磷灰石、重晶石,少量锆石、黄铁矿。

3)岩石化学及地球化学特征

(1)岩石化学特征。分析结果及特征参数见表3-21。氧化物含量与中国英安岩平均值接近,仅稍高 CaO、Na_2O,低 Fe_2O_3、K_2O。在硅-碱图(Irvine等,1971)上位于亚碱性系列区(图3-39),在 TFeO/MgO 与 SiO_2、TFeO 关系图解(Miyashiro,1974)上位于钙碱性系列区(图3-40),二者综合显示该侵入岩层钙碱性系列。在 K_2O-SiO_2 图解(Pecerillo等,1976)上位于中钾区、靠近与低钾区的分界线,显示属中钾类型(图3-41)。在 AR-SiO_2 图解(Wright,1969)上位于钙碱性岩区(图3-42),里特曼指数 $\sigma=1.14$,二者在碱度上显示属皮科克的钙性岩。岩石的铝指数 A/CNK=1.01,岩石中出现少量角闪石,综合看仍属偏铝质类型。

(2)稀土元素特征。分析结果及特征参数见表3-22。稀土总量 $\Sigma REE=103\times10^{-6}$,低于花岗岩平均值,接近于中性岩,稀土配分模式见图3-47,显示轻稀土中等程度富集,曲线斜率 $(La/Yb)_N=37$,不具铕异常。

(3)微量元素特征。分析结果及特征参数见表3-23。与富钙酸性岩涂氏值相比差别较大,具有显著高 Sr、高 Co,显著低 V、Rb、Th、Sc、Nb,低 Ni 的特点,地球化学型式见图3-48,显示富集左侧大离子亲石元素,亏损右侧变场强元素,Ce、Sm 异常不明显,与纽芬兰火山弧花岗岩的型式很接近。

4. 早三叠世侵入岩小结

1)岩体的总体特征及演化

该期岩体片麻理很弱或不显片麻理,均属钙碱性系列,总体为中钾类型,碱度很低,均相当于皮科克的钙性岩。岩石化学成分均为高 CaO,低 Na_2O、Fe_2O_3(仅阿克萨依巴什山岩体例外),微量元素高 Hf,低 Ni、Th、Nb,Q-A-P 图解(Le Maitre 等,1989)显示各岩石类型之间呈现规律性演化(图3-49),构成钙碱性花岗闪长岩系—奥长花岗岩系的演化序列,据此我们将其归属为四次侵入

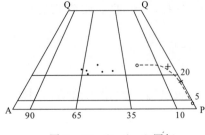

图 3-49 Q-A-P 图解
（据 Le Maitre 等，1989）
○ 沙热塔什；× 库里巴克吉勒嘎；
+ 阿克萨依巴什山；• 卡拉阿尔特

活动。第一次为闪长岩，以低 SiO_2、低石英、富含角闪石为特征；第二次为石英闪长岩，石英含量 11%±，以角闪石、黑云母同等发育为特征；第三次为英云闪长岩，以含少量微斜长石及少量角闪石为特征；第四次为花岗闪长岩，以含较多的微斜长石、不含角闪石为特征。该期岩体从早至晚，铝饱和度增高，从偏铝质演化至弱过铝质，稀土总量降低，从中等铕亏损变为弱铕正异常。

2) 成因及地球动力学环境分析

该期侵入岩的岩石类型一般均不同程度含有角闪石，暗色矿物含量高，副矿物为磁铁矿（部分岩石镜下鉴定为金属矿物，其中大部分为磁铁矿）、榍石，铝指数 A/CNK 均在 1.01 以下，TFeO/ TFeO+MgO 分别为 0.63，0.72，0.74，0.70，均小于 0.8，K_2O 含量中等，暗色岩浆包体在闪长岩、石英闪长岩中均有产出，在花岗闪长岩中大量发育，总体与巴尔巴林总结的含角闪石钙碱性花岗岩特征一致。该岩石类型显示的地球动力学环境为板块俯冲，物质来源为壳幔混合源。

在 Maniar 主元素环境判别图解上（图 3-50）位于火山弧-碰撞花岗岩区；结合铝指数 A/CNK<1.05 进一步判断属火山弧花岗岩；在 Rb-Y+Nb、Y-Nb 图解上（图 3-36）均位于火山弧花岗岩区。故认为该侵入岩属典型的火山弧花岗岩，据侵入志留系、岩带规模巨大判断其为洋陆俯冲的产物。

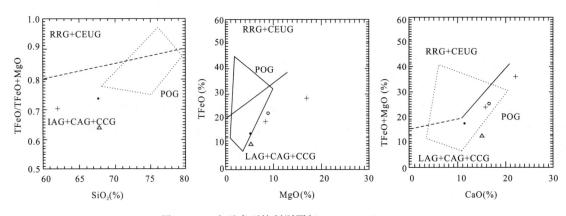

图 3-50 主元素环境判别图解（据 Maniar 等，1989）

IAG+CAG+CCG 为岛弧、大陆弧碰撞花岗岩；POG 为后造山花岗岩，RRG+CEUG 为与裂谷造陆抬升有关的花岗岩
+ 沙热塔什；○ 库木别勒木孜套；△ 阿克萨依巴什山；• 卡拉阿尔特

3) 形成时代

该侵入岩侵入的最新地层为志留系，形成时代下限应为志留纪。本次工作在沙热塔什岩体闪长岩单元中获得的角闪石 K-Ar 年龄为 159Ma；在中粒黑云母花岗闪长岩采获锆石 U-Pb 年龄为 243.8±17Ma；在该带求库台岩体获得的锆石 U-Pb 表面年龄加权平均值为 241.4±0.5Ma。因此，将该岩体时代归早三叠世。

（二）中三叠世侵入岩

该侵入岩测区内仅出露卡拉阿尔特岩体，分布于测区西南部卡拉阿尔特苏河两岸，面积 98km²，仅有一次侵入活动，岩性为斑状黑云母二长花岗岩。

1. 地质特征

该侵入岩呈现出株状侵位于志留系及二叠纪库木别勒木孜套岩体中,岩体边界呈折线状,中—高角度外倾。与志留系为侵入关系,表现为岩体边部具围岩的捕虏体,围岩中发育大量岩枝,并具明显的热变质现象;与库木别勒木孜套岩体为超动侵入关系表现为界线截然,该岩体近边部矿物颗粒有所细化并呈岩枝状插入后者之中(图版Ⅵ,2)内具后者的捕虏体。另外,该岩体中尚分布有泥盆纪基性岩大型捕虏体(图3-51),呈似层状产出,本岩体呈岩枝状强烈穿插该似层状体。岩体剖面见图3-46。

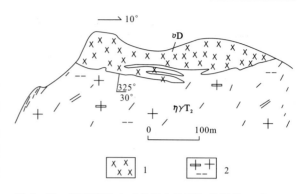

图3-51 阿克陶县中三叠纪卡拉阿尔特岩体($\eta\gamma T_2$)侵入泥盆纪辉长岩(υD)素描图
1. 辉长岩;2. 中斑状中粒黑云母二长花岗岩

2. 岩石学特征

该岩体相带发育,主体为中斑状中粒黑云母二长花岗岩,向中心斑晶变大、变多、渐变为大斑状中粒黑云母二长花岗岩。该侵入岩 Q-A-P 图解(Le Maitre 等,1989),在多阳离子 R_1-R_2 图解(De La Rache 等,1980)上位于花岗闪长岩区(图3-29),与实际矿物定量命名稍有差别。

岩石呈灰白色,风化面呈黄褐色,似斑状结构,基质中粒花岗结构,蠕英结构,块状构造。由微斜条纹长石(32%~47%,平均41%)、斜长石(22%~35%,平均30%)、石英(20%~7%,平均23%)、黑云母(5%~8%,平均6%)组成。局部出现少量白云母。其中斑晶含量11%~25%,为微斜条纹长石,肉红色,板柱状、方块状,大小为1cm×2.2cm~2.5cm×4cm。基质长石呈半自形板柱状,大小为1mm×3mm~1.5mm×3.5mm。其中斜长石具聚片双晶,部分具环带,一般为更长石;石英呈青灰色他形粒状,粒径为0.5~2.5mm,较大者波状消光明显,一部分呈不规则状集合体,填隙状分布;黑云母呈黑色板状,粒径为1~2mm;白云母呈鳞片状,穿插黑云母;副矿物为磷灰石、锆石、榍石、褐帘石。

3. 岩石化学及地球化学特征

岩石化学分析结果及特征参数见表3-24。该岩石 SiO_2 含量介于中国花岗岩与花岗闪长岩平均值之间,与同类岩石相比具有高 Al_2O_3 的特点。岩石化学图解(Irvine 等,1971;Miyashiro,1974;Pecerillo 等,1976)显示该侵入岩属高钾钙碱性系列(图3-39~图3-41)。在 AR-SiO_2 图解(Wright,1969)上位于钙碱性岩区(图3-42),里特曼指数 σ 为1.58,结合岩石类型(二长花岗岩)综合分析卡拉阿尔特岩体在碱度上相当于皮科克的钙碱性岩。铝指数 A/CNK=1.04,岩石中出现少量白云母,属弱过铝类型。

稀土元素分析结果特征参数见表3-25,稀土总量(202.8×10^{-6})低于花岗岩平均值,介于花岗岩与中性岩之间,稀土配分模式见图3-52,显示轻稀土中等富集,曲线斜率$(La/Yb)_N=23.95$,具中等铕亏损。

微量元素分析结果见表3-25,元素含量与花岗岩维氏值很接近,仅 Sc、Hf、Co 高,Ba 低。地球化学型式见图3-48,略具 Ba 的负异常及 Ce、Sm 正异常,不同程度地具有火山弧、大陆碰撞花岗岩型式的特点。

表 3-24 卡拉阿尔特岩体岩石化学成分、CIPW 标准矿物及特征参数一览表

侵入体岩性	序号	样号	氧化物含量(%)												
			SiO_2	TiO_2	Al_2O_3	Fe_2O_3	FeO	MnO	MgO	CaO	Na_2O	K_2O	P_2O_5	H_2O^+	CO_2	总量
大斑中粒黑云母二长花岗岩	1	228/2	67.61	0.50	15.19	0.87	3.02	0.10	1.39	3.45	2.80	3.44	0.18	1.01	0.23	99.79
黑云母石英闪长岩包体	2	226/2	61.96	0.64	16.77	1.60	4.23	0.14	2.47	4.49	2.59	2.85	0.18	1.59	0.27	99.78
粗粒花岗伟晶岩脉	3	228/4	75.46	0.08	14.33	0.32	0.75	0.11	0.24	1.00	2.14	4.09	0.11	0.87	0.35	99.85

序号	样号	CIPW 标准矿物(%)					特 征 参 数								
		q	or	ab	an	c	σ	AR	DI	SI	ALK	A/CNK	Na_2O/K_2O	MF	M/F
1	228/2	27.93	20.32	23.69	14.49	1.55	1.58	1.86	71.94	12.07	6.24	1.04	0.81	73.67	0.64
2	226/2	21.36	16.84	21.91	19.39	2.32	1.56	1.64	60.11	17.98	5.44	1.08	0.91	70.24	0.75
3	228/4	45.60	24.16	18.11	2.03	5.63	1.20	1.77	87.87	3.18	6.23	1.47	0.52	81.68	0.38

表 3-25 卡拉阿尔特岩体稀土、微量元素含量($\times 10^{-6}$)及特征参数一览表

单元	序号	样号	La	Ce	Pr	Nd	Sm	Eu	Gd	Tb	Dy	Ho	Er	Tm	Yb	Lu	Y	ΣREE	LR/HR	δEu	$(La/Yb)_N$
主岩	1	228/2	40.46	79.64	9.40	33.11	6.56	1.00	5.57	0.82	4.52	0.80	1.83	0.22	1.14	0.16	17.61	202.8	170.17	0.49	23.95
暗色包体	2	226/2	26.53	48.61	5.70	21.65	4.40	0.97	4.05	0.63	3.51	0.71	1.93	0.31	0.50	0.28	17.47	137.3	9.05	0.69	35.81
伟晶岩脉	3	228/4	4.12	5.99	0.84	3.36	1.08	0.26	1.39	0.34	2.64	0.61	1.92	0.22	2.56	0.37	17.02	42.88	1.53	0.65	1.08

序号	样号	V	Cr	Ni	Rb	Sr	Zr	Ba	Th	Sc	Hf	Nb	Co	Ta	Ga	Rb/Sr	Ba/Sr	K/Rb
1	228/2	48.20	27.60	10.50	158.0	200.0	153.0	462.0	15.1	11.2	5.60	15.70	12.50	1.43	25.50	0.79	2.31	180.7
2	226/2	123.0	19.9	16.8	238.0	230.0	114.0	235.0	11.2	64.1	3.30	19.90	40.20	2.20	28.40	1.03	1.02	99.39
3	228/4	6.20	9.80	2.27	160.00	59.50	25.70	73.50	2.46	9.92	0.70	14.30	9.58	2.21	12.30	2.69	1.24	212.2

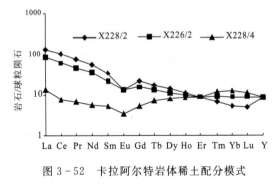

图 3-52 卡拉阿尔特岩体稀土配分模式

4. 组构、节理、岩脉、包体特征

该岩体略显叶理,由斑晶及暗色包体定向显示,叶理走向大致平行于岩体与围岩接触面,倾角变化很大。

该岩体节理十分发育,有以下几组:a 组中—高角度内倾,为剪节理,相当于 Cloos 的横节理;b 组走向垂直于岩体边界,倾角近于直立,为剪节理,相当于 Cloos 的纵节理;c 组外倾,倾角可缓可陡,随岩体边界产状而变,规律十分明显,为张节理,相当于 Cloos 的层节理;d 组向西北方向倾斜,倾角变化大;e 组向东南方向低角度倾斜。d 组与 e 组构成共扼节理。

岩体中的捕虏体不很发育,主要分布于岩体边部,内部零星可见,且往往成群聚集。捕虏体大小不等,有的规模很大,岩石类型主要为夕线二云片岩。岩体中普遍发育暗色岩浆包体,但分布不均匀,有些地段含量中等,有些地段稀少,局部地段大量出现,构成包体群;包体呈不规则团块状、透镜状、带状,4cm×9cm~15cm×30cm,与主岩界线一般截然,有的包体内部具长石捕虏晶;岩石类型单一,为细粒黑云母石英闪长岩,由斜长石(65%~70%)、石英(10%)、黑云母(20%)组成;包体的各项分析结果分别见表 3-24、表 3-25,岩石化学属亚碱性系列(图 3-39),岩石化学成分高 FeO,低 Fe_2O_3、Na_2O、P_2O_5,稀土总量(137×10^{-6})与中性岩相当,稀土配分模式见图 3-52,显示轻稀土中等程度富集,具中等铕亏损和强烈的 Yb 亏损,微量元素显著高 Sc、Co,低 Sr、Zr、Ba。

岩脉在岩体中普遍发育但分布不均匀,有些地段密集,局部地段稀少一些,从产状看系沿上述各种节理贯入,宽几厘米至几米,最宽达 40m,主要为巨粒—细粒花岗伟晶岩,次为花岗细晶岩;宽度较大的花岗伟晶岩脉具有粒度、成分分带现象,由钠长石、微斜长石、石英(20%～30%)、白云母(5%～10%)、电气石(5%～15%)组成,白云母透明度好,各项分析结果分别见表 3-24、表 3-25,化学成分上高 SiO_2,低 Na_2O,在 AR-SiO_2 图解(Wright,1969)上位于钙碱性岩区(图 3-42),显示碱度并不太高,稀土总量很低,稀土配分模式见图 3-52,显示轻稀土不富集,具中等铕亏损;微量元素具高 Co,低 V、Cr、Zr、Ba、Th 的特点。

5. 接触变质作用

岩体附近的围岩及其捕虏体较普遍发育接触变质现象,变质晕宽 150～2500m,产生的新生矿物有白云母、黑云母、石榴石、红柱石。

6. 形成深度及剥蚀程度

该岩体的围岩区域变质程度为绿片岩相,接触变质作用程度中等,冷凝边不很发育,钾长石均为微斜长石,伟晶岩脉、细晶岩脉发育,从地质特征上看位于浅带下部—中带上部。在 Q-Ab-Or 相图(图略)(Barker,Arth,1976)上位于 800b(1b=100kPa)的共结线上(相当于 2.5km 的深度),与地质特征不太吻合,据地质特征认为该岩体形成于浅带下部至中带上部。

据岩体中—高角度外倾,内部具大型捕虏体,发育少量顶垂体,综合判断岩体为浅剥蚀。

7. 成因及地球动力学环境分析

该岩体副矿物含榍石,岩石化学属钙碱性系列,该特征与巴尔巴林的富钾钙碱性花岗岩(KCG)、含角闪石钙碱性花岗岩(ACG)相当。岩石具钾长石斑状结构,不含角闪石,含少量白云母,暗色岩浆包体总体偏少一些,具有"KCG"的特点。K_2O 含量 3.44%<5%,FeO/FeO+MgO=0.68<0.8,具有"ACG"特点。我们认为该侵入岩属"ACG"与"KCG"的过渡类型。岩石类型显示的物质来源为壳幔混合源,显示的地球动力学环境为板块俯冲。

该侵入岩 SiO_2 含量小于 70%,与 Maniar 的大陆弧花岗岩相当,在主元素环境判别图解(Maniar 等,1989)上位于火山弧-碰撞花岗岩区(图 3-50),铝指数 A/CNK=1.05,最接近火山弧花岗岩。在 Pearce 的不活动元素 Rb-Y+Nb、Y-Nb 图解(图 3-36)上位于火山弧花岗岩区。

综上所述,我们认为该花岗岩为板块俯冲产物,它是俯冲末期形成的高钾钙碱性花岗岩。

8. 岩体对比

该岩体与英吉沙县幅的慕士塔格岩体的中斑状中粒黑云母二长花岗岩单元可以对比。二者 SiO_2、K_2O 及钾长石含量相当;铝指数均约为 1,该岩体相对稍微高一些;慕士塔格岩体含少量角闪石,该岩体出现少量白云母,二者稍有差别;暗色岩浆包体含量均相对偏少;稀土总量、稀土配分模式、微量元素地球化学形式基本一致;两个岩体的同位素年龄相近。故我们认为它们是同一机制下形成的两个岩体。

9. 形成时代

该岩体侵入志留系,可对比的慕士塔格岩体侵入有化石时代依据的奥陶系—志留系,均显示形成时代的下限为志留纪。本次从该岩体斑状中粒黑云母二长花岗岩中获得的锆石 U-Pb 1—2 号点表面年龄加权平均值为 216.6±0.8Ma,3 号点表面年龄加权平均值为 244.0±1.3Ma;该侵入岩从成因上看形成于板块俯冲的末期,区域资料显示晚三叠世涉及测区的板块运动已经进入后碰撞阶段,故本次工作将其置于中三叠世。

三、脉岩

各岩体及火山岩专属性脉岩已在相应部分叙述,测区内区域性脉岩稀少,特征见表3-26。辉绿玢岩脉据与长城系阿克苏岩群的关系判断可能与中晚泥盆世的大陆裂解有关;石英闪长岩脉与附近二叠纪库木别勒木孜套石英闪长岩岩性相近,可能为同一机制下的产物;布伦库勒岩群中的伟晶岩脉据地质部石油综合大队在中巴公路苏巴什一带获得的白云母K-Ar年龄186.0Ma(宜昌地矿所测试),其时代为早中侏罗世。

表3-26 图幅脉岩特征一览表

岩石名称	产地	产状	结构构造	矿物组成
蚀变辉绿玢岩	图幅东南部的吾合沙鲁东,仅1条	呈岩墙状贯入于ChA.中,总体顺层,局部切层,厚5m,长约1km	斑状结构,基质辉绿结构,纤状变晶结构,块状构造	暗绿色,斑晶:斜长石5%±,角闪石5%±,多已次闪石化、绿泥石化;基质:斜长石35%±,次闪石20%±,绿泥石30%±,由次闪石变来,黑云母少量
细粒黑云母石英闪长岩	图幅西南部的库木别勒沟一带,仅1条	呈脉状贯入于志留系中,内有围岩捕虏体,宽2~6m,长3km	半自形细粒结构,块状构造	浅灰色,角闪石5%±,黑云母25%±,斜长石60%±,石英10%±
花岗伟晶岩	图幅南部的霍什别里一带。在$Pt_1B.$中大量发育	呈脉状沿围岩面理贯入,宽几米至26m,长几十米至700m	中—细粒伟晶结构,少量粗粒伟晶结构,块状构造	微斜条纹长石35%±,斜长石30%±,石英24%~30%±,白云母5%~10%±,黑云母少量

四、侵入岩小结

(一)特征综述

(1)测区侵入岩众多岩体的长轴方向与构造线一致,显示其形成与构造密切相关。

(2)西昆仑北部构造岩浆岩带由晚石炭世岛弧型花岗岩亚带、晚三叠世后碰撞型花岗斑岩构成。晚石炭世岛弧型花岗岩亚带在测区内仅发育石英闪长岩、斜长花岗岩(个别岩体演化为英云闪长岩);稀土总量普遍较低,其中的石英闪长岩特点为不含黑云母、钾质低,斜长花岗岩特点为暗色矿物,几乎全为黑云母,一般没有角闪石,不含钾长石、轻稀土富集程度较弱、具负铕异常、低Al_2O_3、高Yb。

(3)西昆仑中部构造岩浆岩带在测区内仅出露早二叠世火山弧花岗岩亚带、中三叠世火山弧花岗岩亚带。二者共同构成规模宏大的三叠纪火山弧花岗岩带,这是板块俯冲演化早晚阶段的反映,早三叠世火山弧花岗岩亚带为中钾钙碱性系列,岩石演化序列为闪长岩—石英闪长岩—英云闪长岩—花岗闪长岩;石英闪长岩特点为含较多黑云母,钾质相对较高(属中钾类型);英云闪长岩特点为含少量钾长石、角闪石,轻稀土中等程度富集,不具铕异常;花岗闪长岩特点为无角闪石,局部出现少量白云母,稀土总量特别低、出现铕正异常。

(4)西昆仑中带的早三叠世火山弧花岗岩亚带、中三叠世火山弧花岗岩亚带、西昆仑北带的晚三叠世后碰撞花岗斑岩体,共同组成一个俯冲—碰撞的构造岩浆旋回,早期俯冲形成中钾钙碱性系列,晚期俯冲形成高钾钙碱性系列,二者在空间上叠覆在一起。

(5)石炭纪花岗岩带被限定在构造分区断裂(空贝利-木扎令断裂)以北,早中三叠世花岗岩带被限定在构造分区断裂(空贝利-木扎令断裂)以南。

(二)成因综述

测区侵入岩的形成与板块活动密切相关。晚石炭世塔里木地块南缘奥依塔克裂陷槽内发育洋内俯冲作用,形成以波斯坦铁列克岩体等幔源为主,幔壳混合型的岛弧花岗岩。二叠纪西昆仑中间地块北缘表现为洋陆俯冲环境,形成西昆仑中带沙热塔什等岩体壳幔混合型的中钾钙碱性花岗岩三叠纪(可能为稍早时期)西昆仑中间地块北缘仍表现为洋陆俯冲环境,但俯冲已接近尾声,俯冲速度变慢,形成西昆仑中带卡拉阿尔特幔壳混合型的高钾钙碱性花岗岩体。晚三叠世,测区全部进入后碰撞阶段,在局部拉张环境下,幔源拉斑玄武岩浆沿裂隙上侵,上升中混染壳源物质,经分异在高位形成西昆仑北带萨罗依幔壳混合型的花岗斑岩体。

第三节 火山岩

测区火山岩较发育,出露面积约 650km²,其中产于上—顶志留统塔尔特库里组中的火山岩及早石炭世乌鲁阿特组中的部分火山岩属蛇绿岩范畴,已归入第一节叙述;余下部分约 203km²,主要分布于图幅中南部的昆盖山北坡一带,少量分布于图幅西北部的吉根一带。前者隶属于西昆仑造山带,产出层位有早二叠世(未分)、中二叠世棋盘组、晚三叠世霍峡尔组;后者隶属于西南天山造山带,产出层位有早泥盆世萨瓦亚尔顿组、中泥盆世托格买提组。

一、早泥盆世萨瓦亚尔顿组火山岩

该火山岩分布于测区西北阿克铁热克河一带,共出露三处,面积仅 2km²,呈长透镜状产于该套海相沉积地层的中部、上部,火山岩透镜体厚几十至百余米,长 3～8km。该火山岩为一套基性组合,主要为杏仁状碱玄岩,少量碱玄质凝灰岩,在喀英登伯斯库剖面上仅见一层,由若干火山碎屑岩→熔岩韵律组成。

(一)岩石类型及特征

杏仁状碱玄岩 在上述三处均可见及,岩石呈灰色,玻晶交织结构,杏仁状构造,由斜长石(60%±)、玻璃质(20%±)组成,斜长石呈小板条状,粒径为 0.1～0.2mm,杂乱分布,大致显定向性,在小板条之间不均匀分布着黄绿色玻璃,副矿物为磁铁矿。杏仁体含量 10%～20%,多呈椭圆形,少量呈不规则状,粒径为 2～5mm,个别为 1cm±,分布不均,充填物为石英、绿泥石。

碱玄质凝灰岩 主要在萨热伯斯阔一带见及,岩石呈灰色,凝灰结构、层状构造,碎屑物含量为 60%±,微显定向性,主要由同成分火山灰级岩屑、少量斜长石、绿泥石质晶屑和同成分火山角砾组成。火山角砾为 1～3cm,分布不均,岩屑和斜长石晶屑均呈棱角状,粒径为 0.1～0.7mm,绿泥石质晶屑为片状,胶结物为火山灰并具轻微脱玻化。

(二)岩石化学及地球化学特征

1. 岩石化学特征

岩石化学分析结果及参数见表 3-27。

表 3-27 火山岩岩石化学成分、CIPW 标准矿物及特征参数一览表

地层	序号	样号	岩石类型	氧化物含量(%)												
				SiO_2	TiO_2	Al_2O_3	Fe_2O_3	FeO	MnO	MgO	CaO	Na_2O	K_2O	P_2O_5	H_2O^+	CO_2	总量
D_1s	1	6680/1	杏仁状碱玄岩	41.31	4.86	14.47	5.07	9.83	0.17	6.93	5.98	2.48	2.04	0.75	5.28	0.52	99.69
D_2t	2	561/2	杏仁状安粗岩	56.16	1.17	16.50	2.03	2.48	0.10	1.25	4.48	4.30	6.07	0.45	1.82	2.74	99.99

序号	样号	CIPW 标准矿物(%)										特 征 参 数							
		or	ab	an	c	di	hy	q	ap	il	mt	σ	AR	DI	SI	ALK	A/CNK	FL	MF	M/F
1	6680/1	12.76	22.25	23.28	0.13	0.00	11.36	0.00	1.73	9.78	7.79		1.57	35.01	26.30	4.52	0.86	43.05	68.25	0.85
2	561/2	36.70	37.23	2.32	2.07	0.00	4.34	4.67	1.01	2.28	0.32	8.17	2.39	78.60	7.75	10.37	0.76	69.83	78.30	0.50

该火山岩在 TAS 命名图解中位于碱玄岩-碧玄岩区(图 3-12),标准矿物 ol 含量为 8.53%<10%,故命名为碱玄岩。该岩石不出现 Ne 标准矿物,Al_2O_3>K_2O+Na_2O,A/CNK=0.86<1,属 SiO_2 不饱和、偏铝质类型。在 Zr/TiO_2-Nb/Y、SiO_2-Zr/TiO_2 图解(Winchester,Floyd,1977)上位于碱性玄武岩区(图 3-53),TiO_2 高达 4.86%,故属碱性系列,Na_2O-2<K_2O,为钾质类型。与世界碱性玄武岩氧化物平均值相比,具显著高 TiO_2、FeO、MgO,显著低 K_2O,低 SiO_2、CaO 的特点。

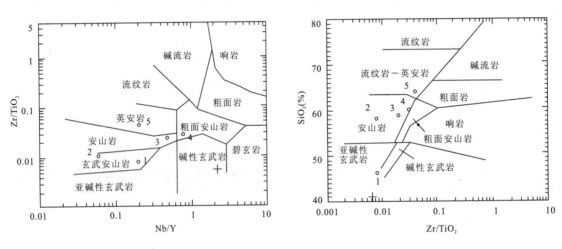

图 3-53 火山岩 Zr/TiO_2-Nb/Y 和 SiO_2-Zr/TiO_2 相关图(据 Winchester,Floyd,1976)
+萨瓦亚尔顿组;•托格买提组;○霍峡尔组,编号同表 3-35

2. 稀土元素特征

碱玄岩的分析结果及参数见表 3-28。稀土总量 ΣREE 高达 286.75×10^{-6},与陈德潜的钾质玄武岩组(255×10^{-6}~1453×10^{-6})相当。稀土元素标准化曲线见图 3-54,显示轻稀土较强富集,曲线斜率$(La/Yb)_N$=16.38,基本无铕异常。

表 3-28 火山岩稀土、微量元素含量($\times 10^{-6}$)及特征参数一览表

地层	序号	样号	La	Ce	Pr	Nd	Sm	Eu	Gd	Tb	Dy	Ho	Er	Tm	Yb	Lu	Y	ΣREE	LR/HR	δEu	$(La/Yb)_N$
D_1s	1	6680/1	50.08	103.4	12.95	53.93	10.13	3.44	9.14	1.37	7.01	1.22	2.77	0.39	2.06	0.29	28.57	286.7	9.65	1.07	16.38
D_2t	2	561/2	122.0	215.7	23.08	78.80	10.94	3.24	7.44	1.14	5.98	1.09	2.65	0.39	2.43	0.37	23.50	498.8	21.11	1.04	33.84

地层	样号	V	Cr	Ni	Rb	Sr	Zr	Ba	Th	Sc	Hf	Nb	Co	Ta	Ga	Rb/Sr	Ba/Sr	Zr/Hf
D_1s	6680/1	381.0	56.4	59.2	20.4	441.0	314.5	470.0	5.16	22.2	6.90	57.8	54.9	4.24	31.3	0.046	1.066	45.58
D_2t	561/2	18.0	5.5	4.10	66.80	377.0	491.0	1795.0	11.7	2.22	11.9	119.0	6.16	8.74	77.90	0.177	4.76	41.26

3. 微量元素特征

碱玄岩分析结果及参数见表3-28,与基性岩维氏克拉克值相比差别较大,具显著高Sc、Hf、Ta,高V、Cr、Ni、Rb、Zr、Nb的特点;除Co高,Sr低外,其他元素(Cr、Ni、Rb、Zr、Ba)含量与洋岛碱性玄武岩典型值十分接近,而与裂谷碱性玄武岩典型值有所差别。其地球化学型式见图3-55,具双隆起的分布型式,既有Th、Ta、Nb、Ba的富集,又有Ti的富集,与板内碱性玄武岩典型型式类似。

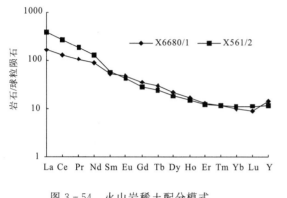

图3-54 火山岩稀土配分模式　　　　图3-55 火山岩地球化学型式

(三)形成的构造环境分析

该火山岩属碱性系列钾质类型,形成该岩石类型的可能环境为洋岛、大陆裂谷、大陆稳定区。该岩石在 Ti/100 - Zr - 3Y(Pearce,1979),Nb×2 - Zr/4 - Y(Meschde,1986)图解中均位于板内区或附近(图3-19、图3-20),在 Th - 3Tb - 2Ta 图解(Meschde,1986)中位于大陆碱性玄武岩区(图3-11);微量元素含量最接近洋岛碱性玄武岩;火山岩野外关系表明与周围沉积岩为整合关系,地层明显成层有序,呈带状延伸稳定,火山岩在其中所占比例甚小。故我们认为该玄武岩不是洋岛玄武岩,而是形成于大陆板内。据火山活动规模小、微量元素含量与洋岛玄武岩类似,认为该火山岩系大陆稳定区在较小的拉伸作用下形成。

二、中泥盆世托格买提组火山岩

该火山岩分布于测区西北部吉根一带,出露两处,面积仅1km²,为一套以喷溢相为主的安粗质岩石。其呈透镜状、长带状产于该套海相沉积地层的底部、中部,火山岩层构成的透镜体厚60~100m,长2.5~5km,与周围沉积岩为整合关系,之间无砾岩出现,二者产状不协调,接触界面截切下伏沉积岩层,火山岩呈漏斗状"掉入"下伏沉积岩层孔隙中(图版Ⅵ,1)。

(一)岩石类型及特征

该火山岩仅发育熔岩类,包括杏仁状安粗岩、安粗质角砾熔岩两种类型,以前者为主。

杏仁状安粗岩　浅绿灰色,风化面褐色,间隐、交织结构,块状构造、杏仁状构造,由钠长石(80%±)、绿泥石(15%±)、少量绿帘石及金属矿物(<1%)组成,斜长石呈小板条状,一般小于0.5mm,平行排列,有的构成架状,长石板条间被隐晶质充填,隐晶质全部被绿泥石取代,绿泥石呈小片状,晶体干净清楚。杏仁体分布极不均匀,一般为4%±,呈椭圆状—次圆状,粒径为2~4mm,充填物为方解石。

安粗质角砾熔岩　浅绿灰色,角砾熔岩结构,块状构造,角砾含量20%~40%,不均匀分布,次棱角—次圆状,粒径为2~5cm,个别达30cm,与基质同成分,基质为玻璃质,已脱玻化形成大量细小的斜长石、纤闪石、辉石、绿泥石。

(二)岩石化学及地球化学特征

1. 岩石化学特征

岩石化学分析结果及参数见表3-27。$SiO_2=59.1\%$,属中性岩类。在TAS图解上(Le Bas等,1986)位于粗安岩区(图3-12),$Na_2O-2<K_2O$,故定名为安粗岩。在硅-碱图(Irvine等,1971)上,该火山岩位于碱性区,在$Zr/TiO_2-Nb/Y$、SiO_2-Zr/TiO_2图解上(Winchester,Floyd,1977)位于碱性系列的粗面安山岩-粗面岩区(图3-53),TiO_2达1.23%,高于钾玄岩的典型值(0.85%),故该火山岩属碱性系列、钾质类型,而非钾玄岩。在$AR-SiO_2$图解(图略)(Wright,1969)上位于碱性岩区,碱度上为莱特的碱性岩。标准矿物石英含量4.81%,$A/CNK=0.76$,属SiO_2过饱和偏铝质岩石。与粗安岩世界平均值相比,具显著高K_2O,高TiO_2、Al_2O_3、Na_2O而显著低MgO的特点。

2. 稀土元素特征

稀土元素分析结果及参数见表3-28。稀土总量高达498.75×10^{-6},是碱性岩典型值的2倍。稀土元素标准化曲线见图3-54,为轻稀土强烈富集型,$(La/Yb)_N=33.84$,基本无铕异常。

3. 微量元素特征

微量元素分析结果及参数见表3-28,该粗安岩微量元素含量与正长岩涂氏克拉克值较为接近,表现出显著富Nb、Co、Ta、Ga,富Sr,贫Cr、Rb的特点。地球化学型式见图3-55,具大隆起的分布型式。

(三)火山作用的特点

该火山岩在吉根西北一带发育较好,在该地层的下部、中部各有一层,下部夹层为杏仁状安粗岩,上部夹层为安粗质角砾熔岩,从角砾与基质同成分判断该岩石可能为喷溢时夹杂着爆发而成。沉积岩与火山岩总体构成宁静→喷溢两个韵律,其后归于较长时期的宁静状态。

(四)形成的构造环境分析

该火山岩在岩石系列判别图上位于碱性系列区,TiO_2较高,说明该岩石为板内碱性火山岩而非造山带钾玄岩,在$Rb-Y+Nb$、$Nb-Y$图解(Pearce等,1984)上均位于板内区(图3-36)。该火山岩明显呈夹层状整合产于沉积岩层之中,地层呈带状展布,成层有序明显,火山岩在其中所占比重很小,认为它不是大洋板内即洋岛火山岩,而是形成于大陆板内环境。据火山活动规模小,并与早泥盆世火山岩伴生,认为该火山岩同样系大陆板内在较小的拉伸作用下形成。

三、早二叠世火山岩

早二叠世火山岩在测区较为发育,出露面积约$15km^2$,分布于测区的中南部,大致沿昆盖山主脊附近呈带状展布,延伸方向与构造线一致。

(一)地质特征

该火山岩呈夹层状整合产于下二叠统(未分)海相沉积岩中,该火山岩在地层上下均有分布,以中部居多。西部的玛尔坎土山一带层数多、厚度大(800m),喷出岩占地层的20%,以中性岩、火山碎屑岩类为主,少量基性岩、熔岩类,向东至江塔克一带仅夹数层较小厚度的英安岩,喷出岩仅占该地层的2%±。总体上该火山岩为一套以安山质岩石为主的玄武岩—安山岩—英安岩组合,爆发强度较高,以火山碎屑岩为主,爆发指数达90。

(二)韵律旋回划分

1. 韵律划分

该地层的结构为沉积岩、火山岩互层型。在玛尔坎土山剖面上,根据宁静—喷发的火山活动周期,可划分为7个韵律(表3-29),归纳为2种结构类型:a.沉积岩→熔岩型(韵律1、7);b.沉积岩→火山碎屑岩型(韵律2、3、4、5、6)。

表3-29 早二叠世火山岩韵律划分表

亚旋回	韵律	厚度(m)	层号	岩石组合	韵律结构特征	喷发强度
上部亚旋回	8	345.83	33—42	灰岩、少量砂岩	沉积岩	宁静
	7	1546.54	26—31	变玄武岩 砂岩、千枚岩夹灰岩	沉积岩→玄武岩	宁静→喷溢
	6	748.07	15—25	砾岩、砂岩夹沉英安质晶屑凝灰岩 砾岩、砂岩夹灰岩	沉积岩→沉积岩夹凝灰岩	宁静→间歇性爆发
中部亚旋回	5	482.78	12—14	安山质晶屑凝灰岩夹砂岩、砾岩	沉积岩→凝灰岩	间歇性爆发
	4	408.72	9—11	安山质晶屑凝灰岩夹少量粉砂质板岩 安山质晶屑凝灰岩夹砂岩、砾岩 砂岩	沉积岩→凝灰岩夹沉积岩	宁静→间歇性爆发→连续爆发
	3	266.16	7—8	变安山质晶屑凝灰岩夹砂岩、砾岩 灰岩	沉积岩→凝灰岩夹沉积岩	宁静→间歇性爆发
下部亚旋回	2	181.4	2—7	灰岩夹少量玄武安山岩 砾岩、砂岩夹灰岩	沉积岩→沉积岩夹熔岩	宁静→间歇喷溢
	1	>1809	1	变安山质晶屑凝灰岩夹砂岩 灰岩	沉积岩→凝灰岩夹沉积岩	宁静→间歇性爆发

2. 旋回划分

该套火山岩从下至上火山活动强度由弱→强→弱变化,岩浆由中性→酸性→基性变化,构成一个完整的喷发旋回。据喷发强度进一步划分为3个亚旋回:下部亚旋回厚度大于199m,由沉积岩→火山碎屑岩、沉积岩→熔岩二元结构型韵律组成,沉积岩较厚,火山岩较薄,不仅有爆发,而且有喷溢,反映火山活动强度相对较弱;中部亚旋回厚1158m,由沉积岩→火山碎屑岩二元结构型韵律组成,沉积岩较薄,火山碎屑岩层密集且以中间最厚,反映火山活动频繁而且强烈,中部达到高峰;上部亚旋回厚2640m,由沉积岩→火山碎屑岩二元结构型韵律和一个沉积岩→熔岩二元结构型韵律组成,沉积岩单元厚,火山岩单元薄,向上由爆发相的火山碎屑岩变为喷溢相的熔岩,反映火山活动逐渐变弱。

(三)岩石类型及特征

早二叠世火山岩包括火山碎屑岩、熔岩、潜火山岩3类,以前者为主,后两者很少。

1. 熔岩类

熔岩类仅占该套火山岩的10%±,产于地层的下部、上部,分布广泛,可划分为变玄武岩、玄武安山岩、英安岩3种类型,以前两者为主,后者仅在古鲁滚涅克一带出露。

变玄武岩 主要见于玛尔坎土山一带。灰绿色,变余间隐结构,片状构造。由斜长石(55%±)、绿泥石(40%±)、方解石(5%±)组成;斜长石呈小板条状,长宽比3∶1～5∶1,最长者0.4mm,大部分呈架状,因受应力影响一部分近平行排列,具钠化现象,绿泥石呈片状,分布于长石板条之间,最大片径0.15mm,系隐晶质蚀变而来。

玄武安山岩 灰绿色,间粒结构,块状构造。由斜长石(60%±)、角闪石(35%±)、黑云母(3%±)、石英(2%±)组成;斜长石呈小板条状,0.15～0.25mm,杂乱分布,表面有少量泥质物和绢云母;角闪石为柱状,大小为0.1mm×0.05mm～0.25mm×0.1mm,大都变为纤闪石,个别向绿帘石变化;黑云母为褐色片状,0.1～0.4mm,部分已变成绿泥石。暗色矿物不均匀充填于斜长石板条之间构成岩石的间粒结构。

2. 火山碎屑岩类

火山碎屑岩类为该火山岩的主要类型,广泛分布于玛尔坎土山一带,主要产于该地层的中部。可划分为普通火山碎屑岩、沉积火山碎屑岩两个亚类,以前者为主,后者很少。

1)普通火山碎屑岩亚类

该亚类包括变安山质晶屑凝灰岩、变层状安山质晶屑凝灰岩两种类型,前者很少,以后者为主。

变安山质晶屑凝灰岩 仅在玛尔坎土山一带及该套地层的下部见及。该岩呈灰绿色,变余凝灰结构,块状构造,微显定向性。由斜长石晶屑(97%±)、石英晶屑(3%±)组成,斜长石晶屑大小不等,呈半自形板柱状—小板条状,大小为0.1mm×0.05mm～1.5mm×0.6mm,杂乱分布,微显定向性;石英晶屑为他形粒状,0.05～0.2mm。该岩石类型普遍受到了热液蚀变作用,形成一些不均匀分布的绿泥石、绿帘石及绢云母。

变层状安山质晶屑凝灰岩 为该套火山岩的主要岩石类型,呈灰绿色,变余凝灰结构,层状构造、定向构造。碎屑物含量近100%,由斜长石晶屑(98%±)、石英晶屑(2%±)组成,斜长石晶屑呈次圆状、透镜状,不均匀定向分布,大小不等,0.15～1mm,部分被钠黝帘石取代,石英晶屑呈他形粒状,0.05～0.15mm;胶结物少量,为细小的火山岩。该岩石局部发育平行纹理,局部含铁质结核及泥砾,当泥砾较多时称变层状含砾安山质晶屑凝灰岩。

2)沉积火山碎屑岩亚类

该亚类产于该套地层的上部,图幅内仅发育沉英安质晶屑凝灰岩,呈灰色,沉凝灰结构、层状构造、定向构造。晶屑由斜长石(70%±)、石英(7%±)及微量磁铁矿组成,均呈次圆状、次棱角状,粒径小于0.06mm,胶结物由钙质(20%±)、铁质(3%±)组成,钙质已结晶为粉、细晶方解石。

3. 潜火山岩类

该岩类仅在玛尔坎土山一带见及,岩石类型为石英斑岩,呈灰绿色,斑状结构,基质霏细结构,块状构造。斑晶含量为30%±,由大致等量的石英、正长石组成,石英以单晶为主,粒径为0.05～3.5mm,他形粒状—自形六边形状,具熔蚀现象,正长石多聚集分布,被高岭石、绢云母强烈交代,大部分轮廓不清;基质含量为70%±,由长英质微晶(60%±)、绿帘石(1%±)组成,长英质微晶粒度小于0.02mm,绿帘石粒径小于0.05mm。

(四)岩石化学特征

玄武安山岩的氧化物含量及参数见表3-30。该岩石SiO_2含量为54.8%,为中性岩;标准矿物石英为12.06%,铝指数A/CNK=0.89,属SiO_2过饱和、偏铝质类型;在TAS图解上(图3-12)位于玄武安山岩与安山岩边界上,故命名为玄武安山岩,K_2O仅0.1%,为低钾类型(图3-56);该岩石在硅-碱图上（Irvine 等，1971）位于亚碱性系列区（图 3-57），在 TFeO/MgO 与 SiO₂、TFeO 图解上（Miyashiro，1974）位于钙碱性系列区（图 3-58），二者综合显示属钙碱性系列；在 AR-SiO₂ 图解（Wright，1969）上位于钙碱性岩区（图 3-59），里特曼指数 σ=0.17，二者综合显示碱度上属皮科克的钙性岩。与世界安山岩平均值相比，该安山岩具显著高 MgO（为平均值的 2 倍），高 Na₂O、TiO₂，显著低 K₂O 的特点，其 TiO₂、CaO 含量接近于大陆弧安山岩平均值，TFeO、K₂O 含量接近于岛弧安山岩平均值，Na₂O 含量介于岛弧、大陆弧平均值之间。

表 3-30 火山岩岩石化学成分、CIPW 标准矿物及特征参数一览表

地层	样号	岩石类型	氧化物含量(%)											
			SiO₂	TiO₂	Al₂O₃	Fe₂O₃	FeO	MnO	MgO	CaO	Na₂O	K₂O	P₂O₅	烧失量	总量
P₁	513/5-1	玄武安山岩	54.80	0.95	15.75	3.72	4.13	0.12	6.30	7.12	2.87	0.10	0.16	3.68	99.70

样号	CIPW 标准矿物(%)										特征参数							
	or	ab	an	c	di	hy	q	ap	il	mt	σ	AR	DI	SI	ALK	A/CNK	FL	MF	M/F
513/5-1	0.59	24.37	29.89	0.00	3.69	19.33	12.06	0.35	1.80	4.13	0.75	1.30	38.48	36.80	2.97	0.89	29.44	55.48	1.49

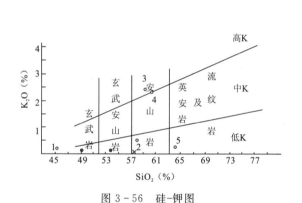

图 3-56 硅-钾图

（据 Pecerillo 等，1976；Ewart，1979；IUGS，1989）

×早二叠世；●棋盘组；○霍峡尔组，编号同表 3-35

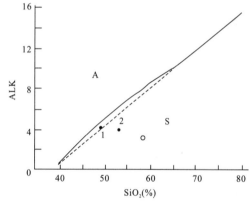

图 3-57 火山岩硅-碱图（据 Irvine 等，1971）

○早二叠世火山岩；●棋盘组，编号同表 3-32

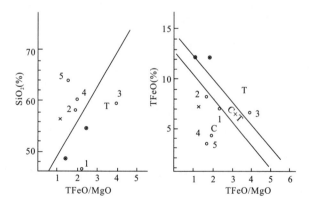

图 3-58 火山岩 TFeO/MgO 与 SiO₂、TFeO 图

（据 Miyashiro，1974）

×早二叠世；●棋盘组；○霍峡尔组，编号同表 3-35

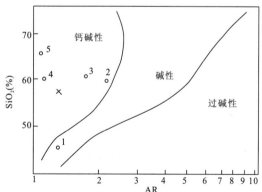

图 3-59 AR-SiO₂ 与碱性度关系图

（据 Wright，1969）

×早二叠世；○霍峡尔组，编号同表 3-35

(五)火山岩相划分

该火山岩发育喷溢相、爆发相、喷发沉积相、潜火山相四种类型,以喷发-沉积相为主,其他均很少。

1. 喷溢相

该相在玛尔坎土山、江塔克一带均有出露,岩性为玄武岩、玄武安山岩、英安岩,多为一次喷溢的单式岩流,岩流厚几十厘米至几米,个别达几十米,宽几十至几百米。

2. 爆发相

该相仅在玛尔坎土山一带见及,岩性为安山质晶凝灰岩,碎屑物大小不等,呈压紧固结,从特征看(见上述)应为灰流堆积。

3. 喷发-沉积相

该相在玛尔坎土山一带广泛出露,岩石类型有层状安山质晶屑凝灰岩、沉英安质晶屑凝灰岩,内部发育纹层状构造,碎屑物有不同程度的磨圆现象,前者碎屑物分选性差,为火山灰胶结,后者为水化学胶结。

4. 潜火山相

该相在玛尔坎土山南有出露,呈岩株状产出,宽400m,长1km,与周围地层呈侵入关系,岩性为石英斑岩。

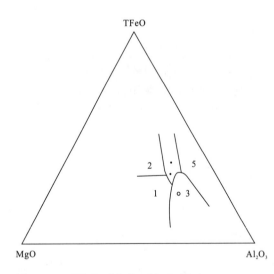

图 3-60 $TFeO - MgO - Al_2O_3$ 图(据 Pearce, 1977)
1. 洋中脊及洋底;2. 大洋岛屿;3. 造山带;4. 大陆板块内部;5. 扩张中心岛屿;• 早二叠世火山岩—棋盘组火山岩

(六)形成的构造环境分析

该火山岩整合产于浅海相沉积岩中,岩石组合为玄武岩—安山岩—英安岩,以安山质岩石为主,其中的玄武安山岩属狭义的钙碱性系列,该岩石组合及火山岩系列均显示该火山岩形成于火山弧环境;该火山岩在 $\lg\tau - \lg(\sigma_{25} \times 100)$ 图解上落入消减带火山岩区,在 $TFeO - MgO - Al_2O_3$ 图解(Pearce, 1977)上落入造山带区(图3-60);综上所述,认为该火山岩形成于火山弧环境。该玄武安山岩氧化物含量介于大陆弧与岛弧安山岩之间,$K_2O(0.1\%)$、$K_2O/Na_2O(0.03)$、$FeO/MgO(1.19)$ 均较低,符合 Jekes(1973)所总结的岛弧火山岩特征,而有别于大陆弧火山岩,在该套火山岩组合中、酸性岩多于基性岩,该特征又与大陆弧火山岩特征一致。结合当时的地质背景我们认为该火山岩形成于活动陆缘向洋一侧的边缘地带。

四、中二叠世棋盘组火山岩

该火山岩分布于图幅东南部阿克彻依一带,出露面积约 $2km^2$,呈带状展布。

(一)地质特征

该火山岩位于 WN 走向的断裂旁侧,呈夹层状整合产于海相沉积岩之中,在该组的上、下均有分布,以中部居多,在阿克彻依处火山岩厚度达 209m,计 7 层,占该地层的 23%,该处火山碎屑岩、熔岩均较发育,接近火山喷发中心,向东西两侧厚度迅速变薄,仅发育少量的沉凝灰岩(占该地层的 7% 以下),总体看该火山岩为一套偏基性的玄武岩—安山岩组合。

(二)韵律及旋回划分

1. 韵律划分

该地层的结构为沉积岩、火山岩互层型,在阿克彻依处根据火山活动"宁静—喷发"周期变化可划分为 8 个韵律(表 3-31),归纳为 4 种结构类型:a. 沉积岩→火山碎屑岩→熔岩型(韵律 3);b. 沉积岩→火山碎屑岩型(包括韵律 2、4、5);c. 沉积岩→熔岩型(韵律 1);d. 沉积岩→火山碎屑沉积岩型(包括韵律 6、7、8)。

表 3-31 棋盘组火山岩韵律划分表

亚旋回	韵律	厚度(m)	层号	岩性组合	韵律结构特征	喷发强度
上部亚旋回	8	8.8	22—23	凝灰质砂岩 砂岩	沉积岩→火山碎屑沉积岩	宁静→弱爆发
	7	29.1	20—21	凝灰质砂岩 砂岩	沉积岩→火山碎屑沉积岩	宁静→弱爆发
	6	105.7	16—19	凝灰质砂岩 砂岩	沉积岩→火山碎屑沉积岩	宁静→弱爆发
中部亚旋回	5	465.2	14—15	火山泥球沉凝灰岩 凝灰质砂岩	凝灰质砂岩→沉凝灰岩	弱爆发→爆发
	4	103.7	11—13	玻屑凝灰岩 灰岩、砂岩	沉积岩→玻屑凝灰岩	宁静→爆发
	3	77.8	7—10	辉石安山岩 凝灰岩 含砾沉凝灰岩 砾岩	沉积岩→沉凝灰岩→凝灰岩→安山岩	宁静→爆发→喷溢
下部亚旋回	2	43.2	4—6	沉凝灰岩 砾岩	沉积岩→沉凝灰岩	宁静→爆发
	1	58.2	1—3	玄武岩 砾岩	沉积岩→玄武岩	宁静→喷溢

2. 旋回划分

该组的火山岩从下至上火山活动由弱至强再转弱,构成一个完整的旋回。根据内部火山活动强度变化、韵律结构类型可进一步划分为 3 个亚旋回:下部亚旋回厚 58.2m,由一个沉积岩→熔岩的一元结构型韵律组成,火山岩层厚度小,反映火山活动较弱;中部亚旋回由 3 个沉积岩→火山碎屑岩的二元结构型韵律和一个"沉积岩→火山碎屑岩→熔岩"的三元结构型韵律组成,向上火山碎屑岩厚度由 8m→24m→31m→103m 逐渐增大,反映火山活动由弱至强;上部亚旋回厚 143.6m,由 3 个沉积岩→火山碎屑沉积岩韵律组成,火山碎屑沉积岩厚度由 46m→16m→3m 逐渐变小,反映火山活动由强逐渐转弱。

(三)岩石类型及特征

该火山岩主要发育火山-沉积碎屑岩类,其次为正常火山碎屑岩类,熔岩类很少。

1. 熔岩类

熔岩类仅在阿克彻依附近见及,产于该组的下部,共有两层,包括杏仁状玄武岩、辉石安山岩两种类型。

杏仁状玄武岩 灰绿色,斑状结构,基质间隐间粒结构,杏仁状构造。斑晶含量为25%±,为拉长石,An=60,发育环带结构,呈自形板状,大小为0.25mm×1mm±,裂纹发育,次生绿泥石沿裂隙发育;基质含量70%±,主要为斜长石,呈针状微晶杂乱分布,其间分布着他形辉石颗粒及磁铁矿、少量绿泥石等;杏仁约占5%,呈不规则状,充填物为绿泥石、方解石。

辉石安山岩 灰绿色,斑状结构,基质交织结构,块状构造。斑晶含量50%~55%,由中长石和少量辉石、磁铁矿组成,中长石呈厚板状,0.5~3mm,裂纹发育,辉石含量2%~3%,已绿泥石化,粒径为0.5mm±,磁铁矿含量1%~2%,呈不规则粒状,粒径为0.25mm±;基质由斜长石及暗色矿物组成,斜长石呈0.01mm×0.03mm~0.05mm×0.17mm大小的针状微晶,暗色矿物多已绿泥石化。

2. 火山碎屑岩类

该岩类仅在阿克彻依附近见及,产于该组的中部。主要为玄武质岩屑凝灰岩。

玄武质岩屑凝灰岩 岩石呈灰黑色,凝灰结构,块状构造。碎屑物由岩屑和少量斜长石晶屑组成,含量70%~75%,岩屑为玄武岩,黑褐色,粒径为0.01~2mm,具玻基斑状结构;胶结物为火山灰。

3. 火山-沉积碎屑岩类

该岩在测区广泛分布,包括沉凝灰岩和凝灰质砂岩两种类型。沉凝灰岩呈灰黑色、灰绿色,层理发育,火山灰有不同程度圆化现象,局部发育火山泥球构造。凝灰质砂岩呈灰绿色,层理发育,火山灰含量约30%,其他由长石(40%)、石英(20%)、岩屑(10%)组成。

(四)岩石化学及地球化学特征

1. 岩石化学特征

分析结果及参数见表3-32。

表3-32 棋盘组火山岩岩石化学成分、CIPW标准矿物及特征参数一览表

序号	样号	岩石类型	氧化物含量(%)													
			SiO_2	TiO_2	Al_2O_3	Fe_2O_3	FeO	MnO	MgO	CaO	Na_2O	K_2O	P_2O_5	H_2O^+	CO_2	灼失	总量
1	Ⅶ-31	玄武岩	48.74	2.30	14.86	3.88	6.00	0.15	6.48	7.76	3.83	0.06	0.11	0.18	0.07	4.54	98.06
2	Ⅶ-33	杏仁状玄武安山岩	53.57	1.38	15.31	8.84	3.70	0.12	4.58	5.13	3.72	0.17	0.06	0.00	0.04	3.59	100.21

序号	样号	CIPW标准矿物(%)										特征参数							
		or	ab	an	c	en	hy	q	ap	il	mt	fs	σ	AR	DI	SI	ALK	A/CNK	FL	MF	M/F
1	Ⅶ-31	0.36	32.41	23.18	0.00	11.74	14.86	1.44	0.24	4.37	5.63	3.12	2.64	1.42	34.20	32.00	3.89	0.73	33.39	0.60	0.47
2	Ⅶ-33	1.01	31.48	24.57	0.00	11.41	16.15	11.57	0.13	2.62	8.32	4.74	1.43	1.47	32.88	21.80	3.89	0.98	43.13	0.73	0.21

1) 岩石化学分类

该火山岩 SiO_2 含量 $48.7\%\sim53.57\%$，属基性岩—中性岩，标准矿物石英含量 $1.44\%\sim11.57\%$，$Al_2O_3>K_2O+Na_2O$，$A/CNK=0.73\sim0.98$，属 SiO_2 过饱和、偏铝质岩石。TAS 图解（Le Bas 等，1986）显示为玄武岩、玄武安山岩（图 3-12），K_2O-SiO_2 图解（Pecerillo 等，1976）显示为低钾类型（图 3-56）。

2) 岩石系列划分

该火山岩在硅-碱图上（Irvine 等，1971）位于亚碱性系列区（图 3-57），进一步在 $TFeO/MgO$ 与 SiO_2、$TFeO$ 图（Miyashiro，1974）上判断属拉斑玄武岩系列（图 3-58），$Na_2O\gg K_2O+2$，属钠质类型。

3) 岩石化学的基本特征

该火山岩中的玄武岩氧化物含量与世界拉斑玄武岩平均值较接近，具高 TiO_2、Na_2O，低 CaO，显著低 K_2O 的特点；十分接近大陆裂谷拉斑玄武岩，与之相比，仅 Na_2O 稍高，K_2O、$TFeO$、CaO 稍低。安山岩氧化物含量与世界安山岩平均值差别较大，具高 TiO_2、$TFeO$，稍高 Na_2O，低 Al_2O_3、SiO_2，显著低 K_2O 的特点。该套火山岩的共同特点为高 TiO_2、Na_2O，低 K_2O。

2. 稀土元素特征

稀土元素分析结果及参数见表 3-33。稀土总量 $82.14\times10^{-6}\sim108.84\times10^{-6}$，与基性岩、中性岩的平均值（$85\times10^{-6}\sim130\times10^{-6}$）相当。标准化稀土配分模式见图 3-61，均为轻稀土中等富集型，曲线斜率 $(La/Yb)_N=7.55\sim6.75$，基本无铕异常。

表 3-33 棋盘组火山岩稀土元素含量（$\times10^{-6}$）及特征参数一览表

序号	样号	La	Ce	Pr	Nd	Sm	Eu	Gd	Tb	Dy	Ho	Er	Tm	Yb	Lu	Y	ΣREE	LR/HR	δEu	$(La/Yb)_N$
1	Ⅵ-31	11.7	23.4	3.32	1.30	2.87	1.04	3.30	0.50	3.35	0.67	1.74	0.26	1.55	0.24	15.2	82.14	2.06	1.05	7.55
2	Ⅵ-33	16.8	29.7	3.51	16.1	3.95	1.38	4.35	0.77	5.34	0.97	2.61	0.42	2.49	0.35	20.1	108.84	1.91	1.03	6.75

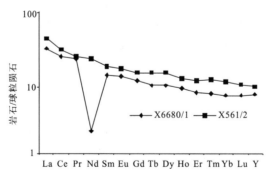

图 3-61 棋盘组火山岩稀土配分模式

(五) 火山作用特点

该火山岩出露面积小，在地层中所占比例也小，显示该时期火山活动较弱。在阿克彻依处爆发指数达 92，显示火山主要以爆发的型式进行。从亚旋回构成看，火山活动可划分为 3 个阶段：第一阶段为火山活动开始阶段，以小规模的喷溢为特点；第二阶段以较为频繁的爆发为特征；第三阶段火山活动逐渐衰减，表现为小规模的弱爆发。

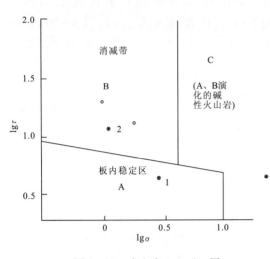

图 3-62　火山岩 lgτ-lgσ 图
（据 Rittmann,1970）
●棋盘组；编号同表 3-32；○霍峡尔组

（六）形成的构造环境分析

区域资料显示，中二叠世时期奥依塔克裂陷槽已经关闭，棋盘组为残余海盆下的浅海相、三角洲相沉积，该火山岩整合产于沉积岩之中，火山活动规模小，图幅内的该岩石为低钾拉斑玄武岩系列，在该地质背景下，能够产生该岩石系列的只有火山弧和大陆板内两种环境，岩石的高 TiO_2 特征说明为大陆板内环境而非火山弧环境；在 lgτ-lgσ 图解（Rittmann,1970）上该火山岩主要位于板内稳定区（图 3-62），在 $TFeO-MgO-Al_2O_3$（Pearce,1977）图解上位于大陆板块内部区（图 3-60）；在近邻的叶城县棋盘河地区，该地层中的火山岩为碱性玄武岩系列，同样具板内火山岩的特点；二者的组合也表明为大陆板内环境。故我们认为棋盘组火山岩为大陆板内火山岩，它是中二叠世一次间歇性拉张环境下岩浆活动产物，在拉张速度较慢情况下形成棋盘河地区碱性玄武岩，在局部拉张速度较快情况下，形成本测区的拉斑玄武岩系列。

五、晚三叠世霍峡尔组火山岩

晚三叠世火山岩相对较为发育，主要分布于测区中南部穆呼一带，少量分布于东南部的阿克彻依一带。出露面积约 150km²。

（一）地质特征

该火山岩周围被 EW 向断裂围限或被高位岩体侵入破坏，出露不完整。在西部穆呼一带，呈与湖沼相沉积岩互层的型式产出，火山岩厚 2186m，占该地层的 86%，主要为中性岩，其次为酸性岩；东部的阿克彻依一带未见沉积夹层，火山岩厚 250m，主要为玄武岩，伴很少量的玄武安山岩。从西向东火山岩规模变小，岩石由中酸性向中基性变化，但均以火山碎屑岩与熔岩同等发育为特征，从下至上，岩石由中基性向中酸性演化。总体构成玄武岩—安山岩—英安岩组合。

（二）韵律旋回划分

穆呼一带为火山岩与沉积岩互层的地层结构，韵律明显，阿克彻依一带出露零星，现仅以穆呼剖面为例叙述其韵律旋回特征。

1. 韵律划分

该处火山岩根据喷发强度从下至上可划分为 12 个韵律（表 3-34），归纳为 5 种结构类型：a. 熔岩→火山碎屑岩型（韵律 1、2、9）；b. 熔岩→火山碎屑岩→熔岩型（韵律 10）；c. 沉积岩→火山碎屑岩→熔岩型（韵律 5）或沉积岩→火山碎屑岩型（韵律 3、6）；d. 沉积岩→熔岩→火山碎屑岩（→熔岩）型（韵律 4、7、8、12）；e. 沉积岩→熔岩型（韵律 11）。

表 3-34　晚三叠世霍峡尔组火山岩韵律划分

亚旋回	韵律	厚度(m)	层号	岩石组合	韵律结构特征	喷发强度
第三亚旋回	10	422.8	31—36	玄武岩 沉安山质凝灰岩 沉英安质凝灰岩 英安岩与安山岩互层 英安岩	英安岩→安山岩→沉英安质凝灰岩→沉安山质凝灰岩→玄武岩	喷溢→爆发→喷溢
第三亚旋回	9	142.1	29—30	沉安山质岩屑凝灰岩夹安山质晶屑凝灰岩 碳酸盐化英安岩	英安岩→安山质凝灰岩	喷溢→爆发
第三亚旋回	8	184.5	26—28	沉安山岩屑凝灰岩 含辉石安山岩 砂岩	沉积岩→安山岩→沉安山质凝灰岩	宁静→喷溢→爆发
第二亚旋回	7	177.4	22—25	沉安山质岩屑凝灰岩 沉英安质岩屑凝灰岩夹砂岩 蚀变安山岩 粗砂岩	沉积岩→安山岩→沉英安质凝灰岩夹砂岩→沉安山质凝灰岩	宁静→喷溢→间歇性爆发
第二亚旋回	6	4.2	20—21	安山质晶屑凝灰岩 灰岩质角砾岩	沉积岩→安山质凝灰岩	宁静→爆发
第二亚旋回	5	44.1	17—19	安山岩 凝灰岩与砂岩、砾岩互层 粗砾岩、砂岩	沉积岩→凝灰岩与沉积岩互层→安山岩	宁静→间歇性爆发→喷溢
第二亚旋回	4	227.1	11—16	绿泥石化杏仁状安山岩 蚀变英安岩 安山质晶屑凝灰岩 蚀变杏仁状玄武岩 杏仁状英安岩与安山岩互层 粗砂岩	沉积岩→英安岩、安山岩、玄武岩→安山质凝灰岩→英安岩、安山岩	宁静→喷溢→爆发→喷溢
第二亚旋回	3	136.5	9—10	砂岩夹碳酸盐化安山质晶屑凝灰岩 钙质粗砂岩	沉积岩→沉积岩夹凝灰岩	宁静→间歇性爆发
第一亚旋回	2	210.4	7—8	玄武安山质角砾集块岩 安山岩	安山岩→玄武安山质角砾集块岩	喷溢→爆发
第一亚旋回	1	472.3	1—6	玄武安山质角砾集块岩 含角砾安山岩 安山岩 安山质凝灰熔岩 含角砾安山岩 安山岩	安山岩→安山质凝灰熔岩→安山岩→玄武安山质集块岩	喷溢→爆发

2. 旋回划分

该火山地层发育不完整,旋回性特征不明确,但就出露的岩层看从下至上表现出火山活动强度由强→弱→强→弱的变化,岩浆性质由基中性→中性→中酸性→中性的演化。据此结合韵律结构类型可划分为4个亚旋回:第一亚旋回厚683m,由2个熔岩→火山碎屑岩韵律组成,火山活动型式为连续的喷溢→爆发,岩浆相对偏基性,形成安山质→玄武安山质的韵律组合;第二亚旋回厚598m,由2个沉积岩→火山碎屑岩韵律、1个沉积岩→火山碎屑岩→熔岩和2个沉积岩→熔岩→火山碎屑岩→熔岩韵律组成,火山活动较弱,为中性岩浆的间隙式爆发→喷溢;第三亚旋回厚750m,由2个熔岩→火山碎屑岩→熔岩二元韵律和1个沉积岩→熔岩→火山碎屑岩三元韵律组成,火山活动为连续的喷溢→爆发,岩浆相对偏酸性,形成英安质→安山质互层的韵律组合;第四亚旋回厚511m,由1个沉积岩→熔岩二元韵律,1个沉积岩→熔岩→火山碎屑岩三元韵律组成,火山活动较弱,为中性岩浆间歇式的喷溢→爆发。

(三)岩石类型及特征

霍峡尔组火山岩包括熔岩、火山碎屑岩、潜火山岩三大类,以火山碎屑岩、熔岩为主。

1. 熔岩类

熔岩类在该火山岩出露区广泛分布,包括玄武岩、安山岩、英安岩3个亚类。

1)玄武岩亚类

该亚类在穆呼一带呈若干薄夹层产出,在阿克彻依一带为火山岩的主要岩石类型,可进一步划分为玄武岩、杏仁状玄武岩、蚀变杏仁状玄武岩。岩石呈灰色、绿色,间粒结构,块状构造或杏仁状构造。由斜长石(67%~70%±)、透辉石(28%~30%±)组成,斜长石呈小板条状,0.1~0.3mm,杂乱分布,透辉石为柱状、粒状,大小为 0.15mm×0.2mm~0.6mm×0.2mm,副矿物为磁铁矿。杏仁状玄武岩中的杏仁体含量一般 5%±,呈圆形或不规则状,充填物为绿泥石、方解石;当暗色矿物被绿泥石取代,伴少量方解石及铁质者称蚀变杏仁状玄武岩。

2)安山岩亚类

该亚类主要产于穆呼一带,岩石呈杂色、灰绿色,斑状结构、基质交织结构,块状构造或杏仁状构造。可进一步划分为安山岩、蚀变安山岩、含辉石安山岩等。

安山岩 斑晶含量 22%~30%,主要为斜长石,少量黑云母,有的见少量石英,斜长石呈板柱状,大小为 0.4mm×0.25mm~2mm×1mm,An=27±,黑云母呈褐色片状,0.25~0.5mm;基质主要为斜长石及玻璃质,有的见少量石英,斜长石呈小板条状;副矿物为磁铁矿;有的岩石含少量杏仁,呈不规则状,充填物主要为石英。

蚀变安山岩 斜长石基本被方解石取代,有的含较多热液蚀变矿物绿泥石。

含辉石安山岩 斑晶中含 30%±的透辉石。其他特征同上述安山岩。

3)英安岩亚类

该亚类仅产于穆呼一带,可划分为英安岩及蚀变英安岩两种类型。

英安岩 岩石呈淡绿色,斑状结构,基质霏细结构,块状构造。斑晶由斜长石(20%~25%)、石英(少量至 5%)组成,斜长石呈半自形板柱状,大小为 0.5mm×0.25mm~2.3mm×1mm,An=27,有的被绿泥石、方解石、高岭石交代,石英呈熔蚀的圆粒状,0.5~2.8mm;基质为霏细状的长英质;副矿物为磁铁矿。

蚀变英安岩 该岩石呈淡黄色,含大量(约 30%)不均匀定向分布的微晶方解石和绿泥石,其他特征同英安岩。

2. 火山碎屑岩类

该岩可划分为火山碎屑熔岩、普遍火山碎屑岩、沉积火山碎屑岩3个亚类,三者均较发育。

1)火山碎屑熔岩亚类

该岩仅发育于阿克彻依一带,包括玄武质集块熔岩、安山质凝灰熔岩两种类型。

玄武质集块熔岩 分布于阿克彻依一带,岩石呈深灰绿色,集块熔岩结构,块状构造。火山碎屑物含量 60%±,大小混杂,有的为 5~30cm,一般为 10~15cm,与熔岩同成分;胶结物为玄武岩,斑状结构,基质填间结构,斑晶含量占胶结物的 20%±,由自形板状斜长石和少量粒状辉石组成,辉石多变为黑云母,基质由板条状微晶斜长石、少量微粒辉石、磁铁矿及玻璃质组成。

安山质凝灰岩 分布于穆呼一带,岩石呈黄绿色,凝灰熔岩结构,块状构造。碎屑物由斜长石(30%±)、黑云母(3%±)、磁铁矿(20%±)及少量角闪石、透辉石组成,均呈棱角状,一般为 0.1~1.5mm,个别 2~2.5mm,斜长石 An=35 的中长石,不均匀分布;胶结物为安山岩,具斑状结构,斑晶为斜长石、黑云母、角闪石、透辉石，基质由玻璃质及少量针状斜长石微晶组成。

2）普通火山碎屑岩亚类

该亚类包括角砾集块岩、凝灰岩两个类型。

角砾集块岩　仅发育玄武安山质角砾集块岩。岩石呈黄绿色，角砾集块结构、块状构造。火山碎屑物含量94%±，大小混杂，一般为0.03~20cm，主要为集块和火山角砾，少量为火山灰，一般呈棱角状，较大的碎屑有磨圆现象，碎屑成分主要为与胶结物同成分的黄绿色玄武安山岩，次为深灰色玄武安山质凝灰熔岩，后者的火山灰由斜长石、黑云母及少量辉石晶屑组成；胶结物含量6%±，为黄绿色玄武安山岩，由斜长石斑晶及玻璃质组成。

凝灰岩　仅发育安山质晶屑凝灰岩。灰绿色，晶屑凝灰结构，块状构造。碎屑物含量10%~100%，由斜长石（70%±）及少量石英、黑云母、黄铁矿晶屑组成，均呈棱角状、次棱角状，0.05~1.3mm；胶结物少量至30%，为火山尘，多已发生蚀变和脱玻化、形成绿泥石、方解石及长英质微晶。

3）沉积火山碎屑岩亚类

该亚类包括沉安山质岩屑凝灰岩、沉英安质岩屑凝灰岩、沉英安质晶屑凝灰岩。

沉安山质岩屑凝灰岩　岩石呈灰色，沉凝灰结构，层状构造。碎屑物含量90%±，由安山岩岩屑（78%±）及少量石英、斜长石、磁铁矿晶屑组成，均呈棱角状、次棱角状，0.2~1.5mm，局部呈定向排列；胶结物含量10%±，由绿泥石（10%±）及少量铁质组成。

沉英安质岩屑凝灰岩　岩石呈浅绿色，岩屑为英安岩，也见有少量硅质岩；胶结物为铁质（2%±）及钙质（3%±）。其他各项特征同上述沉安山质晶屑凝灰岩一致。

沉英安质晶屑凝灰岩　淡黄色、浅黄绿色，沉凝灰结构，层状构造。碎屑物含量48%±，主要为斜长石，少量石英，棱角状、次棱角状，0.05~0.5mm，多定向分布；胶结物含量53%±，由火山灰（20%±）、钙质（30%±）、铁质（3%±）组成。

3. 潜火山岩类

该岩仅出露于穆呼一带。岩石类型为斜长玢岩，岩石呈灰绿色，斑状结构，基质为半自形细粒结构，块状构造。斑晶为斜长石（3%~5%）及角闪石（少量至3%），斜长石呈半自形板柱状，大小为1.7mm×0.5mm~2mm×1.2mm，为更长石，角闪石为柱状，大小为1.3mm×0.5mm~1.5mm×0.7mm；基质由半自形板柱状斜长石（87%~85%±）、柱状角闪石（少量至2%）、黑云母（少量至3%）、他形粒状石英（少量至3%）组成，基质粒度0.1~1mm；副矿物为黄铁矿。

（四）岩石化学及地球化学特征

1. 岩石化学特征

分析结果及特征参数见表3-35。绝大部分样品风化蚀变较强，只能作大致参考，分类命名及系列划分主要依据于微量元素提供的信息。

1）岩石化学分类及系列划分

实际测试的SiO_2含量为46%~64%，大致反映出该火山岩以中性岩为主。Zr/TiO_2-Nb/Y、SiO_2-Zr/TiO_2分类命名图解（Winchester，Floyd，1977）显示该火山岩为亚碱性系列的玄武安山岩、安山岩、英安岩（图3-53），在$TFeO/MgO$与SiO_2、$TFeO$图解上（Miyashiro，1974）主要位于钙碱性系列区，少数位于拉斑玄武岩系列区，大体反映出该火山岩为钙碱性系列（图3-58），在K_2O-SiO_2图解上（Pecerillo等，1976）主要位于低钾区（图3-56），少数位于中—高钾区，波动较大。在AR-SiO_2图解（Wright，1969）上主要位于钙碱性岩（图3-59）区，相应的里特曼指数σ在1.1~

2.87之间,仅个别位于碱性岩区,其σ达4.6,大体显示出该火山岩的碱度相当于皮科克的钙性岩、钙碱性岩。

表3-35 霍峡尔组火山岩岩石化学成分、CIPW标准矿物及特征参数一览表

序号	样号	岩石类型	氧化物含量(%)												
			SiO_2	TiO_2	Al_2O_3	Fe_2O_3	FeO	MnO	MgO	CaO	Na_2O	K_2O	P_2O_5	H_2O^+	CO_2	总量
1	246/6-1	玄武岩	45.85	0.83	18.49	4.32	3.07	0.24	2.85	12.59	3.38	0.24	0.15	2.37	5.42	99.80
2	246/27-1	辉石安山岩	58.12	0.71	15.67	3.81	4.80	0.14	4.36	2.85	6.19	0.40	0.08	2.28	0.40	99.81
3	246/32-1	蚀变安山岩	59.27	0.86	14.91	3.68	2.22	0.13	1.35	5.48	2.90	2.43	0.20	2.23	4.67	100.33
4	246/43-1	斜长玢岩	60.35	0.56	14.25	1.74	2.42	0.10	1.99	5.28	1.99	2.39	0.16	2.07	6.53	99.83
5	246/15-1	蚀变英安岩	64.08	0.52	10.38	1.76	1.63	0.18	1.98	6.76	0.10	0.20	0.13	4.14	7.86	99.72

序号	样号	CIPW标准矿物(%)									特征参数							
		or	ab	an	c	di	hy	q	ap	il	mt	σ	AR	DI	SI	ALK	A/CNK	FL	MF	M/F
1	246/6-1	1.48	29.36	28.07	2.71	0.00	13.06	6.80	0.33	1.61	3.74	4.60	1.26	37.71	20.56	3.62	0.64	22.33	72.17	0.71
2	246/27-1	2.42	53.73	11.42	0.99	0.00	15.99	7.27	0.17	1.39	5.67	2.87	2.10	63.43	22.29	6.59	0.99	69.81	66.38	0.92
3	246/32-1	14.66	25.05	0.00	7.65	0.00	4.83	31.20	0.44	1.67	3.78	1.75	1.71	71.75	10.73	5.33	0.86	49.31	81.38	0.42
4	246/43-1	14.42	17.26	0.00	8.58	0.00	1.50	39.96	0.35	1.08	2.58	1.11	1.51	75.38	18.90	4.38	0.92	45.34	67.64	0.86
5	246/15-1	1.24	0.85	0.00	10.47	0.00	1.31	65.23	0.31	1.03	1.81	0.00	1.02	71.19	34.92	0.30	0.82	4.25	63.13	1.02

2) 岩石化学的基本特征

该火山岩中的安山岩样品(246/27-1)的测试结果基本符合精度要求,与中国安山岩平均值相比,具显著高Na_2O,低MgO,显著低Al_2O_3、CaO、K_2O的特点,其TiO_2、Al_2O_3含量与大陆弧安山岩相当。英安岩样品风化蚀变较强,与中国英安岩平均值相比,具高CaO,低MgO,显著低Al_2O_3、Na_2O、K_2O的特点。可以看出该火山岩的共同特点是低MgO、Al_2O_3、K_2O,Na_2O含量变化很大。在分异指数-氧化物图解上该火山岩随分异指数DI增大,TFeO、MgO、Al_2O_3、CaO总体呈下降趋势。

2. 稀土元素特征

稀土元素分析结果及参数见表3-36,安山岩、英安岩的稀土总量分别为86.85×10^{-6}和169.5×10^{-6},与同类岩石的平均值相比偏低。标准化曲线见图3-63,大部分为轻稀土富集程度较强的型式,个别安山岩样品表现出平坦的分布型式,均具弱铕亏损。

3. 微量元素特征

微量元素分析结果及参数见表3-36,安山岩、英安岩与同类岩石平均值差别较大,普遍表现出低Cr、Ni、Rb、Sr、Nb的特点,除此之外,安山岩还表现出高Co、低Zr、Ba的特点,英安岩还表现出显著高Ba、Ga,高Zr、Hf,低Ta的特点。地球化学型式见图3-64,显著富集左侧的大离子亲石元素,亏损右侧的高场强元素,具Rb-Ba-Th、Ce、Hf、Y-Yb的正异常和Nb的显著负异常。

表 3-36 霍峡尔组火山岩稀土微量元素含量(×10^{-6})及特征参数一览表

序号	样号	La	Ce	Pr	Nd	Sm	Eu	Gd	Tb	Dy	Ho	Er	Tm	Yb	Lu	Y	ΣREE	LR/HR	δEu	(La/Yb)$_N$
1	246/6-1	11.96	23.19	2.99	11.75	3.03	0.97	3.20	0.54	3.24	0.68	1.95	0.31	2.04	0.32	16.54	82.7	4.39	0.95	3.95
2	246/27-1	4.33	10.02	1.55	7.09	2.36	0.8	3.10	0.56	3.69	0.82	2.32	0.37	2.52	0.43	20.06	60.0	1.89	0.90	1.16
3	246/32-1	17.56	33.01	4.39	15.12	3.76	1.05	4.13	0.71	4.34	0.90	2.55	0.41	2.56	0.39	22.79	113.7	4.68	0.81	4.62
4	246/43-1	19.48	35.52	4.50	14.41	3.00	0.84	2.81	0.46	2.67	0.55	1.52	0.24	1.41	0.22	13.36	101.3	7.91	0.87	9.48
5	246/15-1	22.16	44.48	6.71	27.26	6.36	1.49	6.55	1.10	6.81	1.40	3.88	0.65	4.22	0.66	35.81	169.5	4.29	0.70	3.54

样号	岩石类型	V	Cr	Ni	Rb	Sr	Zr	Ba	Th	Sc	Hf	Nb	Co	Ta	Ga	Rb/Sr	Ba/Sr	Zr/Hf
246/6-1	玄武岩	213.00	32.30	19.60	5.00	395.00	65.70	156.00	1.47	30.10	2.70	3.10	19.50	0.36	12.60	0.013	0.395	24.33
246/27-1	辉石安山岩	249.00	26.50	11.80	8.90	248.00	64.20	93.00	1.13	36.20	1.90	1.29	24.90	0.17	10.90	0.036	0.375	33.79
246/32-1	蚀变安山岩	57.50	6.40	4.83	68.80	187.00	185.00	368.00	5.03	12.70	6.70	11.00	16.10	0.92	21.40	0.37	1.97	27.61
246/43-1	斜长玢岩	34.30	16.30	9.05	73.10	166.00	167.00	259.00	6.76	7.14	5.20	11.30	12.40	1.03	15.20	0.44	1.56	32.11
246/15-1	蚀变英安岩	38.30	14.20	8.24	6.80	200.00	241.00	1380.0	6.45	10.10	7.40	6.96	7.40	0.52	62.40	0.034	6.90	32.57

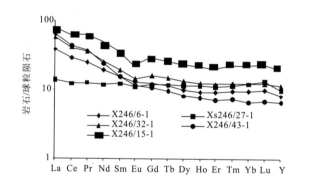

图 3-63 霍峡尔组火山岩稀土配分模式

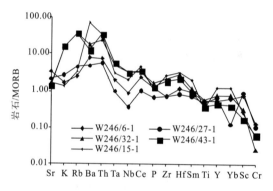

图 3-64 霍峡尔组火山岩地球化学型式

(五)火山岩相划分及特征

该火山岩可划分为爆发相、喷溢相、喷发-沉积相、潜火山相,以前两者为主。

1. 爆发相

爆发相可分为崩落堆积和碎屑流堆积两种类型。

1)崩落堆积

崩落堆积在穆呼、阿克彻依两地见及,分布于火山喷发中心附近。组成该岩相的岩石类型有玄武质集块熔岩、玄武安山质角砾集块岩,碎屑物大小混杂,成分不一,一般呈棱角状,个别因在斜坡上滚动而略有圆化。

2)碎屑流堆积

碎屑流堆积在穆呼一带广泛分布,岩石类型为凝灰岩,火山灰粒径大小不等,基本无磨圆,不显层理,大多数属灰流堆积。

2. 喷溢相

喷溢相在测区广泛分布,组成该岩相的岩石类型有玄武岩、安山岩、英安岩、凝灰熔岩,多成多次喷发的复式熔岩流,厚几十米至百余米,呈带状展布,一次喷发的熔岩厚度一般为几米至几十米,熔岩流的顶部、底部往往发育自碎角砾,构成角砾熔岩,角砾呈棱角状,比主岩稍暗。凝灰熔岩中的火山灰呈棱角状,可能为熔岩捕获而成。

3. 喷发-沉积相

组成该岩相的岩石为各种沉凝灰岩,碎屑物中不同程度含有非火山岩碎屑,稍有磨圆,胶结物为火山岩和水化学物,明显的特征是发育纹层状构造,为空落的火山碎屑物在水盆地中沉积而成。

4. 潜火山相

潜火山相在测区局部发育,均为顺层侵入的岩墙,厚约几至几十米,横向延伸较远,岩性简单,均为斜长玢岩,岩石粒度较粗,可达细粒。

(六)形成的构造环境分析

该火山岩的岩石组合为玄武岩—安山岩—英安岩,分异指数 DI 集中在 63~75 之间,微量元素图解显示为亚碱性系列,均具有弧火山岩特征。不易受风化影响的 TiO_2 的含量为 0.56%~0.86%,与大陆弧安山岩相当。安山岩样品在 $lg\sigma - lg\tau$ 图解(Rittmann,1970)上均位于消减带火山岩区(图 3-62),英安岩样品在 La/Yb-Yb、Hf-Zr 图解上(Condie,1986)位于弧火山岩与伸展盆地的边界附近。区域地质资料及构造演化显示:晚三叠世时期主大洋已经关闭,测区进入后碰撞阶段,结合该时期沉积盆地的性质,认为该火山岩可能为陆壳松弛引起幔源岩浆上侵并在上升过程中混染了壳源而成。

六、全新世木吉泥火山群(Qh^{vl})

该火山群分布于图幅南侧木吉一带,包含 80 个泥火山锥,火山锥均产于木吉盆地全新世湖沼相松散沉积物中,成串珠状展布,主体排列方向 135°,有的锥体长轴及锥体之间尚表现出 55°的展布方向。

木吉盆地为更新世形成的拉分盆地,周边被断层围限,盆地北侧为昆盖山古隆起,盆地北缘发育一系列更新世冲洪积扇。

该火山活动为中心式喷发,形成的锥体多呈圆形、长圆形,少数呈长垄状、不规则状,顶部一般平缓,有的中间凹陷而积水,锥体大小不等,高度一般为 1~5.5m,圆形者直径一般为 10~35m,长圆形者一般为 15m×25m~46m×147m,长垄状者为 6m×33m~10m×60m,有的小型锥体直径达 1m 以下,高度仅几十厘米。锥体内部放射状、环状节理发育,节理多已张开,锥体上局部发育少量排气孔,孔径几至十几厘米,构成锥体的岩性均为略有固结性的堆积物,主要为粉砂土,有的含一些棱角状的碎屑岩质砾石,有的堆积物显纹层构造,与周围的全新统湖沼相堆积物岩性及特征一致。

据上述特征,我们认为该泥火山系湖积层中的气体沿 135°、55°两组潜在薄弱面聚集上拱爆发而形成,从喷发类型上归属马尔式火山,据前人研究,该类型火山多与油气有关。根据大部分锥体保存较完好判断可能为近代形成。

第四章　变质岩

测区变质岩以浅中变质岩石为主,深变质岩石很少,呈不规则带状分布在图幅南北两侧,占图幅总面积的60%±。变质作用时限从元古宙可延续到古生代,中、新生代岩石基本未变质。

由于区域地质演化的长期性、复杂性,变质地层叠加了多期次、多类型的变质作用,形成了种类丰富、变形复杂的变质岩石系列。在空间上横跨不同的构造单元——塔里木地块、羌塘地块和伊犁地块。各构造单元变质地层具有相对独立的变质变形,因而变质岩在空间分布上特征各异,反映了区域地质演化与变质作用的密切关系。

在各种变质岩石中,以区域动力变质作用为主,其他变质作用类型也有小范围的分布。在综合整理野外和室内资料的基础上结合前人成果,划分了变质相、带、相系及变质作用类型,编制了变质岩及相带分布图(图4-1)。本报告变质岩的分类和命名以《变质岩岩石的分类和命名方案》(GB/

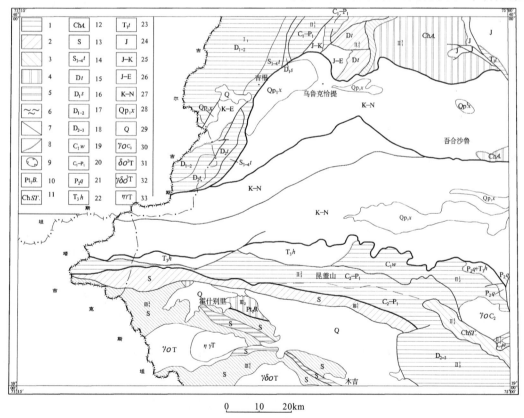

图4-1　测区变质岩及相带分布图

1.绢云母-绿泥石带;2.绿泥石带;3.黑云母带;4.石榴石带;5.红柱石带;6.混合岩化;7.断裂;8.不整合界线;9.飞来峰;10.古元古界布伦库勒岩群;11.中元古界赛图拉岩群;12.中元古界阿克苏群;13.志留系;14.上—顶志留统塔尔特库里组;15.泥盆系塔什多维组;16.下泥盆统萨瓦亚尔顿组;17.泥盆系下—中统;18.泥盆系中—上统;19.下石炭统乌鲁阿特组;20.上石炭统—下二叠统;21.中二叠统棋盘组;22.上三叠统霍峡尔组;23.上三叠统塔里奇克组;24.侏罗系;25.侏罗系—白垩系;26.侏罗系—古近系;27.白垩系—新近系;28.更新统西域组;29.第四系;30.华力西期斜长花岗岩;31.印支期石英闪长岩;32.印支期英云闪长岩;33.印支期二长花岗岩

T17412.3—1998)为准则,参考贺同兴(1988)变质岩分类方案,将区内变质岩划分为区域变质岩、动力变质岩及接触变质岩等三类。其中以区域变质岩分布较为广泛,动力变质岩次之,接触变质岩仅在岩体边缘少量分布。

本书使用的变质矿物代号为:Q 石英,Pl 斜长石,Ab 钠长石,Ser 绢云母,Chl 绿泥石,Ep 绿帘石,Mu 白云母,Bi 黑云母,Gt 石榴石,Ad 红柱石。

第一节 区域变质岩

区域变质岩是区内最为发育的变质岩石,主要变质作用类型为区域动力变质作用和区域动力热流变质作用,其他较少。依据变质作用类型的时空分布差异,结合大地构造单元的划分,区内区域变质岩自北向南可划分为 3 个变质地区,5 个变质地带,10 个变质岩带(表 4-1),其中塔里木北缘塔里奇克组(T_3t)范围较小,不再单独划出,各单元分布范围大致与构造单元一致。主要岩石类型有轻微变质岩类、板岩、千枚岩、片岩、片麻岩、角闪质岩类、长英质岩类、大理岩、磷灰石岩等九大类岩石。以变质岩石的变质矿物共生组合为基础,以特征变质矿物的首次出现为依据,结合测区实际情况,划分出绢云母-绿泥石带、绿泥石带、黑云母级带、黑云母带、石榴石带,进一步依据特征变质矿物及矿物共生组合,归纳为为低绿片岩相、高绿片岩相等区域变质相。以下将重点叙述各个变质岩带,变质地区及地带只作一般性介绍。

表 4-1 区域变质单元及特征表

	变质地(岩)带		变质地层	变质带	变质相	变质作用类型
南天山变质地区	吉根西变质地(岩)带		$S_{3-4}t$	绢云母-绿泥石带	低绿片岩相	区域低温动力变质作用
			D_1s			
			D_2t			
塔里木周缘变质地区	塔里木北缘变质地带	萨瓦亚尔顿变质岩带	C_1b—C_2P_1	绢云母-绿泥石带		
		喀英都变质岩带	Dt	绿泥石带		
		阿克然变质岩带	$ChA.$	黑云母级带	低绿片岩相	区域动力热流变质作用
				黑云母带	高绿片岩相	
				石榴石带		
	塔里木西缘变质地带	昆盖山北变质岩带	D_2kz—C_1w	绢云母-绿泥石带	低绿片岩相	区域低温动力变质作用
		玛尔坎土变质岩带	C_2—P			
		吾鲁尔提变质岩带	$ChST.$	黑云母带	高绿片岩相	区域低温动力变质作用
西昆仑变质地区	卡拉墩—木吉西变质地带	卡拉墩变质岩带	S	绿泥石带	低绿片岩相	区域低温动力变质作用
		木吉西变质岩带		黑云母级带	低绿片岩相	
	霍什别里变质地(岩)带		$Pt_1B.$	黑云母带	高绿片岩相	区域低温动力变质作用
				石榴石带		

一、南天山变质地区

该地区以吉根断裂为界与塔里木北缘变质地带分开,仅有吉根变质岩带。

吉根变质岩带分布于图幅西北角,以吉根断裂为界与塔里木北缘变质地带分开,呈北北东向带状延伸,南北两侧均延至图外,变质地层有塔尔特库里组($S_{3-4}t$)、萨瓦亚尔顿组(D_1s)、托格买提组(D_2t),出露面积约 1038km²。

1. 主要岩石类型及特征

岩石均为轻微变质,主要岩石类型为变质砾岩、变质石英砂岩、板岩、千枚岩、结晶灰岩、变玄武岩等,其特征如下。

变质砾岩 仅有少量产出,主要产出在萨瓦亚尔顿组(D_1s)底部及下部。岩石具变余砾状结构。部分砂级石英碎屑具变晶加大边;硅质、钙质胶结物重结晶为微晶石英、方解石;泥质物变质为略定向的显微鳞片状绢云母。

变石英砂岩 分布较为广泛,除托格买提组(D_2t)外,其他地层中均有产出。岩石具变余砂状结构,石英碎屑部分次生加大,具波状消光。填隙物中有变质矿物绢云母或绿泥石产生。

粉砂板岩 分布较广泛,除托格买提组(D_2t)外,其他地层中均有产出。岩石具变余粉砂结构或显微鳞片结构,板状构造。部分石英碎屑次生加大,具波状消光,有较多细小鳞片状矿物绢云母及绿泥石产生,大致定向分布,局部有黑云母雏晶。

硅质板岩 主要产出在萨瓦亚尔顿组(D_1s),次为塔尔特库里组($S_{3-4}t$)。岩石具隐晶结构或显微鳞片结构,板状构造。硅质部分结晶变为微粒状石英,具明显波状消光,微定向。有泥质填隙物时则产生细小鳞片状矿物绢云母。

千枚岩 分布较少,主要产出在萨瓦亚尔顿组(D_1s)及塔尔特库里组($S_{3-4}t$)中,岩石具显微鳞片结构,千枚状构造。在片理面上可见特征的丝绢光泽和小皱纹。镜下可见矿物粒径细小,一般小于 0.1mm,主要由绢云母、绿泥石、石英、钠长石等矿物组成,绢云母、绿泥石等鳞片状矿物部分定向。主要岩石种类有石英千枚岩、绢云千枚岩和绿泥千枚岩。

结晶灰岩 以托格买提组(D_2t)中产出最多,次为萨瓦亚尔顿组(D_1s),塔尔特库里组($S_{3-4}t$)中有少量。主要表现为泥晶方解石重结晶和部分泥砂质外来碎屑的微弱重结晶,使岩石成为结晶灰晶。

变玄武岩 主要分布在托格买提组(D_2t)中,其他地层中有零星产出。岩石具变余间隐结构,变余杏仁状构造,块状构造。基质已大部分重结晶,微晶斜长石含量 45%～75%,板条状,大小为 0.3mm×0.02mm～0.5mm×0.02mm,部分轻度高岭石化。绿泥石＋方解石含量占 50%±。部分岩石中黑云母含量占 20%±,细小片状。杏仁体为绿泥石和方解石充填,含量占 3%±。

2. 主要变质矿物特征

该变质岩带主要特征变质矿物有石英、斜长石、绢云母、绿泥石。

石英分布最为广泛,在轻微变质岩石中有两种形态:一种为原石英碎屑次生加大,保留碎屑形态,具明显的次生增大边缘;其二表现为硅质重结晶,常呈微粒状,普遍波状消光,部分微定向。

斜长石主要是在变火山岩类岩石中基质重结晶形成,一般为钠长石,不规则粒状,粒度细小,大致定向。

绢云母是该类轻微变质岩石主要特征变质矿物之一,分布较广。呈细小鳞片状,常聚集成条纹或条带定向分布,部分有时会变成白云母。

绿泥石也是该变质岩带主要特征变质矿物之一,分布仅次于前者。呈细小鳞片状,常聚集成条纹或条带定向分布。

3. 原岩恢复

该类岩石中的砂级、粉砂级碎屑物多数呈次棱角状、次圆状的原始形态,变余组构明显,空间上呈层状展布,并且各种岩石常为互层产出。该类岩石的原岩应为正常沉积的碎屑岩,原岩恢复为砾岩、石英砂岩、粉砂岩、硅质岩、灰岩、玄武岩等。

据岩石结构、构造、组合等,塔尔特库里组($S_{3-4}t$)原岩为一套深海-斜坡细碎屑沉积建造;萨瓦亚尔顿组(D_1s)原岩为一套深海—半深海砂泥质复理石建造;托格买提组(D_2t)为一套浅海碳酸盐建造。晚志留纪中变玄武岩岩石化学、地球化学分析结果表明该地区为大洋沉积环境,而泥盆纪中变火山岩化学结果表明为大陆板内沉积环境(见火山岩部分)。

4. 变质相带划分

该地区常见变质矿物组合为:Q+Ser+Chl,局部出现黑云母雏晶,划归绢云母-绿泥石带,相当于低绿片岩相单相变质,参照董申保变质作用分类,为区域低温动力变质作用类型。推测形成的大致温压条件为:$0.2\sim1.0$ GPa,$350\sim500$ ℃。

二、塔里木周缘变质地区

该地区以吉根断裂和空贝利断裂为界,分别与南天山变质地区和西昆仑变质地区分开。进一步以吉根-乌鲁克恰提断裂和乌孜别里山口断裂为界,分为塔里木北缘变质地带和西缘变质地带,各变质地带不同时期变质、变形差异明显,将塔里木北缘变质地带划分为萨瓦亚尔顿变质岩带、塔什多维变质岩带、阿克然变质岩带;塔里木西缘变质地带划分为昆盖山北变质岩带、玛尔坎土变质岩带、吾鲁尕提变质岩带,系列岩带横向上均呈带状展布。以下具体叙述各变质岩带变质、变形特征。

(一)萨瓦亚尔顿变质岩带

该变质岩带属塔里木北缘变质地带次一级变质单元,夹持于吉根变质岩带和塔什多维变质岩带之间,总体呈北北东向带状展布,南侧被山前断裂所截切,北东延伸出图。包括变质地层巴什索贡组(C_1b)、别根它乌组(C_2bg)、康克林组(C_2P_1k),出露面积约142 km²。

1. 主要岩石类型及特征

岩石均为浅变质,主要岩石类型有变质石英砂岩、粉砂板岩、千枚岩、结晶灰岩、大理岩等。

变质石英砂岩 分布较少,主要产出在巴什索贡组(C_1b)、别根它乌组(C_2bg)中。岩石具变余砂状结构,层状构造。石英碎屑部分次生加大,具波状消光。填隙物中有变质矿物绢云母或绿泥石产生。

粉砂板岩 为该变质岩带分布最广的岩石,除康克林组(C_2P_1k)之外的其他地层中均有大量产出。岩石具变余粉砂结构或显微鳞片结构,板状构造。有较多细小鳞片状矿物绢云母或绿泥石产生,聚集成条纹或条带大致定向分布,大部分岩石中均含有少量炭质,局部有黑云母雏晶出现。

千枚岩 分布较广,主要产出在巴什索贡组(C_1b)、别根它乌组(C_2bg)中。岩石具显微鳞片结构,千枚状构造。主要由绢云母、绿泥石、石英、钠长石等矿物组成,矿物粒径一般小于0.1 mm,石英、钠长石呈微粒状,含量40%～45%;显微鳞片状矿物绢云母、绿泥石含量45%～60%,定向分布,部分聚集成条纹或条带状大致定向。局部出现黑云母雏晶。主要岩石种类为绢云千枚岩。

结晶灰岩 主要分布在康克林组(C_2P_1k)中,主要表现为泥晶方解石重结晶,部分出现细小鳞片状矿物绢云母。

大理岩 仅出现在巴什索贡组(C_1b)中,岩石具粒状变晶结构,块状构造。几乎全由方解石(含量约为100%)组成,晶粒状,大小0.05～0.2 mm,部分大致定向分布。局部岩石中有炭质呈尘点状分布。

2. 主要变质矿物特征

该变质岩带主要特征变质矿物有石英、钠长石、绢云母、绿泥石等。

石英分布较为广泛，在岩石中表现为两种：一种为原石英碎屑次生加大，保留碎屑形态，具明显的次生增大边缘；其二表现为硅质重结晶，常呈微粒状，普遍波状消光，部分微定向。

钠长石主要出现在板岩及千枚岩中，一般呈显微粒状，粒径小于 0.005mm，分布于片状矿物间，部分和石英一起聚集成条带。

绢云母是分布最广的特征变质矿物，呈显微长条鳞片状，粒径细小，沿长轴定向分布，部分聚集成条带。

绿泥石也是该变质岩带主要特征变质矿物之一，分布仅次于前者。呈细小鳞片状，常聚集成条纹或条带定向分布。

3. 原岩恢复

各类浅变质岩石中的砂级、粉砂级碎屑物原始形态大部分保留，变余组构明显，常含有炭质等有机物，空间上呈层状展布，并且各类岩石常互层产出。原岩应为正常沉积的碎屑岩，原岩恢复为石英砂岩、粉砂岩、泥岩、灰岩等。

巴什索贡组(C_1b)主要岩石类型为变砂岩、板岩、千枚岩、大理岩等，并含有赤铁矿、菱铁矿层（透镜体）。原岩为半深海—浅海含铁沉积建造；别根它乌组(C_2bg)主要岩石类型为变砂岩、板岩、结晶灰岩及少量千枚岩，原岩为半深海—浅海沉积建造。康克林组(C_2P_1k)主要为灰岩，部分重结晶，其中含有规模不等的赤铁矿层，为浅海台地相含铁沉积建造。从上述岩石类型可以看出，以巴什索贡组(C_1b)变质程度稍深。岩石总体有从老至新变质程度有渐弱的现象，上部康克林组(C_2P_1k)大部分变质很浅或未变质。

4. 变质相带划分

常见变质矿物组合：

Q+Ser+Chl(碎屑岩)　　Cal+Ser(灰岩)

特征矿物一般以绢云母为主，在下部巴什索贡组(C_1b)中绿泥石含量多，局部多于绢云母，并有黑云母雏晶出现，可能系局部热点高所致。总体划归为绢云母-绿泥石带，相当于低绿片岩相单相变质，属区域低温动力变质作用。推测形成的大致温压条件为：0.2~1.0GPa，350~500℃。

（二）喀英都变质岩带

该变质岩带属塔里木北缘变质地带次一级变质单元，西侧以断裂或不整合与萨瓦亚尔顿变质岩带分隔，东侧以断裂与阿克然变质岩带分开。近南北向面状展布，向北延伸出图，南侧为中新生地层覆盖或山前推覆断裂截切。仅包括泥盆系塔什多维组(Dt)，出露面积约 199km²。

1. 主要岩石类型及特征

岩石总体属浅变质岩类，主要岩石类型有变石英杂砂岩、粉砂板岩、千枚岩、结晶灰岩等，其中以粉砂板岩和千枚岩分布最为广泛。

变石英杂砂岩　主要产出在塔什多维组(Dt)第一岩性段中，其他二个岩性段中较少。岩石具变余砂状结构，层状构造。主要矿物成分为石英、钠长石、方解石、绢云母等，石英含量 55%~60%，不规则粒状，大小 0.03~0.5mm，其中小于 0.1mm 的微粒可能由硅质胶结物或填隙物变质形成，波状消光明显，部分碎屑次生加大。钠长石含量 15%~25%，他形粒状，大小 0.03~0.2mm，其中部分微粒由填隙物变质形成,有的具聚片双晶。方解石含量10%±,他形粒状,大小0.04～0.18mm。绢云母含量10%±,呈显微鳞片状,部分变成白云母。另外岩石中常含有微量金属矿物。

粉砂板岩　主要分布在塔什多维组(Dt)第二、三岩性段中,第一岩性段中极少。岩石具变余粉砂结构或显微鳞片结构,板状构造。主要由粉砂碎屑和新生鳞片状矿物绢云母及绿泥石组成,粉砂碎屑含量55%～60%,以石英为主,少量钠长石,粒径小于0.04mm。绢云母含量10%±,细小鳞片状。绿泥石含量30%～35%,显微鳞片状,常成集合体出现。岩石中常含少量方解石及微量金属矿物。

千枚岩　分布最为广泛,主要产出在塔什多维组(Dt)第二、三岩性段中。岩石具显微鳞片结构,千枚状构造,在片理面上可见特征的丝绢光泽和小皱纹。镜下可见矿物粒径细小,一般小于0.1mm,主要由石英、钠长石、绢云母、绿泥石等矿物组成。

主要岩石种类为石英千枚岩、绿泥千枚岩和绢云千枚岩。

石英千枚岩:石英含量60%～70%,细小粒状(＜0.04mm),分布不均匀;绿泥石含量5%～25%,细小鳞片状,具定向;绢云母含量5%～30%,呈细小鳞片状,具定向;岩石中常含少量方解石(5%±)及微量金属矿物。根据鳞片状矿物绢云母和绿泥石含量的多少分为绿泥石英千枚岩和绢云石英千枚岩。

绿泥千枚岩:石英含量30%±,他形粒状,细小微粒状,分布不均匀。绿泥石含量40%±,显微鳞片状,大小为0.02～0.06mm,定向分布。绢云母含量25%±,呈鳞片状,大小为0.02～0.06mm,定向分布。方解石含量4%±,呈他形粒状,粒径小于0.06mm,分布不均匀。常含少量金属矿物(1%±)。

绢云千枚岩:石英含量40%±,呈他形粒状,粒径多小于0.05mm,可见波状消光;绢云母含量40%±,细小鳞片状,常呈条带状集合体产出,定向分布。炭质含量小于7%±,黑色极细质点,部分组成暗色条带定向分布。常含微量金属矿物。

结晶灰岩　产出较少,在塔什多维组(Dt)第二、三岩性段中有零星分布。主要表现为泥晶方解石部分重结晶,部分出现细小鳞片状矿物绢云母。

2. 主要变质矿物特征

塔什多维组(Dt)中轻微变质岩石种类齐全,主要变质矿物有石英、钠长石、绢云母、绿泥石等,其特征分别如下。

石英分布较为广泛,出现在各类浅变质岩石中。有两种表现形式:一种为石英碎屑保留其碎屑形态,具次生加大边,具波状消光;另一种为硅质胶结物或填隙物重结晶成微粒石英,普遍具波状消光,部分微定向。

钠长石分布也较广,主要产出在变质砂岩及粉砂板岩中,千枚岩中也有少量分布。呈他形粒状,粒度变化大,有的具聚片双晶,分布不均匀。

绢云母分布较为广泛,以千枚岩中含量较多。呈细小鳞片状,常呈条带状集合体产出,大致定向分布,部分长成白云母。

绿泥石分布广泛,以千枚岩中为最。呈显微鳞片状,粒度较小,定向分布,部分常成条带状集合体产出。

3. 原岩恢复

岩石属轻微变质岩系列,基本保留原岩结构、构造,变余组构明显;空间上常呈层状展布,各类变质岩石常呈互层或夹层产出,表明为一套正常沉积的碎屑岩系,原岩为石英杂砂岩、粉砂岩、石英千枚岩原岩应为粉砂质泥岩,绿泥千枚岩、绢云千枚岩原岩为泥质岩类。

泥盆纪塔什多维组(Dt)共分为3个岩性段,主要岩性为变石英砂岩、粉砂板岩、千枚岩、结晶灰岩等,为一套浅变质岩石,它们大部分保留原岩特征,原岩为浅海—半深海相碎屑岩沉积建造。由下向上为一海进层序。

4. 变质相带划分

常见变质矿物组合:

Q+Ab+Chl　Q+Ab+Ser+Chl　Q+Ab+Ser

以绿泥石大量出现为特征,含量一般大于绢云母,局部地段出现少量黑云母雏晶。故而单独划出绿泥石带,相当于低绿片岩相单相变质,参照董申保分类,属区域低温动力变质作用类型。推测形成的温压条件大致为:0.2~1.0GPa,350~500℃。

(三)阿克然变质岩带

该变质岩带属塔里木北缘变质地带次一级变质单元,西邻喀英都变质岩带,东侧被塔拉斯-费尔干纳断裂带截切,南侧被山前逆推覆断裂所围限,向北延伸出图,总体呈面状展布。变质地层为中元古代阿克苏岩群(ChA.),出露面积约635km²。

1. 主要岩石类型及特征

该岩石为一套低—中级变质岩石,其主要岩石类型有片岩类、长英质粒岩类、大理岩类、磷灰石岩类等,其中以片岩类和长英质粒岩类分布较为广泛。以下分别介绍各类岩石特征。

1)片岩类

片岩类主要作为长英质粒岩类的夹层或互层产出,分布广泛,主要分布在阿克然以西一带,主要岩石类型有绿泥石英片岩、黑云绢云石英片岩、黑云石英片岩、白云母石英片岩、黑云角闪石英片岩、二云石英片岩、含石榴石黑云白白云母石英片岩、含石榴石黑云石英片岩等。其中以黑云石英片岩分布最为广泛。

绿泥石英片岩　岩石为绿灰色,具鳞片粒状变晶结构,片状构造。主要矿物成分为石英(65%±)、斜长石(5%±)、绿泥石(25%±),次要矿物为绿帘石(5%±),副矿物为磁铁矿(少量)。石英、斜长石均呈不规则粒状,大小为0.06~0.1mm,定向分布;绿泥石为绿色片状,大小为0.05~0.1mm;绿帘石为不规则粒状,大小为0.06~0.1mm;磁铁矿为0.05mm±的粒状,均呈不均匀定向分布。

黑云绢云石英片岩　岩石为灰色,具鳞片粒状变晶结构,片状构造。主要矿物成分为石英(40%~65%)、绢云母(20%~35%)、白云母(3%~5%)、黑云母(10%~20%),次要矿物成分为方解石(5%~30%),副矿物为磁铁矿(少量)。石英呈他形粒状,大小小于0.06mm,定向分布,波状消光;绢云母呈显微鳞片状,定向分布;黑云母(褐色)、白云母为鳞片状,大小为0.03~0.1mm,在粒状矿物间不均匀定向分布;方解石为微细晶粒状;磁铁矿粒状,大小为0.05~0.15mm,定向分布。

黑云石英片岩　岩石一般呈深灰、灰黑色,具鳞片粒状变晶结构,片状构造。主要矿物成分为石英(53%~70%)、黑云母(10%~30%)、白云母(2%~5%),次要矿物有方解石(5%~10%),副矿物常为磁铁矿(少量)。石英不规则粒状,大小为0.05~0.2mm,波状消光,定向分布;黑云母、白云母为片状,大小为0.05~0.5mm,黑云母部分变成了绿泥石,片状矿物在石英颗粒间呈不均匀连续定向分布;方解石为细晶粒状,大小0.1~0.25mm;磁铁矿粒状,大小0.06~0.2mm,星散分布。岩石中局部见含有绿帘石(5%)、角闪石(3%),大小0.1~0.2mm,呈不均匀定向分布,可能原岩中有基性火山物质的加入。此外部分岩石中还可见片状石墨,大小0.1~0.2mm,定向分布。在极个别岩石中含有柱状夕线石,大小0.15~0.2mm,呈不均匀定向分布,其成因可能与云母在一起的混合岩化有关。

白云母石英片岩　分布较少。岩石呈灰、浅灰色,鳞片粒状变晶结构,片状构造。主要矿物成分为石英(65%±)、斜长石(0~2%)、白云母(20%~30%)、黑云母(5%~10%),常含少量绿泥石和方解石,副矿物有磁铁矿(少量)、电气石(微量)、磷灰石(微量)。石英、斜长石均呈不规则粒状,大小0.2~1mm,石英具波状消光,斜长石部分退变质形成绢云母,个别显聚片双晶,二者均呈不均匀定向分布;白云母、黑云母为片状,大小0.05~1mm,在粒状矿物间呈连续的定向分布;绿泥石为绿色片状,大小0.25~0.5mm,大致定向;磁铁、电气石、磷灰石均为不规则粒状,零星分布。

黑云角闪石英片岩　分布极少,由于类型特殊,故加以描述。岩石具柱粒状变晶结构,片状构造。主要矿物成分为石英(75%±)、角闪石(15%±)、黑云母(10%±),次要矿物为斜长石(少量),副矿物为磁铁矿(少量)。石英、斜长石及磁铁矿均呈不规则粒状,大小0.06~0.15mm,其中斜长石个别显聚片双晶,为更长石,以上粒状矿物均呈不均匀的定向分布;角闪石为绿色柱粒状,大小0.3~0.8mm,内部包裹有一些石英,构成了筛状变晶结构,大都向绿泥石转化;黑云母为褐色片状,大小0.05~0.15mm,在粒状矿物间呈不均匀的定向分布。

二云石英片岩　分布较少,岩石呈灰色,具鳞片粒状变晶结构,片状构造。主要矿物成分有石英(70%±)、黑云母(15%±)、白云母(15%±),含有少量斜长石,副矿物为磁铁矿。石英、斜长石、磁铁矿均呈不规则粒状,石英具波状消光,部分石英呈长条状,大小0.05~0.25mm,斜长石有的显聚片双晶为更长石,定向分布;黑云母、白云母为片状,大小0.1~0.5mm,在粒状矿物间呈不均匀的定向分布。

含石榴石白云黑云石英片岩　分布较少,主要产出在阿克苏岩群(ChA.)的中部。岩石呈灰色,具鳞片粒状变晶结构,片状构造。主要矿物成分为石英(50%~70%)、黑云母(20%~25%)、白云母(2%~10%),次要矿物为斜长石(0~2%)、石榴石(3%±),副矿物为磁铁矿(少量)。石英呈不规则粒状,大小0.05~0.2mm,具波状消光,定向分布;黑云母、白云母为片状,大小0.05~0.4mm,在石英颗粒间呈不均匀的连续定向分布;石榴石为等轴粒状,大小0.1~0.5mm,内部包裹有一些石英,呈零星分布;磁铁矿为0.1~0.4mm的粒状,量少,零星分布。此外,部分岩石中白云母含量高于黑云母,而使岩石成为含石榴石黑云白云石英片岩。

2)长英质粒岩类

长英质粒岩类分布较广,主要岩石类型有石英岩、变粒岩、浅粒岩等,其中以石英岩类产出最多。

石英岩　分布较为广泛,岩石具粒状变晶结构,块状构造。主要矿物成分为石英(75%~97%)、黑云母(2%~20%)、白云母(2%~15%),次要矿物有斜长石(1%~10%),副矿物为磁铁矿(少量)、电气石(微量)。石英、斜长石均呈不规则粒状,大小0.1~0.5mm,少数达1~2mm,石英具波状消光,斜长石部分退变质成绢云母,大致定向;黑云母、白云母为片状,大小0.05~0.4mm,呈不均匀的定向分布,部分黑云母向绿泥石变化;磁铁矿、电气石为0.05~0.25mm的粒状,零星散布。按照黑云母、白云母含量多少分为黑云母石英岩和白云母石英岩。

变粒岩　分布极少,主要类型有绿泥斜长变粒岩。岩石具粒状变晶结构,块状构造。主要矿物成分为石英(40%±)、斜长石(40%±)、绿泥石(20%±),副矿物为磁铁矿(少量)。石英、斜长石呈不规则粒状,大小0.1~0.25mm,石英具波状消光,斜长石部分退变成鳞片状绢云母,有的已变成了绿帘石,定向分布;绿泥石为绿色片状,大小0.1~0.25mm,可能为黑云母退变质形成,呈不均匀的定向分布;磁铁矿为0.05~0.15mm的粒状,零星分布。

浅粒岩 较为少见，岩石具粒状变晶结构，块状构造。主要矿物成分为石英(38%±)、斜长石(60%±)，副矿物为磁铁矿(2%±)。石英、斜长石均呈不规则粒状，大小0.1～0.25mm，石英具波状消光，斜长石有的变成了绿帘石、黝帘石，多数向绿泥石变化，杂乱分布，微显定向性；磁铁矿为0.05～0.15mm的粒状，零星分布。

3）大理岩

大理岩分布于阿克然以西南一带，较少。

大理岩 岩石具粒状变晶结构，块状构造。主要矿物成分为方解石，次为石英、黑云母，副矿物常见磁铁矿、白钛石。方解石含量66%～100%，呈粒状，大小0.1～0.3mm。石英含量5%～30%，粒状，大小0.03～0.06mm，部分含量高者而成为石英大理岩。黑云母含量2%～5%，片状，大小0.06～0.2mm，含量高者(>10%)成为黑云母大理岩。磁铁矿微量，星散分布。

石英白云石大理岩 分布较少，岩石具粒状变晶结构，块状构造。主要矿物成分为白云石、石英，次要矿物为绢云母，常含少量黄铁矿。白云石含量60%±，细晶粒状，大小0.03～0.1mm，分布不均匀。石英含量35%±，粒状，大小0.05～0.3mm，均匀分布，粒间为白云石充填。绢云母含量5%±，显微鳞片状，分布于石英颗粒间。黄铁矿微量，星散分布。

4）磷灰石岩类

该岩类分布在阿克然以南，纵向上系列岩石紧密伴生，横向上呈层状延伸。主要岩石类型有磷灰石大理岩和磷灰石黑云片岩。

磷灰石大理岩 岩石具粒状变晶结构，层状构造。主要矿物成分为方解石、石英、磷灰石，方解石含量65%±，粒状，大小0.5～0.8mm，微定向。石英含量20%±，粒状，大小0.06～0.15mm。磷灰石含量15%±，柱状，大小1.5mm×1.2mm～3mm×1.8mm，其内包裹一些石英，不均匀分布。

磷灰石黑云片岩 岩石具鳞片粒状变晶结构，片状构造。主要矿物成分为石英、黑云母、磷灰石。石英含量30%±，粒状，大小0.06～0.1mm，不均匀定向分布。黑云母含量40%±，褐色片状，大小0.05～0.2mm，大部分变成了绿泥石，不均匀连续定向分布。磷灰石含量30%±，柱状，大小1.5mm×0.6mm～3.5mm×1.5mm，内部包裹些许石英，呈筛状变晶结构，不均匀定向分布。

2. 主要变质矿物特征

该变质岩带主要变质矿物有石英、斜长石、绢云母、绿泥石、白云母、黑云母、角闪石、石榴石等，是不同期次不平衡矿物组合。

石英是分布最为广泛的变质矿物，是长英质粒岩类、片岩类的主要矿物成分之一。在其他岩类中也有少量分布。呈他形粒状、不规则粒状，有破碎、裂纹，部分拉长定向，普遍具波状消光；有少数作为其他矿物的包裹体出现。

斜长石分布也较为广泛，除大理岩外，在其他岩类中均有数量不等分布。一般呈不规则粒状，部分见聚片双晶，双晶纹细而密，经测定多为更长石，不均匀分布，大致定向，部分有钠黝帘石化、绢云母化的现象，为退变质所致。

绢云母分布较广，是早期变质残留和晚期退变质形成，呈细小鳞片状，常聚集成条纹或条带大致定向分布，部分有时会变成白云母。

绿泥石分布较少，大部分为晚期退变质形成。呈绿色鳞片状，粒度细小，常聚集成条纹或条带大致定向分布，镜下可见其由黑云母或角闪石退变质形成。

黑云母属主期特征变质矿物之一，在各类岩石中均有，以片岩类中分布较为广泛。一般呈褐色片状，粒度变化范围大，有的晶面有弯曲，波状消光，多聚集成条纹在粒状矿物间呈连续的不均匀定向分布,构成岩石的片状构造。部分向绿泥石变化。此外,局部有少量细小黑云母雏晶可能为早期变质残留。

白云母在各类岩石中均有分布,呈鳞片状,常聚集成条纹或条带连续的成不均匀定向分布。

角闪石分布较少,呈绿色柱粒状,微定向,内部包裹有一些石英,多数已向绿泥石转化。

石榴石系主期特征变质矿物之一,分布较少。为等轴粒状,大小0.1~0.9mm,单偏光镜下呈淡红色,裂纹发育,正高突起,内部常常包裹磁铁矿或石英,呈不均匀分布。

3. 原岩恢复

阿克苏岩群(ChA.)为一套低—中级变质岩系,原岩结构、构造仅局部残留。空间上呈层状或似层状展布,各类变质岩石常互层产出,并且纵向上常组成石英岩→变粒岩→石英片岩→云母片岩(大理岩)这样规模不等的旋回。镜下部分岩石中含有较多的铁质和炭质(已变成石墨)及钙质(已结晶为方解石),且常含微量的副矿物如磷灰石、电气石、锆石,并可见含铜及含磷建造,显示为正常沉积碎屑岩。在变质矿物 Q-F-M 图解(Van de Kamp, Beakhouse,1979)中投点大部分落入沉积岩区(图4-2),仅有一个点(7)落入酸性岩区(Ⅴ区),石英含量比例总体较高,显示成分成熟度高。其中石英岩、石英片岩类大都投点落入石英岩(Ⅰ区),原岩应为石英砂岩;部分黑云石英片岩(点12、点9)落入杂砂岩区(Ⅲ区)和页岩区(Ⅳ区)界线附近,原岩应为粉砂岩;黑云母片岩及少量黑云石英片岩投点落入页岩区,原岩应为泥岩或粉砂质泥岩;浅粒岩落入长石砂岩区,原岩应为长石砂岩,而另外落入酸性岩区的浅粒岩其原岩可能为酸性沉凝灰岩。

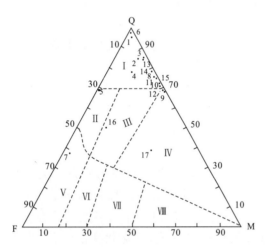

图4-2 Q-F-M 图解(据 Van de Kamp, Beakhouse,1979)
Ⅰ.石英岩;Ⅱ.长石砂岩;Ⅲ.杂砂岩;Ⅳ.页岩;Ⅴ.酸性;
Ⅵ.中性岩;Ⅶ.基性岩;Ⅷ.超基性岩(序列代表的地层单位和岩石名称见表4-2)

其中含角闪石矿物的片岩类可能有基性火山物质的加入。在空间上常与浅粒岩紧密共生,显示由基性至酸性的喷发韵律。

此外,大量含磷灰石岩类其原岩分别应为磷块岩、含磷灰岩及含磷泥岩。这些磷灰石岩类已构成沉积-变质型磷矿。

上述特征表明,阿克苏岩群(ChA.)主要岩性为石英砂岩、长石砂岩、粉砂岩、泥岩等夹灰岩,原岩为一套碎屑岩夹碳酸盐岩建造,并有含铜及含磷建造,其沉积环境应为半深海—浅海环境。

4. 变质相带划分

常见特征变质矿物有绢云母、绿泥石、白云母、黑云母、石榴石,属多期叠加变质的产物。结合矿物组合及岩相学特征,可以看出岩石明显遭受了二期变质:早期为低绿片岩相,出现绢云母-绿泥石变质带,相当于低绿片岩相变质;主期为高绿片岩相,大部分掩盖了早期变质,出现特征变质矿物黑云母、石榴石,可识别出3个变质带:黑云母级带、黑云母带、石榴石带。受后期褶皱影响,3个带在平面上呈不规则环带状分布,由内向外依次为:石榴石带、黑云母带、黑云母级带,其中黑云母级带受后期构造影响仅出现在西侧(图4-1)。

其中第一个黑云母级变质带主要特征变质矿物为绢云母、绿泥石,并出现少量黑云母,且大部分呈变斑晶(与 S_2 相对应)形式,相当于绿泥石带—黑云母带之间的过渡类型带,可能为早期低绿片岩相残留;后 2 个带均为高绿片岩相(第二期),主期总体显示递增变质特征,属非典型的巴罗式变质,参照董申保(1986)分类,该变质岩带属区域动力热流变质作用类型。

表 4-2 区域变质岩矿物成分含量表

序号	样品编号	岩石名称	层位	主要矿物含量(%)		
				石英(Q)	长石(F)	铁镁矿(M)
1	b319/1	石英岩	ChA.	95	2	3
2	b319/4	黑云母石英岩	ChA.	85	5	10
3	b319/8	黑云白云石英片岩	ChA.	85	3	12
4	b320/11	二云石英片岩	ChA.	78	11	11
5	b320/12	斜长浅粒岩	ChA.	69	30	1
6	b320/14	石英岩	ChA.	97	1	2
7	b320/17	浅粒岩	ChA.	38	60	2
8	b320/19	含角闪石黑云石英片岩	ChA.	76	2	22
9	b322/36	黑云石英片岩	ChA.	68	1	31
10	b324/50	黑云石英片岩	ChA.	72	2	26
11	b324/52	黑云角闪石英片岩	ChA.	74	1	25
12	b324/53	黑云石英片岩	ChA.	68	2	30
13	b324/60	含铁铝榴石黑云白云石英片岩	ChA.	84	2	14
14	b326/83	黑云石英片岩	ChA.	78	2	20

注:其中 Q、F、M 为重新计算后使 Q+F+M=100% 的矿物含量。

(四)昆盖山北变质岩带

该变质岩带属塔里木西缘变质地带次一级变质单元,北侧被山前推覆断裂所围限,南侧分别以断裂与玛尔坎土变质岩带及卡拉墩变质岩带相邻,向西被三叠系不整合覆盖,向东延伸出图,横向上呈带状近东西向展布。包括变质地层克孜勒陶组(D_2kz)、奇自拉夫组(D_3q)、乌鲁阿特组(C_1w),出露面积约 $1051km^2$。

1. 主要岩石类型及特征

岩石均为轻微变质,主要岩石类型有变质砾岩、变质砂岩、变玄武岩、变安山岩等,其中以后三者分布较为广泛。

变质砾岩 仅产出在泥盆纪奇自拉夫组(D_3q)中,分布较少。岩石具变余砾状结构,层状构造,仅表现为硅质或钙质胶结物重结晶形成微粒状石英和方解石,填隙物部分重结晶为微粒石英及细小鳞片状绢云母。

变质石英杂砂岩 仅在泥盆纪克孜勒陶组(D_2kz)分布较多。岩石具变余砂状结构,层状构造。表现为石英碎屑部分次生加大;硅质或钙质胶结物重结晶形成微粒状石英和方解石,填隙物部分重结晶为微粒石英及细小鳞片状绢云母。石英具波状消光,绢云母大致定向分布。

变玄武岩 仅在石炭纪乌鲁阿特组(C_1w)分布较多。岩石变质较浅,基本保留原岩特征。岩石具变余间隐结构,变余杏仁状构造,块状构造。基质已大部分重结晶,微晶斜长石含量45%~75%,板条状,大小 $0.3mm×0.02mm$~$0.5mm×0.02mm$,部分轻度高岭石化。绿泥石+方解石含量50%±。

部分岩石中黑云母含量20%±,细小片状。杏仁体为绿泥石和方解石充填,含量3%±。

变玄武安山岩 仅分布在石炭纪乌鲁阿特组(C_1w),岩石轻微变质,原岩特征清晰可鉴。岩石具变余间隐结构,块状构造或杏仁状构造。玻璃质部分重结晶,微晶斜长石含量50%～70%,细小板条状,一般大小为0.2mm×0.04mm。绿泥石含量30%～50%,呈细小鳞片状。部分岩石方解石含量40%±。杏仁体为方解石充填,含量5%±。

2. 主要变质矿物特征

岩石轻微变质,变质矿物简单,主要有石英、钠长石、绢云母、绿泥石,其特征分别如下。

石英主要分布在泥盆纪各类变碎屑岩中。有两种表现形式:一种为原石英碎屑保留其碎屑形态,具明显的次生增大边缘;其二表现为硅质重结晶为微粒状石英,普遍具波状消光,部分微定向。

钠长石主要出现在石炭纪变火山岩中,一般呈显微粒状,粒径较小,分布于片状矿物间,分布不均匀。

绢云母为泥盆纪中变质碎屑岩类的特征变质矿物,呈显微长条鳞片状,粒径细小,沿长轴定向分布,部分聚集成条带。

绿泥石也是该变质岩带主要特征变质矿物之一,主要出现在乌鲁阿特组(C_1w)中,呈细小鳞片状,不均匀分布。

3. 原岩恢复

岩石总体变质较浅,原岩沉积特征基本保留,原岩恢复也较为容易。泥盆纪(D_2kz—D_3q)主要岩石类型为变质砾岩、变质石英杂砂岩,原岩对应恢复为砾岩、石英杂砂岩,为浅海相—陆相碎屑岩沉积建造;石炭纪乌鲁阿特组(C_1w)主要岩石类型为变玄武岩、变玄武安山岩类,据南邻区资料,其原岩为玄武岩、玄武安山岩等,为一套海相火山岩建造。

4. 变质相带划分

以绢云母或绿泥石出现为特征,常见矿物组合:
Q+Ser(砂岩类)　Q+Ab+Chl+Ep(基性火山岩类)

划归绢云母-绿泥石带。基性火山岩中局部出现黑云母雏晶可能为局部热点升高所致,相当于低绿片岩相单相变质,参照董申保(1986)分类,属区域低温动力变质作用类型。

5. 变形特征

岩石轻微变质,属总体有序局部无序地层,变形相对较强,其变形主要表现为片理化不均匀发育,板状劈理S_1由原始层理S_0经构造置换而来,且基本与原层理平行一致。镜下表现为绢云母、绿泥石聚集大致定向排列,属韧—脆性变形。区域上见中二叠统棋盘组(P_2q)角度不整合在下石炭统乌鲁阿特组(C_1w)之上,说明其变质、变形与华力西运动有关。晚期叠加平缓开阔褶皱,形态复杂,系中、新生代以来的陆陆叠覆造山运动所致。

(五)玛尔坎土变质岩带

由于其特殊的变质、变形,故单独列出叙述。

该变质岩带属塔里木西缘变质地带次一级变质单元,南侧被空贝利断裂与西昆仑变质地带分开,北侧与昆盖山北变质岩带相邻,横向上呈向东尖灭的楔状。玛尔坎土变质岩带包括地层未分上石炭统(C_2)、未分下二叠统(P_1),出露面积约530km^2。

1. 主要岩石类型及特征

岩石属轻微变质,主要类型有结晶灰岩、变长石砂岩、变安山质晶屑凝灰岩、变沉英安质晶屑凝灰岩、变玄武岩、变玄武安山岩等,其中以变质凝灰岩类分布较为广泛。

结晶灰岩 在未分上石炭统(C_2)和未分下二叠统(P_1)均有产出,分布较为广泛,以前者分布最多。主要表现为泥晶方解石重结晶,大致定向分布;部分含有硅质成分的已结晶为微粒石英,部分出现细小鳞片状矿物绢云母。

变长石砂岩 仅有较少量分布在未分下二叠统(P_1)中,岩石具变余砂状结构,层状构造。主要由碎屑和胶结物两部分构成,碎屑主要有石英(10%)、斜长石(85%),胶结物为铁质(2%)和钙质(3%)。变质表现为石英次生加大,胶结物中钙质结晶为方解石。

变安山质晶屑凝灰岩 仅出现在未分下二叠统(P_1),分布较广。岩石具残余斑状结构,块状构造,微显定向性。斑晶为斜长石,含量2%±,半自形板柱状,大小0.5mm×0.3mm~1.5mm×0.6mm,部分为绢云母、绿泥石、绿帘石交代。基质大部分已重结晶为微粒石英(3%±)和斜长石(95%±),斜长石为小板条状,大小0.1mm×0.05mm~0.3mm×0.05mm,部分变质成为细小鳞片状绢云母。

变沉英安质晶屑凝灰岩 仅分布在未分下二叠统(P_1)中,岩石具变余凝灰结构,层状构造。主要由晶屑和胶结物两部分组成,晶屑物成分为石英(7%)、斜长石(70%),胶结物为钙质(20%)和铁质(3%),副矿物为磁铁矿(微量)。石英、斜长石磁铁矿均呈不规则粒状,粒径小于0.06mm,石英部分波状消光,大致定向分布;钙质已重结晶为方解石,微定向分布,铁质为土状褐铁矿,聚集成细条状、线状定向分布。

变石英斑岩 仅分布在未分下二叠统(P_1)中,产出较少。岩石具变余斑状结构,块状构造。由基质和斑晶两部分组成。斑晶成分为石英(15%)、正长石(15%),基质为长英质(60%)、绿帘石(10%)及少量绢云母。石英多以单晶为主,最大达3.5mm,具明显的六边形,局部被溶蚀成港湾状,内部裂纹发育,波状消光明显,其他多为他形粒状,最小的仅有0.05mm;正长石斑晶被高岭石和绢云母强烈交代,多以集合体形式产出。基质中长英质大部分重结晶为微晶粒(<0.02mm),绿帘石为粒状,粒径小于0.05mm。

变玄武岩 仅分布在未分下二叠统(P_1)中,产出较少。岩石呈灰绿色,具变余间隐结构,块状构造。主要矿物成分为斜长石(55%)、绿泥石(40%)、方解石(5%)。斜长石呈半自形小板条状,长宽比为3∶1~5∶1,大部分保留卡氏双晶特征,部分为高岭石交代,总体大致定向;绿泥石为基质变成,片状,最大达0.15mm,多连结成集合体产出。

2. 主要变质矿物特征

主要变质矿物有石英、绢云母、绿泥石,其特征如下。

石英分布较为广泛,在岩石中表现为两种:一种为原石英碎屑次生加大,保留碎屑形态,具明显的次生增大边缘,部分岩石中其内部有裂纹;其二表现为硅质或长英质重结晶成微粒状,普遍具波状消光,部分微定向。

绢云母为分布最广的特征变质矿物,显微长条鳞片状,呈粒径细小,沿长轴定向分布,部分聚集成条带。

绿泥石也是该变质岩带主要特征变质矿物之一,分布较少。呈细小鳞片状,常聚集成条纹或条带定向分布,在变火山岩中片度稍大,且多连成集合体。

3. 原岩恢复

岩石轻微变质,未分上石炭统(C_2)主要岩石类型为结晶灰岩,偶夹变玄武岩,大部分保留原岩特征,恢复原岩为灰岩夹玄武岩,为一套海相碳酸盐岩沉积建造;未分下二叠统(P_1)主要岩石类型为变玄武岩、变玄武安山岩、变含砾安山质沉凝灰岩、变长石砂岩、结晶灰岩等,大部分保留沉积特征,如火山岩—凝灰岩—长石砂岩韵律沉积,对应原岩恢复为玄武岩、玄武安山岩、安山质沉凝灰岩、砂岩等,为海相火山-碎屑岩沉积建造。

4. 变质相带划分

以绢云母和绿泥石出现为特征,且以绢云母为多,常见主期平衡矿物组合:

Q+Pl+Chl+Ep(中基性火山岩)　　Pl+Chl(基性火山岩)

Q+Pl+SerC+hl(凝灰岩类)　　Cal+Ser(灰岩)

划归绢云母-绿泥石带,相当于低绿片岩相单相变质,参照董申保(1986)分类,属区域低温动力变质作用类型。推测形成的大致温压条件为:$0.2\sim1.0$GPa,$350\sim500$℃。

(六)吾鲁尕提变质岩带

该变质岩带属塔里木西缘变质地带次一级变质单元,是外来地质体(西昆仑),以飞来峰的形态出现,呈近东西向带状延伸,周缘均为断裂围限。变质地层为中元古代赛图拉岩群(ChST.),出露面积约128km^2。

1. 主要岩石类型及特征

该岩石为一套低—中级变质岩石,主要岩石类型有绿帘石英片岩、黑云石英片岩、大理岩等,以前二者分布较多。

绿帘石英片岩　岩石具纤状粒状变晶结构,片状构造。岩石由石英、绿帘石、斜长石组成,石英含量65%~70%,粒状,大小0.05~0.1mm,波状消光明显,较为均匀,连续定向分布;绿帘石含量25%~30%,主要为纤状,少量呈针状,大小0.1mm×1mm~0.2mm×2mm,长宽比10:1,大致定向分布。斜长石含量1%~3%,呈团块状,不均匀分布。黄铁矿微量,呈星散分布。

黑云石英片岩　岩石具鳞片粒状变晶结构,片状构造。主岩石主要矿物成分为石英和黑云母,次要矿物有斜长石、白云母,副矿物常见有磁铁矿、电气石等。石英含量50%~70%,他形粒状,大小一般0.1~0.3mm,个别达1mm,普遍波状消光,分布较均匀。黑云母含量10%~30%,片状,大小一般0.1~0.3mm,常聚集成条纹或条带定向展布,部分退变成绿泥石。岩石中常含少量的斜长石(<1%),不规则粒状,大小0.1~0.2mm,见解理及双晶,多数绢云母化。岩石中常含有白云母和绢云母,呈细小鳞片状,大致定向分布。副矿物磁铁矿和电气石呈粒状,大小0.1mm±,零星分布。

大理岩　分布较少。岩石具粒状变晶结构,块状构造。几乎全由方解石(约100%)组成,呈粒状,大小0.05~0.4mm,均匀分布。局部含一定量(10%)的石英或黑云母而使岩石成为黑云母大理岩或石英大理岩。

2. 主要变质矿物特征

岩石类型较少,主要变质矿物有石英、黑云母等。

石英为分布最广的变质矿物,一般呈不规则粒状,内部见有裂纹,普遍具波状消光,分布均匀,局部微定向。

黑云母分布较为广泛,呈片状,在粒状矿物间常聚集成条纹或条带定向分布。部分退变成绿泥石。

3. 原岩恢复

该变质岩带为变质无序地层,主要岩石类型为绿帘石英片岩、黑云石英片岩、大理岩,其原岩应为石英砂岩、灰岩,为一套碎屑岩夹灰岩的沉积建造。

4. 变质相带划分

以黑云母出现为特征,其主期变质矿物平衡组合:

Q+Pl+Bi(砂泥质岩)　Cal+Bi+Q(灰岩)

划归黑云母带,结合变质矿物组合,相当于高绿片岩相,参照董申保(1986)分类方案,该带属区域低温动力变质作用类型。推测形成的温压条件大致为 0.2~0.6GPa,500~575℃。

三、西昆仑变质地区

该变质地区以空贝利断裂与塔里木西缘变质地带分开,进一步根据不同时期变质、变形差异划分为卡拉墩变质岩带、霍什别里变质岩带、木吉西变质岩带。各岩带变质、变形特征如下。

(一)卡拉墩-木吉西变质地带

该带属西昆仑变质地区次一级变质单元,北以空贝利断裂与玛尔坎土变质岩带相邻,南、东、西侧均延出图幅。以卡拉墩断裂为界,依据两侧原岩建造、变质变形等差异,进一步分为卡拉墩变质岩带和木吉西变质岩带。

1. 卡拉墩变质岩带

北以空贝利断裂与玛尔坎土变质岩带相邻,南以卡拉墩断裂与霍什别里变质岩带及木吉西变质岩带相分隔。横向上呈带状近东西向延伸,向西延出国境,向东在卡拉墩东侧为北东向断裂所截切。变质地层为未分志留系(S),出露面积约 388km²。

1)主要岩石类型及特征

岩石轻微变质,主要岩石类型有粉砂板岩、钙质石英千枚岩、大理岩等,以前二者分布较广,其特征如下。

粉砂板岩　岩石具变余粉砂结构,板状构造,有较多细小鳞片状矿物绢云母及绿泥石产生,大致呈定向分布,局部有黑云母雏晶产生。

钙质石英千枚岩　岩石具显微鳞片结构,鳞片粒状变晶结构,千枚状构造。主要矿物成分为石英(60%~65%)、方解石(20%~30%)、绢云母(5%~10%)、绿泥石(0~6%),此外常含有少量炭质(5%±)。石英呈他形粒状,大小 0.06~0.1mm,部分保留次棱角状,具波状消光;方解石他形粒状,大小 0.1~0.2mm,富集成条纹出现;绢云母呈细小鳞片状,大小 0.1mm±,定向明显;绿泥石呈浅绿色,鳞片状,大小 0.2mm±,定向分布;炭质出现在部分岩石中,呈黑色,隐晶质,成条纹状分布。

大理岩　岩石具粒状变晶结构,块状构造。几乎全由粒状方解石(约 100%)组成,大小 0.1~0.3mm,多数轻微拉长,定向明显,双晶明显,双晶纹弯曲,具波状消光;常含少量石英,呈粒状,大小 0.03mm±;副矿物为磁铁矿(微量),他形粒状,大小 0.3~0.15mm,星散分布。

2)主要变质矿物特征

岩石类型简单,主要变质矿物有石英、绢云母、绿泥石,特征如下。

石英分布较为广泛,出现在各类岩石中。在岩石中表现为两种:一种为原石英碎屑次生加大,保留碎屑形态,具明显的次生增大边缘;其二表现为硅质重结晶,常呈微粒状,普遍具波状消光,部分微定向。

绢云母分布较广泛,主要出现在千枚岩和板岩中,呈细小鳞片状,定向分布。

3）原岩恢复

岩石变质较浅,属总体有序局部无序地层。主要岩石类型有粉砂板岩、千枚岩、大理岩等,部分岩石镜下可见含炭质或其他有机质等,露头尺度上见有菱铁矿夹层,原岩为一套深海—半深海相含铁沉积建造。

4）变质相带划分

常见变质矿物组合：

Q+Pl+Ser（泥质岩类）　Q+Pl+Ser+Chl（砂泥质岩类）

Cal+Q（灰岩类）

以绿泥石大量出现为特征,含量一般大于绢云母,故而单独划出绿泥石带,为低绿片岩相单相变质带,参照董申保（1986）分类,属区域低温动力变质作用类型。推测形成的温压条件大致为 $0.2\sim1.0\mathrm{GPa}$, $350\sim500$℃。

2. 木吉西变质岩带

该变质岩带属西昆仑次一级变质单元,出露范围较大,北以卡拉敦断裂与霍什别里变质岩带相邻,向西延出国境,向南、向东均延入南邻图幅,变质地层为未分志留系(S),出露面积约 $762\mathrm{km}^2$。

1）主要岩石类型及特征

区内未分志留系(S)主要为系列轻微—低级变质岩石,主要岩石类型有变质含砾杂砂岩、变质石英杂砂岩、结晶灰岩、片岩类、长英质粒岩类等,其中以后二者分布较为广泛,各类岩石特征分述如下。

变质含砾杂砂岩　分布较少,仅见于空贝利西南一带,具显微鳞片花岗变晶结构,变余砾质砂状结构,变余泥质结构,层状构造。岩石中砾屑（20％～40％）成分为大理岩、泥质岩、石英岩,砂屑（35％±）成分有石英、斜长石、泥质岩、大理岩等,填隙物及胶结物为钙泥质（45％±）。砾石呈 2～7mm 的棱角状—扁条状,泥质岩砾石已变成了绢云片岩,依然保留其形状;砂屑呈不等粒状,大小 0.1～2mm,保留有次圆状轮廓;泥质填隙物已变成了大致定向分布的细小鳞片状绢云母和黑云母雏晶,钙质胶结物已重结晶为细粒方解石。

变质石英杂砂岩　分布广泛,岩石具显微鳞片变晶结构,变余砂状结构,定向构造。砂屑成分有石英（30％±）和斜长石（10％±）,填隙物为泥质（60％±）。砂屑呈次棱角—次圆状,大小 0.05～0.2mm,部分具次生加大边;泥质物已全部变质成为绢云母（30％±）、钠长石（10％±）、黑云母（10％±）、绿泥石（<5％）等,绢云母为显微鳞片状,黑云母为雏晶,二者大致定向分布,绿泥石及微粒钠长石不均匀分布;岩石中常含有少量炭质（<5％）弥散分布在片状矿物间。

结晶灰岩　分布较少,主要呈夹层产出。岩石具粒状变晶结构,块状构造。几乎全由方解石（>95％）组成,其中大部分重结晶为粉晶—细晶,均匀分布。此外,岩石中常含炭质（<5％）,呈弥散分布。

黑云绢云石英片岩　是构成未分志留系(S)的主要岩石类型,分布极为广泛。岩石呈灰—深灰色,具鳞片粒状变晶结构,片状构造。主要矿物成分为石英、斜长石、绢云母、黑云母,次要矿物成分为绿泥石。石英含量 30％～65％,不规则粒状,大小 0.03～0.1mm,普遍具波状消光;斜长石含量 0～20％,不规则粒状,大小 0.05～0.2mm,不均匀分布;绢云母含量 30％±,细小鳞片状,大小 0.05～0.2mm,大致定向;黑云母含量 5％～10％,褐色片状,大小 0.05～0.1mm,大部分呈集合体出现,成为变斑晶,在手标本上呈斑点状,圆球形,大小 1～1.5mm,分布不均匀;绿泥石含量较少（<5％）,呈显微鳞片状;岩石中还含有少量炭质。

长英质粒岩类分布仅次于片岩类,主要岩石类型有变粒岩、角闪变粒岩、石英岩等。

变粒岩 岩石具鳞片粒状变晶结构,块状构造。主要矿物成分为石英、斜长石,次要矿物成分为黑云母、绢云母,副矿物为磁铁矿、磷灰石、锆石等。石英含量45%～55%,不规则粒状,大小0.05～0.25mm,部分定向。斜长石含量25%±,微粒状,粒径小于0.05mm,部分已绢云母化。黑云母+绢云母含量10%±,呈细小鳞片状,大小0.05mm±,定向分布。部分岩石中黑云母含量达10%±,而使岩石成为黑云变粒岩。

石英岩 岩石具鳞片粒状变晶结构,块状构造。主要矿物成分为石英,含量85%±,粒状,大小0.06～0.25mm,均匀分布。黑云母含量10%±,呈片状,大小0.05～0.5mm,个别向绿泥石转化,不均匀定向分布,而使岩石成为黑云母石英岩。白云母含量5%±,片状,大小0.05～0.5mm。此外,岩石中常含有少量斜长石,切面常分布有少量泥质物和绢云母鳞片。副矿物有磁铁矿、榍石等。

2)主要变质矿物特征

未分志留系(S)岩石类型齐全,变质矿物丰富,排除热变质矿物,区域变质矿物主要有石英、斜长石、绢云母、黑云母、方解石等。

石英分布最为广泛,是组成长英质粒岩类、片岩类岩石的主要矿物成分,在其他类岩石中有少量分布。呈他形粒状、不规则粒状晶体,多数晶体被拉长,有破碎、裂纹,波状消光明显,呈略定向分布。

斜长石也是广泛分布的矿物之一,除大理岩外,在其他岩类中均有分布。多为不规则粒状,部分见解理及双晶,大部分为更长石,少量为钠长石,多数已绢云母化。局部聚集成浅色条纹,大致呈定向分布。

黑云母在各类岩石中均有分布,以片岩中分布最广,呈片状或鳞片状,粒径跨度大,多数为雏晶,多色性明显:Ng'—黄褐色,Np'—淡黄色,在片岩类中多聚集成暗色条纹定向分布,部分向绿泥石转化。片度大者为热接触变质的产物。

方解石主要产出在结晶灰岩中,在其他岩类中较少。多呈大小不等的粒状晶体,常互相结合分布。部分双晶纹显扭曲和膝折。

3)原岩恢复

区内未分志留系(S)为一套轻微—低级变质岩系,属总体有序局部无序变质地层。原岩结构、构造大部分保留,变余组构明显,各类变质岩石空间上常呈层状或似层状展布,主要矿物成分为石英、斜长石、云母等,而且变质含砾砂岩、变质石英杂砂岩、变粒岩、片岩、结晶灰岩常为互层产出,纵向上常组成规模不等的韵律旋回。镜下部分岩石中含有较多的铁质和炭质及钙质(已结晶为微晶或细晶方解石),且常含微量的副矿物如磷灰石、电气石、锆石,显示为正常沉积碎屑岩。结合野外产状、岩相学、岩石共生组合等,恢复原岩如下:变质含砾杂砂岩及变质石英杂砂岩对应原岩为含砾杂砂岩和石英杂砂岩;结晶灰岩原岩为泥晶灰岩;黑云绢云石英片岩从其变质矿物组合、岩石结构可以看出,应属千枚岩与片岩之间的过渡类型,其原岩应为石英杂砂岩;变粒岩对应原岩为石英长石砂岩或石英砂岩。

根据以上恢复的原岩组合,未分志留系(S)应为一套碎屑岩夹灰岩沉积建造。其中次闪石岩为超基性侵入岩,原岩为辉石岩、辉长岩,与围岩为侵入接触。

4)变质相带划分

岩石明显经历了多期变质、变形事件。其中早期区域变质事件多被后期热接触变质所掩盖或改造,岩石矿物共生组合中可见绢云母、黑云母(雏晶)、石榴石、红柱石等不平衡组合。排除热接触变质的干扰,其区域变质平衡矿物组合:

砂岩—粉砂岩类　Q+Pl+Ser+Bi(雏晶)　Q+Pl+Chl+Bi

泥质岩类　　　　　Q＋Ser＋Bi(雏晶)
灰岩类　　　　　　Cal＋Ser

出现特征变质矿物以绢云母和绿泥石为主，局部出现黑云母雏晶，划归绢云母-绿泥石带，相当于低绿片岩相单相变质，参照董申保(1986)分类，该变质带属区域低温动力变质作用类型；推测形成的温压条件为 0.2～1.0GPa，350～500℃。

(二) 霍什别里变质岩带

该变质岩带属西昆仑次一级变质单元，是区内最古老的变质岩系。分布范围较小，南北两侧均为断裂围限，东部均被第四系沉积物覆盖。变质地层为古元古代布伦库勒岩群($Pt_1B.$)，出露面积约 $62km^2$。

1. 主要岩石类型及特征

岩石变质程度较深，岩石类型简单，主要有黑云石英片岩、含石榴石黑云白云石英片岩、黑云斜长片麻岩、含石榴石黑云斜长片麻岩，以黑云母石英片岩类产出较多。

黑云石英片岩　分布广泛，主要矿物成分为石英(25%±)、斜长石(35%)、黑云母(40%±)，副矿物为磁铁矿(微量)。石英、斜长石呈不规则粒状，大小 0.1～0.3mm，石英普遍具波状消光，二者聚集成条纹或条带大致定向分布；黑云母为褐色片状，大小 0.1～0.4mm，定向分布；磁铁矿为 0.15mm±的粒状，零星分布。

含石榴石黑云白云石英片岩　分布相对较多，岩石具鳞片粒状变晶结构，斑状变晶结构，片状构造。主要矿物成分为石英(70%±)、白云母(20%±)、黑云母(10%±)，有少量石榴石，副矿物为磁铁矿(微量)。石英呈不规则粒状，大小 0.05～0.25mm，定向分布；白云母、黑云母为片状，大小 0.1～0.25mm，个别黑云母粒径较大(4.8～6.5mm)成为变斑晶并且在内部包裹有一些定向分布的石英，构成了筛状变晶结构，片状矿物在粒状矿物间呈不均匀的连续定向分布；石榴石呈等轴粒状，大小 0.3～0.6mm，在露头尺度上可见达 5mm±，呈肉红色，单偏光下呈肉红色，正高突起，均质，呈零星分布；磁铁矿为 0.05mm 的粒状，呈零星分布。

含石榴石黑云斜长片麻岩　岩石具鳞片粒状变晶结构，片麻状构造。主要矿物成分为石英(25%±)、斜长石(62%±)、黑云母(10%±)、石榴石(3%±)。石英呈不规则粒状，大小 0.5～2mm，裂纹发育，普遍具波状消光；斜长石呈不规则粒状，大小 0.5～2.2mm，个别显聚片双晶，并近于平行消光，为更长石，不均匀杂乱分布；黑云母为褐色片状，大小 0.5～1mm，不均匀定向分布；石榴石为等轴粒状，大小 0.1～0.5mm，不均匀分布。岩石局部混合岩化，显示条带状构造。

2. 主要变质矿物特征

其主要变质矿物有石英、斜长石、黑云母、石榴石，具体特征如下。

石英呈不规则粒状，裂纹发育，普遍具波状消光，常与斜长石聚集在一起呈连续的不均匀定向分布。

斜长石呈不规则粒状，个别显聚片双晶，并近平行消光，为更长石，不均匀杂乱分布。部分与石英在一起呈连续的不均匀定向分布。

黑云母为褐色片状，定向分布；个别黑云母粒径较大，内部包裹有一些定向分布的石英，构成了筛状变晶结构。

石榴石一般为肉红色，等轴粒状，粒径跨度大，正高突起，均质，零星散布。

3. 原岩恢复

岩石变质程度较深，属变质无序地层，主要岩石类型有黑云石英片岩、含石榴石黑云石英片岩、黑云斜长片麻岩、含石榴石黑云斜长片麻岩,由于图幅内缺少样品数据,仅根据南邻图幅资料恢复,其原岩为一套砂泥质细碎屑岩沉积建造;片麻岩类已全部混合岩化。

4. 变质相带划分

常见平衡变质矿物组合:

Q+Pl+Bi　Q+Mu+Bi+Gt　Q+Pl+Bi+Gt

据特征变质矿物及组合划分为黑云母带和石榴石带,属中压相系高绿片岩相,具递增变质特征,参照董申保(1986)分类,该带为区域动力热流变质作用类型。推测形成的温压条件为0.2~0.6GPa,500~575℃。

第二节　动力变质岩

测区内地处西昆仑造山带、塔里木盆地、南天山造山带衔接部位,有吉根断裂、昆果依托尔敦套-乌鲁克恰提断裂(南天山山前逆冲推覆断裂)、乌孜别里山口断裂(西昆仑山前逆冲推覆断裂)、空贝利断裂等边界断裂通过,次级断裂也较为发育,且这些断裂具有性质复杂、规模悬殊、多期活动的特点,部分早期韧性断裂多被后期脆性构造所改造,因而在断裂两侧及破碎带内形成了以脆性变质岩石为主的动力变质岩系列,有时伴随有液热蚀变的叠加。测区仅局部残留少量韧性动力变质岩。

一、岩石类型及特征

据测区动力变质岩的结构构造、碎裂程度及其形成时的动力性质和应力强度,以中国地质大学(武汉)《动力变质岩分类方案》(1988)为准则,将测区动力变质岩分为脆性动力变质岩和韧性动力变质岩。

(一)脆性动力变质岩

该变质岩在测区各断裂带内或两侧均有分布,范围较广。该类岩石主要分布于脆性断裂上,部分早期韧性断裂多数已为脆性断裂所掩盖,主体表现为脆性动力变质岩石类型。

1. 构造角砾岩

角砾岩在不同规模、级次的断裂带中均有分布,产出宽度不等,由角砾和胶结物两部分组成。具角砾状结构,块状构造、微定向构造。角砾含量30%~80%,大多呈棱角状、次棱角状,杂乱分布;部分圆化呈次圆状,微定向排列。角砾成分与围岩一致,有砂岩、粉砂岩、泥岩、灰岩、花岗岩、火山岩、片岩等,角砾大小悬殊,大小为2~200mm或更大,角砾中的石英颗粒多具波状消光。胶结物20%~70%,为次生石英、方解石及铁质及少量硅质、泥质,部分胶结物为岩石碎裂过程中形成的碎粉状石英、方解石。该类岩石,沿其裂隙有大量后期石英脉、方解石脉呈网脉状穿插,并有绿帘石化、褐铁矿化等蚀变现象。

2. 碎裂岩化岩石

碎裂岩化岩石主要分布在近断裂带的两侧岩石中,区内主要岩石类型有碎裂砂岩、碎裂板岩、碎裂泥岩、碎裂灰岩、碎裂火山岩、碎裂片岩等。岩石表现为碎裂化结构,岩石轻微破碎,裂纹发育,充填有少量脉体,大部分原岩结构、构造保留下来。

3. 碎裂岩

碎裂岩是区内最为发育的脆性动力变质岩石,在多数断裂中均有发育。岩石具碎裂结构、块状构造。部分原岩结构、构造得以保留,少部分岩石由于破碎强烈,原岩结构、构造消失。碎块50%～80%,大小2～50mm,个别达100mm。碎块中的长石、方解石双晶纹普遍弯曲、断裂,部分颗粒定向拉长;石英裂纹发育,具强烈波状消光;云母片具波状消光,双晶纹有弯曲、褶皱、拉开等现象。碎块边缘碎粒化明显,裂隙中为磨碎的微粒石英、方解石与重结晶的石英、方解及铁质等充填,并被石英、方解石、褐铁矿细脉穿插,部分沿裂隙强烈绿帘石化、绿泥石化。

4. 碎斑岩

碎斑岩在较大的断裂带中均有发育,岩石类型多为长英质碎斑岩、灰岩质碎斑岩,具碎斑结构,块状构造。碎斑含量30%～50%,大小0.5～2mm,为岩石或矿物碎屑,边缘粒化、撕裂、位移、转动,但在不同程度上保留了原岩的性质和结构,其成分主要为石英、长石及方解石,石英具强烈的波状消光,无流变特征;长石、方解石双晶弯曲,云母扭折。碎基一般为0.01～0.1mm的微粒石英、方解石,含量50%～70%,部分有重结晶现象。碎斑在碎基中不均匀分布,部分略定向。

5. 碎粒岩

碎粒岩的岩石破碎强度比碎斑岩更强,大部分矿物破碎为碎粒、碎粉,原岩结构已被全部破坏。岩石具碎粒结构,块状构造。碎粒大小0.1～0.2mm,碎斑较少,碎基占60%～90%。碎粒较均一,且趋于圆化,其中可见塑性变形现象。依所产围岩不同,岩石类型有长英质碎粒岩、钙质碎粒岩等。

6. 碎粉岩(断层泥)

碎粉岩在测区发育相对较少,仅局部可见。岩石破碎强度进一步加强,形成小于0.02mm的细小颗粒,杂乱分布,无定向显示,原岩结构、构造全部消失,胶结疏松时为断层泥。

(二)韧性动力变质岩

区内早期韧性剪切带多已为后期脆性断裂所掩盖,仅局部残留少量韧性动力变质岩。南天山见于吉根断裂西侧及萨热阿依热克断裂西侧;西昆仑见于卡拉特河断裂南侧及吾鲁尔提推覆体。岩石类型有糜棱岩化岩石、初糜棱岩及糜棱岩等。

1. 糜棱岩化岩石

糜棱岩化岩石主要见于吉根断裂西侧及萨热阿依热克断裂西侧,岩石类型有糜棱岩化灰岩、糜棱岩化黑云片岩,糜棱结构,定向构造。镜下可见矿物明显细粒化、圆化,并聚集成条纹围绕碎斑分布,同时有退变质矿物绢云母、绿泥石等产生;露头尺度上可见碎斑旋转及S-C组构,片理密集发育,原岩结构、构造基本保留。

2. 初糜棱岩

初糜棱岩主要见于卡拉特河断裂南侧,岩石类型为钙质糜棱岩,糜棱结构,定向构造,片状构造。主要矿物成分为方解石,岩石由碎斑和碎基组成,碎斑占50%～90%,多被压碎拉长呈长条状、眼球状、透镜状定向分布。碎斑大小0.5～2mm,个别达5mm。石英碎斑具强烈波状消光,方解石碎斑双晶纹弯曲、扭折。碎基10%～50%,粒径小于0.15mm,成分同碎斑,有少量新生绢云母,围绕碎斑分布,组成条纹状构造。岩石整体仍保留原岩的特点。

3. 糜棱岩

糜棱岩主要见于卡拉特河断裂及吾鲁尕提推覆体中,岩石类型为钙质糜棱岩,糜棱结构,定向构造。碎斑 20%~50%,为方解石,粒径 0.1~0.2mm,压扁、细粒化,裂纹发育,部分见旋转,沿长轴作定向分布;基质 50%~80%,为重结晶的方解石,常呈细条纹围绕碎斑流动。露头尺度上可见岩石强烈片理化,局部可见 S-C 组构。

二、主要动力变质带的岩石组合特征

(一)吉根断裂带

吉根断裂带在图幅北西沿昆果依托尔敦套—吉根一带呈北北东向展布,向北东及南西均延至图外,过吉根南与南天山山前逆冲推覆断裂复合,为分隔伊塞克湖微板块与塔里木地块的一级边界断裂,经历了长期性质复杂的构造活动。主要表现为晚期脆性变形,在断裂带内主要为构造角砾岩、碎裂岩、碎斑岩,角砾岩主要分布在主断面附近;带两侧为碎裂岩化岩石,横向上带宽 5~20m。早期韧性变形所残留糜棱岩系列则分布较宽,最宽达 200m,主要为糜棱岩、糜棱岩化岩石,近断裂带部分叠加脆性变形,变为碎裂岩化岩石。

(二)昆果依托尔敦套-乌鲁克恰提断裂(南天山山前逆冲推覆断裂)

该断裂沿昆果依托尔敦套、吉根、乌鲁克恰提断裂、卡特一带横贯图幅北部,总体呈向北凸出的弧形,是分隔塔里木北缘活动带与喀什坳陷的二级边界断裂。主要表现为脆性变形,断裂带宽 10~150m,变化较大,在乌鲁克恰提北侧可见宽达 200m,主要岩石类型为构造角砾岩,含少量碎裂岩,在断裂带两侧存在不同宽度的碎裂岩化岩石带。

(三)乌孜别里山口断裂带(西昆仑山前逆冲推覆断裂)

该断裂沿乌孜别里山口—玛尔坎苏河—且木干一线呈近东西向展布,横贯图幅南半部,总体呈略向北凸出的弧形,为分隔塔里木西缘活动带与喀什坳陷的二级边界断裂。由一系列近东西向大致平行的逆冲断裂组成,由于该处位于帕米尔突刺前缘,缩短量较大,仅保留前锋部分,主要表现为脆性变形,波及带宽 15km±,在断层带内主要为碎裂岩,有少量构造角砾岩沿主断面分布,而在整个断裂带内岩石整体有不同程度的碎裂岩化,尤其是变形较为强烈。在未分上石炭统(C_2)、未分下二叠统(P_1)中早期形成的糜棱岩系列岩石均遭受到脆性变形的改造。

(四)空贝利断裂带

在图幅南部沿萨热依库尔—空贝利北—阿克萨依巴什山一带展布,向西延出国境,向东被北东向断裂所截切,平面上呈轻微向北凸出的弧形,为分隔塔里木地块与羌塘地块的一级边界断裂。总体表现为脆性变形,断层带内以碎裂岩为主,靠近断裂岩石有不同程度的碎裂岩化,而远离断裂两侧岩石片理化强烈,表现为韧性变形,可能为早期残留。

第三节 接触变质岩

测区接触变质岩出露较少,主要分布在阿克萨依巴什山及其以南的波斯坦铁列克岩体、卡拉阿尔特岩体与岩石的接触部位及周围。以热接触变质为主,接触交代变质次之,其中前者在卡拉阿尔特岩体周围较为发育,出现明显的环带状变质分带,形成较宽的变质晕;后者在两岩体接触带及附近零星分布。

一、热接触变质岩

1. 主要岩石类型及特征

斑点状黑云绢云石英片岩 仅产出在卡拉阿尔特岩体附近,岩石呈鳞片粒状变晶结构,斑点状构造,片状构造。主要矿物成分为石英、绢云母、黑云母,石英含量65%±,呈不规则粒状,大小0.03~0.1mm,定向分布;绢云母含量30%±,呈细小鳞片状,大小0.05~0.1mm;黑云母含量5%±,褐色片状,大小0.05~0.1mm;岩石中还有少量长英质细脉沿片理方向分布。

手标本上明显可见黑云母斑点,含量10%±,圆球形,大小1~1.5mm。

二云片岩 分布较少,岩石呈灰色,具花岗鳞片变晶结构,片状构造。主要矿物成分为黑云母、白云母、石英、斜长石。黑云母含量20%~30%,鳞片状,大小0.1mm×0.15mm~0.2mm×0.3mm,多色性明显:Ng—深杏黄色,Np—杏黄色,为白云母穿插,部分已绿泥石化,大致呈定向分布;白云母含量30%±,呈长条鳞片状,大小0.2mm×0.8mm~3mm×4mm,内有许多微粒石英包裹体,略定向;石英含量30%±,呈等轴粒状,大小0.05~0.3mm,在黑云母及白云母中均作为包裹体存在;斜长石含量10%~15%,呈板柱状或粒状,部分已绢云母化。

石榴石绢云黑云石英片岩 分布较广,岩石呈暗灰—灰黑色,具鳞片粒状变晶结构,片状构造。主要矿物成分为石英、黑云母、绢云母、斜长石、石榴石,副矿物为磁铁矿和电气石(微量)。石英含量50%~68%,他形粒状,大小0.05~0.2mm,个别达0.4mm,多具波状消光,集合体成浅色条纹大致定向分布。黑云母含量25%~30%,呈鳞片状,大小0.1~0.3mm,多色性明显:Ng'—黄褐色,Np'—淡黄色。绢云母含量5%~10%,呈鳞片状,大小0.1~0.3mm,定向分布。斜长石含量1%±,他形粒状,大小0.1~0.2mm,见解理及聚片双晶,为钠长石成分。石榴子石(5%±)呈等轴粒状,大小0.3~0.6mm,单偏光下呈肉红色,正高突起。副矿物磁铁矿和电气石为0.1mm±的粒状,呈零星分布。

红柱石绢云黑云石英片岩 仅产出在卡拉阿尔特岩体附近,岩石呈鳞片花岗变晶结构,筛状变晶结构,片状构造,斑点状构造,条纹状构造。变斑晶为红柱石,含量10%±,半自形,大小4mm×12mm,内部密布微粒石英,轮廓边缘有微细红柱石微粒。基质包括石英、黑云母、绢云母、炭质等,石英含量50%±,近等轴粒状,$d=0.05$~0.1mm;黑云母含量30%±,鳞片状;绢云母含量10%±,显微鳞片状,定向分布;炭质,少量,呈点状、弥散状分布;含微量电气石。

此外,在露头尺度上红柱石明显可见,在基质中不均匀分布,个体成板柱状,大小一般4mm×15mm,局部集合体成菊花状。

角闪变粒岩 主要见于木吉西一带卡拉阿尔特岩体外围,空间上多呈透镜状产出,且与两侧岩石为渐变过渡,且矿物成分渐变显示圈层结构。岩石具显微花岗变晶结构,局部见筛状变晶结构,块状构造或条带状构造。主要矿物成分为石英、斜长石、角闪石,还含有少量方解石和金属矿物,副矿物为榍石、磷灰石。石英含量25%~40%,微粒状,大小0.05~0.1mm;斜长石含量20%±,微粒状,大小0.05~0.1mm,局部成条带状聚集,部分绢云母化明显;角闪石含量10%~35%,一般呈纤柱状,大小0.05~0.1mm,定向分布,部分岩石中角闪石呈变斑晶出现,柱状,大小0.3mm×1mm,柱体内有许多乳滴状石英包体,大致沿长轴定向分布。岩石中常出现石榴子石,为铁铝榴石,半自形粒状,大小0.5~1.5mm,富含乳滴状石英包体,显示筛状变晶结构。

大理岩 在岩体内部及外围零星出露,呈不规则带状产出,部分显示为岩体特征,空间上呈面状产出,并含有变质砂岩或其他岩类的捕房体,有的呈脉状侵入到围岩中。具粒状变晶结构,块状构造。主要矿物成分为方解石(约100%±),呈半自形晶粒状,大小0.4~2mm,边缘平直,相互镶嵌分布。

2. 接触变质相带的划分

卡拉阿尔特岩体在空贝利南侧侵入中元古代赛图拉岩群(ChST.),使其叠加热接触变质作用,在北侧(南侧进入邻区图幅)形成变质矿物分带明显的接触变质晕,波及宽度5~12km±,大致与岩体展布方向一致,以特征变质矿物首次出现为依据,结合变质矿物组合,可划分出黑云母带和铁铝榴石带两个带。

1) 黑云母带

黑云母带靠近岩体呈北西-南东向分布,出露宽度2km±。主要岩石类型为黑云绢云石英片岩、绢云黑云石英片岩,以出现斑点状黑云母变斑晶为特征,变质矿物组合 Q+Pl+Mu+Bi、Q+Pl+Ser+Bi,可能存在的变质反应为 Ser+Chl=Q+Pl+Bi。据出现的特征变质矿物及表现形式,单独划归为黑云母带。

2) 铁铝榴石带

分布在远离岩体的外侧,南邻黑云母带,距岩体2~10km±,出露宽度3km±。主要岩石类型为红柱石绢云黑云石英片岩、含红柱石石榴石绢云黑云石英片岩等,常见变质矿物组合 Q+Pl+Bi+Gt+Ad,与上述黑云母带可能存在的变质反应为 Q+Ser+Chl=Gt+Bi+H_2O,出现特征矿物红柱石、铁铝榴石,以变斑晶的形式产出,叠加在区域变质黑云母级带上,据特征变质矿物的出现和矿物组合,划归红柱石-铁铝榴石带(相当于铁铝榴石带)。

以矿物变质带的划分为基础,矿物共生组合为依据,按照特纳(Turner,1981)分类方案,相当于普通角闪石角岩相,推测形成的温度范围为400~650℃。卡拉阿尔特岩体的接触变质晕由里向外出现黑云母带、铁铝榴石带的现象,与常规不符,且热接触变质波及的范围较广。其原因一是可能与原岩性质有关,其二是岩体与围岩的接触面可能较缓,地层相当于岩体的顶盖。

二、接触交代变质岩岩石类型及特征

该类岩石分布有限,主要局限于岩体的内外接触带上以及超基性岩、基性岩、大理岩中,并呈零星分布。

1. 绿帘石化岩石

绿帘石化岩石产出在波斯坦铁列克岩体、卡拉阿尔特岩体与岩石的外接触部位,较为有限。岩石类型有绿帘石化条带状大理岩、绿帘石化玄武岩等,蚀变矿物主要为绿帘石,镜下呈细小柱状或粒状,一般成条纹状集合体,宽窄不一,不均匀分布,含量变化大。露头尺度上明显可见浅黄绿色绿帘石脉及团块,不均匀分布在近岩体的围岩中。

2. 青磐岩化岩石

青磐岩化岩石分布在超基性岩、基性岩及部分火山岩中,分布较为局限。主要岩石类型有斜长角闪岩、次闪石岩等。

斜长角闪(片)岩 岩石具纤柱状变晶结构,块状(片状)构造。主要矿物成分为斜长石和角闪石,次有绿泥石、黑云母、绿帘石、石英等,副矿物为榍石。普通角闪石含量45%±,呈纤柱状,大小0.04mm×0.4mm,部分保留辉石假象,为次闪石,定向分布。斜长石含量30%±,呈不规则粒状,多已绢云母化。绿泥石和黑云母含量15%±,细小鳞片状,多数形成连晶,呈定向分布,其中绿泥石鳞片见有穿插角闪石的现象。绿帘石含量5%±,细粒状。石英含量5%±,他形粒状。露头尺度上可见该类岩石和次闪石岩渐变过渡。

次闪石岩 岩石具纤柱状变晶结构，块状构造。主要矿物成分为次闪石和斜长石，次有石英、斜长石、黑云母，常见副矿物有磁铁矿、榍石。次闪石为保留辉石假象的角闪石，含量60%~80%，呈纤维状或纤柱状，大小不等，多以集束状产出，大小4mm×8mm，斜长石含量10%±，微粒状，部分呈集合体，分布不均匀。石英含量小于15%，微粒状，大部分呈集合体分布在次闪石集合体内。部分岩石中见有黑云母，含量10%±，呈细小鳞片状，分布在次闪石及斜长石集合体中，而使岩石成为黑云母次闪石岩。部分次闪石退变形成绿泥石，含量10%±，细小鳞片状，分布在次闪石之间。在野外可见该岩石具蛇纹石化。

3. 矽卡岩

矽卡岩仅见于卡拉阿尔特岩体与中元古代赛图拉岩群(ChST.)接触部位，在内外接触带上均有产出，分布较少。

在内接触带上为内矽卡岩，以石榴石出现为特征。主要矿物成分为石英、斜长石、微斜条纹长石、黑云母、石榴石。石英含量25%±，粒状，大小0.1~0.2mm，大都具波状消光；斜长石含量40%±，板柱状，大小0.2~0.5mm，见聚片双晶，部分已绢云母化；微斜条纹长石含量25%±，大小0.2~1.2mm，板柱状，具格子双晶；黑云母含量5%±，鳞片状；石榴石少量，粒状，大小0.3mm±，含石英包裹体。

外接触带上矽卡岩出现在大理岩中，主要岩石类型为石榴阳起透辉矽卡岩。岩石呈灰褐色，具柱粒状变晶结构，块状构造。矿物组成为透辉石(25%)、阳起石(15%)、钙铝榴石(10%)、斜长石(35%)、石英(15%)及少量黑云母、纤闪石。透辉石、阳起石均呈柱粒状，大小0.15~0.4mm，透辉石单偏光下无色，C∧Ng=38°，阳起石单偏光下呈淡淡的绿色，C∧Ng=17°，均杂乱分布；钙铝榴石呈0.5mm的不规则粒状，不均匀分布；斜长石、石英均呈不规则粒状，大小0.1~2.5mm，不均匀分布，有的聚集成条、脉状分布，斜长石内部多发生绢云母化；纤闪石呈纤状、柱状集合体在岩石中杂乱分布；黑云母为褐色片状，大小0.1~0.2mm，有的向绿泥石变化，不均匀分布。

露头尺度上可见矿物成分及含量变化较大，为热变质作用不均匀所致。

第四节 变质作用与地壳演化

测区横跨伊犁板块、塔里木地块、羌塘地块三大构造单元，而不同的地壳发展阶段或不同大地构造类型的变质地区，其变质旋回的特点不尽相同。作为体现变质旋回的变质作用，在区内主要有区域低温动力变质作用和区域动力热流变质作用两种类型，根据区内变质作用类型的时空分布，可归纳为元古宙变质旋回、古生代变质旋回和中—新生代变质旋回。下面以时间为主线，从大地构造环境、沉积建造、变质变形特征、岩浆事件等方面叙述区内变质作用历史。

一、元古宙变质旋回

根据原岩建造、大地构造环境、变质作用类型等的差异，可分为早元古变质旋回和晚元古变质旋回两个亚旋回。

古元古代变质地层在图幅内分布较少，仅在西昆仑有布伦库勒岩群(Pt_1B.)少量分布。据南邻区图幅资料，其原岩为一套海相碎屑岩和碳酸盐岩沉积建造，经五台运动，形成了绿片岩相—低角闪岩的递增变质带，属区域动力热流变质作用类型，中低压相系并存。岩石混合岩化强烈，发育紧闭、倒转褶皱，变形强烈,片麻理、片理发育。经过古元古代末变质作用,形成了塔里木结晶基底(姜春发,2000)。

中元古代塔里木地块在其周缘发生裂解,分别在南缘(西昆仑)形成了赛图拉岩群(ChST.),在北缘(南天山)形成了阿克苏岩群(ChA.),沉积了一套碎屑岩和碳酸盐岩建造组合,局部有复理石型和火山岩型,反映由硅镁质向硅铝质转化,在西昆仑伴随有超基性岩(辉石岩)侵入。塔里木运动使岩石发生了低绿片岩相单相变质,矿物组合为 $Q+Ab+Ser+Chl+Bi$(雏晶),属低温动力变质作用类型。伴随变质其变形较为强烈,形成了一系列紧闭、平卧、倒转褶皱,片理、劈理发育。经过塔里木运动,形成了西昆仑褶皱基底(准盖层)。

二、古生代变质旋回

早古生代塔里木地块周缘裂解,在其北缘(南天山)和西缘(西昆仑)分别形成了塔尔特库里组($S_{3-4}t$)和未分志留系(S),为一套深海—半深海相碎屑岩夹碳酸盐岩和火山岩沉积建造,区域上见晚古生代地层不整合其上,显示加里东运动作用。此次构造运动使早古生代地层变质,形成了低绿片岩相变质组合,变质矿物组合为 $Q+Ab+Ser+Chl$,属区域低温动力变质作用类型,局部叠加高热流变质。原始层理(S_0)经不完全构造置换形成现存面理(轴面劈理 S_1),岩层变形强烈,形成系列紧闭、平卧褶皱。

晚古生代($D—C—P_1$),塔里木周缘在加里东造山带的基础上继续拉张,图幅内在塔里木北缘南天山乌鲁克恰提以北为一套浅海—半深海相碎屑岩和碳酸盐岩沉积建造,据资料显示,区域上还有火山岩建造。塔里木西缘在西昆仑阿克萨依巴什山北坡沉积了一套海相碎屑岩—火山岩建造。总体显示,无论在北缘还是西缘,早石炭世时火山活动强烈,表明局部拉张成洋。早二叠世末华力西运动使晚古生代地层普遍遭受区域动力变质作用,形成了低绿片岩相变质组合,特征变质矿物主要为绢云母、绿泥石,局部热流值高出现黑云母雏晶,现存面理(S_1)为原始层理(S_0)经不完全构造置换而来,岩层变形强烈,形成了一系列紧闭、平卧、倒转褶皱,劈理发育。至此塔里木盆地、南天山、西昆仑完全进入陆内发展阶段。在西昆仑残留海相地层上二叠统(P_2q),不整合盖在乌鲁阿特组(C_1w)之上,为一套碎屑岩与火山岩互层夹碳酸盐岩的沉积建造,表明还存在局部的拉张,属埋深变质作用类型。

此外,此次构造作用强烈波及到元古宙变质,叠加了区域动力变质作用,形成了高绿片岩相—低角闪岩相递增变质,构造面理置换(S_1)形成现存面理 S_2。

三、中—新生代变质旋回

中生代以来受陆内叠覆造山作用的影响,从晚三叠世开始接受沉积,形成稳定沉积盖层,主要为埋深变质作用,局部见有断陷变质作用。之后持续的逆冲推覆构造,使岩层普遍变形,形成系列断层、褶皱,沿断裂带产生了线状分布的脆性动力变质岩系列。褶皱形态宽缓复杂,并伴随有退变质作用发生。

第五章　地质构造及构造演化史

测区位于帕米尔构造结最北缘东侧弧形弯折部位，跨伊犁地块、塔里木地块和西昆仑中间地块等3大构造单元，经历了漫长而复杂的地质构造演化历史，具复杂的变质变形特征，其物质组成和构造样式具明显的空间分带性。

第一节　构造单元和构造阶段划分

一、构造单元划分

一个稳定的大陆板块及其周围大陆边缘常构成相对稳定的整体，这一整体可以和其他块体碰撞拼合形成新的板块，也可以裂离成若干陆块。板块构造研究者历来重视大陆边缘构造发展历史的研究，特别是板块拼合界线的研究，并以此作为划分Ⅰ级构造边界的依据。两个板块之间被现已消失了的、仅保留其残片的蛇绿岩组合所分割，大陆区及其陆缘活动带则构成Ⅱ级构造单元，而把叠覆在主造山期之上的早期或晚期裂陷、上叠盆地及不同时代的沟弧盆体系作为Ⅲ级构造单元。但是，洋与陆的概念是相对的，不同时期的洋与陆是可以相互转化的，对于一个地域广阔的、演化历史复杂的研究地区而言，选择任何一个造山期作为主造山事件的划分方案对于准确描绘该地区的构造演化历史全貌都是困难的。

受始新世末以来帕米尔向北突刺挤入作用的影响，作为分割塔里木地块和西昆仑中间地块边界直接证据的原始残存的蛇绿岩及其相关组分被逆掩消失了，给构造边界划分带来一定困难，伊犁地块南边界也仅保留了少之又少的蛇绿岩残片，但根据构造岩浆组合的规律性分布特点和盆地属性分析不难得出主构造边界位置的结论。本项目在综合考虑区内以及区域上各地质块体不同地质时期沉积建造、岩浆活动、变质作用、构造变形、形成大地构造环境及块体构造边界特征等方面情况的基础上，从动态的、发展的角度出发，以板块构造和造山带动力学演化理论为依据，参考前人研究成果，通过对各地质块体综合对比研究，特别是各构造边界的大地构造属性的分析，建立能反映区域地质构造演化特征的大地构造格局。把加里东期作为主造山期，在充分考虑传统划分的基础上，共分为3个Ⅰ级构造单元，依上述原则进一步细分为6个Ⅱ级构造单元，其中Ⅱ$_1$区和Ⅱ$_2$区及Ⅱ$_3$又各自分为3个、2个和3个Ⅲ级构造单元（表5-1、图5-1）。

二、构造阶段划分

按国际通行准则结合区域和区内主要地质构造特征将测区构造变形分为古元古代（2.5—1.6Ga）、中—新元古代（1.6—0.540Ga）、加里东期（540—410Ma）、华力西期（410—250Ma）、印支期（250—205Ma）、燕山期（205—65Ma）、喜马拉雅期（65Ma至现代）等7个构造演化阶段，各构造阶段在不同构造单元内部表现为不同的构造变形特征。其中西昆仑地区的新元古代至加里东早期为原特提斯演化阶段；华力西期和印支期为古特提斯演化阶段，其间形成的奥依塔克-库尔良晚古生代裂陷槽可能已属古亚洲洋的一部分而仍与古特提斯洋相连；燕山期以后转为板内再生造山阶段。西南天山地区中晚加里东期为古亚洲洋演化阶段，麦兹-阔克塔勒晚古生代裂陷槽仍属古亚洲洋的一部分。

表 5-1 测区构造单元划分简表

Ⅰ级构造单元	Ⅱ级构造单元	Ⅲ级构造单元	备注
伊犁地块（Ⅰ）	东阿赖-哈尔克早古生代沟弧系（I_1）		
	斯木哈纳中新生代凹陷盆地（I_2）		
塔里木地块（Ⅱ）	塔里木北缘活动带（II_1）	麦兹-阔克塔勒晚古生代裂陷盆地（II_1^1）	
		阿克然隆起（II_1^2）	
		康苏拉分盆地（II_1^3）	
	喀什坳陷（II_2）	天山前陆逆冲区（II_2^1）	
		昆仑前陆逆冲区（II_2^2）	
	奥依塔克-库尔良晚古生代裂陷槽（II_3）	阿克萨依巴什陆缘盆地（库山河陆缘盆地）（II_3^1）	
		巧去里弧盆系（II_3^2）	
		喔尔托克-玛尔坎苏中生代裂陷盆地（II_3^3）	
西昆仑中间地块（Ⅲ）	木吉-公格尔复合岛弧（III_1）	空贝利-木扎令早古生代残余海盆（III_1^1）	
		木吉-公格尔微陆块（III_1^2）	

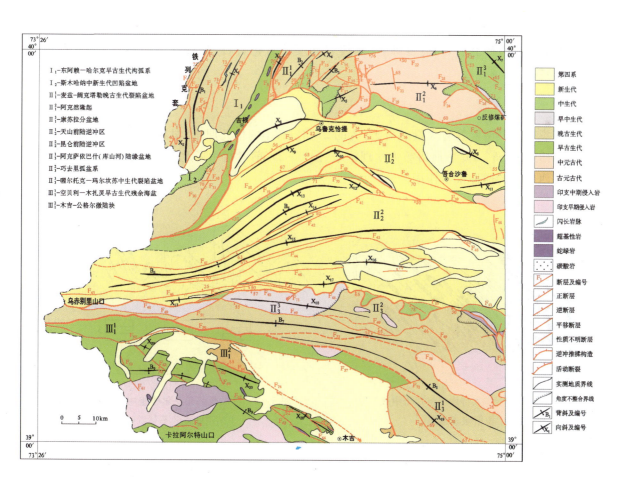

图 5-1 测区构造纲要图

第二节 主要边界断裂构造特征

图幅内作为一级构造单元划分标志的边界断裂,有吉根-坦木其能萨依断裂(F_9)和空贝利-木扎令断裂(F_{50}),以下分别叙述。

一、吉根-坦木其能萨依断裂(F_9)

(一)分布形态及空间展布

该断裂位于测区西北部坦木其能萨依、萨热塔什、布拉尔克、吉根、昆果依托尔敦套一带,是分隔伊犁地块和塔里木地块北缘活动带的边界断裂。呈向东凸出的弧形弯曲状北北东向展布,向北和西南均延至图外,图幅内该断裂长约90km,沿走向多有分支、复合现象,在卫星影像上呈一明显的线状构造,是分隔不同影像花纹、色调的分界线。地貌上分别形成陡崖、陡坎及沟谷、垭脖等线状负地形,并造成河流的急拐弯。断面总体向西陡倾,倾角在70°以上。该断裂作为一个深大断裂,区域上沿断裂有蛇绿岩分布,它不但控制了早古生代和晚古生代地层的边界,同时也控制了中、新生代和早更新世地层的边界。

(二)变形特征及运动学标志

沿断裂发育有碎裂岩、构造角砾岩、糜棱岩和糜棱岩化岩石、片理化岩石等,并发育有牵引褶皱、石香肠构造透镜体。

1. 褶皱

在断裂带及其两侧发育大量的褶皱,大的2~4km,小的仅几厘米,早期褶皱为原始层理构成的无根剪切褶皱(图5-2),后期褶皱为片理褶皱(图5-3),前者指示了北北东向的右行剪切作用,后者指示由西向东的逆冲推覆作用。

图5-2 塔尔特库里组片岩中残留褶皱素描图

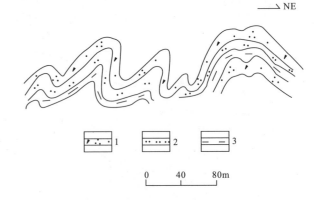

图5-3 吉根西萨瓦亚尔顿组中褶皱形态素描图
1.岩屑砂岩;2.粉砂岩;3.泥岩

2. 构造片理

片理化带较宽,主要发育在泥盆系—志留系地层中,片理多西倾,倾角较陡(54°~70°),片理具挠曲和褶皱,其挠曲和褶皱均为轴面西倾的紧闭褶皱,指示了由西向东的逆冲推覆作用过程中岩石变形特征。

3. 变形的脉体和构造透镜体

在断裂带及其两侧发育大量的石英脉、蛇绿岩团块和地层中内生的变砂岩团块均具不同程度的变形,均指示了北北东向的右行剪切作用(图5-4~图5-6和图版Ⅵ,7)。

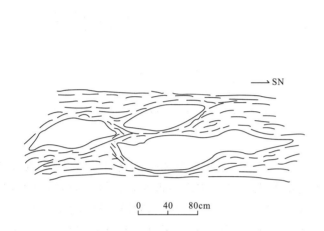

图5-4 吉根西塔尔库里组超基性岩透镜体及叠置形态素描图

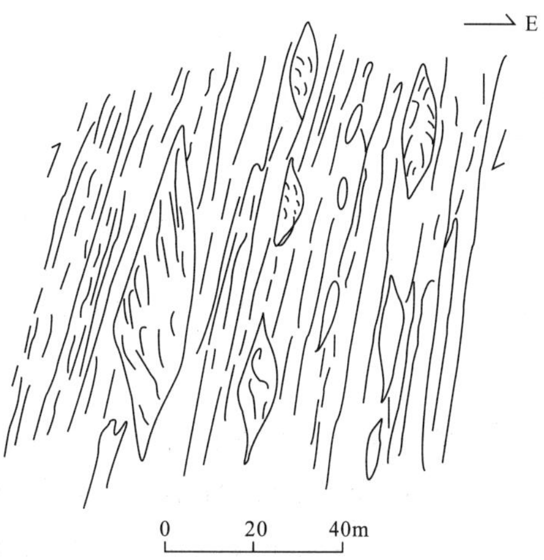

图5-5 萨瓦尔顿组千枚岩中变砂岩岩块构造素描(岩块具S-C组构)

4. 糜棱岩化

沿断裂发育有糜棱岩和糜棱岩化岩石。糜棱岩化的岩石主要为大理岩、蛇绿岩套中的基性岩块和泥板岩等,糜棱面理多向西陡倾,有时可见走向近南北向的拉伸线理和碎斑的定向排列特征,局部可见有压力影构造均指示了北北东向的右行剪切作用(图版Ⅵ,8;Ⅶ,1)。

5. 地层叠置关系

地层叠置关系有两种形式,在北部乌恰县科克均北东表现为断面向东缓倾(85°∠48°),上盘

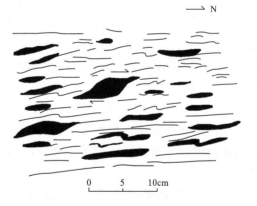

图5-6 萨瓦亚尔顿组变粉砂岩中石英脉拉长透镜体构造素描

(东盘)下降、下盘(西盘)上升,为正断层特征(图5-7);在乌恰县科克均南东表现为断面向西陡倾(240°∠54°),上盘(西盘)上升、下盘(东盘)下降,泥盆系或石炭系地层压盖到古近系地层之上,为由西向东的逆断推覆特征(图5-8)。

(三)变形期次及形成时代探讨

该断裂是一个多期活动断裂,根据断裂带及其两侧的沉积特征、变质变形作用和大地构造环境及区域上构造地质事件判断其活动特征如下。

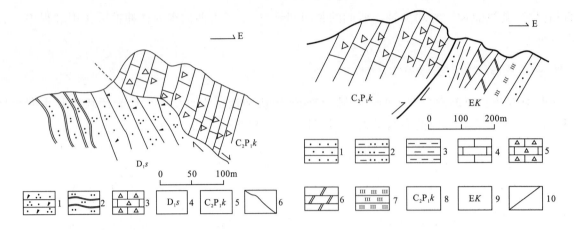

图 5-7 乌恰县科克均东正断层特征素描
1.岩屑砂岩；2.变粉砂岩；3.角砾状灰岩；4.下泥盆统萨瓦亚尔顿组；5.上石炭统—下二叠统康克林组；6.断裂

图 5-8 乌恰县科克均东逆冲推揉构造素描图
1.砂岩；2.粉砂质泥岩；3.泥岩；4.灰岩；5.角砾状灰岩；6.白云岩；7.石膏岩；8.上石炭统—下二叠统康克林组；9.古近系喀什群；10.断裂

(1)该断裂的初始形成时间应在奥陶纪时,具张性特征,伴随着断裂的生成和发展,伊犁地块和塔里木地块之间拉张成洋,即早古南天山洋,到奥陶纪末至早—中志留世时,大洋已具相当规模,此时形成吉根蛇绿岩,蛇绿岩的同位素年龄为 439Ma(郝杰,1993),420Ma、430Ma(刘本培,1996)。

(2)晚志留世时早古南天山洋开始聚敛,向塔里木地块下俯冲,并于早泥盆世末闭合,此时该断裂为向东倾的逆冲推覆构造带,形成伊犁地块和塔里木地块之间的缝合线,吉根蛇绿岩构造侵位,形成蛇绿混杂岩构造并褶皱隆起,区域变质。蛇绿杂岩受俯冲挤压变质,形成高绿片岩相铁铝榴石带,并同时变形成透镜体状、团块状构造块体。沿断裂带,蛇绿岩和其周围岩石具糜棱岩化、碎裂岩化,并发育现存之残留无根褶皱。造山晚期应力调整阶段出现沿构造线方向(近南北向)韧性走滑剪切。

(3)在晚泥盆世末—早石炭世初,该断裂再次活动,具张性特征,沿塔里木北缘活动带张裂形成麦兹-阔克塔勒晚古生代裂陷盆地,并控制裂陷盆地内石炭系的沉积和展布。

(4)晚石炭世末—早二叠世初的华力西运动中期,麦兹-阔克塔勒晚古生代裂陷槽闭合,沿该断裂形成断面西倾的逆冲推覆构造,泥盆系、志留系由西向东压盖到石炭系之上,并在断裂两盘发育大量的轴面西倾或西北倾的褶皱和碎裂岩、糜棱岩化岩石、片理化岩石等。该期由西向东的挤压应力持续时间较长。

(5)在白垩纪初期,沿断裂又发生张裂作用形成近南北走向拉分盆地,断裂为断面东倾的张性正断层,断裂的生成和发展控制了白垩系的沉积和展布。

(6)早更新世末的运动是强烈的喜马拉雅运动,断裂仍表现为断面西倾或西北倾的逆冲断裂特征,发育的构造角砾岩,褶皱进一步变形,甚至使地层倒转,可见早古生代地层由西向东逆冲推压盖到中新生代地层之上,断裂向西南连接至吉根一带可见早古生代地层由西向东压盖到早更新世之上。

二、空贝利-木扎令断裂(F_{50})

(一)分布形态及空间展布

断裂位于测区昆盖山南坡,大致沿萨热依库尔、阿克萨依巴什山、沙热塔什一线展布,切割布伦库勒岩群、志留系、泥盆系、二叠系,走向近东西向,向东转为北西西向,呈向北凸出的弧形波状弯曲,向西沿昆盖山南坡过空贝利出国境延出国外,向东被断裂 F_{72} 错断,中部截切断裂 F_{55}。向东延伸至图外苏盖特、木扎令一带,可与邻幅艾提开尔丁萨依幅、英吉沙县幅内空贝利-木扎令断裂东段(F_{61})相接,向南进入塔什库尔干幅后可能与科冈结合带相连,图内出露长度 110km 左右,最大宽度超过 1km。在卫星影像上其呈明显的线状构造,地貌上为一地形陡变带,常形成陡壁、陡坎、垭脖及沟谷负地形,沿线有泉出露。断层面总体向南倾,断面主体南倾,倾向 210°～230°,倾角 60°～70°,南段断面主体西倾。空贝利-木扎令断裂作为塔里木地块的南缘边界断裂与其南侧的西昆仑中间地块分开。

沿断裂带及两侧发育碎裂岩、片理化带、碎裂岩化岩石及牵引褶皱等,可见志留系由南向北推覆压盖到泥盆系及二叠系的不同层位之上。在断裂南侧具明显的镜铁矿化,北侧具黄铁矿化。该断裂在邻幅艾提开尔丁萨依幅、英吉沙县幅具有韧脆性逆冲推覆性质。从西北向南东变形带宽度逐渐加大,变形带中心变形较强,以发育糜棱岩、构造片岩及构造透镜体为特征,糜棱面理及构造片理发育,可见面理或片理构造的挠曲或褶皱现象以及矿物的拉伸定向,具眼球纹理构造和挤压透镜体,并可见矿物的拉伸定向现象和碎斑的旋转现象。其中的石英脉体也产生了极强的韧性变形,使其拉长、拉断呈透镜状或者形成不对称褶皱。由中心强变形带向两侧变形程度逐渐减弱。受变形带影响,围岩具碎裂岩化、劈理化和轻微变质现象。

(二)变形特征

1. 显微变形特征

石英:变形带中的石英常拉长呈透镜状或长条状,具波状消光,定向性明显,其长轴方向与拉伸线理方向一致,有些碎斑具撕裂状或裂纹,且沿裂纹发生错位。

长石:多呈旋转碎斑状,部分为残斑,部分为变斑晶,少部分呈透镜状或长条状,近平行消光,定向性明显,其长轴方向与拉伸线理方向一致。有时可见到平行四边形结构,具不对称眼球状构造和不对称压力影及边缘粒化(见英吉沙县幅报告中图 5-2、图 5-3),长石碎斑发育裂纹,并沿裂纹发生错移,少数斜长石双晶发生错位。

黑云母、白云母、绢云母等:呈细小的条带状定向分布,与石英、长石等一同构成岩石的片理、糜棱面理及一些纹理构造或纹理条带构造。

2. 变形几何学特征

在该韧性变形带中,糜棱岩及构造片岩广泛发育,并保留了较多的韧性变形形迹,如强弱糜棱岩化带、片理、糜棱面理、拉伸线理、雁行式排列的石英脉、挤压透镜体及剪切褶皱(见英吉沙县幅报告中图 5-4、图 5-5)、牵引褶皱(图 5-9、图 5-10)和膝折等。

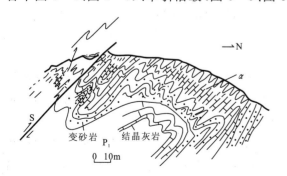

图 5-9 阿克陶县维一麻勒北 F_{50} 特征素描

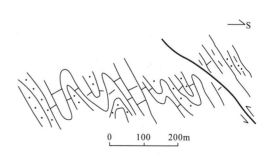

图 5-10 阿克陶县维一麻勒北 F_{50} 附近同斜褶皱图

糜棱面理：变形带内糜棱面理发育，面理产状南西倾（偶有北东陡倾者），倾向210°～240°，倾角60°～70°。

拉伸线理：拉伸线理主要由拉长的岩石碎屑、矿物颗粒的平行排列显示，线理倾向230°±，倾角60°±。

雁行式石英脉：石英脉呈雁行式排列，与糜棱面理呈锐角相交，显示逆冲推覆性质（见英吉沙县幅报告中图5-6、图5-7，其中图5-7显示面理反转）。

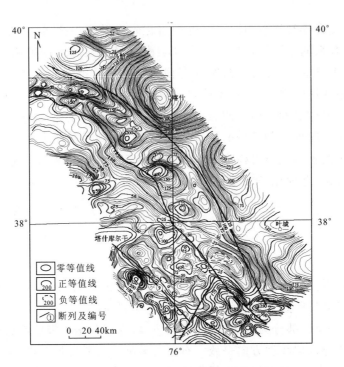

图5-11 西昆仑西北段航磁异常等值平面图
（据熊盛青等，2001，修改，单位：nT）

（三）运动学指向

根据韧性变形带内的旋转碎斑系、不对称压力影、剪切褶皱、拉伸线理等判别该带总体为一由南西向北东的逆冲推覆构造。

（四）航磁特征

在西昆仑地区航磁等值线平面图上，该带呈狭窄带状，在库地以东走向北西西，西侧走向北西，长约800km，表现为梯度带、线性磁异常带和不同磁异常走向的交汇带等特征（图5-11）。

（五）形成时代探讨

(1)区域上，后碰撞型大同岩体锆石U-Pb年龄为480.4Ma，许荣华等（1994）对测年数据进行重新处理，得到的年龄为478.8Ma，相当于中奥陶世，表明作为早古生代西昆仑洋闭合边界的空贝利-木扎令断裂至少在早古生代晚期有过一次由南向北的逆冲事件。

(2)根据断裂北侧石炭系中海相玄武岩发育，并有深水沉积的硅质岩，区域上中泥盆世中有板内裂谷型火山岩等特征判断，在中泥盆世—早石炭世时，该断裂具张性活动，切穿硅镁层，进入上地幔，属岩石圈断裂。该期断裂活动可持续至早二叠世，形成了早二叠世中基性火山熔岩和中酸性火山碎屑岩及中酸性次火山岩，该断裂的生成与发展与奥依塔克-库尔良晚古生代裂槽的生成和发展密切相关。

（3）在早二叠世末，随着晚古生代裂陷槽的俯冲、闭合，发生由南向北的逆冲推覆作用，该断裂的活动使志留系地层由南向北逆冲推覆压盖到泥盆系—二叠系不同层位之上，并沿断裂形成碎裂岩、牵引褶皱，同时二叠纪俯冲-碰撞型花岗岩侵入就位。

（4）三叠纪—白垩纪时期，沿断裂有些张性活动，可见石英脉贯入，热液活动使得镜铁矿化更趋富集。

（5）始新世以来，由于帕米尔向北突刺挤入作用和早更新世末期中新生代坳陷盆地向西昆仑山下做 A 型陆陆碰撞俯冲作用的影响，断裂发生大规模的由南向北逆冲推覆作用，早期断裂活动特征多被掩盖和破坏，牵引褶皱更趋复杂化，形成一系列轴面南倾的同斜褶皱，一些后碰撞型花岗岩侵入就位。

第三节 各构造单元特征

根据测区实际情况，各构造单元特征描述到二级单元。

伊犁地块（Ⅰ）在图幅内仅出露很少一部分，位于测区西北部铁列克套山的东侧，其东南以吉根-坦木其能萨依断裂（F_9）为界与塔里木地块（Ⅱ）相接。北侧、西侧均延出国外。根据地块内及区域上各地质体不同时期沉积建造、变质作用、构造变形、形成大地构造环境等方面情况，将其划分为东阿赖-哈尔克早古生代沟弧系（I_1）和斯木哈纳中新生代凹陷（I_2）两个二级构造单元。塔里木地块为测区的主体部分，占据测区的大部分面积，西北侧以吉根-坦木其能萨依断裂（F_9）为界与伊犁地块相邻，南以空贝利-木扎令断裂（F_{50}）为界与西昆仑中间地块相接，根据各地质块体不同时期沉积建造、岩浆活动、变质作用、构造变形、形成大地构造环境及边界特征，将其划分为 3 个二级构造单元和 7 个三级构造单元。西昆仑中间地块在图幅内仅出露很少一部分，划分为一个木吉-公格尔复合岛弧二级构造单元。

一、东阿赖-哈尔克早古生代沟弧系（I_1）

该沟弧系位于测区西北部，为伊犁地块的一个二级构造单元。东侧在坦木其能萨依至布拉尔克一带以吉根-坦木其能萨依断裂带（F_9）为界，分别与塔里木地块北缘活动带（$Ⅱ_1$）的麦兹-阔克塔勒晚古生代断陷盆地（$Ⅱ_1^1$）和喀什坳陷（$Ⅱ_2$）相邻。北侧、西侧均延出图外。中部斯木哈纳一带则被斯木哈纳中新生代凹陷（I_2）叠置。

区内以志留系、泥盆系等沉积地层为主。有少量第四系冲洪积和冰碛物覆盖。志留系主要为上—顶志留统塔尔特库里组（$S_{3-4}t$），以一套暗色的千枚岩、板岩、变细粒岩屑砂岩、硅质板岩、放射虫硅质板岩为主，夹少量的薄层结晶灰岩和石英菱镁岩、变橄榄岩、变拉斑玄武岩团块及辉绿岩脉等。前者原岩为泥岩、粉砂质泥岩、粉砂岩、砂岩、硅质岩、放射虫硅质岩及灰岩等，属深海远洋沉积的复理石建造。后者原岩为橄榄岩、拉斑玄武岩和辉绿岩等，为一套构造侵位的无序蛇绿岩组合，根据它的岩石化学、地球化学特征，具有洋脊蛇绿岩特征，属不完全的蛇绿岩组合。泥盆系主要为下泥盆统萨瓦亚尔顿组（D_1s）和中泥盆统托格买提组（D_2t），萨瓦亚尔顿组为变质复成分砾岩夹硅质板岩、绢云母泥板岩、千枚岩和含生物碎屑灰岩、玄武岩等，原岩为一套深海—半深海复理石建造沉积；托格买提组主要为块状含生物碎屑砂屑灰岩、泥晶灰岩、微晶灰岩，局部夹粉砂质泥板岩、细粒长石石英砂岩及粉砂岩等，为一套碳酸盐岩建造，具碳酸盐岩台地沉积特征。

区内岩浆活动和热液活动微弱，仅在塔尔特库里组中见有石英菱镁岩和变质橄榄岩，呈透镜体或团块状构造侵位,属不完整的洋脊蛇绿岩组合,其形成应在晚志留世之前。在晚志留世—早泥盆世地层中还发育有拉斑玄武岩、安山-玄武岩及变质橄榄岩、辉绿岩等,具洋壳性质,属洋岛喷发火山岩。此外,区内还发育有石英脉、方解石脉等,为晚期热液活动,多沿断裂带产出。

区内变质程度普遍较低,岩石为千枚岩、板岩级,为低绿片岩相,大部分为绢云母-绿泥石带,部分为黑云母带,为区域低温动力变质作用。蛇绿岩变质较深,且经过了至少两次变质,前一期为高绿片岩相铁铝榴石带,为俯冲挤压变质;后一期为低绿片岩相变质叠加,为造山带陆陆碰撞区域低温动力变质。此外,常见动力变质作用形成的构造角砾岩、碎裂岩、碎裂岩化岩石、片理化岩石、劈理化岩石,局部可见糜棱岩或糜棱岩化岩石。

1. 褶皱特征

该构造单元内褶皱极其发育,主要有两期褶皱叠加,早期褶皱为地层中残留的α型褶皱,这些α型褶皱是在W、N型置换域中残留的无根褶皱,现在所看到的褶皱是S_1片理发育γ型褶皱,一般具有一定的规模,其轴线为近南北向—北北东向,与区域主要构造线方向一致。这些褶皱与由西向东的逆冲推覆关系密切,并受其控制所破坏(图5-12)。该区共见3个向斜和1个背斜,以下分别述之。

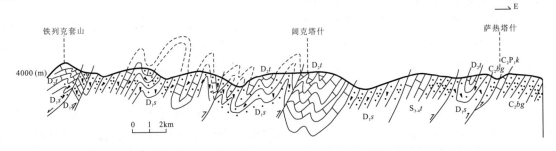

图5-12 东阿赖-哈尔克早古生代沟弧系铁列克套山—萨热塔什一带构造样式图
1.石英砂岩;2.岩屑砂岩;3.砂岩;4.灰岩;5.上—顶志留统塔尔特库里组;6.下泥盆统萨瓦亚尔顿组;
7.中泥盆统托格买提组;8.上石炭统别根塔乌组;9.上石炭统—下二叠统康克林组;10.断裂

1)孔乌尔多维喀拉克尔山复背斜(B_1)

复背斜位于测区西北部铁列克套山以东,核部大致沿永库尔套山、孔乌尔多维喀拉克尔山、博索果嫩套山一带展布,图幅内长约28km,宽5km±,向北延出图外,向南被斯木哈纳中新生代凹陷盆地沉积所覆盖。轴线走向北北东向,轴面向西陡倾(275°∠83°),枢纽有向南倾伏、向北升起的趋势,倾伏角一般较小,两翼岩层倾向一致,均向西或西北倾,倾角一般50°左右,在复背斜核部及两翼发育大量的次级褶皱,这些次级褶皱多相隔10~20m,轴面西倾,一般较小,延伸也远,常能见到转折端,该背斜受断裂F_2、F_3、F_5、F_6切割、破坏。

该背斜是一个轴面向西陡倾的同斜复背斜,轴线延伸方向与区域构造方向一致。参与褶皱变形的地层为中下泥盆统萨瓦亚尔顿组和托格买提组。根据其大地构造环境及构造地质事件判断该复背斜初始形成时间应在晚石炭世末—早二叠世初。此时伊犁地块因晚志留世—早泥盆世的早古南天山洋的聚敛,向塔里木地块下的俯冲、闭合,已与塔里木地块拼贴一起成统一的陆块,在华力西运动中期塔里木地块发生陆内陆陆碰撞,使之褶皱造山,区域变质。该复背斜就是在此基础上发生、发展起来的。该复背斜形成以后,在持续的东西向挤压应力作用下,尤其是在喜马拉雅运动时期,来自由西向东的挤压应力作用,使复背斜进一步褶皱而复杂化。

2)阔克塔什复向斜(X_1)

该复向斜位于测区西北部阔克塔什、拜什莫依诺克、琼乌拉克一带,图幅内长约24km,宽约

15km,向北延出图外,向南被斯木哈纳中新生代凹陷盆地沉积物角度不整合覆盖。轴线走向北北东向,轴面向西陡倾,枢纽有向南西倾伏,向北东升起趋势,倾伏角不大。复向斜核部出露的地层为中泥盆统托格买提组灰岩,可见次级的背斜构造而出露少量的下泥盆统萨瓦亚尔顿组复理石建造,使该复向斜核部呈 W 型褶皱形态(图 5-12)。向斜东翼较完整,出露地层为上志留统塔尔特库里组复理石建造和下泥盆统萨瓦亚尔顿组复理石建造,产状向西或西北中等倾斜,倾角一般在 40°～60°之间,向复向斜核部产状逐渐变陡,发育大量的与之平行的次级背向斜褶皱。另外,在东翼塔尔特库里组中普遍发育有残留 α 型紧闭褶皱(图 5-2、图 5-13),现在所看到的面理构造均为 α 型褶皱的轴面片理 S_1,而不是原始层面 S_0,原始层理 S_0 已被改造。现在的褶皱属于 S_1 片理发生 γ 型褶皱,而 α 型褶皱是在 W、N 型置换域中残留下的无根褶皱。复

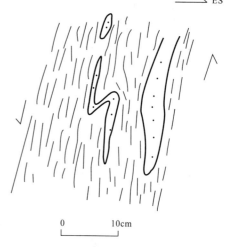

图 5-13 乌恰县吉根西泥盆系中变砂岩无根褶皱及透镜体素描图

向斜西翼出露地层为下泥盆统萨瓦亚尔顿组复理石建造,受断裂 F_6、F_7 的破坏和影响,地层发生倒转,总体仍向西或北西倾,倾角变化较大,一般 40°～70°,多在 50°以上,该翼中发育大量的次级褶皱,其轴面也多向西或西北倾。

该向斜总体为一大型的轴面西倾或西北倾的宽缓复向斜,其轴线为北北东走向,与区域构造线一致,核部具有 W 型褶皱特征,西翼地层倒转,东翼中发育 α 型残留无根褶皱,参与变形的地层为晚志留世—中泥盆世地层,根据大地构造环境和区域构造地质事件判断,该复向斜中残留的 α 型无根褶皱是在晚志留世—早泥盆世早古南天山洋向塔里木地块下的俯冲、闭合时形成,其后在晚石炭世—早二叠世华力西运动中期,塔里木地块发生陆内陆陆碰撞,使之褶皱造山、区域变质,形成复向斜构造。该复向斜形成以后,在持续的东西向挤压应力作用下,尤其是在喜马拉雅运动时期,来自由西向东的挤压应力作用,使复向斜进一步褶皱复杂化,并使局部地层发生倒转。

3)夏尔麻扎复向斜(X_2)

该复向斜位于测区西北部木孜布拉克、夏尔麻扎一带,图幅内长约 15km,宽 2～6km,北部、西部和东部被断裂 F_1、F_3、F_4 所围限,西南侧延出国外。轴线走向近南北向,轴面向西陡倾,枢纽向南倾伏,向北升起。核部地层为中泥盆统托格买提组碳酸盐岩建造,岩层破碎变形强烈,次级褶皱发育,局部地层倒转,总体显示出 W 型褶皱特征。两翼地层为下泥盆统萨瓦亚尔顿组复理石建造,东翼向西中等—陡倾,西翼向东中等—陡倾,倾角一般 50°～70°之间,但东翼比西翼略缓。两翼受断裂破坏发育不完整,其内发育有次级向斜褶皱。

该复向斜为一较为紧闭的不对称线状复向斜,核部具 W 型褶皱特征。根据大地构造环境及构造地质事件推断,其初始形成时间应在晚石炭世末—早二叠世初,此时,早古南天山洋的聚敛、俯冲、闭合,伊犁地块已与塔里木地块拼贴成统一的陆块,在华力西运动中期,塔里木地块发生陆内陆陆碰撞,使之褶皱造山、区域变质,该复向斜就是在造山带中发生、发展起来的。该复向斜形成以后,受持续的由西向东挤压应力作用的影响,尤其是喜马拉雅运动的强烈挤压,该复向斜进一步变形复杂化。

4)阿克博索果倒转向斜(X_3)

该向斜位于测区西北部阿克博索果、科克均一带,图幅内长 15km,宽 0.8～1.8km,呈狭长的条带状夹持于断裂 F_8 与 F_9 之间,向北延出图外,向南被断裂 F_9 截切。轴线走向北北东向,呈向西面凸出的弧形弯曲,枢纽向西南升起,向北东倾伏。核部出露地层为中泥盆统托格买提组碳酸盐岩建造,地层总体向西北陡倾(310°∠70°),其内发育次级褶皱。两翼出露地层为下泥盆统萨瓦亚尔顿

复理石建造,两翼地层均向西倾,倾角较陡,一般大于75°,东翼地层层序正常,西翼地层层序倒转,两翼内发育从属褶皱,其轴面均向西北陡倾。

该向斜总体为一紧闭的倒转线性褶皱,其形成时间和特征同 B_1、X_1、X_2 等一致。

2. 断裂特征

该构造单元处于造山带内部,断裂十分发育,多为北北东向断裂,少数为北东向、南北向和东西向断裂。北北东向断裂将地层切割成一条条岩片,再加上北东向断裂和南北向、东西向断裂,呈现出网络状断层系统。北北东向、北东向及南北东向断裂多为不同地质体的边界断裂,具多期活动特征,但总体以由西向东的逆冲断裂特征为主(图 5-12),主要断裂有 F_1~F_9 及 F_{30}、F_{31} 等,现以 F_1、F_4、F_{67} 等为例作详述,其余见表 5-2。

表 5-2 东阿赖-哈尔克早古生代沟弧系断裂特征一览表

编号	名称	长度(km)	宽度(m)	倾向及倾角	走向	主 要 特 征	性质	期次及时代
F_2	阿克铁热克河断裂	11.5		305°∠69°	28°左右	切割 D_1s,沿断层发育碎裂岩和牵引褶皱,向北延出图外,向南被东西向断裂截切,平行断裂 F_1、F_4、F_6、F_7、F_8。影像上呈线性构造,地貌上平行山脊走向,形成线状负地形和陡崖,具多期活动	逆冲-正断-逆冲	华力西中期—印支期—燕山期—喜马拉雅期
F_3	萨热布拉克断裂	14		向西陡倾	0°	切割 D_1s,沿断层发育碎裂岩和牵引褶皱,南北两端被断裂 F_1 和 F_4 截切。影像上呈线性构造明显,地貌上呈线状负地形,常形成陡崖、陡坎及河流拐点,沿断裂有泉分布	逆冲-正断-逆冲	华力西中期—印支期—燕山期—喜马拉雅期
F_5	沙尔断裂	16		320°∠70°	30°	分割 D_1s 和 D_2t,沿断层发育碎裂岩和牵引褶皱,呈向西凸出的弧形弯曲,多被 F_4 复合,并与 F_4 一起作用使地层 D_2t 呈"飞来峰"形式出现在 D_1s 之中	逆冲-正断-逆冲	华力西中期—印支期—燕山期—喜马拉雅期
F_6	喀英登伯斯库断裂	17.5		289°∠73° 303°∠73°	20°	切割 D_1s,沿断层发育碎裂岩、破碎带、片理化带和牵引褶皱,向北延出图外,向南被上更新统洪积物覆盖,影像上呈线性构造明显,地貌上呈线状负地形和河流拐点,在断裂东侧有拉斑玄武岩分布,具多期活动,平行 F_1、F_2、F_4、F_7、F_8	正断层-逆冲-正断层-逆冲	加里东晚期—华力西早中期—中晚燕山期及喜马拉雅期
F_7	阔克塔什断裂	20.5		305°∠75° 300°∠52°	25°左右	切割 D_1s 和 D_2t,并控制 D_1s 和 D_2t 的边界。沿断层发育破碎带、碎裂岩和牵引褶皱。向北延出图外,向南被上更新统洪积物覆盖,影像上呈线性构造明显,为分割不同影像花纹、色调的界线,地貌上平行山脊走向,形成线状负地形和陡崖、陡坎等,具多期活动,平行 F_1、F_4、F_6、F_7、F_8	逆冲-正断-逆冲	华力西中期—印支期—燕山期—喜马拉雅期
F_8	琼铁斯克依断裂	15.5		300°∠75°	10°~30°	分隔 $S_{3-4}t$ 与 D_1s 的边界断裂,沿断层发育破碎带、碎裂岩和牵引褶皱及变形透镜体等,在断裂两侧分布有蛇绿岩团块或透镜体,向北延出图外,向南被断裂 F_9 截切,影像上呈线状构造,地貌上平行山脊走向,形成线性地形负地形和陡崖,并形成河流拐点,具多期活动	逆冲(由东向西)-逆冲(由西向东)-张性-逆冲	晚加里东期—华力西中期—印支—燕山期—喜马拉雅期
F_{30}	喀英都河断裂	25		300°∠65°~75°	30°左右	切割 $S_{3-4}t$、D_1s、D_2t 和 K_1K,并控制 K_1K 与 $S_{3-4}t$、D_1s 和 D_2t 的边界。沿断层发育碎裂岩、牵引褶皱。在吉根一带 $S_{3-4}t$ 中有蛇绿岩分布,向北东被 F_9 截切、复合,局部被中更新统乌苏群(Qp_2W)覆盖,向南西至喀腊嘎依登别力山口一带尖灭,中部被东西向断裂错断。影像上呈线性构造明显,地貌上为一地形陡变带,常形成线状负地形、陡崖、陡坎和河流拐点,沿线有泉出露,具多期活动,平行 F_{31}、F_{29} 等	逆冲(由东向西)-逆冲(由西向东)-张性-逆冲	加里东晚期—华力西早期—华力西中期—燕山中期—喜马拉雅期
F_{31}	阔依卓鲁断裂	29	2	向西北陡倾	20°~30°	切割、控制 $S_{3-4}t$、D_2t 边界,沿断裂发育破碎带、碎裂岩、构造角砾岩、擦痕、阶步和牵引褶皱等,在断裂东侧 $S_{3-4}t$ 中有蛇绿杂岩呈透镜状、团块状产出,呈向南东凸出的弧形弯曲,两端均被 F_9 截切。影像上呈线性构造明显,地貌上呈线状负地形,发育陡崖、陡坎等,平行 F_{29}、F_{30} 等,具多期活动	逆冲(由东向西)-逆冲(由西向东)-张性-逆冲	加里东晚期—华力西早期—华力西中期—燕山中期—喜马拉雅期

1)铁列克套山断裂（F_1）

该断裂位于测区西北部铁列克套山、阿特卓勒山、卡拉勃都尔套一带，是分隔下泥盆统萨瓦亚尔顿组复理石建造与中泥盆统托格买提组碳酸盐岩建造的边界断裂，走向北北东向，呈向西凸出的弧形弯曲，向北延出图外，向南在卓洛勒铁克山口一带延出图外，中部在依特推克山口被东西向走滑断裂错断。图幅内断裂长约30km，宽0.5～5m，在卫星影像上线状构造明显，且为分隔不同影像花纹、色调的分界线；在地貌上平行山脊走向，为一地形陡变带，常形成陡崖、陡坎，部分地段呈系列负地形及河流拐点。断层面总体向西倾，倾角变化较大，北段一般在70°以下，南段一般在20°～40°之间。沿断裂及其两侧发育碎裂岩和片理化岩石，可见变形透镜体及石香肠构造、牵引褶皱（图版Ⅶ，6）等，局部见擦痕、构造窗、飞来峰（图版Ⅶ，3）和强片理化带（图版Ⅶ，4）等，沿断裂有石英脉和网状方解石脉贯入。

该断裂具多期活动，其初始发生时间在晚石炭世末—早二叠世初，此时的华力西运动中期在塔里木地块内发生陆陆碰撞，使之褶皱造山，区域变质，此次运动使处于造山带中心部位的地带发生强烈的推覆挤压作用，形成一系列由西向东的逆冲推覆断层，该断裂就是在此基础上形成，并沿断裂形成一系列的变形构造透镜体、石香肠构造、片理化带和碎裂岩、轴面西倾的褶皱等，局部可见构造窗、飞来峰等现象。

第二期活动表现为张性正断层特征，断面向西陡倾，它不但破坏和改造了早期的断裂特征，而且沿断裂形成一些断层擦痕、牵引褶皱等现象，同时沿断裂有石英脉、网状方解石脉等贯入。根据区域上构造地质事件推断，此次活动可能发生于印支期—燕山期，此时测区处于挤压应力松弛期，走滑拉张作用较强，区域上形成一系列走滑拉张盆地，该断裂就是在此基础上演化再生。

第三期断裂活动仍表现为断面西倾的逆冲推覆特征，由于喜马拉雅运动，在由西北向东南的强推覆挤压应力作用下，断裂复活形成断层面西倾的逆冲推覆构造，该期活动持续至今。有同样性质的断裂有F_2、F_3、F_6、F_8、F_{31}等。这些断裂大致平行分布。

2)库孜滚山-博索果断裂（F_4）

该断裂位于测区西北部苏古塔什、库孜滚山、博索果、阔什乌托克河一带，北段切割下泥盆统萨瓦亚尔顿河组和中泥盆统托格买提组，南段为分隔东阿赖-哈尔克早古生代沟弧系（I_1）与斯木哈纳中新生代凹陷（I_2）的边界断裂。走向北北东向，呈向东凸出的弧形弯曲，图幅长约25km，宽可达2m，向北至苏古塔什一带尖灭，向南在伊尔克什坦西延出国外，截切断裂F_3、复合断裂F_5，中部被上更新统冲洪积物覆盖。在卫星影像上呈明显的线性构造，地貌上呈线状负地形，常形成陡崖、陡坎及河流拐点，沿断裂发育碎裂岩、构造角砾岩，可见擦痕、阶步及牵引褶皱等。

该断裂也是一个多期活动断裂，早期断裂活动特征因被破坏、改造而不明显，后期断裂活动特征显著。

该断裂的初期形成阶段在晚石炭世末—早二叠世初，华力西运动中期使塔里木陆块发生陆陆碰撞，形成一系列由西向东的逆冲推覆构造，该断裂与断裂F_5的共同作用使中泥盆统托格买提组碳酸盐岩呈团块或透镜体形态夹持于两断裂之间，形成"飞来峰"沿断裂断续分布。

第二期活动发生于侏罗纪末—白垩纪初，此时测区处于挤压应松弛阶段，走滑拉张活动强烈，该断裂复活形成断面向东陡倾的张性正断层，断裂的生成和发展控制了斯木哈纳中新生代凹陷的发生、发展及沉积和展布形态。

第三期断裂活动也表现为断面向西陡倾（300°∠57°）的逆冲推覆特征，形成构造角砾岩、碎裂岩、擦痕和阶步，并使泥盆系由西向东逆掩压盖到下更新统西域组砾岩之上，同时该断裂又被上更新统冲洪积沉积物覆盖，因此该期活动应在早更新世之后，晚更新世之前。由于受该期活动的影响，使断裂东侧缺失了克孜勒苏群和喀什群的地层，根据克孜勒苏群和喀什群在斯木哈纳一带出露的宽度推测其推覆距离长达5～8km，具同样性质的断裂有F_{30}，二者大致平行。

3）东西向断裂

该构造单元内东西向断裂仅见两条，分别位于依特推克山口（F_{67}）和喀英都套山一带（F_{68}），断裂一般长 2～3km，沿断裂发育碎裂岩，断层面向北陡倾（358°∠80°），断层错断山脊和早期北北东向断裂及地层，地貌上呈负地形，总体显示为左行平移—正断层特征。

3. 小结

该构造单元内沉积地层为上—顶志留统塔尔特库里组海沟深水复理石建造、下泥盆统萨瓦亚尔顿组深—半深海复理石建造和中泥盆统托格买提组碳酸盐岩台地碳酸盐岩建造。在塔尔特库里组中夹持有蛇绿岩，在塔尔特库里组和萨瓦亚尔顿组中有洋岛火山岩喷发，区内以发育与区域上主构造线基本一致的北北东向—近南北向的断裂和褶皱为基本面貌。褶皱以大型宽缓的同斜复向斜和同斜复背斜为特征，如 B_1、X_1，可见紧闭的线状褶皱和倒转的同斜褶皱，如 X_3、X_4，复向斜核部具 W 型特征，复背斜核部具 M 型特征。断裂以北北东向—近南北向为主，次为东西向断裂，前者具多期活动，现多表现为由西向东的逆冲推覆特征，后者则表现为左行平移—正断层特征。

该区的构造地质事件有下列几个阶段：

（1）奥陶纪时，伊犁地块与塔里木地块之间拉开成洋，即早古南天山洋，到晚奥陶世—中早志留世时已具相当规模，测区内断裂 F_9 的初始张裂活动和吉根蛇绿岩就是在此基础上形成。

（2）早古南天山洋于晚志留世时开始聚敛，向塔里木陆块下俯冲，早泥盆世末闭合，此阶段形成晚—顶志留世深海沟复理石沉积和早泥盆世深—半深海复理石沉积，吉根蛇绿岩构造侵位，晚—顶志留世—早泥盆世内洋岛火山岩喷发，断裂 F_9 第二期活动形成断面东倾的逆冲特征。

（3）中泥盆世时伊犁地块和塔里木地块已拼贴在一起，中泥盆世时形成碳酸盐岩台地相沉积环境，至晚泥盆世，测区隆起造山。

（4）晚泥盆世末期—早石炭世初期，南北向张裂活动开始，断裂 F_9 第三期活动形成，从而控制石炭系的沉积和展布特征。

（5）晚石炭世—早二叠世塔里木地块内发生陆陆碰撞，在由西向东的强挤压应力作用下，大规模的逆冲推覆构造形成，同时形成轴面西倾北北东向的褶皱系和断面西倾的逆冲推覆断层。

（6）印支期—燕山期，该区处于应力松弛阶段，于早白垩世初期发生南北向—北北东向的张裂活动，区内断裂复活形成张性正断特征，沿断裂有石英脉、方解石贯入，并同时形成一些中新生代凹陷盆地。该期活动可持续至新近系。

（7）早更新世之后，该区再一次受由西向东的强挤压应力作用，由西向东的逆冲推覆构造再次形成，使中新生代、古生代地层由西向东推覆压盖到下更新统西域组（Qp_1x）之上，区内褶皱进一步复杂化。

二、斯木哈纳中新生代凹陷（I_2）

该凹陷位于测区西北部斯木哈纳一带，为伊犁地块中的一个二级构造单元，是东阿赖-哈尔克早古生代沟弧系（I_1）内一个上覆中新生代凹陷盆地，与东阿赖-哈尔克早古生代沟弧系呈断层或角度不整合接触，东侧以吉根-塔木其能萨依断裂（F_9）与喀什坳陷（II_2）的天山前逆冲区（II_2^1）相邻，向西延出国外。

凹陷中地层由下白垩统克孜勒苏群、上白垩统英吉莎群、古近系喀什群和下更新统西域组、中更新统乌苏群组成，可见上更新统冲洪积沉积物覆盖。白垩系—古近系地层总体为一大套湖相—海相—泻湖相—湖相盆地沉积；克孜勒苏群下部为砂岩、砾岩和泥岩，上部为砾岩、砂岩和泥岩互层；英吉莎群由下至上为泥岩夹灰岩、介壳灰岩—泥岩、膏泥岩—灰岩、介壳灰岩—泥岩、膏泥岩夹石膏；喀什群由下向上依次为石膏、灰岩—泥岩、膏泥岩—介壳灰岩—泥岩夹生物屑灰岩—泥岩、膏泥岩夹石膏、介壳灰岩；西域组为洪积砾岩；乌苏群为冲洪积堆积的砾石层、砂砾石层。缺失新近系沉积，西域组、乌苏群不整合于喀什群之上。

该凹陷盆地基本未变质变形，也无岩浆、热液活动，只是凹陷西侧被断裂F_4截切，西域组逆冲于古生界之下，呈现一个不完整的向斜，由于断裂F_4的逆掩推覆，凹陷西侧缺失了从克孜勒苏群到喀什群，根据所缺失的地层在斯木哈纳一带所出露的宽度，推测其推覆距离达5~8km。

该凹陷盆地形成于早白垩世初期，持续至古近纪末期，该时期测区处于应力相对松弛期，由于近南北向—北北东向的张裂活动，该凹陷形成。在新近系时隆起、造山，结束凹陷盆地的沉积演化历史。在中更新统时期，受来自由西向东强挤压应力作用的影响，使古生代地层逆掩推覆到西域组砾岩之上，使凹陷西、西北缘中新生代地层缺失。

三、塔里木北缘活动带（II_1）

该活动带为塔里木地块的一个二级构造单元，西以吉根-坦木其能萨依断裂（F_9）为界与伊犁地块相接，南以乌鲁克恰提断裂-塔孜多维断裂（F_{29}）为界与喀什坳陷相邻，它包括3个三级构造单元，以下分别叙述之。

（一）麦兹-阔克塔勒晚古生代裂陷盆地（II_1^1）

该裂陷盆地为塔里木北缘活动带（II_1）1个三级构造单元，西以吉根-坦木其能萨依断裂（F_9）为界与伊犁地块相接，东以谢依维克铁热克苏哲勒嘎断裂（F_{19}）为界与阿克然隆起相邻，南以乌鲁克恰提-塔孜多维断裂（F_{29}）为界与喀什坳陷相邻，北侧延出图外。

其内沉积地层以泥盆系塔什多维岩组（Dt）、下石炭统巴什索贡组（C_1b）、中石炭统别根它乌组（C_2bg）、上石炭统—下二叠统康克林组（C_2P_1k）组成，其上叠置有上侏罗统库孜贡苏组（J_3kz）、下白垩统克孜勒苏群（K_1K）、上白垩统—古新统英吉莎群（K_2E_1Y）和少量的古近系喀什群（EK）、下更新统西域组（$Q_{p_1}x$）等。其中石炭系与泥盆系、中新生界与晚古生界为角度不整合接触。塔什多维组为一套浅海相碎屑建造，岩性为变石英砂岩、变长石英砂岩、石英岩、绢云绿泥绢云板岩、变质粉砂岩、板岩、硅质岩等；巴什索贡组和别根它乌组为海相陆棚碎屑岩建造夹碳酸盐岩建造，岩性为绢云绿泥板岩、千枚岩、变石英砂岩、变长石砂岩、变粉砂岩夹砾质细—微晶灰岩、砂质砂屑泥晶灰岩和泥硅质板岩；康克林组为一套碳酸盐岩建造，岩性为细—泥晶灰岩、细晶白云岩、生物碎屑灰岩等。库孜贡苏组为一套磨拉石红色粗碎屑建造，岩性为砾岩夹砂岩；克孜勒苏群为一套棕红色河流-湖相沉积的碎屑岩建造，岩性以砂岩为主，次为砾岩、泥岩；英吉莎群为一套杂色浅海-滨海-湖相沉积，岩性为泥岩、膏泥岩、灰岩、介壳灰岩、石膏、砂岩等；喀什群为一套浅海-泻湖沉积，岩性为石膏、膏泥岩、泥岩、介壳灰岩、砂岩等，西域组为一套冲洪积砾岩。

区内变质作用以区域低温动力变质作用为主，可见动力变质作用。泥盆系和石炭系均为低绿片岩相，以绢云母-绿泥石带为主，康克林组变质稍浅，仅出现绢云母、方解石，为绢云母带。动力变质岩以构造角砾岩、碎裂岩、碎裂岩化岩石、片理化岩石、劈理化岩石等为主。中新生代地层未见变质。

区内未见任何岩浆活动，仅有少量的后期热液活动沿断裂形成石英脉。

此外，该区内石炭系地层中的沉积-变质型赤铁矿、菱铁矿矿床或矿田及白垩系中的沉积型铜矿床或矿田也极具特色。

1. 褶皱特征

该构造单元内褶皱发育，褶皱轴线多为北东-南西向，泥盆系中以宽缓的背向斜构造为主，石炭系中则以复式背向斜构造为主，共见有两个背斜和两个向斜构造（图5-14），以下分别述之。

1) 萨热塔什复背斜(B_2)

该复背斜分布于萨瓦亚尔顿河中下游萨热塔什萨依以南一带,轴向50°～230°,向50°方向倾没,向230°方向翘起,向北东延出图外,在萨瓦亚尔顿河西南颇尔多维一带圈闭形成围斜或闭合,可见到转折端,此处产状正常,西北翼产状为320°～330°∠50°±,东南翼产状120°～140°∠55°～60°,转折端产状230°∠48°,复背斜东南翼产状向东南转为向北倒转,产状为330°～340°∠60°～70°。背斜核部地层为巴什索贡组,两翼由别根它乌组和康克林组组成,在核部和两翼发育大量的次级小型褶皱,轴面一般向北西陡倾。复背斜北西翼发育完整,但也遭到吉根-坦木其能萨依断裂的破坏,东南翼受小红山铁矿断裂的破坏而保存极不完整(图5-14)。

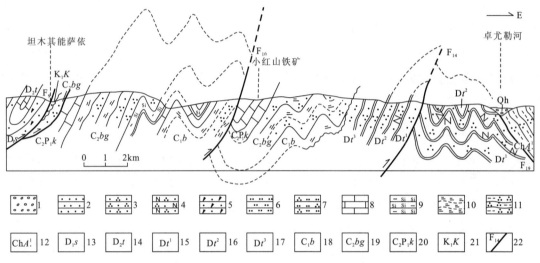

图5-14 麦兹-阔克塔勒晚古生代裂陷盆地坦木其能萨依—卓尤勒河一带构造样式图

1.砾石层;2.砂岩;3.石英砂岩;4.长石石英砂岩;5.岩屑砂岩;6.粉砂岩;7.石英粉砂岩;8.灰岩;9.泥质硅质岩;
10.绢云千枚岩;11.黑云石英片岩;12.长城系阿克苏岩群第一岩段;13.下泥盆统萨瓦亚尔顿群;14.中泥盆统托格买提组;
15.泥盆系塔什多维组一段;16.泥盆系塔什多维组二段;17.泥盆系塔什多维组三段;18.下石炭统巴什索贡组;
19.上石炭统别根它乌组;20.上石炭统—下二叠统康克林组;21.下白垩统克孜勒苏群;22.断裂及编号

该复背斜形成于华力西中期,由于石炭纪末期—早二叠世初期塔里木陆块内发生陆陆碰撞,在由西北向东南强挤压应力作用下,石炭纪地层受到影响而褶皱变形,早更新世末的造山运动,使中新生代坳陷盆地向南大山之下做A型陆陆碰撞俯冲,在由北向南的挤压应力作用下,该复背斜再次变形而复杂化。

2) 阿克塔什复向斜(X_4)

该复向斜分布于小洪山断裂东南阿克塔什—喀孜干卓勒萨依一带,轴向50°～230°,向50°方向倾没,向230°方向翘起,向北东延出图外,向南被中新生代地层角度不整合覆盖,枢纽呈波状弯曲,核部地层为上石炭统—下二叠统康克林组,因断裂破坏,图幅仅出露很少部分,复向斜东南翼主要为别根它乌组,向东南与泥盆系中阔克套山背斜相连,地层总体向北陡倾,其内发育宽缓的小型背向斜构造,明显地可见到两背两向褶皱,次级褶皱一般都是东南翼比西北翼陡。复向斜西北翼因小洪山断裂而缺失。

该复向斜为一不完整的宽缓复向斜,其初形成时间及大地构造环境同B_2。

3) 阿克铁斯克背斜(B_3)

该背斜分布于测区北部阿克铁斯克、阔克套山一带,轴线走向50°～230°,枢纽呈波状弯曲,脊线向50°方向翘起,向230°方向倾没,背斜核部地层为塔什多维岩组第一岩性段,见明显的转折端,转折端呈舒缓圆弧形弯曲,受断裂 F_{14} 的破坏,背斜核部不完整。两翼地层由塔什多维岩组第二、第三岩性段组成,东南翼地层产状(>60°)比北翼地层产状稍陡(<60°),在东南翼中发育一系列轴面南倾(>70°)的次级褶皱,背斜西北翼为一向北西陡倾的单斜层,并与西北侧石炭系地层中的阿克塔什复向斜的东南翼相连。

该背斜总体为一轴面向西北陡倾的线状褶皱,其应力为由北西向东的挤压作用,初始形成时间在晚石炭世末—早二叠世初,与塔里木地台内华力西中期陆陆碰撞有关,后又遭受早更新世末喜马拉雅运动使南天山向中新生代前陆盆地逆冲推覆作用的改造,而使之复杂化。

4)阿克铁克提尔向斜(X_5)

该向斜位于测区北部阿克铁克提尔一带,轴线走向 70°~250°,向 70° 方向翘起,向 250° 方向倾没,四周被断裂 F_{10}、F_{16}、F_7、F_{18}、F_{19}、F_{29} 等围限。参加褶皱的地层有泥盆系塔什多维岩组、上侏罗统克库孜贡苏组、白垩系克孜勒苏群、英吉莎群和古近系喀什群,中新生代地层位于向斜核部的西端,与泥盆系呈角度不整合接触,地层产状较缓,一般 20°±,在向斜核部北东端翘起部位苏鲁阿依热克一带可见到泥盆系塔什多维组出露,此外可见向斜转折端,南翼地层(倾角为 44°~50°)比北翼地层(倾角为 55°±)较缓,南翼为一向北西倾的单斜层,并被断裂 F_{29}、F_{19} 破坏,北翼受断裂 F_{16}、F_{17}、F_{18}、F_9 的破坏,地层出露不全,并被切割成不同的块状。

该向斜总体为一轴面向北陡倾的宽缓褶皱,它所影响到的最新地层为古近系,其形成时间应在早更新世末期,与喜马拉雅运动使南天山向中新生代前陆盆地逆冲推覆有关。该向斜从平面图上及走向和地层分布特征看似于夏马特向斜(X_8)相连,二者之间仅被山前逆冲推覆的造山带分隔而异。

2. 断裂特征

该构造单元内断裂极其发育,东西两侧及南侧均为边界断裂与不同的构造单元相接,其内发育 6 条大致平行的北东向断裂,这些北东向断裂与南北向断裂和北北西向断裂相互切割,使地层呈菱形块状(图 5-14)。现以断裂 F_{10}、F_{17}、F_{19} 为例详述,其余断裂见表 5-3。

1)谢依维克铁热克苏哲勒嘎断裂(F_{19})

该断裂位于测区北部谢依维克铁热克苏哲勒嘎—克亚克吐哲勒嘎一带,是分隔麦兹-阔克塔勒晚古生代裂陷盆地(II_1^1)与阿克然隆起(II_1^2)的边界断裂,北端走向近南北向或北北西向,向南转为北东-南西向,总体呈向东凸出的弧形弯曲,长约 15km,向北被断裂 F_{14} 错断,并截切断裂 F_{18},在卫星影像上线状构造明显,是不同影像花纹、色调等特征的分界线,地貌上为线状负地形,并形成系列陡崖、陡坎及河流拐点。断面总体向北东或东倾(倾向 58°~68°),倾角变化较大,一般 48°~63°,断层面起伏不平,有上缓下陡的特征。沿断裂发育强烈的破碎变形带,以碎裂岩、碎裂岩化岩石为主,可见石香肠构造和变形的构造透镜体、牵引褶皱等,断层东盘(上盘)阿克苏岩群大理岩明显压盖在西盘(下盘)塔什多维组浅灰绿色绿泥石英片岩、千枚岩等不同岩层之上。该断裂总体为一由(北)东向(南)西的逆冲推覆断层,具多期活动特征。

(1)早期断裂活动发生于泥盆纪,在阿克然隆起的边缘发生张裂活动,为断面西倾的正断层,形成麦兹-阔克塔勒晚古生代裂陷盆地,并控制裂陷盆地的沉积和展布特征。

(2)第二期断裂活动发生于泥盆纪末期—早石炭世初期,裂陷盆地内再一次的张裂活动形成断面西倾的张性正断层,该期活动有石英脉贯入。

(3)第三期断裂活动发生于石炭纪末—二叠纪初,裂陷盆地结束沉积,由于南北向的挤压作用,调查区内发生华力西运动中期,此次运动使塔里木地块内发生陆陆碰撞造山,在由北向南的强挤压应力作用下,该断裂复活形成断面北东倾的逆冲推覆构造,使中元古界阿克苏岩群向西压盖到泥盆系塔什多维组之上,在阿克苏岩群中形成石香肠和透镜体、牵引褶皱等变形构造。

表 5-3 麦兹-阔克塔勒晚古生代裂陷盆地断裂特征一览表

编号	名称	规模及产状				主要特征	性质	期次及时代
		长度(km)	宽度(m)	倾向及倾角	走向			
F_{11}	江额结尔断裂	5		向北西陡倾	22°±	沿江额结尔一带呈北东向向东南凸出的弧形弯曲,分隔地层克孜勒苏群(K_1K)与英吉莎群(K_2E_1Y),沿断裂发育碎裂岩和牵引褶皱,影像上呈线性构造,地貌上呈线状负地形,向北被断裂F_{10}截切,向南被F_{29}截切	张性正断层-北西向南东的逆冲断层	燕山期(K_1末—K_2初)—喜马拉雅期(Qp_1末)
F_{12}	江额结尔萨依断裂	3		320°∠41°	北东	沿江额结尔萨依一带呈北东-南西向直线状展布,向两端尖灭,切割古生界和中生界,发育碎裂岩、牵引褶皱,错断地层走向。卫星影像上呈线性构造,地貌上呈线状负地形及一系列陡坎,平行断裂F_9、F_{10}、F_{14}、F_{16}等	由西北向南东逆冲断层	喜马拉雅期(Qp_1末)
F_{14}	阿克铁斯克依断裂	22		175°∠76° 315°∠46°	北东	分布于铁米尔坎、阿克铁斯克依、苏尔塔依一带,总体为北东向,向北转变为近东西向,切割古生界和中生界及长城系,向西北端控制侏罗系与长城系边界,沿断层发育碎裂岩、牵引褶皱,可见错断地层现象。卫星影像上呈线性构造,地貌上形成系列陡崖、陡坎及负地形,平行断裂F_9、F_{10}、F_{12}、F_{16}等,截切断裂F_{15}、F_{17}、F_{18}、F_{19}	由北向南逆冲-张性正断层-由北向南逆冲且具左行平移	华力西中期—燕山期—喜马拉雅期
F_{15}	卡孜岗铁矿东断裂	4	2	80°∠60°	近南北	近南北向直线状延伸,向北尖灭,向南被断裂F_{14}截切,切割上石炭统别根它乌组(C_2bg),控制石炭系和泥盆系边界,发育角砾岩带、片理化带及碎裂岩带,可见擦痕、阶步和断层泥等,主体为逆断层。影像上呈线性构造,地貌上呈沟谷、垭脖负地形	张性正断层-逆冲断层	华力西早期—华力西中期—喜马拉雅期
F_{16}	阔克套山东断裂	5.5			56°	北东向直线状延伸,向北东没入第四系,向西南被断裂F_{17}截切,切割泥盆系塔什多维组(Dt),并分割不同的岩性段,断裂两侧岩层揉皱变形强烈。影像上呈线性构造明显,为分割不同影像花纹、色调的界线,地貌上形成陡崖及负地形,平行断裂F_9、F_{10}、F_{12}、F_{14}	不明	推测与F_9、F_{10}、F_{12}、F_{14}同期同性质
F_{18}	吐昆铁热克苏南断裂	6.7			294°	分隔塔什多维组(Dt)第二、第三岩性段,向西被F_{16}截切,向东被F_{19}截切。卫星影像上线状构造明显,地貌上呈沟谷负地形	不明	不明

(4)在喜马拉雅造山阶段,在早更新世末,由于中新生代坳陷盆地向南天山下做 A 型陆陆碰撞俯冲,由北东向南西的逆冲推覆作用再次发生形成现今的构造样式。

2)小红山铁矿断裂(F_{10})

该断裂位于测区北部小红山铁矿、阔恰特萨依一带,呈北东-南西向直线状延伸,向北东延出图外,向南西被断裂F_{29}截切,西南段复合、截切断裂F_{11},大致平行F_9、F_{12}、F_{16}、F_{18}等断裂,断裂西盘出露地层有巴什索贡组、别根它乌组、康克林组,东盘出露地层有康克林组、别根它乌组及库孜贡苏组、克孜勒苏群、英吉莎群、喀什群等。图幅内长约15km,宽0.5~1m,在卫星影像上呈明显的线性构造,是分隔不同影像花纹、色调等特征的界线,地貌上形成线状负地形、陡崖、陡壁和河流拐点等。

断层面总体北西倾（倾向300°），倾角有上陡（50°～60°）下缓（20°～30°）的特征，沿断裂发育碎裂岩、碎裂岩化岩石、石英脉和牵引褶皱，可见巴什索贡组逆冲推覆在康克林组、别根它乌组之上，并见古生代地层逆冲推覆在中新生代地层，现主体表现为西北向东南的逆冲推覆构造，该断裂具多期活动。

(1) 早期断裂活动发生于早石炭世，为一基底断裂，具张性特征，这与早石炭世麦兹-阔克塔勒晚古生代裂陷盆地的拉张形成有关。

(2) 第二期断裂活动形成于华力西中期，即在晚石炭世末—早二叠世初期，由于塔里木陆块内陆陆碰撞造山作用，形成由西北向南东的逆冲推覆作用，使巴什索贡组逆冲推覆在康克林组和别根它乌组之上，并在上盘形成牵引褶皱（图5-15）。

(3) 第三期断裂活动发生于燕山期中侏罗世末—晚侏罗世初期，沿该断裂形成张性断裂活动，断面向东倾，该期断裂活动形成中生代坳陷盆地，并控制坳陷盆地的沉积和展布特征。

(4) 第四期断裂活动发生于早更新世末，由于喜马拉雅运动，使中新生代坳陷盆地向南天山做A型陆陆碰撞俯冲，西北向东南的逆冲推覆构造再次发生，使古生界地层由西北向东南逆冲推覆在中新生代地层之上（图5-15、图5-16）。

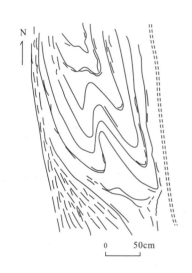

图5-15 江额结尔西石炭系中褶皱形态素描图

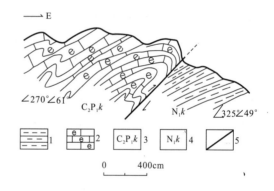

图5-16 乌恰县阔恰特萨依断裂特征素描图
1.泥岩；2.含生物屑灰岩；3.上石炭统—下二叠统康克林组；
4.中新统克孜洛依组；5.断裂

3) 塔什多维断裂（F_{17}）

该断裂位于测区北部铁米尔坎、塔什多维、喀拉马格一带，切割中元古界阿克苏岩群、泥盆系塔什多维组和石炭系别根它乌组及白垩系库孜贡苏组、克孜勒克群。走向近东西向或北西西向，呈弧形波状弯曲，向西被断裂F_{14}截切，向东被断裂F_{29}截切，中部截切F_{16}、F_{18}，错断F_{19}。图幅内长约16km，在卫星影像上线性构造明显，沿此界线两侧影像特征差异显著，地貌上形成线状负地形，局部可见山脊错开现象。断层面总体向北陡倾，产状10°∠70°，沿断裂发育碎裂岩、牵引褶皱等，可见泥盆系塔什多维组逆冲推覆压盖到石炭系别根它乌组和白垩系库孜贡苏群组、克孜勒苏群之上，总体表现为由北向南的逆冲推覆构造，同时根据该断裂错断山脊走向和断裂F_{19}等判断该断裂具左行平移特征，平移距离达600m以上。该断裂也是一个多期活动断裂。

(1) 初始发生时间应在晚石炭世末期—早二叠世初期，由于华力西运动中期，塔里木地块内发生陆陆碰撞造山，形成由北向南的逆冲推覆构造，断面北倾，使泥盆纪塔什多维组逆冲推覆压盖在石炭纪别根它乌组之上,错断二者之间的角度不整合接触关系。

(2)第二期断裂活动发生于燕山期,在中侏罗世末期—晚侏罗世初期发生张裂活动,形成断层面南倾的张性正断层,从而形成中新生代拉分盆地,控制盆地的沉积和展布特征。该断裂向东可能与断裂 F_{29} 相连,共同组成东西向中新生代拉分盆地的北边界。

(3)第三期断裂活动发生在早更新世之后,由于喜马拉雅运动,测区内中新生代坳陷盆地向南天山之下做 A 型陆陆碰撞俯冲,发生大规模的由北向南的逆冲推覆构造,该断裂的该期活动使古生代地层由北向南逆冲推覆在中新生代地层之上,根据断裂错断山脊走向和断裂 F_{19} 判断推覆方向为由北东向南西做斜向逆冲,上盘地层向西移动,下盘地层向东移,左行位移可达 600m 以上。

3. 小结

该构造单元东西两侧均受边界断裂的控制。向北延出图外,区内以发育北东向的断裂和褶皱为主,可见近南北向和北西西向断裂。褶皱多以复式的背向斜为主,并受断裂影响和破坏,断裂主体为逆冲特征,具多期活动。该区的构造地质事件有以下几个阶段。

(1)泥盆纪时在塔里木北缘发生张裂活动,形成麦兹-阔克塔勒晚古生代初始裂陷盆地,沉积盆地系塔什多维组海相碎屑岩,断裂 F_{19} 开始形成。为断面北倾的张性正断层。该阶段相当于晚加里东运动。

(2)泥盆纪后期裂陷盆地隆起抬升结束沉积,并遭受风化剥蚀。

(3)在泥盆纪末—早石炭世初,该区再一次发生张裂活动,麦兹-阔克塔勒晚古生代裂陷盆地最终形成,沉积石炭纪海相陆棚碎屑岩夹碳酸盐岩建造、台地碳酸盐岩建造。裂陷盆地由西向东迁移,东侧缺失下石炭统巴什索贡组,可见中石炭统别根它乌组与泥盆塔什多维组呈角度不整合接触,该期活动相当于华力西早期,断裂 F_9、F_{19} 再次活动,并生成断裂 F_{15}、F_{10}、F_{14}、F_{16}、F_{17}、F_{18} 等,这些断裂均具张性正断层特征。

(4)在晚石炭世末—早二叠世初,由于华力西中期的运动,塔里木地块内发生陆陆碰撞,在由北向南的强挤压应力作用下,大规模的逆冲推覆构造开始形成,断裂 F_9、F_{10}、F_{12}、F_{14}、F_{15}、F_{16}、F_{17}、F_{18}、F_{19} 均具该种特征。

(5)印支期—燕山期,该区处于应力松弛阶段,于中侏罗世末—晚侏罗世初发生近南北向或北北南—南南西向的张裂活动,形成中新生代拉分盆地,发育侏罗系、白垩系和古近系沉积地层,断裂 F_9、F_{10}、F_{11}、F_{12}、F_{17} 均具张性正断特征。

(6)早更新世末的造山运动,使中新生代盆地向南天山之下做 A 型陆陆碰撞俯冲,在由北向南的挤压应力作用下,发生由北向南的逆冲推覆作用,该区内大部断裂再次活动,形成逆冲断层。

(二)阿克然隆起(II_1^2)

该隆起为塔里木北缘活动带(II_1)内一个三级构造单元,西以谢依维克铁热克苏哲勒嘎断裂(F_{19})为界,与麦兹-阔克塔勒晚古生代裂陷盆地(II_1^1)毗邻;南以乌鲁克恰提-塔孜多维断裂(F_{29})为界,与喀什坳陷(II_2)天山前陆逆冲区(II_2^1)相接;东侧在铁列克大沟一带与康苏拉分盆地断层或角度不整合接触,北侧延伸出图外。

区内沉积地层为长城系阿克苏岩群(ChA.),第一岩组岩石组合为灰、灰黑色黑云石英片岩、灰色含钙铝榴石黑云石英片岩、黑云绢云石英片岩、灰色变细粒石英砂岩、变石英粉砂岩夹石英大理岩、磷灰石石英大理岩、磷灰石黑云片岩等;第二岩组为变细粒石英砂岩、变钙质细粒石英砂岩;第三岩组为变细粒石英砂岩、变细粒长石石英砂岩等。三岩组原岩为一套浅海相(含藻类化石碎片)碎屑岩夹碳酸盐岩建造。

该隆起变质较深,经历了三期变质作用:第一期为低绿片岩相绢云-绿泥石带;第二期为高绿片岩相黑云母带和石榴石带,为进变质;第三期为低绿片岩相绢云母-绿泥石带,为退变质,黑云母变成绿泥石。变质作用类型均为低温动力变质作用。

区内岩浆活动和热液活动微弱,仅见少量的中元古界英云闪长岩脉和钠长岩脉,另有后期的石英脉、长英质脉及花岗伟晶岩脉等,其中长英质脉体中含钛铁矿化。

1. 褶皱特征

隆起内变质较深,经历了三次变质,原始层面已无法鉴别,现在看到的为构造面理(S_1、S_2),可见到三期褶皱,前两期为残留褶皱,后期褶皱为平缓开阔型褶皱,整个隆起就是一个大型的复向斜构造,称为阿克然复向斜(X_6)。

阿克然复向斜分布于铁孜托、阿克然、木库尔套一带,轴向近东西向,向西翘起,向东倾没,并深深埋入中生代侏罗系之下。复向斜核部由阿克苏岩群第三岩性段组成,两翼由第二、第一岩性段组成。向斜两翼总体都向南倾,倾角变化较大,一般40°~80°,多在60°左右,属于轴面南倾的同斜褶皱,在向斜核部及两翼发育大量的次级褶皱,自核部向两翼变为斜歪、倒转褶皱等,且形态较为紧闭复杂,轴面倾向多变,形态不规则,但总体与主褶皱的枢纽方向一致。

该向斜构造总体为一轴面南倾的同斜复式向斜,复向斜四周均受断裂所限,并被侏罗系角度不整合覆盖,其生成时间应在晚石炭世末—早二叠世初,由于塔里木陆块内发生陆陆碰撞造山,在由北向南的强挤压应力作用下形成,后期在下更新统末,由于中新生代盆地向南天山之下做A型陆陆碰撞俯冲作用,复向斜进一步复杂化。

2. 断裂特征

该隆起四周均受边界断裂控制,西侧、北侧边界断裂F_{19}、F_{14}前已叙述,南侧边界断裂F_{29}在后文叙述,东侧断裂F_{27}处于康苏拉分盆地内,以下叙述边界断裂F_{24}、F_{25}和隆起内断裂F_{20}、F_{21}、F_{22}、F_{23}。

1) 谢依维克铁热克苏断裂(F_{20})

该断裂位于测区中北部谢依维克铁热克苏一带,切割地层阿克苏岩群一段,走向北北西向或南北向,波状S型弯曲,向南北两端尖灭。长约5km,宽0.5~1m,卫星影像上线状构造明显,地貌上呈系列陡坎,断层总体向西陡倾(270°∠53°),沿断裂发育碎裂岩带和牵引褶皱,可见构造角砾岩和挤压变形的透镜体及石香肠构造,沿断裂有钠长岩岩脉贯入,且钠长岩岩脉已破碎成构造角砾岩。在钠长岩中具镜铁矿化(5%)。该断层前期具张性特征,破碎的钠长岩脉就是证明,后期为由西向东的逆冲特征,兼具左行旋转(图5-17),该断裂大致平行断裂F_{19}、F_{21},与F_{19}组成背冲型断层,与F_{21}组成对冲型断层,结合区域上构造地质事件判断,早期张性活动发生于泥盆纪末—石炭纪初,相当于早华力西运动,此时测区处于应力松弛时期,发生张裂活动,晚期逆冲活动发生于石炭纪末—二叠纪初,相当于华力西运动中期,此时塔里木陆块内发生陆陆碰撞造山,形成一系列逆冲推覆断层。

2) 萨热阿依热克断裂(F_{21})

该断裂位于测区中北部萨热阿依热克一带,切割阿克苏岩群一段,走向北北西-南南东,呈直线状延伸,向北至谢依维克铁热克苏以北尖灭,向南被断裂F_{29}截切,中部截切断裂F_{22},长约9.5km,宽2~5m,在卫星影像上呈灰白色线性条带状构造,地貌上为一地形陡变带,形成沟谷、垭脖负地形。断层面总体向东陡倾(85°∠70°),沿断裂带及两侧发育碎裂岩和牵引褶皱(图5-18)及挤压透镜体,有石英脉和方解石脉贯入,石英脉多被拉长拉断呈透镜状或石香肠状,且揉皱变形(图5-19和图版Ⅶ,5),断裂带内具硅化和碳酸盐化。根据上、下盘中牵引褶皱和石英脉挤压透镜体形态特征总体判断为由北东向南西的逆冲推覆。石英脉的发育说明其前期有张性断裂特征。

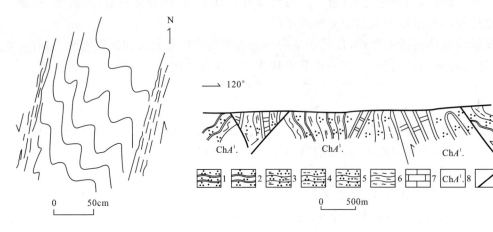

图 5-17 谢依维克铁热克
苏哲勒西 ChA. 中褶曲素描

图 5-18 萨热阿依热克断层组合特征素描图
1.变石英砂岩;2.石英岩;3.绢云石英片岩;4.黑云石英片岩;5.白云石英片岩;
6.白云母片岩;7.大理岩;8.长城系阿克苏岩群第一岩段;9.断裂

该断裂发育于长城纪阿克苏岩群内,未切割中生代侏罗系—白垩系,推断其早期张性活动可能与 F_{19} 同期,为泥盆纪末—石炭纪初,相当于早华力西运动。后期逆冲推覆作用发生于晚石炭世末—早二叠世初,相当于华力西运动中期,此时塔里木陆块内发生陆陆碰撞造山,该断裂演化而呈由北东向南西的斜向逆冲推覆作用。该断裂走向上大致平行 F_{19}、F_{20},为一组断裂。

3)勃尔登柏勒断裂(F_{22})

该断裂位于测区东北部萨热柏勒、勃尔登柏勒、麻扎能套北一带,切割地层阿克苏岩群一段、二段和侏罗系沙里塔什组、康苏组。走向北东东向,向西被断裂 F_{21} 截切,向东延出图外,长约 26.5km,宽 0.3~1m。在卫星影像上呈线状负地形及系列陡崖。断层面总体向南倾,倾向 150°~175°,倾角 50°~56°,沿断裂发育构造角砾岩、碎裂岩、碎裂岩化岩石和牵引褶皱、擦痕、阶步等,可见挤压变形的构造透镜体和石香肠构造。该断裂至少有三期活动。

(1)早期断裂活动表现为由北向南的逆冲推覆特征,在断裂两侧形成轴面北倾的褶皱(图 5-20),该期活动应发生于石炭纪末—二叠纪初,相当于华力西运动中期,与塔里木陆块内陆陆碰撞造山作用有关。

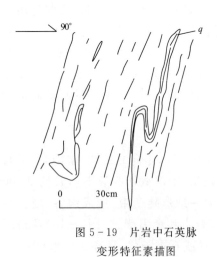

图 5-19 片岩中石英脉
变形特征素描图

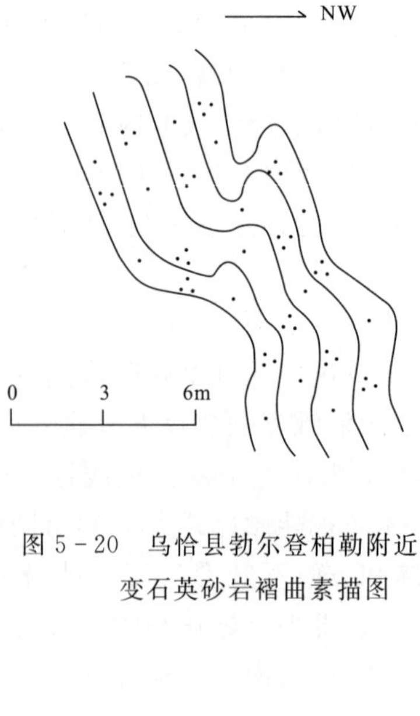

图 5-20 乌恰县勃尔登柏勒附近 ChA.
变石英砂岩褶曲素描图

(2)第二期断裂活动发生于三叠纪末—侏罗纪初,相当于印支运动,该期活动为张性正断层,不但控制侏罗系盆地的沉积,也控制其展布形态和规模。

(3)晚期断裂活动则表现为由南向北的逆冲特征,使阿克苏岩群向北压盖到侏罗系之上,该期活动相当于晚喜马拉雅运动。

4)乌宗断裂(F_{23})

该断裂位于测区东北部乌宗一带,切割阿克苏岩群一段,走向北北西-南南东向,向南、北两侧尖灭,长约5km,宽5~10m,在卫星影像上为一线状构造,地貌上为一线状负地形。断面总体向东陡倾(80°∠68°),沿断面发育构造角砾岩(图5-21)、碎裂岩和牵引褶皱,可见石英脉和方解石脉变形透镜体。该断裂大致平行断裂F_{19}、F_{20}、F_{21},具同样的演化特征。早期具张性特征,后期为逆冲特征,根据断层下盘中牵引褶皱形态(图5-22)判断下盘有向北移动、上盘向南移动的右旋特征。

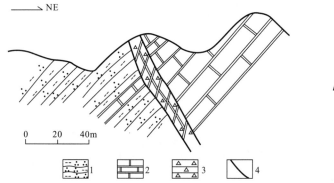

图5-21 乌恰县乌宗沟断裂特征素描
1.黑云石英片岩;2.大理岩;3.构造角砾岩;4.断裂

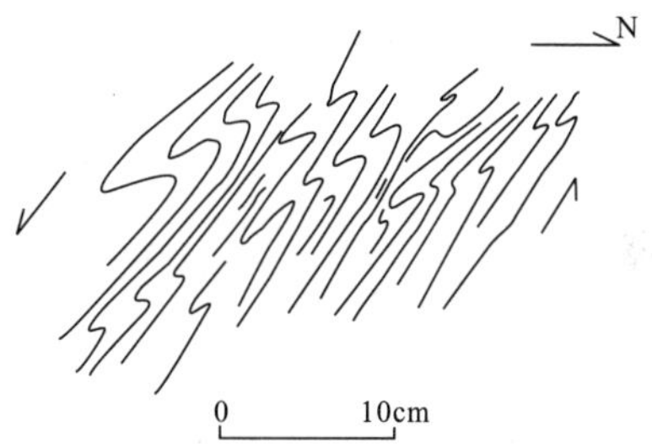

图5-22 乌恰县乌宗沟变粉岩中揉皱素描

5)乌尊阔勒断裂(F_{24})

该断裂位于测区东北部乌尊阔勒一带,分隔地层阿克苏岩群(ChA.)与侏罗系莎里塔什组(J_1sh)、康苏组(J_1k)的界线。走向北东东向,呈向北凸出的弧形弯曲,向东被断裂F_{25}截切,向西尖灭,全长约6km。在卫星影像上线性构造清晰,是分隔不同影像花纹、色调的界线,地貌上为一地形陡变带,常形成线状负地形及一系列陡崖、陡壁,断面总体向北缓倾(340°∠40°),沿断层发育碎裂岩、牵引褶皱、石英脉等,具硅化现象,具上盘下降、下盘上升的正断层特征。该断层控制了侏罗系地层的沉积和展布形态,其发生时间应在三叠纪末—侏罗纪初。

3. 小结

长城纪时该隆起原始构造位置为元古南天山洋,沉积了长城纪阿克苏岩群浅海相碎屑岩夹碳酸盐岩建造。在泥盆纪以前长期处于隆起剥蚀状态,到泥盆纪时隆起边缘发生张裂活动形成张性断裂和晚古生代裂陷盆地沉积,断裂F_{19}、F_{20}、F_{21}、F_{23}的早期张裂活动就是在该时形成。石炭纪末—二叠纪初,塔里木陆块内发生陆陆碰撞造山,形成逆冲活动。三叠纪开始,沿隆起带周围再次发生张裂活动,该次张裂活动可持续至白垩纪或以后,形成拉分盆地或坳陷,一些张裂活动形成,如断裂F_{22}、F_{24}等。早更新世末,测区发生中生代盆地向南天山下做A型陆陆碰撞俯冲,形成一些逆冲断裂活动。

(三)康苏拉分盆地(II_1^3)

该拉分盆地位于测区东北部铁列克河—康苏一带,是塔里木北缘活动带(II_1)内一个三级构造单元(II_1^3)，西部以角度不整合或断裂接触与阿克然隆起(II_1^2)相毗邻，南东以断裂F_{27}为界与喀什坳陷相连。北部、东部均延出图外。区内地层由石炭系巴什索贡组、三叠系塔里奇克组、侏罗系莎里塔什组、康苏组、杨叶组组成。巴什索贡组为一套浅海陆棚碳酸盐岩建造；塔里奇克组为一套河口-滨湖沉积的粗碎屑岩建造；莎里塔什组为湖口扇粗碎屑岩建造；康苏组为一套湖泊-沼泽含煤细碎屑岩建造；杨叶组为湖泊细碎屑岩建造。三叠系塔里奇克组角度不整合在石炭系巴什索贡组之上，侏罗系角度不整合在阿克苏岩群及三叠系塔里奇克组之上。

区内未见岩浆和热液活动，也无变质现象，反沿断裂发育有碎裂岩、构造角砾岩、碎裂岩化等动力变质现象。

1. 褶皱特征

该盆地实际上为一个内倾的大型复式向斜，在图幅内仅出露复向斜西翼的一部分，显示为单边复式向斜特征，在该翼内发育大量的次级褶皱，次级褶皱总体为一系列平行褶皱，其中背斜紧闭，两个背斜之间的向斜则相对宽缓，显示出侏罗山式褶皱中的隔档式褶皱特征（图5-23），称之为阔若木哲勒嘎乔阔复向斜（X_7）。

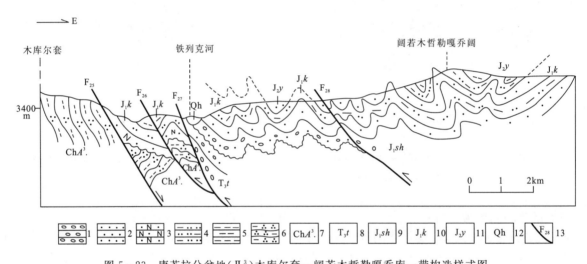

图5-23 康苏拉分盆地(II_1^3)木库尔套—阔若木哲勒嘎乔库一带构造样式图

1.砾岩；2.砂岩；3.长石砂岩；4.泥质粉砂岩；5.泥岩；6.黑云石英片岩；7.长城系阿克苏岩群第三岩段；8.上三叠统塔里奇克组；9.下侏罗统莎里塔什组；10.下侏罗统康苏组；11.中侏罗统杨叶组；12.第四系全新统；13.断裂及编号

该复向斜分布于铁列克河以东，轴向北西向，有向西北倾没，向东南翘起的趋势。复向斜核部由侏罗系杨叶组（J_2y）组成，核部主体位于图幅外，图幅内仅见到复向斜的西翼。西翼由侏罗系组成，局部有呈断块出露的三叠系和石炭系。西翼中发育一系列大致平行排列的次级背、向斜构造，背、向斜轴线总体走向北西（320°±）。在地貌上形成一系列平行排列的山脊和沟谷，一般背斜处多为沟谷、向斜处多为山脊，背斜形态紧闭，翼角较小，一般小于30°，轴面大都倾向北东（50°±），倾角陡，形态复杂，从属褶皱较为发育；向斜形态相对开阔，翼间角较大，一般大于70°，轴面也向北东陡倾。整体上由一系列相向排列的背、向斜组合形式构成侏罗山式褶皱中的隔档式褶皱（图5-23）。

该褶皱影响到的最新地层为中侏罗统杨叶组，其形成时间应在侏罗纪之后，根据区域上地层分布特征及构造地质事件判断其主体发生时间应在早更新世之后，此时由于中新生代盆地向南天山下做A型陆陆碰撞俯冲，在由北东向南西的挤压应力作用下该复式向斜形成。

2. 断裂特征

该区断裂不发育,仅在西侧与阿克然隆起带相邻部位发育一系列北北西向或北西西向断裂,这些断裂多为不同地质单元的分界线,且具有向北西撒开、向东南汇聚的现象,主要断裂有 F_{25}、F_{26}、F_{27}、F_{28}。

1) 巴什喀音西断裂(F_{25})

该断裂位于测区东北部铁列克河西巴什喀音一带,控制阿克苏岩群(ChA.)与侏罗系地层边界,切割莎里塔什组和康苏组,走向北西西向,波状弯曲,向西被断裂 F_{26} 截切、复合,向东被 F_{27} 截切、复合,中部截切、复合 F_{24},长约 13km。在卫星影像上线状构造明显,为分隔不同影像花纹、色调的地质界线,地貌上为一地形陡变带,常形成系列陡壁或陡崖,并有错断山脊的现象。断层面总体向北东中等倾斜($30°\angle 50°$),沿断裂发育碎裂岩和牵引褶皱,具有上盘下降、下盘上升的正断层特征。

该断裂控制了长城系阿克苏岩群与侏罗系康苏组的边界,其形成时间在侏罗纪初期,是伴随着康苏拉分盆地的形成和发展而产生的张性断层。

2) 琨提维斯断裂(F_{26})

该断裂分布于测区东北部巴什喀音、琨提维斯、阿克然一带,切割长城系阿克苏岩群和侏罗系莎里塔什组、康苏组,走向北西西向,呈向北凸出的弧形弯曲,向西尖灭,向东被断裂 F_{27} 截切、复合。长约 12.5km,宽 0.4~3m。在卫星影像上呈线性构造,地貌上为线状负地形。断面总体向北东中等倾斜($40°\angle 50°$),沿断裂发育 10~30cm 宽的凹坑,可见 0.4~3m 的破碎带,具硅化现象,在断裂两侧,尤其是上盘发育一系列轴面北倾的牵引褶皱(图版Ⅶ,6),为一上盘上升、下盘下降的逆冲断层。

该断层控制长城纪与侏罗纪地层的边界,并切割侏罗纪地层,前期具张性特征,发生于三叠纪末—侏罗纪初,控制盆地的沉积和展布特征,后期具逆冲推覆作用,发生于早更新世末,其挤压应力来自北东。

3) 铁列克沟断裂(F_{27})

该断裂分布于测区东北部的铁列克河一带,切割长城系阿克苏岩群、石炭系巴什索贡组、三叠系塔里奇克组、侏罗系莎里塔什组和康苏组,走向北西向,呈弧形波状弯曲,向南、北两侧均延出图外。区内全长约 23.5km,宽 0.5~2m。在卫星影像上为一白色条带线状构造,地貌上多沿铁列克河谷分布延伸,局部有泉出露。断层面总体向北东陡倾(倾向 $40°$~$50°$,倾角 $55°$~$73°$),沿断裂发育碎裂岩、碎粉岩和牵引褶皱,具硅化和褐铁矿化,局部地段有石英脉或方解石脉贯入。该断裂为一多期活动断裂,其特征如下。

(1)早期断裂活动发生于泥盆纪末—石炭纪初,为张性正断层,在阿克然隆起边缘发生张裂活动,形成裂陷盆地,控制了下石炭统巴什索贡组的沉积和展布特征。

(2)第二期断裂活动发生于三叠纪,持续至侏罗纪末,为右行走滑-正断层,该期断裂活动是形成康苏拉分盆地的动力学机制,不但为康苏拉分盆地提供了沉积场所,同时也控制了拉分盆地的展布形态,沉积了三叠系塔里奇克组粗碎屑岩建造和侏罗系湖泊-沼泽-湖泊含煤碎屑岩建造,并有少量热液活动,区内为石英脉的贯入,区域上有基性岩侵入,同位素年龄 169.4 ± 6.4Ma(李永安等,1995)。

(3)第三期断裂活动发生于早更新世末,由于中新生代盆地向南天山下做 A 型陆陆碰撞俯冲,形成由北东向南西的逆冲推覆构造,使下石炭统巴什索贡组、上三叠统塔里奇克组依次压盖到侏罗纪地层之上,并沿断裂形成碎粉岩和一系列轴面北东倾斜的牵引褶皱。

(4)第四期断裂仍有活动迹象,表现为形成深切的现代河谷和泉出露,仍具右行走滑-正断层特征。

4) 加斯喀克断裂(F_{28})

该断裂位于测区东北部的加斯喀克一带，切割侏罗系地层杨叶组，走向北西向，向两端尖灭。长约 2.5km，带宽 10cm。在卫星影像上特征不明显，地貌上形成系列陡坎和河流拐点。断层面总体向北东陡倾（30°∠50°），沿断裂发育碎裂岩、碎粉岩和牵引褶皱，明显错断地层，为一逆冲断层，根据断裂两侧不同岩性及特殊层对比，上盘上升了 7m 左右。

3. 小结

该构造单元为中生代拉分盆地，呈现为向斜盆地沉积特征，向斜的西翼被断裂 F_{27} 等破坏，东翼延出图外，为一不完整的向斜盆地。

该拉分盆地形成于二叠纪之后，石炭纪末—二叠纪初出现大规模的华力西造山运动，由于南北向挤压造山和塔里木陆块内的陆陆碰撞而产生右行走滑断裂（如断裂 F_{27}），走滑剪切形成康苏拉分盆地，三叠纪时为砾岩、砂岩和泥岩沉积，侏罗纪时为含煤陆相碎屑岩沉积。拉分盆地向南在康苏一带与东西向的喀什坳陷盆地相连，在晚中生代—新生代时期，二者可能为同一沉积环境。

早更新世之后，由于中生代盆地向南天山下做 A 型碰撞俯冲，发生由北（东）向南（西）的挤压作用，一方面在盆地边缘的断裂活化，形成逆冲推覆断层，另一方面则使盆地内地层褶皱，形成一系列侏罗山式隔档褶皱。

四、喀什坳陷（II_2）

喀什坳陷是塔里木地块内的一个二级构造单元，占据测区 1/2 的面积，分布于吉根—吾合沙鲁一带的广大区域，夹持于西昆仑山与西南天山之间，为一中、新生代沉积区。北以乌鲁克恰提-塔孜多维断裂（F_{29}）与塔里木北缘活动带毗邻；东以吉根-塔木其能萨依断裂（F_9）为界与伊犁地块（I）毗邻；南以乌孜别里山口断裂（F_{48}）为界与奥依塔克-库尔良晚古生代裂陷槽相接；向西延至国外，向东延出图外。根据区内断裂和褶皱特征，以艾希太克-休木喀尔断裂（F_{39}）为界将其划分为天山前陆逆冲区（II_2^1）和昆仑前陆逆冲区（II_2^2）。

坳陷内的沉积是一套以陆相为主夹海相沉积建造，沉积厚度达万米以上，侏罗系为陆相以灰黑、灰绿色为主的含煤碎屑岩建造；白垩纪开始，则为陆相夹海相以红色碎屑岩为主的含碳酸盐岩和膏泥岩建造，侏罗系局限于坳陷的两侧，其分布受断陷控制。坳陷东西延伸呈带状，有两个东西向延伸的沉积中心，两个沉积中心之间可能存在一个古隆起，古隆起大致沿艾希太克—休木喀尔一带分布，在吾合沙鲁以东可见到古隆起上的长城系阿克苏岩群出露，白垩系角度不整合其上。

中新生界除侏罗系与白垩系之间为平行不整合接触和新近系与古近系之间为平行不整合接触外，直至更新世均为连续沉积。侏罗系或白垩系超覆不整合于古生界及中元古界之上。

无岩浆热液活动，变质作用仅见分布于断裂旁侧的动力变质作用和长城系阿克苏岩群内的三期变质现象。区内砂岩型沉积铜矿或矿田颇具特色。

1. 褶皱特征

喀什坳陷内褶皱发育，褶皱轴线走向多为东西向，局部呈向北凸出的弧形弯曲，由于喀什坳陷具有向南北两侧 A 型俯冲特征，在天山前陆逆冲区多表现为轴面向北倾的褶皱，而在昆仑前陆逆冲区则表现为轴面向南倾的褶皱。天山前陆逆冲区和昆仑前陆逆冲区均为一大型复式向斜（图 5-24、图 5-25）。前者包括 5 个向斜和一个背斜，后者包括 5 个向斜和 2 个背斜。现以 X_8、X_{17}、X_{10}、X_5 为例作详述，其余见表 5-4。

表 5-4 喀什坳陷褶皱一览表

编号	名称	规模	走向	核部地层	两翼地层及产状	轴面	主要特征
B_4	克孜勒克尔背斜	长约25km，宽2~3km	北西西向	N_1k	N_1k，北翼北倾，南翼南倾，两翼倾角相等，一般66°	直立	发育于N_1k内部，为紧闭线状褶皱，向两端翘起，向东端倾没，为乌鲁克恰复向斜南翼中的次级褶皱，受F_{38}及F_{36}控制和影响，其发生时间也在早更新世末
X_9	库特丘向斜	长25km，宽2~5km	北东东向	N_1p	N_1p，北翼南倾，倾角40°~46°，南翼北倾，倾角37°~58°	北倾	发育于N_1p中，为紧闭的线状褶皱，向东西两侧均被断裂破坏，为乌鲁克恰提复向斜的次级褶皱，总体褶皱轴面北倾，为由北向南的逆冲推覆作用下形成，其时间在下更新统末
X_{11}	库什乌依古向斜	长18km，宽6km	东西向	N_1a	N_1k、EK、K_2E_1Y、K_1K及少量的ChA.，北翼南倾，倾角27°~42°，南翼北倾，倾角24°~28°	北倾	位于库什乌依古一带，脊线升起于库什乌依古2294高地一带，向东、西两侧缓缓倾伏，向西没入克孜勒河，并被F_{26}破坏，向东延出图外，总体轴面向北倾。在向斜南翼发育有长城系阿克苏岩群，为喀什坳陷内中间隆起部位，该向斜就发育在中间隆起北侧
X_{12}	玛尔坎套向斜	长9km，宽大于2.5km	北西西向	N_1a	N_1k、EK，东翼西南倾，倾角50°左右，西翼北东倾，倾角47°左右	北东倾	位于玛尔坎套以东，因南北两端均被断裂截切破坏，东翼也被断裂破坏，轴面向北东倾，与由南向北的逆冲推覆作用有关
X_{13}	托平木希向斜	长75km，宽3km	北东东向	EK倾角13°	EK、K_2E_1Y、K_1K，北翼南倾，倾角48°~58°，南翼北倾，倾角46°~63°~82°	南倾	位于托平木希一带，沿向斜形成一系列山脊，向西延出图外，向东与X_{12}西南翼相连，向斜主体发育于EK之中，北翼与K_2E_1Y、K_1K组成连续的单斜层翼部，南翼发育有同级的背斜褶皱，该褶皱发生于早更新世末，与由南向北的逆冲推覆作用有关
X_{14}	克牙孜向斜	长70km，宽可达10km	北东东向	N_1a	N_1k、EK、K_2E_1Y、K_1K，北翼南倾，南翼北倾	南倾	该复向斜夹持于断裂F_{39}和F_{41}之间，由玛尔坎套向斜(X_{12})、托平木希向斜(X_{13})、交日铁盖向斜(X_{14})及克牙孜背斜(B_5)组成，北翼发育完整，但次级褶皱发育，次级褶皱多为一系列大致平行的背、向斜构造，向斜多形成山脊，背斜则形成谷地负地形，轴面南倾；南翼则由于断裂F_{41}的破坏而未出露，仅见核部地层N_1a
B_6	卡拉恰提背斜	长63km，宽2~3km	北东东或近东西向	EK	EK，北翼北倾，倾角43°~70°，南翼南倾，倾角45°~72°	南倾	位于尔托萨达特沟—西里巴克—萨日吐鲁克—卡拉恰提一带，向西延出图外，向东没入第四系，地貌上形成谷地负地形，发育于EK之内，南翼与交日铁盖东向斜的北翼相连，北翼受断裂F_{41}破坏，发育不全，且有次级褶皱，该背斜总体为一紧闭的线状褶皱，发生于早更新世末，为断裂F_{41}由南向北逆冲推覆时，上盘地层受到牵引而成
X_{15}	交日铁盖东向斜	长125km，宽达14km	近东西向	Qp_1x，N_1a，N_1k	N_1k、EK北翼地层南倾，倾角40°~72°，南翼北倾，倾角38°~73°	近直立	夹持于背向逆冲断裂F_{41}与F_{43}之间，位于阔克布拉克—交日铁盖东—托果若克一带，向西延出图外，向东没入第四系，地貌上形成山脊负地形，复向斜有向西翘起、向东倾伏的趋势，由西向东核部地层依次为N_1k、N_1a和Qp_1x等，南翼被断裂F_{43}破坏多不完整，在核部可见一系列次级褶皱，核部具W型特征
X_{16}	库如散达勒向斜	长75km，宽达10km	东西向	Qp_1x 20°以下，多呈6°~9°	N_1k、EK、N_1a、N_1p，北翼南倾，倾角48°~60°，南翼北倾，倾角50°左右	直立	位于托克沙洼—阿克足—库如散达勒—奥尔吐阔依一带，向西翘起，向东倾伏，东侧被断裂F_{44}截切、破坏，向东延出图外。两翼受断裂F_{43}、F_{44}、F_{45}的破坏，发育不全，核部地层平缓，在两翼可见一些次级的背、向斜褶皱

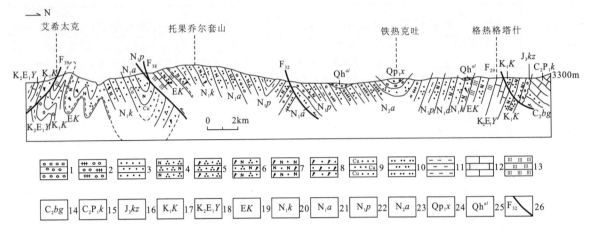

图 5-24 天山前陆逆冲区（II₁²）艾希太克—格热格塔什一带构造样式图

1.砾岩；2.复成分砾岩；3.砂岩；4.长石石英砂岩；5.岩屑石英砂岩；6.岩屑长石石英砂岩；7.岩屑长石砂岩；8.岩屑砂岩；9.含铜砂岩；10.粉砂岩；11.泥岩；12.灰岩；13.石膏岩；14.上石炭统别根它乌组；15.上石炭统—下二叠统康克林组；16.上侏罗统克孜贡苏组；17.下白垩统克孜勒苏群；18.上白垩统—古新统英吉莎群；19.古近系喀什群；20.中新统克孜洛依组；21.中新统安居安组；22.中新统帕卡布拉克组；23.上新统阿图什组；24.下更新统西域组；25.全新统冲积层；26.断裂及编号

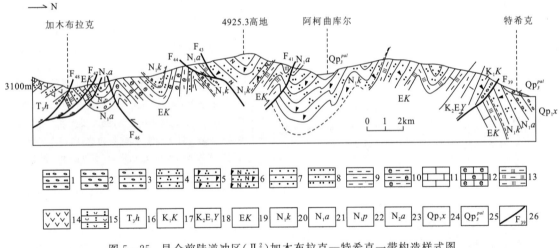

图 5-25 昆仑前陆逆冲区（II₂²）加木布拉克—特希克一带构造样式图

1.复成分砾岩；2.砾岩；3.砂岩；4.石英砂岩；5.岩屑石英砂岩；6.岩屑长石石英砂岩；7.砂岩；8.粉砂岩；9.泥岩；10.含生物灰岩；11.灰岩；12.生物屑灰岩；13.泥膏岩；14.安山岩；15.凝灰岩；16.上三叠统霍峡尔组；17.下白垩统克孜勒苏群；18.上白垩统—古新统英吉莎群；19.古近系喀什群；20.中新统克孜洛依组；21.中新统安居安组；22.中新统帕卡布拉克组；23.上新统阿图什组；24.下更新统西域组；25.上更新统洪冲积层；26.断裂及编号

1）乌鲁克恰提复向斜（X_8）

该复向斜位于测区北部夏马特、乌鲁克恰提、铁格热克萨孜道班、吾合沙鲁一带，在乌鲁克恰提以西褶皱轴向为北东-南西向，吾鲁克恰提以东则转为东西向或东东南向。脊线升起于乌鲁克恰提一带，向西倾没，并没入伊犁地块之下，向东缓缓倾伏，并与夏特塔尔以东再次升起，向东延出图外。图幅内长约85km，宽可达25km，向斜核部主体由下更新统西域组组成，局部可见上新统阿图什组及中新统乌恰群，核部地层平缓，一般小于30°，多在20°左右，局部近水平，向斜翼部由侏罗系沙里塔什组、康苏组、杨叶组、库孜贡苏组和白垩系克孜勒苏群、英吉莎群及古近系喀什群、新近系乌恰群、上新统阿图什组等组成，向斜北翼相对完整，但由于边界断裂 F_{29} 及 F_{67} 的破坏，缺失部分地层，尤其在吉根一带向斜面北翼深没入伊犁地块之下，几乎全部缺失北翼地层，向斜南翼全部缺失了侏罗系地层，仅在东端翘起部位有少量的白垩系出露。两翼地层倾角由核部向两翼逐渐变陡，一般在 $18°\sim65°$ 之间变化，但总体轴面有向北倾的趋势，南翼受断裂 F_{32}、F_{38}、F_{39}、F_{37} 等的破坏和影响，发育有次一级的背向斜构造（如 B_4、X_9、X_{10}、X_{11}），沉积型砂岩铜矿就产在该向斜翼部的乌恰群中。

该向斜总体为一轴面略向北陡倾的大型宽缓复向斜，卷入褶皱的最新地层为下更新统西域组，而覆盖其上的中更新统乌苏群则未参加褶皱。说明其形成时间在下更新统末、中更新统初，此时中新生代盆地向北做 A 型陆陆碰撞俯冲，在由北向南的挤压应力作用下，中新生代盆地地层受其挤压褶皱。

2）乌孜别里山口-加依腊复向斜（X_{17}）

该复向斜位于测区中部昆盖山山前地带，褶皱轴向近东西向，向西延出国外，向东延出图外。图幅内长约 121km，宽可达 36km，该复向斜由侏罗系、白垩系、古近系、新近系及下更新统地层组成，为一残存的复向斜，图幅内大面积出露的多为复向斜北翼地层。侏罗系、白垩系仅沿西昆仑山前逆冲推覆断裂带附近展布，多组成复向斜南翼地层。此外，在昆果依托尔墩套、柯孜依勒一带也有少量的白垩系，沿边界断裂（F_{38}）出露，组成复向斜北翼最边部的地层。核部出露少部分下更新统西域组和上新统阿图什组地层。在复向斜的北翼由于由南向北的逆冲推覆和由北向南的逆冲推覆作用，发育一系列次级的背向斜构造（如 X_{13}、X_{14}、X_{15}、X_{16}、B_5），背向斜多组成山脊或沟谷大致平行展布，次级背向斜多近东西向展布，轴线呈向北凸出的弧形弯曲，轴面多向南陡倾。

该复向斜影响到的最新地层为下更新统西域组，而覆盖其上的上更新统冲洪积层则未有褶皱，说明其生成时间在下更新统末，由于中新生代盆地向西昆仑山下做 A 型陆陆碰撞俯冲时，受由南向北的挤压应力作用影响，中新生代地层褶皱变形。

3）托呼秋苏复向斜（X_{10}）

该复向斜西段沿托呼秋苏河两岸展布，向东在托果乔尔套以东则沿克孜勒苏河两岸展布，西段轴线走向北东东向，东段轴线走向北西西向，总体显示出褶皱轴线为一向北凸出的弧形弯曲，全长约 86km，宽 $2.5\sim14$km，卷入该复向斜的地层有古近系喀什群、新近系乌恰群及下更新统西域组。该复向斜夹持于北倾南推的逆冲断层 F_{38} 和南倾北推的逆冲断层 F_{39} 之间（图 5-25），复向斜西段托呼秋苏河一带南翼较完整，而北翼几乎完全缺失，南翼由核部向断裂 F_{39} 附近地层发生倒转，形成一系列轴面南倾的次级倒转背向斜构造，该翼地层产状较陡，正常地层产状向北倾，倾角 $60°\sim80°$，倒转地层产状向南倾，倾角 $73°$ 左右，复向斜东段克孜勒苏河一带则为北翼相对完整，从古近系喀什群至新近系帕卡布拉克组均有出露，核部以下更新统西域组和帕卡布拉克组为主，南翼则完全缺失。北翼地层总体南倾，且由翼部向（$50°\sim60°$）向核部（$20°\sim40°$）有变缓的趋势，核部西域组则近于水平，在该翼发育有次一级的背向斜构造。

该复式向斜为天山前陆逆冲区大型复向斜南翼中的一个次级褶皱，夹持于断裂 F_{38} 和 F_{39} 之间，位于天山前陆逆冲区与西昆仑前陆逆冲区前锋带相互作用的地段，由于受由北向南和由南向北的双重挤压作用的影响，其褶皱形态复杂，形成于早更新世末。

4）克牙孜背斜（B_5）

该背斜为西昆仑前陆逆冲区复向斜（X_{17}）北翼的一个次级背斜褶皱，沿克牙孜河两岸延伸，轴线走向北东东向，长约 30km，宽 2km，主要发育在克孜洛依组之内，两翼基本对称，由西向东两翼地层倾角变陡，北翼地层向北倾，倾角由西向东依次为 $44°\to62°\to65°\to87°$，南翼地层向南倾，倾角由西向东依次为 $61°\to73°\to82°$。

该背斜总体为一紧闭褶皱，两翼基本对称，其发生时间也在早更新世末。

2. 断裂特征

喀什坳陷内断裂发育，断裂总体延伸方向与区域构造线相一致，北侧天山前陆逆冲区以北倾角南推逆冲断裂为主,南侧昆仑前陆逆冲区以南倾北推逆冲断裂为主,可见北倾南推的逆冲断层与之组成背斜断层(图 5-24、图 5-25),以 F_{29}、F_{39}、F_{48}、F_{43} 等为例作以详述,其余见表 5-5。

表 5-5 喀什坳陷断裂特征一览表

编号	名称	规模及产状				主要特征	矿化及蚀变	性质	期次时代
		长度(km)	宽度(m)	倾向及倾角	走向				
F_{32}	库特丘-炮台套断裂	26		330°∠56° 局部 160°∠50°	60°	发育在 N_1p 之内,呈弧形弯曲,向两端均被上新统沉积物覆盖,影像上呈线状构造,地貌上为沟谷、垭脖负地形,有泉出露。有破碎现象,并发育牵引褶皱,为由北东向南西的逆冲断层,局部断面反转		逆冲	早更新世(喜马拉雅期)
F_{33}	格卓依迭勒断裂	8		120°∠54°	80°	切割 N_1k、N_1a、Qp_1x,呈向北凸出的弧形弯曲,向西没入克孜勒苏河,向东尖灭。影像上线形构造明显,地貌上形成一系列陡崖、陡坎及沟谷。沿断裂岩石破碎,地层有错开现象		正断层	同上
F_{34}	加斯北断裂	5.5		169°∠70°	90°	分割 N_2a 和 Qp_1x,呈直线状延伸,向西尖灭,向东被 F_{35} 截切、复合,沿断裂岩石破碎,发育牵引褶曲		逆断层	同上
F_{35}	琼卓勒断裂	10.5		向南陡倾	85°	分割 N_1k 和 N_2a,缺失 N_1p、N_1a,直线状延伸,向西没入克孜勒苏河,向东被 F_{36} 截切,中部截切 F_{34}。沿断裂岩石破碎,发育牵引褶曲		逆断层	同上
F_{36}	乌鲁缴鲁-哲兰都托断裂	35.5		190°∠63°	140°	切割 K_2E_1Y、EK、N_1p、N_2a,呈向北东凸出的弧形弯曲,向北西被上新统沉积物覆盖,向南东被 F_{39} 截切,恰特一带有 10km 的上新统沉积物覆盖。截切 F_{35}、F_{37}、F_{38},沿断裂岩石破碎,并发育牵引褶曲,可见 EK 逆冲到 N_1k、N_1p 之上,地层有位移现象	石膏	逆冲-右行平移	同上
F_{37}	吾合沙鲁断裂	18	6	350°∠55° 局部 190°∠60°	86°	切割 EK、N_1k,向西没入克孜勒苏河,向东延出图外。影像上呈线形构造,地貌上形成一系列陡崖、陡坎及负地形。沿断裂发育碎裂岩和牵引褶皱,可见 EK 由北向南逆冲推覆压盖到 N_1k 之上	北侧右铜矿化及石膏层	逆冲断层	同上
F_{38}	托果乔尔套断裂	60.5		330°∠42° 332°∠67° 28°∠51° 310°∠65°	60°	切割 EK、N_1k、N_1a、N_1p,呈向北西凸出的弧形弯曲,向西被 F_9 截切、复合,向东被 F_{36} 截切、复合,平行于 F_{32}、F_{35}、F_{39} 等。影像上线形构造明显,地貌上形成一系列陡坎、陡崖及沟谷负地形。沿断裂岩石破碎,发育牵引褶曲,有地层缺失和老地层压盖新地层向西	石膏层加厚	逆冲断层	同上
F_{40}	阔结升断裂	10	5	183°∠78°	290°	切割 N_1p,呈直线形延伸,向东西两侧没入克孜勒苏河而延伸不明,沿断裂发育破碎带、碎裂岩和牵引褶皱		逆冲	同上
F_{67}	恰尔阿尔恰断裂	17.5		30°∠55°	300°	控制 J_2y、J_1k 与 K_1K 的边界,呈向北东凸出的弧形弯曲,向西被 F_{29} 截切,向东延出图外。沿断裂发育碎裂岩和牵引褶皱,并见 J_2y 由北向南逆冲压盖到 K_1K 之上。影像上呈线形构造,地貌上为一地形陡崖带,形成陡崖、陡坎和负地形		逆冲	喜马拉雅期(早更新世末)
F_{68}	孔乌尔多维断裂	7.5		92°∠83°	南北	切割 EK、N_1k、N_1a,直线状延伸,向北被上更新统沉积物覆盖,向南尖灭。影像上为线形构造,地貌上形成一系列陡崖、陡坎及沟谷负地形。沿断裂发育碎裂岩及牵引褶,地层位移明显		左行平移	同上
F_{69}	冬果热灭断裂	18.5	15	220°∠72°	285°	控制 EK 与 N_1k 的边界,呈向北凸出的弧形弯曲,大致平行 F_{39},向西与 F_{39} 交会,向东被 F_{41} 截切。影像上线形特征明显,地貌上呈线形负地形,有泉出露。沿断裂发育破碎带和牵引褶曲,可见 EK 由南向北推覆压盖到 N_1k 之上		逆冲	同上

续表 5-5

编号	名称	规模及产状				主要特征	矿化及蚀变	性质	期次时代
		长度(km)	宽度(m)	倾向及倾角	走向				
F_{70}	阔克托尔萨依断裂	15.5		向南陡倾	285°	切割 EK、N_1k、N_1a、K_2E_1Y，呈向北凸出的弧形弯曲，大致平行 F_{69}、F_{39}，向西交会与 F_{39}，向东交会于 F_{69}。影像上呈线状构造，地貌上形成陡坎和负地形，有泉出露。沿断裂延伸破碎，具牵引褶皱，可见 K_2E_1Y 由南向北推覆压盖到 EK 之上		逆冲	同上
F_{41}	交日铁盖断裂	82	10~20	150°∠63° 177°∠78° 175°∠80° 169°∠77°	70°	切割 EK、N_1k、N_1a，呈波状弯曲，向西延出图外，向东截切 F_{69}，又被 F_{39} 截切。影像上呈线状构造，是分割不同影像花纹、色调的界线，地貌是形成沟谷、垭脖负地形和陡崖、陡坎，造成河流拐点。沿断裂发育破碎带和牵引褶皱，并见 EK 由南向北推覆压盖到 N_1k 和 N_1a 之上	石膏层加厚	逆冲	同上
F_{42}	交日铁盖东断裂	20	5	188°∠64°	70°	切割 EK、N_1k，呈波状弯曲，东西两端均交会于 F_{41} 之上，沿断裂发育破碎带和牵引褶曲，为由南向北的逆冲断层，与 F_{41} 同性质同期，可能为 F_{41} 的分支断裂		逆冲	同上
F_{44}	托克沙洼断裂	50		4°∠20°	70°	切割 EK、N_1k、N_1a，呈波状弯曲，大致平行 F_{43}、F_{41}、F_{46}，东西两端与 F_{43} 交会。沿断裂发育破碎带和牵引褶皱，地层有缺失现象，与 F_{43} 同性质、同期，与 F_{48} 组成对冲断层，与 F_{41} 组成反冲断层		逆冲	同上
F_{45}	阔克阔勒断裂	25		45°∠68°	90°	切割 N_1a、N_1p、Qp_1x，呈向北凸出的弧形弯曲，向西交会与 F_{43}，向东尖灭。影像上呈明显的线形构造，地貌上形成沟谷、垭脖地形，可见陡坎。沿断裂岩石破碎，具牵引褶皱，可见 N_1a 由北向南推覆压盖到 Qp_1x 之上		逆冲	同上
F_{46}	加郎吉勒嘎断裂	60		355°∠25° 354°∠78° 局部 177°∠70°	85°	切割 EK、N_1k、N_1p、N_2a，呈波状弯曲，向西被 F_{48} 截切，向东被上更新统沉积物覆盖。影像上线状构造清晰，是分割不同影像花纹、色调的界线，地貌是形成一系列陡坎及沟谷、垭脖负地形。沿断裂岩石破碎，具擦痕、阶步和牵引褶皱，可见 EK 由北向南推覆压盖在 N_2a 之上。与 F_{48} 组成对冲断层，中部被 F_{51} 错断		逆冲	同上
F_{47}	阔什塔什沟南断裂	29		340°∠67° 177°∠65°	90°	切割 K_1K、EK、N_2a、Qp_1x，呈向北凸出的弧形弯曲，东段发育两条紧密排列的平行断层组，向西被 F_{48} 截切，向东被 F_{71} 截切，中部被 F_{51} 错断。影像上线形构造明显，地貌上形成线状沟谷、垭脖及陡坎。沿断裂发育碎裂岩、断层角砾岩及擦痕、阶步、牵引褶皱等，可见 K_1K 由南向北推覆压盖到 N_2a 及 Qp_1x 之上，局部断面反转		逆冲	同上
F_{53}	加依勒-阿克彻依断裂	42.5	30~50	235°∠60°	90°	切割 K_1K、K_2E_1Y、N_1p、N_2a，呈波状弯曲，多被 F_{48} 复合，向东延出测区。沿断裂岩石破碎，具碎裂岩和牵引褶皱，可见白垩系由南向北推覆压盖在新近系之上		逆冲	同上
F_{71}	库克布拉克白勒西断裂	6			60°	切割 T_3h、EK、N_2a，直线状延伸，向两端尖灭。影像上呈线状构造，地貌上形成沟谷、垭脖负地形。地层明显错断，并截切 F_{48}，根据 F_{48} 错断距离推断为左行平移断层，平移距离达 3.5km		左行平移	同上

1) 乌鲁克恰提-塔孜多维断裂（F_{29}）

该断裂为喀什坳陷与塔里木北缘活动带的分界断裂，沿乌鲁克恰提、索库塔什、塔孜多维一带分布，乌鲁克恰提东西两侧则极不规则，呈 M 型弧形弯曲，乌宗墩奥、恰尔阿尔恰一带总体为东西走向，呈向南凸出的弧形弯曲。向西被 F_9 截切，向东在塔塔一带与断裂 F_{27} 复合，截切断裂 F_8、F_{10}、F_{11}、F_{14}、F_{17}、F_{19}、F_{21}、F_{31}、F_{32}、F_{38}、F_{39}、F_{67} 等。全长约 70km，宽达 50m，在卫星影像上呈明显的线状构造,是分隔不同影像花纹、色调的界线。地貌上为一地形陡变带,常形成系列沟谷、垭脖等负地形,可见陡崖、断层崖(图版Ⅶ,7),沿断层有泉出露,且有地震发生。表现为断层面在西部为西北陡倾,倾向 288°～310°,倾角 58°～69°,东段总体北倾,但局部南倾 168°∠80°。沿断裂发育片理化岩石、碎裂岩、断层角砾岩,可见牵引褶皱等,沿断裂有石英脉贯入具黄铁矿化和褐铁矿化,断层明显错断山脊,老地层压盖在新地层之上。该断裂是一个长期活动的断裂,晚期到现在仍在活动,具体特征如下。

(1)在白垩纪初期,沿断裂发生张裂活动,形成张性正断层,断裂的形成和发展,控制了中新生代坳陷盆地的沉积和展布形态。该期活动,断裂有分叉现象,乌鲁克恰提以东表现为近东西向。

(2)早更新世末的喜马拉雅山运动,使中新生代坳陷盆地向西天山下做 A 型俯冲碰撞,中新生代地层向北、西深深插入到古生代及其以前地层之下,形成大规模的向盆地方向的逆冲推覆构造(图 5-26;图Ⅶ,8)。

(3)新构造运动则表现为断层面向盆地陡倾的张性正断层特征,沿断层形成断层崖、构造角砾岩及错断山脊等现象,并在断层的两侧形成牵引褶皱,沿断裂有泉出露,且有地震发生,

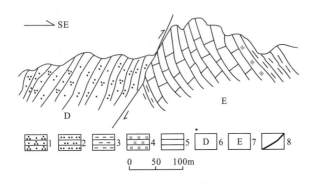

图 5-26 乌恰县索阔尔艾奇萨依沟东
断裂 F_{29} 逆冲推覆素描

1.石英砂岩;2.粉砂岩;3.泥岩;4.灰岩;5.石膏岩;
6.泥盆系;7.古近系;8.断裂

如 1985 年发生了乌恰 7.4 级地震,地表破碎显示,发震构造可能为一弧形构造。

2)乌孜别里山口-阿克彻依断裂(F_{48})

该断裂为奥依塔克-库尔良晚古代裂陷槽与喀什坳陷的分界断裂,沿昆盖山北缘山前地带乌孜别里山口、博托彦、穆呼、阿克土麻扎、阿克乔库、且木干一带展布,走向近东西向,呈略向北凸的弧形弯曲,向西延出国外,向东延出图外,区内长约 115km,宽 5～10m,在卫星影像上呈明显的线状构造,为暗色较粗的不平直线条,是分隔不同影像花纹、色调的界线。地貌上呈一系列线状沟谷、垭脖等负地形,可见断层三角面及陡坎等,沿线有泉出露,常为水系的源头,部分地段可见到水系同步向东弯曲现象。断层面总体南倾,倾角 18°～50°不等,沿断裂发育碎裂岩、碎粉岩,断裂两侧地层褶皱强烈,局部地层倒转,石炭纪或三叠纪地层逆掩于中新生代地层之上。

根据该断裂南侧石炭系中海相玄武岩发育,并有深水沉积的硅质岩等特征判断,早期断裂发生于早石炭世,切穿硅镁层,进入上地幔,属岩石圈断裂,该期断裂活动可持续至晚三叠世,沿断裂早二叠世板内基性火山岩、晚三叠世板内中-基性火山岩及晚三叠世酸性岩发育。

在中侏罗世初,由于燕山运动,发生东西向的拉张活动,断裂复活形成断层面向盆地倾斜的正断层,控制喀什坳陷盆地沉积和展布形态。该断裂可持续至古近纪,沉积了晚侏罗世至早更新世的巨厚沉积。

早更新世末,由于喜马拉雅山运动,喀什坳陷盆地在西昆仑山前做 A 型陆陆俯冲碰撞,使古生代地层及中生代三叠纪地层由南向北逆冲推覆压盖到中新生代地层及下更新统西域组之上(图 5-27 和图版Ⅷ,1、2、3)。

3)艾希太克-休木喀尔断裂(F_{39})

该断裂为喀什坳陷内天山前陆逆冲区与昆仑前陆逆冲区两个三级构造单元的分界断裂,位于测区中部,大致沿昆果依托尔敦套、艾希太克、喀拉托、巴喀布拉布、休木喀尔一带展布,总体走向近东西向,呈向北凸出的弧形弯曲,向西在昆果依托尔敦套一带被断裂 F_9 截切、复合,向东在休木喀

尔以东没入第四系,全长约91km,宽6～15m。在卫星影像上呈明显的线状构造,为分隔不同影像花纹、色调的界线,地貌上为一地形陡变带,南侧为高山区,北侧为低山区,沿断裂形成沟谷、垭脖负地形及陡坎等,有泉出露。断层面总体南陡倾,倾向145°～220°,倾角50°～72°,沿断裂发育碎裂岩及碎裂岩化岩石,具牵引褶皱,可见白垩系、古近系由南向北逆冲推覆压盖到新近系地层不同层位之上(图5-27、图5-28),其至压盖到下更新统西域组不同层之上(图5-29),在奥依库木北可见喀什群呈飞来峰形成漂浮在西域组之上。

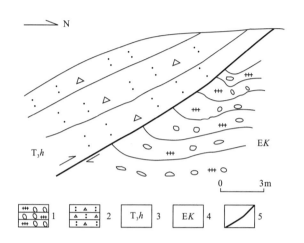

图5-27 明铁盖附近F_{48}逆冲推覆素描
1.复成分砾岩;2.角砾凝灰岩;3.上三叠统霍峡尔组;
4.古近系喀什群;5.断裂

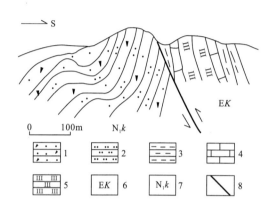

图5-28 阿克萨依套南西断裂特征素描
1.岩屑砂岩;2.粉砂岩;3.泥岩;4.灰岩;5.石膏岩;
6.古近系喀什群;7.中新统克孜洛依组;8.断裂

该断裂北侧在休木喀尔一带出露有长城系阿克苏岩群中深变质岩,说明沿断裂可能为一古隆起带,早期是隆起带与中新生代坳陷盆地的边界断裂。后期在早更新世末,由于中新生代盆地发生向西昆仑下做A型陆陆俯冲碰撞,导致南侧中新生代地层向北逆冲推覆压盖到北侧中新生代地层之上。

4)托库孜布拉克断裂(F_{51})

断裂分布于测区托库孜布拉克一带,大致沿玛尔坎苏河分布,切割二叠系、三叠系、白垩系、古近系和新近系,走向北东向,呈直线状延伸,两端延伸不明,错断F_{46}、F_{47}、F_{48}、F_{49}。全长约30km,在卫星影像上呈明显的线状构造,地貌上形成玛尔坎苏河谷地及一系列陡崖,有泉出露。断层面向东南陡倾(165°∠75°),沿断裂岩石破碎明显,根据错动地层和断裂特征判断为一左行平移断裂,平移距离可达13km以上。

5)阿尔恰别勒断裂(F_{43})

断裂位于测区中部喀什坳陷西昆仑山前陆逆冲区内,沿科马尔特拜山口北、克其克萨达特沟、阿尔恰别勒、均都克尔、克孜勒库木一线展布,向西延出国外,向东被上新统沉积物覆盖,基本上贯通全区,走向近东西向,呈向北凸出的弧形弯曲。全长约100m,带宽5m。切割古近系、新近系和下更新统地层。在卫星影像上线性构造清晰,地貌上为沟谷、垭脖等负地形。断层面总体向北倾,倾向345°～30°,倾角大小不一,一般34°～74°,沿断裂发育碎裂岩带和牵引褶皱,并见克孜洛依组由北向南逆冲推覆压盖到安居安组之上(图5-30)。

该断裂总体为由北向南的逆冲断裂,大致平行于F_{44}、F_{46}、F_{42}、F_{41}等,且与F_{41}组成反冲断层,与F_{48}组成对冲断层(图5-25),其发生时间也在早更新世末。

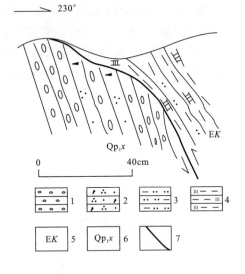 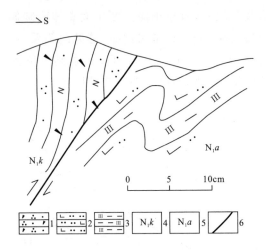

图 5-29 乌恰县墩彻依断层素描

1.砾岩；2.岩屑石英砂岩；3.泥质粉砂岩；4.含膏泥岩；5.古近系喀什群；6.下更新统西域组；7.断裂

图 5-30 乌恰县托克沙洼北 F_{43} 特征素描图

1.岩屑石英砂岩；2.钙质粉砂岩；3.膏泥岩；4.中新统克孜洛依组；5.中新统安居安组；6.断裂

3. 小结

该坳陷从晚侏罗世—早更新世为连续沉积，主要为一套陆相夹海相的巨厚红色碎屑岩还将有碳酸盐岩及石膏建造，沿坳陷中部有一古隆起，具南北两个沉积中心，在早更新世末，由于喜马拉雅山运动，坳陷盆地向南、北两侧的西仑山及西南天山下做 A 型陆陆俯冲碰撞，南北两侧均发生向坳陷盆地内逆冲推覆作用，在天山前陆逆冲区形成一系列北倾南推的逆冲断裂和轴面总体北倾的背向斜构造。在西昆仑前陆逆冲区则形成一系列南倾北推的逆冲断裂和轴面总体南倾的背向斜构造，局部发育有北倾南推的逆冲断层，组成反冲和对冲的断层组，这些断裂和褶皱总体呈近东西向，与区域构造线方向一致。

五、奥依塔克-库尔良晚古生代裂陷槽（II_3）

该裂陷槽位于测区南部昆盖山，北以乌孜别里山口断裂（F_{48}）为界，与喀什坳陷毗邻，南以空贝利-木扎令断裂（F_{50}）为界与西昆仑中间地块相接。呈西窄东宽的东西向带状展布。向西延出国外，向东延出图外，根据该单元内及区域上各地质体不同时期沉积建造、变质作用、构造变形及形成大地构造环境等方面情况，将其划分为巧去里弧盆系、阿克萨依巴什陆缘盆地（库山河陆缘盆地）、喔尔托克-玛尔坎苏中生代裂陷盆地 3 个三级构造单元。

1. 阿克萨依巴什陆缘盆地（II_3^1）

该构造单元沿昆盖山主脊阿克萨依巴什、阿拉布拉克、拜斯阔勒塔合一带分布，呈西窄东宽的东西向带状展布，向西被断裂 F_{50}、F_{55} 破坏尖灭，向东延出图外，与英吉沙县幅、艾提开尔丁萨依幅库尔干陆缘盆地相接，北以昆盖山断裂及阿特耶依拉克逆冲推覆构造为界与巧去里弧盆系毗邻，南以空贝利-木扎令断裂为界与西昆仑中间地块相接。区内沉积建造主要以泥盆系浅海碎屑建造夹碳酸盐岩建造，区内变质岩以区域低温动力变质作用为主，形成板岩、变质砂岩、结晶灰岩、千枚岩、千枚状粉砂岩等为特征，动力变质作用主要发育于断裂带及边部，以碎裂岩、糜棱岩、片理化岩石、劈理化岩石为主，区内未见岩浆活动，仅见一些晚期热液活动形成的石英脉，区内以发育的北西西向-南东东向的断裂和褶皱为主,与区域构造线方向一致。

2. 巧去里弧盆系(II_3^2)

该构造单元沿昆盖山北坡的乌孜别里山口、莫洛山口、喀什喀苏、且木干一带分布,呈近东西向的带状展布。北以断裂 F_{49}、F_{48} 分别与喔尔托克-玛尔坎苏中生代裂陷盆地及喀什坳陷毗邻,南以断裂 F_{55}、F_{56} 为界与阿克萨依巴什陆缘盆地相接。区内主要沉积建造有石炭系大洋基性、酸性熔岩喷溢火山碎屑岩夹碎屑岩和碳酸盐岩建造、早二叠世弧火山岩建造、晚二叠世碎裂岩-碳酸盐岩建造,另有赛图拉岩群的飞来峰叠置其上。区内变质作用除赛图拉岩群达低绿片岩相外,石炭系—二叠系则以区域低温动力变质作用为主,可见热接触变质作用和动力变质作用等,区内岩浆活动主要发育于晚古生代、中生代初期,晚古生代既有洋底火山熔岩的喷溢、弧火山岩的喷发,也有俯冲型花岗侵入就位,中生代初期主要为三叠系晚期的花岗斑岩的侵入就位,此外,在古生代地层中还发育一些花岗闪长岩脉、花岗岩脉、石英斑岩脉、石英脉等,区内以发育与区域构造边线相一致的近东西向的断裂和褶皱为特征。

3. 喔尔托克-玛尔坎苏中生代裂陷盆地(II_3^3)

该盆地沿昆盖山北坡山前地带呈近东西向分布,北以断裂 F_{48} 为界与喀什坳陷毗邻,南以断裂 F_{49} 或角度不整合接触关系与巧去里弧盆系相接。区内主要沉积建造为晚三叠世霍峡尔组裂谷型火山碎屑岩夹含煤碎屑岩建造,未见变质现象,岩浆活动强烈,主要为晚三叠系的火山喷溢和花岗斑岩侵入就位等,区内也以发育近东西向的褶皱和断裂为主。

4. 褶皱特征

奥依塔克-库尔良晚古生代裂陷槽内以发育与区域构造线相一致的近东西向—东东南向褶皱为主(图 5-31),具一定规模的背斜 2 个、向斜两个,以下分别叙之。

1)切特明铁盖向斜(X_{18})

该向斜位于测区中南部昆盖山北坡的穆呼、切特明铁盖、库木托尔能巴色一带,南、北两侧被断裂 F_{48}、F_{49} 所限和破坏,轴线近东西向延伸,向东、向西端尖灭,长约 40km,宽可达 8km,卷入的地层有下石炭统乌鲁阿特组和上三叠统霍峡尔组,二者为角度不整合接触,其构造形态平缓开阔,北翼地层南倾,倾角一般 20°~55 不等,南翼地层北倾,倾角中等,局部因被断层破坏,可达 60°以上,核部地层更缓,一般小于 20°,在其北翼可见有次一级背向斜的构造,次级背、向斜轴线大致与主向斜轴线一致,一般规模较小,延伸也不远,可见转折端(图 5-31)。

该向斜总体为一轴面略向南倾的大型宽缓向斜,根据其影响到的地层及与大地构造事件关系推断其生成时间在早更新世末,由于西昆仑山向喀什坳陷内逆冲推覆时形成该褶皱。

2)吾鲁尕提向斜(X_{19})

向斜位于测区东南部阿日拉勒希、吾鲁尕提一带,夹持于断裂 F_{58} 与 F_{59} 之间的断块内,轴向北西西-南东东向,向西被断裂 F_{58}、F_{59}、F_{72} 破坏,向东延出图外。核部地层由奇自拉夫组组成,翼部地层由克孜勒陶组组成,北翼地层向西南倾,倾角 37°~43°,南翼地层向北东倾,倾角 39°~53°,南翼被断裂 F_{59} 破坏,北翼与阿克萨依背斜的南翼相连,且被断裂 F_{58} 破坏。

该向斜总体为一轴面南倾的宽缓向斜,它所影响到的地层仅为中上泥盆统,其最初生成时间约在石炭纪末—二叠纪初,由于华力西运动中期,奥依塔克-库尔良晚古生代裂陷槽发生向南的俯冲、闭合作用时,在由南向北的逆冲推覆作用下形成。后期在早更新世末,由于喜马拉雅造山运动,受由南向北的挤压应力作用,该向斜受其影响而复杂化。

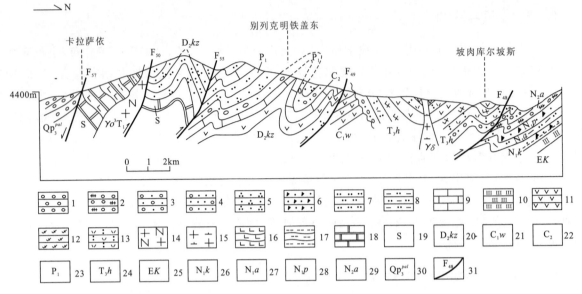

图 5-31 昆盖山卡拉萨依—坡肉库尔坡斯一带构造样式图

1.砾岩；2.复成分砾岩；3.砂砾岩；4.含砾砂岩；5.石英砂岩；6.岩屑砂岩；7.粉砂岩；8.粉砂质泥岩；9.灰岩；10.石膏岩；
11.安山岩；12.英安岩；13.凝灰岩；14.斜长花岗岩；15.花岗闪长岩；16.钙质片岩；17.黑云片岩；18.大理岩；19.志留系；
20.中泥盆统克孜勒陶组；21.下石炭统乌鲁阿特组；22.上石炭统；23.下二叠统；24.上三叠统霍峡组；25.古近系喀什群；
26.中新统克孜洛依组；27.中新统安居安组；28.中新统帕卡布拉克组；29.上新统阿图什组；30.上更新统洪冲积层；31.断裂及编号

3) 玛尔坎土山复背斜(B_7)

复背斜位于昆盖山主脊以北，沿玛尔坎土山、江塔克、喀什喀苏一带展布，轴线走向呈近东西向，向东西两侧尖灭，长约70km，最宽约8km，卷入褶皱的地层有上石炭统和下二叠统，地层倾角总体南倾，倾角15°~70°不等，但多在30°~50°之间，为一同斜褶皱(图5-32)，在背斜的核部和翼部发育有一系列紧闭同斜褶皱或平卧褶皱(图5-10)，一般规模较小，延伸也不远，并常见转折端。

该背斜为一轴面南倾的紧闭同斜复式背斜，其最初的发生时间与晚古生代裂陷槽的俯冲、闭合有关，晚期在早更新世末，由于大规模由南向北逆冲推覆构造作用使其同轴叠加而复杂化。

4) 阿克萨依背斜(B_8)

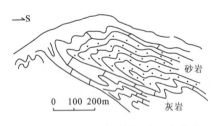

图 5-32 阿克陶县维—麻勒北 F_{50} 平卧褶皱素描图

该背斜位于测区东南部，大致沿昆盖山主脊展布，轴线走向110°，向西尖灭，向东延出图外，全长约67km，宽可达10km，由中泥盆统克孜勒陶组组成。北翼地层向北东倾，倾角31°~43°，但多在40°以上，南翼地层向西南倾，倾角37°~58°，但多在40°以下，核部地层平缓，地层倾角仅12°~14°左右，轴面略向南陡倾，枢纽近于水平。

该背斜总体为一轴面略向南倾的大型宽缓褶皱，其最初生成时间应在晚古生代裂陷槽向南俯冲、闭合时，后期在持续的由南向北挤压应力作用下进一步发展。

5. 断裂特征

区内断裂发育，以近东南向或北西西向断裂为主，多具逆冲特征，且与区域主构造线一致(图5-31)，多为不同时期不同地质体的边界断裂，可见少量北东向平移断层和近南北向的或北北东向断层，以断裂F_{49}、F_{50}、F_{56}、F_{72}为例作以详述，其余见表5-6。

表 5-6 奥依塔克-库尔良晚古生代裂陷槽断裂特征一览表

编号	名称	规模及产状			主要特征	性质	期次及时代
		长度(km)	宽度(m)	倾向及倾角	走向		
F_{54}	希克断裂	10			360°	呈向西凸出的弧形弯曲,向南北两端延伸出图外,切割C_1w、P_2q、T_3h、K_1K及岩体$\gamma\pi T_3$、γoC_2等,截切F_{48},影像上线形构造明显,地貌上为沟谷、垭脖负地形和一系列陡坎。沿断裂岩石破碎,根据两侧地层分布特征,判断为一左行平移断层	左行平移断层	喜马拉雅期(早更新世末)
F_{55}	昆盖山断裂	43			95°	呈近东西走向波状弯曲,是泥盆系与二叠系分界断裂,向西被F_{50}截切、复合,向东被F_{56}复合。影像上大部分因被冰雪覆盖而不清,仅东段有线形构造显示,地貌上为一地形陡变带。根据两侧地层中褶皱特征,推断应为由南向北的逆冲断裂,可能有多次活动	推测逆冲断层	同上
F_{58}	拜斯阔勒塔合断裂	30	20~50	170°∠67°	310°±	断裂总体呈向南凸出的弧形弯曲,是分割中泥盆统与上泥盆统的边界断裂,向西可能被F_{72}截切,向东延出图外。断面总体南倾,沿断裂发育碎裂岩和牵引褶皱,为由南向北的逆冲推覆,与F_{59}组成反冲断层	逆断层	同上
F_{59}	阿七苏琼库勒断裂	18		58°∠69°	310°	呈波状弯曲,向西被上更新统冲洪积覆盖,向东延出图外,是分割中泥盆统与上泥盆统的边界断裂,大致平行F_{58},且与F_{58}组成反冲断层。在影像上呈线形构造,地貌上呈线形负地形。沿断裂岩石破碎,具牵引褶皱	逆冲断层	同上

1)卡拉特河断裂(F_{49})

该断裂位于测区中部昆盖山北坡,大致沿玛尔坎苏河、卡拉特河、江塔克、央布拉克一线展布,切割石炭系、二叠系和三叠系地层,并控制不同地质体的边界,加拿来托尔以西,该断裂控制了古生代地层与早中生代地层的边界,是喔尔托克-玛尔坎苏中生代裂陷盆地与巧去里弧盆系的断裂;加拿来托尔以东则是石炭系和二叠系的分界断裂,总体走向近东西向,呈向北凸出的波状弧形弯曲,向西被断裂F_{48}复合,向东在央布拉克以东没入第四系,可能被断裂F_{56}掩盖,中部在穆呼一带被断裂F_{51}错断,在江塔克一带有分支、复合现象。断裂全长约85km。在卫星影像上线状构造明显,是分隔不同影像特征的界线,地貌上形成一系列沟谷、垭脖负地形,可见陡坎或陡崖,沿线有泉出露,并形成河流拐点。断层面总体向南倾173°~200°,倾角中等35°~48°,局部分支断裂产状较陡,倾角达83°,沿断裂发育糜棱岩、碎裂岩、碎裂岩化岩石及牵引褶皱、劈理化带等,可见石英脉、方解石贯入,具绿泥石化和褐铁矿化。该断裂是一个多期活动断裂,其活动期次如下。

(1)根据断裂南侧石炭系中海相玄武岩发育,并有深水沉积的硅质岩等特征判断,早期断裂活动发生于早石炭世,切穿硅镁层,进入上地幔,属岩石圈断裂。该期断裂活动可持续至早二叠世,形成了早二叠世中基性火山熔岩和中酸性火山碎屑岩。断裂控制了C_1w与C_2、C_1w与P_1的边界。

(2)伴随着奥依塔克-库尔良晚古生代裂陷槽的俯冲、闭合,于早二叠世末发生由南向北的逆冲推覆作用,断裂活动形成断面南倾的逆断层,使C_2P_1由南向北覆盖到C_1w不同层位之上,并沿断裂形成糜棱岩、碎裂岩,俯冲-碰撞型花岗岩及辉绿岩脉沿断裂带附近侵入就位。

(3)晚三叠世初,发生板内裂谷活动,断裂活动形成断面北倾的张性断层,断裂活动不但形成了早中生代裂陷盆地,而且控制了裂陷盆地的沉积和展布特征,沿断裂有板内裂谷型火山碎屑岩和酸性花岗斑岩侵入就位。

(4)在早更新世末,由于帕米尔向北突刺挤入作用和受到中新生代坳陷盆地向昆仑山下做A型陆陆碰撞俯冲作用的影响,该断裂再次活动,最终形成断面南倾的逆冲推覆断层,不但使T_3h岩石破坏,发育劈理化,而且产生绿泥石化、褐铁矿化等蚀变作用,同时也使古生代地层由南向北推覆压盖到中生代T_3h不同层位之上。

2)阿特耶依拉克推覆体(F_{56})

该推覆体位于测区东南部阿特耶依拉克河谷两侧,呈北西-南东带状展布,向西至沙热阿拉一带圈闭,向东延出图外,全长约26km,宽4~6km,是在晚古生代裂陷槽构造单元中,泥盆系—石炭系—二叠系及花岗岩体之上叠置了一套变质较深的中元古代赛图拉岩群,两者之间为断层接触,上叠地层产状平缓,常呈飞来峰形成漂浮在古生代不同地层之上,无论从变质程度或是从岩性、岩相特征来看,两者差别较大,为一外来推覆岩片(图5-33、图5-34)。断层面多平缓,有时近于水平,部分倾斜,倾斜方向多向南,局部波状起伏向北(30°~46°),沿断裂发育碎裂岩、牵引褶皱等。该逆冲推覆构造呈飞来峰形式漂浮在晚古生代地层及花岗岩体之上,它是西昆仑中间地块上木吉-公格尔复合岛弧带中的构造岩块飞越空贝利-木扎令断裂而来,其原始位置应在空贝利-木扎令断裂的南侧,在早更新世以后的南北向缩短机制影响下发生的逆冲推覆,按空贝利断裂与飞来峰之间的距离推算,其推覆距离不小于6.5km。

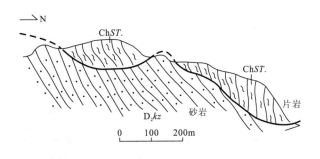

图5-33 阿特耶依拉克一带推覆素描图

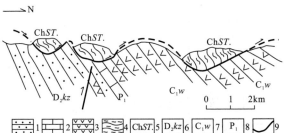

图5-34 阿特耶依拉克一带逆冲推覆素描图

1.砂岩;2.灰岩;3.火山岩;4.片岩;
5.长城系赛图拉岩群;6.中泥盆统克孜勒陶组;
7.下石炭统乌鲁阿特组;8.下二叠统;9.断裂

3)阿日拉勒希断裂(F_{72})

该断裂位于测区东南部昆盖山南坡阿日拉勒希一带,走向北东东向,呈直线状延伸,向北延伸不明,向南被上更新统冲洪积覆盖,长约7km,在卫星影像上为线状构造,地貌上平行山脊走向,形成沟谷、垭脖负地形及陡坎,断裂明显错断地层走向及断裂F_{50}、F_{58}等,为一右行平移断层,根据空贝利断裂控制泥盆系边界特征推算,其平移距离不小于7.5km。

6. 小结

该构造单元地质发展从泥盆纪开始,至晚三叠世晚期结束,主要经历了晚古生代时期的拉张—成洋—俯冲—碰撞事件和晚三叠世的板内拉张事件及始新世以来帕米尔向北突刺挤入作用,早更新世以来喀什坳陷盆地向西昆仑山下做A型陆陆碰撞俯冲作用。再早,该区受原特提斯洋向南俯冲、闭合的影响,空贝利-木扎令构造带出现,使塔里木地块与西昆仑中间地块焊接一起成统一陆块,形成沿空贝利-木扎令构造带的由南向北的逆冲推覆构造,只是在后来的逆冲作用原有的东西被消减掉了。该区断裂和褶皱发育，褶皱多为近东西向或北西西向延伸的轴面南倾的大型宽缓或紧闭同斜褶皱，背向斜大致相间平行排列，与区域构造线一致，与由南向北的逆冲推覆作用有关。断裂也以与区域构造线一致的近东西向或北西西向断裂为主，总体表现为由南向北的逆冲推覆特征，具多期活动。这些断裂不但是不同地质构造单元的分界断裂，也常是不同地质体的边界断裂，另有北东东向或近南北向的平移断层。

六、空贝利早古生代残余海盆（III_1^1）

残余海盆位于测区南部昆盖山以南，北以空贝利-木扎令断裂为界与塔里木地块相接，向西、向南均延出图外，在其中北部局部有少量木吉-公格尔微陆块古元古界布伦库勒岩群变质岩出露。

区内沉积建造以志留系海相碎屑岩夹碳酸盐岩建造，变质达低绿片岩相，以绢云母绿泥石带为主，可见黑云母级带和热接触变质的铁铝榴石带（以出现红柱石和石榴石为主）及动力变质形成的各种变质岩，区内岩浆及热液活动强烈，岩浆作用以二叠纪和三叠纪俯冲-碰撞型斜长花岗岩、二长花岗岩为主，可见泥盆纪时的基性-超基性岩浆活动及在木吉盆地第四系内形成的泥火山岩和温泉。

1. 褶皱特征

该区内褶皱发育，尤以次级的小褶皱发育，多为一系列轴面南倾的褶皱，具一定规模的褶皱仅见一个背斜和一个向斜。

1）拜什莫洛背斜（B_9）

该背斜位于测区南部拜什莫洛—克拉克尔一带，轴线近东西向，向东转为南东东向，向西延至国外，中部及东部被二叠纪和三叠纪花岗岩体破坏。长约37.5km，宽19km，发育于志留纪地层之内。其构造形态平缓开阔，北翼地层北倾，倾角40°～58°，多在50°左右，南翼地层南倾，倾角40°～48°，核部地层平缓，一般在28°～30°左右。在其两翼发育一系列大致平行的次级背、向斜构造，次级背、向斜轴线大致与主背斜轴线一致，一般规模较小，延伸不远，并常见转折端。

该背斜总体为一轴面南倾的大型宽缓背斜，根据其大地构造事件推断其主体生成时间在早更新世末，由于西昆仑山是向北逆冲推覆时形成。

2）霍什别里向斜（X_{20}）

该向斜位于测区南部库木别勒沟、艾力其白克、霍什别里南、木吉一带，轴线北西西向，向西被断裂F_{62}破坏，并可能延出国外，东部被断裂F_{65}、F_{66}破坏，其间多有第四系覆盖而使形态轮廓不清，发育于志留系地层之内，褶皱长约60km。北翼地层南倾，倾角35°～71°，多在50°～60°之间，受断裂F_{57}、F_{64}、F_{65}、F_{66}破坏及第四系覆盖出露不全，轮廓不清。南翼地层北倾，倾角40°～80°不等，多在50°以上，并与南侧拜什莫洛背斜的北翼相连。核部在霍什别里南可见由大理岩组成的次级背、向斜褶皱，具W型特征。

该向斜总体为一轴面南倾的宽缓向斜，它所影响到的地层仅有志留系浅变质岩系，结合区域大地构造事件判断其主体生成时间在早更新世末，受由南向北的挤压作用影响而形成。

2. 断裂特征

区内断裂不甚发育，以近东西向或北北西向断裂为主，多具逆冲特征，且与区域主构造线一致，一部分断裂控制不同时期、不同地质体的边界（如F_{50}、F_{64}），另有少量的活动断裂（如F_{57}、F_{74}），现以F_{64}、F_{62}为例作详述，其余见表5-7。

表 5-7 空贝利早古生代残余海盆断裂特征一览表

编号	名称	规模及产状				主要特征	矿化蚀变	性质	期次及时代
		长度(km)	宽度(m)	倾向及倾角	走向				
F_{63}	色利跟得断裂	6	10	60°∠80°	150°	切割志留系,直线状延伸,向北被第四系覆盖,向南延伸不明,影像特征不明显,地貌上呈山垭负地形,发育破碎带和构造角砾岩		正断层	不明
F_{65}	木语脑克乌太克断裂	20	1	210°∠47°	295°	切割志留系,呈向北凸出的弧形弯曲,向东西两侧没入木吉盆地,被第四系覆盖,错断F_{66},影像上呈线性构造明显,呈一白色条带,地貌上形成线状负地形,发育碎裂岩和牵引褶皱,沿断裂有石英脉和超基性岩脉侵入,具硅化、片理化,具多期活动		正断层-逆冲-正断层	华力西早期—华力西中期—印支期
F_{66}	语斯地克断裂	10	100	15°∠70° 40°∠50°	320°	切割志留系,呈向北凸出的弧形弯曲,向东西两侧没入木吉盆地,被第四系覆盖,错断断裂F_{65},影像上呈线性浅色条带,地貌上形成线状负地形和陡坎,发育碎裂岩、片理化带和牵引褶皱,具断层镜面和硅化现象,发育石英脉、角闪石闪长岩脉及伟晶岩脉等,具多期活动	硅化	张性正断层-逆冲-正断层	华力西早期—华力西中期—印支期
F_{61}	库木别勒沟断裂	13.5	10~50	285°∠65° 250°∠60° 245°∠65°	330°	切割志留系,呈波状弯曲延伸,北端被第四系覆盖,向南延伸不明,卫星影像特征不明显,地貌上呈系列陡坎,发育破碎带、碎裂岩和牵引褶皱,具光滑的断层镜面和硅化、孔雀石化等,沿断裂有石英脉及花岗岩脉穿插	硅化、孔雀石化	正断层-逆冲-正断层	华力西早期—华力西中期—印支期
F_{73}	尼奇克喀拉吉勒嘎	7.5			93°	切割志留系,呈向北凸出的弧形弯曲,向西被二叠纪花岗岩体吞噬,向东延伸不明,卫星影像特征不明显,地貌上呈沟谷负地形		不明	二叠纪前

1) 美其特-夏依麻克北断裂(F_{62})

该断裂沿测区南部的开勒合托尔沟口、美其特、恰力阔吾朵宁白里、夏依麻克北一带分布,总体走向北西西向,呈 S 型弧形波状弯曲,向西没入第四系,可能被断裂 F_{57} 所截切,向东没入木吉盆地,被第四系覆盖,中部被三叠纪花岗岩侵入破坏、截切、复合断裂 F_{65},全长约 60km,宽 1~10m。在卫星影像上呈明显的线状构造,地貌上形成线状负地形。断层面在西段总体表现为南倾(倾向 230°~250°),倾角较陡(70°~72°),东段总体表现为北倾(10°~15°),倾角中等(50°~60°),沿断裂发育碎裂岩、碎粉岩和碎裂岩化,可见牵引褶皱、擦痕、构造透镜体等,沿断裂发育有基性-超基性岩、石英脉、伟晶岩脉和细粒花岗岩脉等,具硅化、绿泥石化、次闪石化和石棉矿化等。该断裂是一个多期活动断裂,具体特征如下。

(1)该断裂的初始形成时间应在泥盆纪时,具张性特征,伴随着断裂的生成和发展,泥盆纪的基性-超基性岩带沿断裂上侵就位,该断裂的活动与其北东侧奥依塔克-库尔良晚古生代裂陷槽的生成相匹配。

(2)在晚石炭世末—早二叠世初,由于华力西运动中期,伴随着奥依塔克-库尔良晚古生代裂陷槽的闭合、俯冲,该断裂形成由北向南的逆冲断层,从区域上看,与其北部的断裂 F_{50} 共同组成反冲断层。

(3)在晚三叠世时,该断裂再次活动,形成断面时向南倾、时向北倾的张性正断层,沿断裂有岩脉-热液活动,形成石英脉、伟晶岩脉、细粒花岗岩脉和似斑状黑云母二长花岗岩岩体等,在萨热乌托克至恰力阔吾朵宁白里一带岩体占据断裂位置长达 13km。

2)霍什别里断裂(F_{64})

该断裂为空贝利早古生代残余海盆与木吉-公格尔微陆块的分界断裂,沿霍什别里一带呈北西西向直线状展布,向东西两侧均被第四系覆盖,区内长约 10km,宽约 1m,在卫星影像上线性构造明显,地貌上形成线状负地形及陡坎等。断层面总体向北陡倾(35°∠85°),沿断裂发育碎裂岩和构造角砾岩,具牵引褶皱和硅化现象。根据断裂两侧的牵引褶皱等判断为正断层。

该断裂切割古元古界布伦库勒岩群和志留系,为一基底断裂,早期断裂活动具张性特征,控制志留系地层的沉积和展布形态,在石炭纪末—二叠纪初,由于华力西运动中期,伴随着奥依塔克-库尔良晚古生代裂陷槽的闭合、俯冲,该断裂再次活动,形成断面北倾的逆冲断层,并与 F_{50}、F_{62}、F_{57} 等组成大致平行的断层组,且与 F_{50} 构成反冲断层,后期的张性活动仍表现为断面北倾的正断层特征。

3. 小结

在中奥陶世末期,由于空贝利—木扎令一带的原特提斯洋的闭合,西昆仑中间地块与塔里木地块拼贴在一起构成统一的地块,该构造单元内的构造演化则从志留纪时开始,其沉积地层主要为志留系海相碎屑岩夹碳酸盐岩建造,属残余海盆的一部分。在泥盆纪时,由于早华力西期运动,区内处于板内拉张环境,形成一系列张性断层,并沿断裂有泥盆纪板内基性-超基性岩侵入就位;在石炭纪末—二叠纪初,由于华力西运动中期,伴随着奥依塔克-库尔良晚古生代裂隙槽的俯冲、闭合,区内形成一些断面北倾或南倾的逆冲断层,并有二叠纪俯冲-碰撞型花岗岩侵入就位;三叠纪晚期,区内又处于拉张环境,断裂复活形成一些张性正断层,并沿断裂发生岩浆-热液活动,形成一些石英脉、伟晶岩脉、细粒花岗岩脉等,并有似斑状黑云母二长花岗岩岩体侵入就位;早更新世来,西昆仑向北发生大规模逆冲推覆作用,最终使志留系地层由南向北压盖到泥盆纪—二叠纪不同地层层位之上,大规模的背、向斜构造也于此时形成,构成现今的构造样式。

七、木吉-公格尔微陆块($Ⅲ_1^2$)

该微陆块位于测区南部霍什别里一带,在木吉东侧的沙拉土本少克一带有少量出露。在霍什别里一带,南北两侧分别以霍什别里断裂(F_{64})、卡拉墩断裂(F_{57})为界与空贝利早古生代残余海盆相接,东西两侧均被第四系覆盖,在沙拉土本少克一带,东以卡拉墩断裂(F_{57})为界与奥依塔克-库尔良晚古生代裂陷槽相邻,西侧及南、北两侧则被第四系覆盖。

区内沉积地层为古元古界布伦库勒岩群,其原岩为以少泥质沉积物为主的复理石建造夹少量的火山岩。变质程度可达角闪岩相,以各种片岩、片麻岩等为主,常出现石榴石、夕线石、十字石等高温高压变质矿物。区内岩浆-热液活动微弱,仅在维一麻勒一带有片麻似斑状花岗岩小岩体和花岗伟晶岩脉及石英脉出露。区内发育大量的轴面南倾的小褶曲,但未见大的背、向斜构造。

第四节 新构造运动

晚喜马拉雅旋回末(Qp_1 末)的构造运动,是一次影响范围较大的构造运动,它不仅使昆仑山前坳陷中巨厚的中生界和下更新统(Qp_1)发生强烈的抬升和褶皱成山,而且使西昆仑山早先已形成的褶皱带再度抬升,受到挤压和区域地质构造的复杂化。由于早更新世的构造运动,基本上已形成了图幅内现今的区域地质构造轮廓。因此,本图幅将早更新世(Qp_1)以后的构造活动期称为新构造活动时期,这一时期的构造活动,其主要特征和表现是构造运动的继承性,这种继承性的本质直到现今为止,西昆仑地区仍受挤压应力场制约,其特征如下。

西昆仑及其山前发生强烈的抬升隆起和沉降(坳陷),形成了中更晚世(Qp_2)—全新世(Qh)的巨厚的未经胶结或半胶结的陆相不同成因类型的沉积物。其主要是冲洪积和洪积、盐碱、沼泽和河、湖成因的沉积以及冰碛成因的沉积。

中更新世到全新世的沉积层发生倾斜和断开等现象。

河谷的强烈切割、侵蚀基准面的陡倾、阶地的发育、阶地之间的高差较大、河床的多变、河道的变窄和冲积、洪积扇的交替重叠及抬高等现象。

基岩裸露区倒石锥发育,断层形成的狭谷和沟谷中由于抬升不均而形成的瀑布等。泉水和地下水面下降,沟谷两侧水蚀溶洞位置和泉华被抬高等。

地震强烈而频繁。

图幅内新构造运动基本表现形成为隆起、断陷(坳陷)和断裂,它们常集中分布组成带状展布的活动构造带,主要有北西西向和近东西向两种。

1. 近东西向乌鲁克恰提向活动构造带

近东西向的活动构造带主要发育在南天山南缘,由不同地貌相接或顺直的沟谷显示的线性影像,反映出断裂的形迹,走向近东西向,为喀什坳陷北缘断裂。断裂带早期可见中生代以前地层逆冲在第四系冲积洪积扇上,中期流经断裂带的一系列沟谷发生同步扭曲,断裂显示出右旋走滑特征,晚期图幅内断裂带不但是基岩和第四系堆积物的分界线,也是隆起和坳陷带(断陷带)的分界线,同时也是由直线水系突变为扇状水系的分界点。沿断裂形成一系列清晰的断层陡崖地貌,并在其前形成带状展布的冲积、洪积扇裙,局部见有蠕滑块体。沿断裂带发育一系列泉群,并有地震发生,如断裂带上乌恰一带 1985 年发生 7.4 级地震,地壳破裂明显,1985 年乌恰东南发生 2 次 7 级地震。

2. 空贝利-木吉活动断裂带

该活动构造带由线状断陷带和隆起带组成,在断陷带与隆起带之间常发育有正断层边界断裂,断陷带中则发育右行走滑型断裂。该活动构造带位于阿克萨依巴什山南缘的空贝利—木吉一带,向东南侧均延出图外,延伸至布伦口、科克亚尔一带,向西延伸出国外。该活动构造带在卫星影像上表现明显,可以较为清晰地看到线状展布的断陷带及活动断裂。图幅内长超过 70km,宽可达几千米至 20 多千米,由北向南形成木吉盆地和图外布伦口盆地和科克亚尔盆地(塔合曼盆地)。图幅内木吉盆地有大小不等的串珠状小湖泊分布,这些湖泊常由一条主河道相连,主河道位于断陷带西侧断陷强烈部位。

断陷带内发育扇状水系和向心水系。有大面积的第四系和沼泽分布,第四系沉积物以更新统—全新统的冲洪积和冰碛层为主,部分为湖积,且冲洪积、冰碛群不对称发育,在北侧边界断裂明显的一侧发育。

断陷带北侧为阿克萨依巴什山单斜式隆起带,常构成山体顶面向北倾斜的单面山的形态特征,山脉主脊线走向与构造带基本一致,但主脊线较弯曲,且偏居断陷带一侧。其上多有现代冰雪覆盖,冰蚀地貌发育,具冰谷、冰斗、角峰及鳍脊等冰川遗迹和现代冰川,可见不同时代的冰碛物,隆起带南侧隆升强烈,最大高度可达 6102m,以发育直线状水系和大致平行的直线状冰川(谷)为特征。隆起带北侧隆升稍慢,以发育树枝状水系为特点。

断陷带南侧为阿什塔什库马依套隆起带,该隆起带分布面积较广,山脉没有固定的外部形态,有现代冰雪覆盖,但冰蚀地貌及冰碛物分布局限,树枝状水系发育且具上源侵蚀强烈,下游堆积明显。

该活动构造带边界断裂明显,尤以阿克萨依巴什山南缘边界断裂(F_{57})最为清晰,由一条或多条大致平行的断裂组成,断裂大致平行构造带走向,呈东西—北西西向,东部呈南北向,为向西或向南陡倾的正断层。沿断裂分布有断层三角面、断层崖及一系列平行直线状深切谷地或冰谷、冰川相间分布,并在其前形成带状展布的冲洪积、冰碛扇裙。根据断陷带内最低海拔高度及邻近东侧隆起带中最高夷平面位置推测这一带活动边界断裂自形成至今,最大落差可达 2643m 以上。

在该活动构造带断陷带中发育一条北西西向右行走滑断裂带(F_{74}),它是形成断陷带的主要因素,右行走滑特征明显。

(1)该右行走滑断裂呈北西向,向南东图外转为北西—南北走向,断面向北或北东倾,倾角 60°～70°(新疆维吾尔自治区地质矿产局,1993),呈向北东突出的弧形。

(2)沿断裂带发育一系列断层三角面,断崖或断层岩,这种现象在北侧木吉河一带地貌上表现最为明显,而影像特征也最为清晰。

(3)有较多的断层线残丘分布。

(4)可见一系列右旋断错全新世阶地、冲沟的变形带。

(5)木吉河河岸线具有 Z 型右旋走滑特征。

(6)该断裂带在木吉盆地内发育大量的泥火山群,大小火山堆 89 处,可分为两种类型,一种为原湖积层在下部气体压力下上拱形成的泥堆,另一种为与泉华有关的钙华堆积。两种类型的堆积体多沿 135°和 55°方向成串出现,泥火山的存在与该走滑断裂关系密切。

(7)沿该断裂带地震活动频繁,在图外南部塔合曼盆地发现三期地震活动遗迹(尹光华,1990),中源地震主要分布在木吉活动带的两侧,1950—1953 年,南侧布伦口活动带发生 5 次 4 级以上中源地震,1966—1972 年,发生 16 次 4.7 级以上中源地震,1974 年 8 月 11 日发生阿克陶 7 级地震,1976—1980 年发生 9 次 4.7 级以上中源地震,1990—1995 年发生 2 次 4.8 级以上中源地震。1980—2000 年 5 月,发生 12 次 4.7 级以上中源地震(李建华,2002)。

3. 小结

图幅内新构造运动有如下特点。

(1)活动构造带集中分布在图幅南部西昆仑山木吉一带和图幅北部南天山南部乌鲁克恰提一带,前者隆起带隆升较快,坳陷带坳陷强烈,海拔可达 6102m。后者隆起带隆升较慢。

(2)乌鲁克恰提活动构造带主要发生在南天山前逆冲推覆前锋带上,呈东西走向,由北向北南逆冲推覆断裂和右行走滑断裂、后期张性断裂共同构成边界断裂。

(3)木吉活动构造带延伸较远,由北西西向,向南东在图外转为北西或南北向,总体为弧顶向北东突出的弧型构造带,其力学性质为以右行走滑和张性为主,该带为一重要的地震变形带,以中源地震为主,两侧发生强震。

(4)该活动构造带南接康西瓦古特提斯构造带,北接空贝利-木扎令原特提斯构造带,其右行走滑活动构造反映了在异常重力场和构造应力作用下的南北—北西—北西西向伸展作用。

第五节 地质构造演化史

根据测区岩浆作用、沉积作用、变质变形作用、古生物资料和同位素测年数据等的综合分析,结合区域相关资料研究,恢复测区地质发展演化历史如下。

一、前长城纪时期(1800Ma 以前)

测区古元古界在帕米尔北缘有少量出露,称布伦库勒岩群,其余地区未见。布伦库勒岩群主要岩性为黑云石英片岩、黑云斜长片麻岩和黑云斜长片岩,可以分为上、下两部分,下部以片麻岩为主夹片岩,上部以片岩为主夹片麻岩。区域上夹石英岩、大理岩、斜长角闪片岩,局部夹变质砾岩。小褶皱极为发育,形成小型紧闭褶皱,在大断裂附近形成糜棱岩。岩石中含夕线石、石榴石及十字石等高温高压变质矿物,变质程度达角闪岩相,但局部仍残留原始的层状构造,如石英岩、大理岩、变质砾岩等,原岩主要为一套中基性火山岩-碎屑岩-碳酸盐岩建造。

前长城纪时期,测区尚处于一种不稳定状态,尚无稳定地块形成。

二、中元古代至新元古代早期(1800—800Ma)

这是本地区地壳开始出现分异的时期,从这时开始一些稳定地块开始形成,地块之间仍然为不稳定的活动带。

长城纪时期,帕米尔北缘接受的最早沉积为赛图拉岩群,具低绿片岩相变质,表现为一套黑云母片岩夹少量大理岩、长英质火山岩、海底热液交代变质的角闪岩薄层或透镜,原岩为以砂泥质沉积物为主的复理石建造,属于活动型的较深水沉积。与此同时在塔里木北缘接受沉积的最早组合称阿克苏岩群,为一套低级变质细碎屑岩系,以含大量的黑云母为特征,原岩结构、构造大部分被保留(如砂状结构、层状构造等),空间上呈层状或似层状展布,大理岩、石英岩、变质砂岩、变质粉砂岩均呈层状产出,片岩类原始层理已为构造面理,除了形成紧闭褶皱外,片理走向基本与岩层走向一致,原岩为一套碎屑岩夹碳酸盐岩建造,并有含铜及含磷建造,为稳定浅海环境。相应地,塔里木南缘(图区东南)长城纪时期出现一套陆内裂谷型细碧-石英角斑岩建造,称塞拉加兹塔格群,说明在此之前一个稳定的陆块已经出现,到蓟县纪时期才开始有稳定盖层沉积,代表地层单元为桑珠塔格群及图区南侧的博查特塔格组和苏玛兰组以碳酸盐岩建造为主的沉积组合,变质变形作用微弱。这意味着,至少在塔里木南缘,一个真正意义的稳定陆块在蓟县纪时期已经出现。

三、南华纪至早泥盆世时期(800—约 400Ma)

这一时期,塔里木南北两侧地质演化进程的相似性和时间不同步特征非常明显。当测区北部受原特提斯洋演化的控制,至约中奥陶世末,原特提斯洋闭合,塔里木和羌塘形成统一的陆壳块体的时候。测区北部受古亚洲洋演化的控制,大约从奥陶纪开始拉张,早中泥盆世前后闭合。

张传林等(2003)对西昆仑早前寒武纪变质地层中的片麻状花岗岩进行了研究,发现该类岩石普遍具有高碱度、高轻稀土特征,为大陆裂解背景下的产物,其中的自生锆石 SHRIMP 测年结果获得的 U-Pb 不一致曲线上交点年龄为 815±57Ma,表明这一时期,西昆仑地区存在大陆岩石圈引张裂解事件。库地蛇绿岩是西昆仑地区发育最完整,研究最深入的蛇绿岩,就目前地质、地球物理和地球化学资料,从蛇绿岩、沉积相以及古生物区系等方面考虑,初步结论是,在新元古代至早古生代,青藏高原北缘岩石圈时空上发生过不均一的引张裂解、会聚消减,存在陆块、岛弧与洋盆、深海槽(裂陷槽)相间的多岛(多陆)洋构造格局,这就是学者们习称的原特提斯洋。不过,地面地质调查表明,科岗结合带过木扎令向西与空贝利断裂带相对应,而不是与奥依塔克蛇绿岩带相连;航磁测量也表明,库地—科岗—木扎令一线呈狭窄带状异常,在库地以东走向北西西,西侧走向北西,长约800km,表现为梯度带、线性磁异常带和不同磁异常走向的交汇带等特征。方锡廉等(1990)在大同西岩体中获得了锆石 U-Pb 年龄 480.4Ma,许荣华等(1994)对年龄数据进行了重新处理,得到的年龄为 478.8 Ma,相当于中奥陶世,慕世塔格至大同西一带大面积出露的加里东期岛弧型花岗岩和库地蛇绿岩地质及年代学研究一致证明,原特提斯洋是向南俯冲闭合的,闭合时间大约在中奥陶世,之后,测区进入长期的隆升状态,仅在相当于原弧前和弧后位置各自有奥陶纪—志留纪残余海盆地沉积。

伴随着原特提斯洋向南俯冲闭合,木扎令-空贝利构造带出现,形成宽达数千米的糜棱岩带。

据刘本培(1996)、郝杰(1993)等研究,在塔里木北缘的西南天山地区,南天山洋初始形成时间应在奥陶纪时,到奥陶纪末至早—中志留世时,大洋已具相当规模。何国琦等(2001)在综合我国西南天山与邻区吉尔吉斯南天山最新的研究成果后指出,南天山洋晚志留世—早泥盆世为又一次拉张高峰期,徐学义等(2003)对吉根蛇绿岩套的苏万阔勒岩片内的基性火山岩进行了年龄测定,测得Sm-Nd等时线年龄为 392 ± 15 Ma,南天山洋最终闭合时间应在早泥盆世末前后。

四、中泥盆世至三叠纪时期(约 400—205Ma)

中泥盆世开始,测区南部出现一个新的拉张环境,发育一套海侵层序。下部阿克巴西麻扎尔组(区外)为一套以红色为主的碎屑岩,为初始拉张环境沉积物,产艾菲尔期孢子花粉,其中 *Geminospora nanus* Naumova ,*Cymbosporites cyathus* Allen 是中泥盆世典型种;上覆克孜勒陶组夹较多灰岩层,在库山河地区还夹有玄武岩和火山碎屑岩层,其岩石化学特征和沉积组合一致显示为拉张环境。早石炭世开始,裂陷海盆已初具规模,在海盆地两侧和中部深水区域分别沉积了面貌各异的一套地层。横向上,由于扩张速度差异,扩张较快的奥依塔克地区甚至在早石炭世晚期就出现了洋壳,并于晚石炭世至早中二叠世向南俯冲,在南侧出现相应的弧火山岩。在图区北侧阿克彻依一带可见中二叠统棋盘组不整合超覆于早石炭世乌鲁阿特组之上,在克斯麻克地区上二叠统达里约尔组不整合超覆于晚石炭世特给乃奇达坂组之上,表明该裂陷海槽最迟在晚二叠世之前已完全关闭。从更大范围看,这一晚古生代裂陷海槽可能已属古亚洲洋的范畴,但极有可能仍与特提斯洋相连。

与之相比,塔里木北缘的拉张期可能迟至晚泥盆世才拉开序幕,出现一个现今呈东西向展布的裂陷海槽,称麦兹-阔克塔勒晚古生代裂陷盆地,初始沉积塔什多维组碎屑岩夹碳酸盐岩沉积,下部主要为中—细粒杂砂岩,颜色以灰色为主,岩层为中—薄层,颗粒磨圆不好,杂基含量较高,含菱铁矿,为海湾沉积环境;中部颜色较深,岩层较薄,颗粒较细,有较多的碳酸盐岩,并含较多的菱铁矿和炭质,为泻湖沉积环境;上部颜色以灰绿色为主,岩层较薄,颗粒较细,为潮坪沉积环境。石炭系由下而上可划分为下石炭统巴什索贡组、上石炭统别根它乌组和上石炭统—下二叠统康克林组,为细碎屑岩和灰岩组合,仍以海湾-潮坪沉积环境为主。区域资料表明,麦兹-阔克塔勒裂陷槽于三叠纪之前已经闭合,在库车—拜城一线发育一条狭长的前陆盆地,堆积了早三叠世的磨拉石沉积组合,而区内早三叠世尚处在隆起状态。随南天山持续向南的冲断作用,晚三叠世坳陷成盆,接受了一套冲积扇沉积组合。

伴随着古特提斯洋向南俯冲闭合,木扎令-空贝利构造带的由南向北推覆作用进一步发展。

五、三叠纪以后(205Ma至今)

三叠纪晚期,全区已完全拼合在一起,转入板内再造山阶段。在木吉-公格尔复合岛弧带上一系列后碰撞花岗岩体相继就位。受持续的南北向挤压作用影响,昆仑山脉迅速崛起,西昆仑山前逆冲推覆快速发展。稍晚,在昆盖山北坡出现一个东西向的断陷盆地,出露晚三叠世霍峡尔组海陆交互相含煤碎屑岩-火山岩系,其地球化学特征显示为大陆环境产物。与此同时或稍晚,在康苏—库斯拉甫一线上,一个北西-南东向走滑拉分盆地出现,沉积了塔里奇克组(T_3t)浅绿褐色巨厚层状石英岩-砂岩质粗—中砾岩、褐灰色厚层状灰岩-砂岩质中砾岩,夹少量灰黑色中层状泥质长石粉砂岩。上述两个不同方向的盆地可能会在乌帕尔附近交汇。

侏罗纪时期,北西-南东向走滑拉分盆地快速发展,而东西向断陷盆地迅速夭折。在康苏塔塔可见早侏罗世沙里塔什组超覆在塔里奇克组之上。从沉积组合和岩性特征看,侏罗系含煤碎屑岩盆地仍然是一个陆相盆地。中侏罗世后期，盆地萎缩，沉降中心随之向盆内迁移，表现为区内上侏罗统库孜贡苏组与中侏罗统之间的平行不整合，而向北至乌鲁克恰提地区，其影响较大。

早白垩世晚期开始，受世界性海侵的影响，海水从阿赖谷地方向涌入测区，自西向东超覆，始新世末—渐新世海退开始，至渐新世晚期海水全部退出测区，期间有过两次规模较大的海侵事件，分别发生在库克拜和依格孜牙期。这一时期，长期存在于封闭海湾环境下，沉积了巨量的膏盐矿产资源。

这一时期，西昆仑处于一个相对平静期，并有一定的南北向引张倾向，在造山带内孕育着一期非造山花岗岩就位。

受始新世末以来帕米尔向北突刺挤入作用的影响，西昆仑山脉的南北向缩短机制加剧，其主要影响范围在山脉北坡至盆地边缘。山前地带的一些地区推覆断面发生了反转，表明其前锋阻力大，前锋带上的多条推覆断层出现了复合追并现象，多种证据表明，早期推覆构造的发展是后展式的。

第六章 结 论

第一节 取得的主要成果

一、地层方面

(1) 对测区地层进行了构造地层分区,系统建立了测区地层层序,查明了各地层单元的时空展布规律。对沉积地层进行了以岩石地层及年代地层为主的多重地层划分,对变质地层进行了构造-地层划分,对火山地层进行了岩石地层划分。重新厘定了测区地层系统,建立组级正式地层单位34个(其中新划分地层单位3个),(岩)群级地层单位9个。对南天山地层分区的泥盆系、全区白垩系和古近系地层进行了生物地层划分,对南天山地层分区的古生界和全区中新生代地层进行了层序地层划分和盆地演化分析,丰富了该区地质演化历史研究的内容。

(2) 在乌依塔克南库夏勒、维吾尔等地原划分中侏罗统杨叶组含煤岩系中采获大量植物化石,含晚三叠世标准分子 *Cycadocarpidium swabii* Nathorst,下部为碎屑岩夹煤层,上部为中基性火山碎屑岩、熔岩,与上、下地层均为不整合关系;对其区域展布和纵横向变化进行了详细研究,沿用霍峡尔组名称,置上三叠统。

(3) 首次在吉根一带前人划分的志留系—泥盆系地层中采获大量的珊瑚,主要属种有 *Pseudozaphrentis* sp.,*Favosites* sp.,*Mesosoleniella* sp.,*Squameofavosites* sp.,*Ahaeliolites* sp. 为该套地层的划分提供了准确依据。

(4) 重新厘定了英吉莎群的含义。根据岩石组合、生物年代、地球化学等多方面综合研究,将吐依洛克组时代置古新世早期,从而使英吉莎群成为一个跨年代地层单位,其时代为晚白垩世—古新世。

二、岩浆岩方面

(1) 在昆盖山至巧去里一线识别出一个晚石炭世—早二叠世大陆弧火山岩带;在奥依塔克西发现蛇绿岩和放射虫硅质岩;首次提出乌鲁阿特组火山岩是以洋脊火山岩为主夹杂部分洋内弧火山岩的大洋火山岩;第一次在克孜勒陶组内发现火山岩(英吉沙县幅),主要为玄武岩及少量斑状玄武岩,高 TiO_2、K_2O,低 MgO,为大陆拉斑玄武岩系列;确认奥依塔克—恰尔隆地区是一个从中泥盆世开始拉张至中二叠世前后闭合的晚古生代裂陷槽。

(2) 发现在木吉地区前人所谓的超基性岩块体仅分布于志留系中,呈透镜体或脉状产于泥板岩层间,偶切层,主要由角闪石或次闪石组成,高 Al_2O_3、K_2O,低 Cr、Ba,属大陆拉斑玄武岩系列,为中元古代陆内裂解活动产物,不是蛇绿岩,证实卡拉特河上游至喀拉佐克地区不存在蛇绿岩或者混杂岩带。

(3) 经过详细的填图和对比研究,共填绘出各类岩体20个,解体出22个侵入体,分为北、中二个构造岩浆岩带;从侵位时间上分为泥盆纪、晚石炭世、三叠纪、古近纪等4个岩浆活动期多种成因类型。

(4)在木吉西北苏鲁果如木都沟发现碳酸岩侵入体,其地球化学特征与壳缘型碳酸岩一致。碳酸岩在喜马拉雅西构造结的发现尚属首次,其地质及地球化学特征与东构造结发现的碳酸岩可以对比,其意义有待进一步研究。

三、构造方面

(1)查明了测区构造格架和构造演化历史。以吉根-坦木其能萨依断裂和木扎令-空贝利断裂为界将测区分为3大一级构造单元,进一步分为6个二级构造单元、10个三级构造单元。经本次填图共识别出具一定规模的断裂87条,查明了各级褶皱的分布及规律。

(2)在西昆仑山前奥依塔克至坑希维尔等地填绘出大量的逆冲推覆岩片,推覆方向为南西-北东向,波及新近纪以前的所有地层。

(3)对木吉地区的近代泥火山群进行了系统调查,共发现大小火山堆89处,可分为两种类型。一种为原湖积层在下部气体压力下上拱形成的泥堆,另一种为与泉有关的钙华堆积。两种类型的堆积体均分布于盆地中部和东南部,多沿135°或55°方向成串出现,与现代活动断裂有关。

第二节 存在的主要问题

(1)测区属边境地区,地处帕米尔高原与塔里木盆地交接部位,地形切割强烈,交通相对困难,地面工作常受到限制,个别地区控制程度不高,少数地层单元仅由路线简测剖面控制。

(2)昆盖山地区的石炭系未分地层、木吉地区的志留系和木扎令地区的奥陶系缺乏时代归属依据,以后工作中应加强化石采集与研究工作。

主要参考文献

曹兴.塔里木盆地西南坳陷第三系生油量预测[J].新疆石油普查,1982(1):10-25.
陈哲夫,成守德,梁海云,等.新疆开合构造与成矿[M].乌鲁木齐:新疆科技卫生出版社,1997.
成守德,刘朝荣,肖立新.塔里木盆地西部及邻区构造格局与演化[J].新疆地质,2002,20(S):13-18.
地质矿产部直属单位管理局.沉积岩区1:5万区域地质填图方法指南[M].武汉:中国地质大学出版社,1991.
地质矿产部直属单位管理局.花岗岩类区1:5万区域地质填图方法指南[M].武汉:中国地质大学出版社,1991.
丁道桂,陈军中.西昆仑造山带与盆地[M].北京:地质出版社,1996.
董申保.中国变质作用及其与地壳演化的关系[M].北京:地质出版社,1986.
方锡廉,汪玉珍.西昆仑加里东期花岗岩类浅识[J].新疆地质,1990,8(2):153-158.
郭宪璞.塔里木盆地西部海相白垩系—第三系界线划分的研究[J].地球科学(中国地质大学学报),1990,15(3):325-335.
郭宪璞.论塔里木盆地西部海相古新统划分[J].地质论评,1994,40(4):322-329.
郭宪璞.塔里木盆地西部白垩纪—古新世有孔虫群落的划分及其环境意义[J].地球学报,1995(1):77-86.
郭宪璞.新疆西部乌依塔克组的时代[J].地层学杂志,1995,19(3):208-213.
韩同林.西藏活动构造[M].北京:地质出版社,1987.
郝杰,刘小汉.南天山蛇绿混杂岩形成时代及大地构造意义[J].地质科学,1993,28(1):93-95.
郝诒纯,裘松余,林甲兴,等.有孔虫[M].北京:科学出版社,1980.
郝诒纯,曾学鲁,李汉敏.塔里木盆地西部晚白垩世—第三纪地层及有孔虫[J].地球科学(武汉地质学院学报),1982,17(2):1-161.
郝诒纯,曾学鲁,裘松余,等.新疆塔里木盆地中新世有孔虫及其地质意义[J].中国地质科学院院报,1982(4):69-79,81,82.
郝诒纯,曾学鲁,郭宪璞.新疆塔里木盆地西部海相白垩系及其沉积环境探讨[J].地质学报,1987(3):205-217.
郝诒纯.塔里木盆地西南缘海相白垩系—第三系界线研究[M].北京:地质出版社,2001.
何国琦,李松茂,郭宝福.中国西南天山及邻区大地构造研究[J].新疆地质,2001,19(1):7-11.
何镜宇,孟祥化.沉积岩和沉积相模式及建造[M].北京:地质出版社,1987.
贺同兴,卢良兆,李树勋,等.变质岩岩石学[M].北京:地质出版社,1988.
侯鸿飞,王士涛.中国的泥盆系[M].北京:地质出版社,1988.
胡霭琴,张国新.新疆北部同位素地球化学研究新进展[J].矿物岩石地球化学通报,1991(3):171-173.
胡兰英.塔里木盆地晚第三纪有孔虫古生态及地质意义[J].科学通报,1982,27(15):938-941.
姜春发,王宗起.中央造山带开合构造[M].北京:地质出版社,2000.
姜耀辉,芮行健,郭坤一,等.青藏高原乌依塔克花岗岩体地球化学及其大地构造意义[J].地球化学,2000,29(3):259-262.
蒋显庭,周维芬,林树磐.新疆地层及介形类化石[M].北京:地质出版社,1995.
李建华,张家声,单新建.西昆仑—西南天山地区断裂活动研究[J].地质学报,2002,76(3):347-353.
李向东,王克卓.塔里木盆地西南及邻区特提斯格局和构造意义[J].新疆地质,2000,18(2):113-120.
李向东,王克卓.西昆仑山北缘盆地构造转换解析[J].新疆地质,2002,20(S):19-25.
李永安,李向东,孙东江,等.中国新疆西南部喀喇昆仑羌塘地块及康西瓦构造带构造演化[M].乌鲁木齐:新疆科技卫生出版社,1995.
刘宝珺,曾允孚.岩相古地理基础和工作方法[M].北京:地质出版社,1985.

刘本培,王自强,张传恒.西南天山构造格局与演化[M].武汉:中国地质大学出版社,1996.
刘家军,郑明华,龙训荣,等.新疆萨瓦亚尔顿穆龙套型金矿床赋矿地层时代[C]//资源环境与可持续发展.北京:科学出版社,1999.
刘家军,郑明华,龙训荣.新疆萨瓦亚尔顿金矿床赋矿地层时代的重新厘定及其意义[J].科学通报,1999,44(6):653-656.
刘训,Graham S,Chang E.塔里木板块周缘晚古生代以来的构造演化[J].地球科学(中国地质大学学报),1994,19(6):715-725.
刘训.天山—西昆仑地区沉积-构造演化史[J].古地理学报,2001,3(3):21-31.
刘肇昌.板块构造学[M].重庆:四川科学技术出版社,1985.
吴利仁.论中国各类基性岩、超基性岩的成矿专属性[J].地质科学,1963(1):29-41.
吴世敏,马瑞士,卢华复,等.新疆西天山古生代构造演化[J].桂林工学院学报,1996,16(2):95-101.
邱家骧,林景仟.岩石化学[M].北京:地质出版社,1991.
裘松余.塔里木盆地中新世有孔虫群及其生态和生油性分析[J].石油实验地质,1990,12(1):87-97.
史基安,王琪,陈国俊.塔里木盆地西部层序地层与沉积、成岩演化[M].北京:科学出版社,2001.
孙海田,李纯杰,吴海,等.西昆仑金属成矿省概论[M].北京:地质出版社,2003.
王仁民,贺高品,陈珍珍,等.变质岩原岩图解判别法[M].北京:地质出版社,1987.
王增吉,等.中国的石炭系[M].北京:地质出版社,1990.
新疆维吾尔自治区区域地层表编写组.西北地区区域地层表:新疆维吾尔自治区分册[M].北京:地质出版社,1981.
新疆维吾尔自治区地质矿产局.新疆维吾尔自治区区域地质志[M].北京:地质出版社,1993.
新疆维吾尔自治区地质矿产局.新疆维吾尔自治区岩石地层[M].武汉:中国地质大学出版社,1999.
新疆地质矿产局地质矿产研究所,新疆地质矿产局第一区调大队.新疆古生界(新疆地层总结之二)[M].乌鲁木齐:新疆人民出版社,1991.
熊纪斌,王务严.前震旦系阿克苏群的初步研究[J].新疆地质,1986,4(4):33-46.
熊盛青,周伏洪,姚正煦,等.青藏高原中西部航磁调查[M].北京:地质出版社,2001.
许荣华,张玉良,谢应雯,等.西昆仑北部早古生代构造-岩浆岩带的发现[J].地球科学(中国地质大学学报),1994,29(4):313-328.
徐学义,马中平,李向民,等.西南天山吉根地区P-MORB残片的发现及其构造意义[J].矿物岩石学杂志,2003,22(3):245-253.
杨基端,李佩贤,何卓生,等.阿克陶地区晚三叠世孢粉组合的发现及其地层意义[C]//地矿部西北石油局.塔里木盆地石油地质论文集,1994.
杨学明,杨晓勇.碳酸岩的地质地球化学特征及其大地构造意义[J].地球科学进展,1998,13(5):457-466.
尹兴华.塔什库尔县发现三期地震遗迹[J].内陆地震,1990(1):26.
姚培毅.青藏高原北部生物古地理[M].北京:地质出版社,1999.
殷鸿福,等.中国古生物地理学[M].武汉:中国地质大学出版社,1988.
游振东,王方正.变质岩岩石学教程[M].武汉:中国地质大学出版社,1988.
俞建章.石炭纪二叠纪珊瑚[M].长春:吉林人民出版社,1983.
张传林,杨淳,沈加林,等.西昆仑北缘新元古代片麻状花岗岩锆石SHRIMP年龄及其意义[J].地质论评,2003,19(3):239-244.
赵斌,赵劲松,汪劲草,等.一种可能的新碳酸岩类型:壳源成因碳酸岩[J].地球化学,2004,33(6):649-662.
赵飞霞.动力沉积学与陆相沉积[M].北京:科学出版社,1992.
赵文智,靳久强,薛良清.中国西北地区侏罗纪原型盆地形成与演化[M].北京:地质出版社,2000.
郑明华,张寿庭,刘家军,等.西南天山穆龙套型金矿产出地质背景与成矿机制[M].北京:地质出版社,2001.
张传林,杨淳,沈加林,等.西昆仑北缘新元古代片麻状花岗岩锆石SHRIMP年龄及其意义[J].地质论评,2003,19(3):239-244.
张旗,周国庆.中国蛇绿岩[M].北京:科学出版社,2001.
中国地层典编委会.中国地层典·泥盆系[M].北京:地质出版社,2000.
中国地层典编委会.中国地层典·石炭系[M].北京:地质出版社,2000.

中国地层典编委会. 中国地层典·二叠系[M]. 北京:地质出版社,2000.

中国地层典编委会. 中国地层典·三叠系[M]. 北京:地质出版社,2000.

中国地层典编委会. 中国地层典·侏罗系[M]. 北京:地质出版社,2000.

中国地层典编委会. 中国地层典·白垩系[M]. 北京:地质出版社,2000.

周永昌,刘百春,袁定国. 塔里木西南乌恰群基干剖面基时代讨论[J]. 新疆地质,2002,20(S):72-77.

周志毅,林焕令. 西北地区地层/古地理和板块构造[M]. 南京:南京大学出版社,1995.

周志毅. 塔里木盆地各纪地层[M]. 北京:科学出版社,2001.

鲍梅罗尔 Ch,巴宾 C,兰斯洛特 Y,等. 地层学和古地理学原理与方法[M]. 芮仲清,等,译. 北京:科学出版社,1990.

John B,Sangree Peter,Vait R. 应用层序地层学[M]. 张宏逵,等,译. 东营:中国石油大学出版社,1990.

Barker F,Arth J G. Ceneration of trondhjemitictonalitic liquids and Archean bimodal. trondhjemite-basalt suites[J]. Geology,1976,4:596-600.

Coleman R G,Peterman Z E. Oceanic plagiogranite[J]. J. Geophys. Res. ,1975,80:1099-1108.

De La Roche H,et al. A classification of volcanic and plutonic rocks using R_1-R_2 diagram and major-element analyses-its relationships with current nomenclature[J]. Chem. Petro. ,1980,29:183-210

Ewart A A. Review of minerlogy and chemistry of Tertiary-Recent dacitic,latitic,rhyolitis and related salic volcanic rocks [C]// Barker F. Trondhjemites,dacite,and related rocks. Amsterdam:Elsevie Scientific Publishing Co. ,1979:13-122.

Harris B W,Tindle A G. Trace element discrimination diagrams for the tectonic interpretation of granitic rocks[J]. J Petrol. ,1984,25(4):956-983

Irvine T N. A guide to the chemical classification of the common volcanic rocks[J]. Can. ,J. Earth Sci. ,1971,8:32-548

Le Bas M J,et al. A chemical classification of volcanic rocks based on the total alkalisillica diagram[J]. J. Petro. ,1986,27:745-750.

Le Maitre R W,et al. A classify of igneous rocks and glossar of terms. Recommendations of the interrational nion of Geological Sciences-Subcommission on the Systematics of igneous rocks[J]. Blachwell Scientific Publications,1989.

Macdenald G A. Composition and origin of Hawaiian laves[J]. Geol Soc Amer,1968, 116:477-22.

Maniar P D,Piccoli P M. Tectonic discrimination of granitoids[J]. Geol. Soc. Am. Bull. 1989,101:635-643.

Meschde M. A method of discriminating beyween different types of mid-ocean ridge basalts and continental tholeites with the Nb-Zr-Y diagram[J]. Chemical Geology,1986,56:207-218.

Miyashiro A. Volcanic rock series in island arcs and active continental margins[J]. Am. J. Sci. ,1974,274(4):321-355.

Miyashiro A. Classification characteristics and origin of ophiolites[J]. J. Geol. ,1975,83(2):249-281.

Pearce J A. Statistical analysis of major element patterns in basalts[J]. J. Petro. ,1976,17(1):15-43

Pearce J A. Trace element characteristics of lavas form the destruclive plate boundaries[M] // Thorpe R S. Arpretation, 1982, 525-547.

Pearce J A,Harris B W,Tindle A G. Trace element discrimination diagrams for the tectonic interpretation of granitic rocks [J]. J. Petro. ,1984, 25(4): 956-983.

Pearce T,H,Gorman,B,E, Birkett,T C. The realationship between major element chemistry and tectonic environment of basic and intermediate volcanic rocks[J]. Earth planet. Sci. Lett. 1977,36:121-132.

Pecerillo A,Taylor S R. Geochemistry of eocene calc-alkaline volcanic rocks from the Kastamenu area northeron Turky [J]. Contrib. Miner. Petro. ,1976,58(1):63-81

Rittmann A. Note to contribution by V. Gottini on the "Serial character of the volcanic rocks of Pantelleria"[J]. Bulletin of Volcanology,1970, 33:979-981.

Winchester J A. Deferent Moinian amphibolite suites in north Ross-shire Scott[J]. J. Geol. ,1976,16:165-179.

Winchester J A,Floyd P A. Discrimination of different magma series and their diffentiation products using immobile elements Chem[J]. Geol. ,1977,20:325-343.

Wood D A,Joron J L,Treuil M. A reappraisal of the use of trace elements to classify and discriminate betwoon magma series erupted in different teconic settings[J]. Earth Plant. Sci. ,1979,45:326-336.

Wooly A R, Kempe D R C. Carbonatites:nomenclature,average chemical compositions, and element distribution[M].

//Bell K(ed.) Carbonatites: Genesis and Evolution. London: Unwin Hyman, 1989.

Wright J B. A Simplealk alinity Ratio and is applicatiom to questions of non-orogenic granites[J]. Geol. Mag., 1969, 106(4): 370-384.

Van de Kamp P C, Beakhous G P. Paragenesis in the Pakwash Lack area, English River Gneiss Belt, Northwest Ontario[J]. Can. J. Earth Sci., 1979, 16(9): 1753-1763.

Zindle A, Hart S R. Chemical geodynamics[J]. J. Ann. Rev. Earth Plant Sci., 1986, 14: 463-471.

图版说明及图版

图版 Ⅰ

1 狭叶拟刺葵 *Phoenicopsis angustifolia* Heer
　×1。乌恰县塔塔村东,下侏罗统康苏组(J_1k)。采集号:ZH249/16-1(1)
2~5 巴斯契萁底贝(比较种) *Zdimir* cf. *baschkircus* (Vern.)
　2 后视;3 侧视;4 群体;5 腹视,均×1。乌恰县阔什乌托克河上游,中泥盆统托格买提组(D_2t)。
　采集号:HS5620/1-9,HS5620/1-2,HS5620/1-3
6、7 假巴斯契萁底贝 *Zdimir pseudobaschkiricus* (Tschern)
　6 腹视,×2;7 腹视,×1。乌恰县阔什乌托克河上游,中泥盆统托格买提组(D_2t)。
　采集号:HS5620/1-17
8 锡氏小锡比贝(比较种) *Sieberella* cf. *sieberi* (Buch)
　腹视,×3。乌恰县阔什乌托克河上游,中泥盆统托格买提组(D_2t)。
　采集号:HS5620/1-18
9 默伦海百合(未定种) *Melocrinites* ? sp.
　萼部侧视,×1。乌恰县吉根北,上—顶志留统塔尔特库里组($S_{3-4}t$)。
　采集号:H8546/2

图版 Ⅱ

1、2 日射珊瑚(未定种) *Heliolites* sp.
　1 横切面;2 纵切面,均×4。乌恰县吉根北,上—顶志留统塔尔特库里组($S_{3-4}t$)。
　采集号:HS557/1-6
3、4 蜂巢珊瑚(未定种) *Favosites* sp.
　3 横切面;4 纵切面,均×4。乌恰县吉根北,上—顶志留统塔尔特库里组($S_{3-4}t$)。
　采集号:HS557/1-3
5、6 鳞巢珊瑚(未定种) *Squameofavosites* sp.
　5 横切面;6 纵切面,均×4。乌恰县吉根北,上—顶志留统塔尔特库里组($S_{3-4}t$)。
　采集号:HS557/1-7
7 细孔珊瑚(未定种) *Gracilopora* sp.
　7 横切面,×4。乌恰县阔什乌托克河上游,中泥盆统托格买提组(D_2t)。
　采集号:HS5620/2-5
8 灌木孔珊瑚(未定种) *Thamnopora* sp.
　横切面,×4。乌恰县斯木哈纳南,中泥盆统托格买提组(D_2t)。
　采集号:H1208/1
9~11 乌依塔克新圆筒螺 *Trochactaeon* (*Neocylindrites*) *wuyitakeensis* Pan

9 轴切面,×3;10 口视,×2;11 背视,×2。乌恰县斯木哈纳,上白垩统—古新统英吉莎群(K_2E_1Y)。

采集号:H1212/1-12,H1212/1-18

12、13 蛙式辛氏螺(比较种)*Sigmesalia* cf. *sulcata* (Lamarck)

12 背视;13 群体,均×2。乌恰县斯木哈纳北,古近系喀什群(EK)。

采集号:HS6670/3-4

14 巅石燕(未定种)*Acrospirifer* sp.

腹(破片),×1。乌恰县阔什乌托克河上游,中泥盆统托格买提组(D_2t)。

采集号:HS5620/1-19

15 广西戟贝(比较种)*Chonetes* cf. *kwangsiensis* Wang

背视,×1。乌恰县喀喇别里山口北,中泥盆统托格买提组(D_2t)。

采集号:HS6678/3

图版 Ⅲ

1 布氏索氏蛎 *Sokolowia bushii* (Grewingk)

1a 左侧视;1b 左内视,均×0.5。阿克陶县穆呼,古近系喀什群(EK)。

采集号:DH5081/1

2 东方索氏蛎 *Sokolowia orientalis* (Gekker, Osipova et Belskaya)

2a 左侧视;2b 左前视;2c 左内视,均×1。乌恰县索库尔艾奇给,古近系喀什群(EK)。

采集号:H684/3-9

3 狭褶突厥蛎 *Ostrea* (*Turkostrea*) *strictiplicata* Raulin et Delbos

3a 两壳右视;3b 左侧视,均×1。乌恰县索库尔艾奇给,古近系喀什群(EK)。

采集号:H684/3-1

4 小牡蛎 *Ostrea minor* (Bobkova)

4a 两壳前视;4b 两壳右侧视;4c 两壳左侧视,均×1。乌恰县吉根南,上白垩统—古新统英吉莎群(K_2E_1Y)。

采集号:H1212/1-8

5 拜松突厥蛎 *Ostrea* (*Turkostrea*) *baissuensis* Böhm

5a 左侧视;5b 左后视;5c 左内视,均×1。乌恰县索库尔艾奇给,古近系喀什群(EK)。

采集号:H684/3-14

6 东方索氏蛎 *Sokolowia orientalia* (Gekker, Osipova et Belskaya)

6a 左内视;6b 左侧视;6c 左后视,均×1。乌恰县索库尔艾奇给,古近系喀什群(EK)。

采集号:H684/3-33

图版 Ⅳ

1 近坚锉蛤(亲近种)*Lima* aff. *subrigida* Roemer

右侧视,×1。乌恰县索阔塔什萨依,上白垩统—古新统英吉莎群依格孜牙组(K_2y)。

采集号:HS682/4-5

2 喀什费列明蛎 *Flemingostrea kaschgarica* Vyalov

左侧视,×1。乌恰县斯木哈纳北,古近系喀什群(EK)。

采集号:HS5624/1-20

3 简单美心蛤 *Venericardia simplex* (Edward)

内核右侧视,×1。乌恰县索库尔艾奇给,古近系喀什群(EK)。

采集号:H684/3-24

4 希氏突厥蛎 *Ostrea* (*Turkostrea*) *cizancourti* Cox

左侧视,×1。乌恰县斯木哈纳北,古近系喀什群(EK)。

采集号:HS5624/1-12

5 狭褶突厥蛎 *Ostrea* (*Turkostrea*) *strictiplicata* Raulin et Delbos

5a 左前视;5b 左侧视,均×1。乌恰县索库尔艾奇给,古近系喀什群(EK)。

采集号:H684/3-8

6 喀什费列明蛎 *Flemingostrea kaschgarica* Vyalov

6a 右侧视;6b 右内视,均×1。乌恰县斯木哈纳北,古近系喀什群(EK)。

采集号:HS5624/1-23

7 巴什不拉克费尔干蛎 *Ferganea bashibulakeensis* Wei

7a 左后视;7b 左侧视;7c 左内视,均×1。乌恰县西里巴克,古近系喀什群(EK)。

采集号:DH4192/1-(1)

图版 V

1 乌恰县吉根北上—顶志留统塔尔特库里组中玄武岩夹层
2 乌恰县吉根北上—顶志留统塔尔特库里组灰岩中珊瑚化石
3 乌恰县乌鲁克恰提北泥盆系塔什多维组与上石炭统别根它乌组呈角度不整合接触关系
4 乌恰县萨瓦亚尔顿河东下白垩统江额结尔组砂岩中板状斜层理
5 乌恰县硝若布拉克沟古近系喀什群卡拉塔尔组介壳灰岩特征
6 乌恰县索库尔艾奇给中新统克孜洛依组砂岩中泄水构造
7 阿克陶县木吉北"泥火山"堆外貌
8 阿克陶县木吉北泉华堆积物特征

图版 VI

1 乌恰县吉根北中泥盆统托格买提组火山岩与周围沉积岩接触关系
2 阿克陶县卡拉阿尔特岩体与库木别勒木孜套岩体的侵入关系
3 阿克陶县索洛莫沟碳酸岩岩体外貌
4 阿克陶县索洛莫沟碳酸岩岩体的港湾状边界
5 阿克陶县索洛莫沟碳酸岩岩体内部的基性-超基性岩捕虏体
6 阿克陶县木吉一带的泥火山外貌及内部的放射状、环状节理
7 乌恰县吉根北下泥盆统萨瓦亚尔顿组中灰岩挤压透镜体叠置特征
8 乌恰县萨瓦亚尔顿-吉根缝合线带中的超糜棱岩的超糜棱结构

图版 VII

1 乌恰县木孜别里蛇绿岩糜棱岩结构及压力影构造
2 乌恰县铁列克套山断裂(F_1)特征
3 乌恰县铁列克套山断裂(F_1)特征
4 乌恰县铁列克套山断裂(F_1)特征

5 乌恰县谢依维克铁热克苏长城纪阿克苏岩群片岩中石英脉变形特征
6 乌恰县琨提维斯断裂(F_{26})之牵引褶皱
7 乌恰县反修煤矿西断裂(F_{29})特征
8 乌恰县索库尔艾奇克萨依断裂(F_{29})推覆构造

图版 Ⅷ

1 乌恰县库克布拉克白勒南逆推断裂(F_{48})特征
2 乌恰县阿克塔木南逆推断裂(F_{48})特征
3 乌恰县萨热昆果依南逆推断裂(F_{48})特征
4 乌恰县斯木哈纳口岸南自然风光
5 阿克陶县木吉北远眺昆盖山
6 乌恰县托乎秋苏一带下更新统西域组风化地貌景观
7 阿克陶县木吉北近观巍巍昆盖山
8 阿克陶县木吉盆地草地风光

图版 I

图版 II

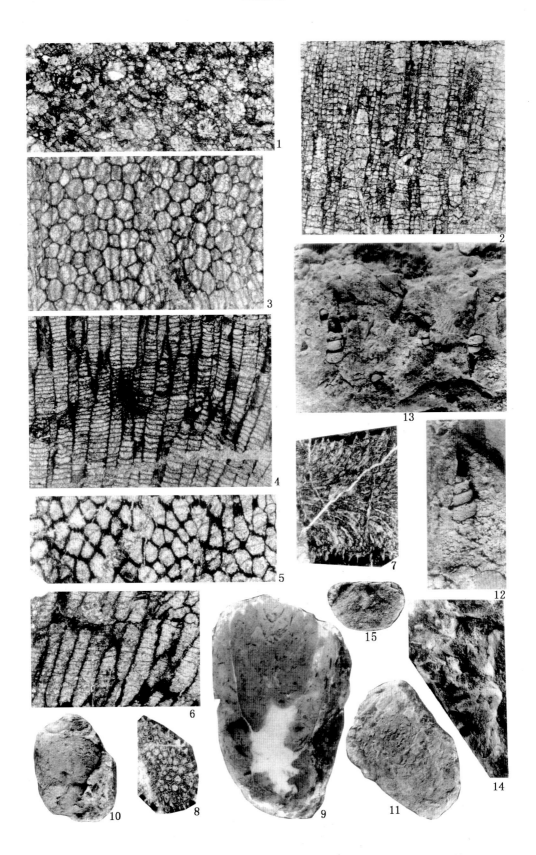

图版 III

图版 IV

图版 V

图版 VI

图版 Ⅶ

图版 Ⅷ